低碳电力系统
调度与稳定控制

杨　波　唐　飞　袁晓辉　李　婷　著

西安交通大学出版社
XI'AN JIAOTONG UNIVERSITY PRESS
国家一级出版社
全国百佳图书出版单位

图书在版编目(CIP)数据

低碳电力系统调度与稳定控制 / 杨波等著. — 西安 ：西安交通大学出版社，2022.6

ISBN 978-7-5693-2417-4

Ⅰ.①低… Ⅱ.①杨… Ⅲ.①电力系统调度 Ⅳ. ①TM73

中国版本图书馆 CIP 数据核字(2021)第 262004 号

低碳电力系统调度与稳定控制

DITAN DIANLI XITONG DIAODU YU WENDING KONGZHI

著　　者 杨　波　唐　飞　袁晓辉　李　婷
责任编辑 郭鹏飞
责任校对 李　佳

出版发行 西安交通大学出版社
(西安市兴庆南路 1 号　邮政编码 710048)
网　　址 http://www.xjtupress.com
电　　话 (029)82668357 82667874(市场营销中心)
(029)82668315(总编办)
传　　真 (029)82668280
印　　刷 西安五星印刷有限公司

开　　本 787 mm×1092 mm　1/16　**印张** 17.25　**字数** 424 千字
版次印次 2022 年 6 月第 1 版　2022 年 6 月第 1 次印刷
书　　号 ISBN 978-7-5693-2417-4
定　　价 168.00 元

如发现印装质量问题，请与本社市场营销中心联系。
订购热线：(029)82665248　(029)82667874
投稿热线：(029)82669097　QQ：8377981
读者信箱：lg_book@163.com

序

怀着十分喜悦的心情阅读了《低碳电力系统调度与稳定控制》一书，这是作者在低碳电力系统调度与稳定控制领域开展长期研究的结晶，是该领域理论和方法的新突破。该专著以低碳电力系统为研究对象，以解决低碳电力系统关键问题——调度与稳定控制问题为导向，系统总结了其在电力系统低碳调度、区间低频振荡控制、失步振荡解列控制领域的理论和工程应用研究成果。专著主要包括以下三个方面的内容：首先论述了低碳电力系统机组组合模型和方法，阐述了发电计划、最优潮流、有功负荷分配等问题的智能优化调度方法，系统构建了低碳电力系统优化调度的智能计算方法体系，为求解大规模多约束下电力系统低碳调度问题提供了可行且有效的方法，对“碳达峰”“碳中和”目标下电力系统调度具有重要的指导和借鉴意义；其次，专著以抑制区间低频振荡为目的，论述了广域测量系统环境下低碳电力系统时滞稳定建模和稳定性分析方法，构建了具有更低保守性的电力系统时滞相关稳定条件，首次提出了基于阻尼因子的电力系统时滞稳定裕度，揭示了信号传输时滞导致电力系统稳定性能下降甚至失稳的机理，重点讨论和阐述了基于灵活交流输电系统的区间振荡时滞阻尼控制策略，提出了考虑信号传输时滞的阻尼控制器设计准则；最后，针对低碳电力系统失步振荡风险大增问题，论述了高比例风电接入对失步振荡中心影响的机理，刻画了失步振荡中心的迁移规律、电压频率演变规律和位置系数变化规律，构建了多频振荡下失步振荡中心出现的充要条件，提出了多频系统失步振荡中心定位方法，系统性提出了失步振荡的解列判据和解列控制策略，为防止低碳电力系统崩溃和大面积停电事故提供了基础理论和技术方法的支撑。

该专著出版恰逢其时，紧密契合“碳达峰”与“碳中和”国家战略，符合构建以新能源为主体的新型电力系统的国家重大需求。该专著特点：一是具备前瞻性，通过对电力系统低碳化过程中水火风光等异种能源电源占比变化规律和运行特性的分析，判定在未来相当长的时间内低碳电力系统仍是以同步发电机为主体的电力系统，低碳电力系统的调度与稳定控制的理论和方法必是继承于传统电力系统并在此基础上发展创新，电网分层分区调度、电力系统三道防线等成功经验在电力系统低碳化过程中必须继续坚持。二是具备理论上的原创性，系统提出了低碳电力系统智能优化调度方法、区间振荡时滞阻尼控制理论和方法、失步振荡演变规律及解列控制策略等，这些理论和方法对构建以新能源为主体的新型电力系统、实现“碳达峰”与“碳中和”目标具有重要的理论意义和应用价值，能为电力系统低碳调度和安全稳定运行提供基础理论和方法支撑；三是著作中展现的科技成果具备技术上的可行性，其主要方法都进行了仿真分析和验证，有些方法还在我国区域电网和重要的省级电网得到验证并应用。

该专著兼具理论上的系统性和工程上的实用性，不仅是一部对从事低碳电力系统调度、新能源发电控制、电力系统稳定控制的工程技术人员具有实践指导意义的读物，而且对专门从事该领域研究工作的读者也是一部具有相当参考价值的学术著作。望该专著的出版能有力推进包括作者们的研究团队在内的我国科学技术界对低碳电力系统关键科学问题的持续深入研究，为新型电力系统安全低碳运行提供更富有成效的低碳调度与稳定控制方法和策略，实现电力系统调度与稳定控制技术的新突破。

2021 年 10 月

前言

我国已将2030年碳达峰、2060年碳中和确立为国家战略，这是我国应对气候变化、实施能源变革作出的重大战略决策，事关中华民族永续发展和构建人类命运共同体。能源燃烧是我国主要的二氧化碳排放源，碳排放占全国总量的80%以上。为控制碳排放、实现碳达峰和碳中和目标，必须构建清洁低碳、安全高效的能源体系，实施可再生能源替代行动，构建以新能源为主体的新型电力系统。随着风电、太阳能发电等新能源大规模接入电网，电力系统呈现出从高碳向低碳甚至零碳系统演化、新能源电源强随机波动、水火电机组与新能源电源紧耦合运行、稳定控制与安全防御广域化等崭新特征。这将使得电力系统调度和稳定控制发生根本性变化，调度目标将由安全经济调度转变为安全低碳调度，调度理念将由“源随荷动”转变为“源荷互动”，稳定控制也将由确定性的同步发电机组间电能量平衡转变为随机-确定耦合的电力电子设备与同步发电机组间的电能量平衡，进而导致电力系统电磁暂态、机电暂态、动态、稳态行为的变化，导致功角稳定、频率稳定、电压稳定等电力系统状态变量稳定机理和低频振荡、宽频振荡、失步振荡等失稳现象的形成机理及控制策略的变化。

新能源发电从低占比向高占比逐步提升的特点决定了电力系统低碳化是一个从传统电力系统向低碳/零碳电力系统渐进演化的过程，也决定了低碳电力系统调度与稳定控制的理论和方法是继承于传统电力系统并在此基础上创新发展的。为促进低碳电力系统调度与稳定控制的理论和方法发展，本书将作者十余年从事低碳电力系统调度与稳定控制的科研成果进行整理和总结。期望本书能为从事低碳电力系统调度、新能源发电控制、电力系统稳定控制的研究人员、生产人员、管理人员和技术人员提供有益参考，也期望本书的出版能对我国低碳电力系统调度与稳定控制技术的进一步发展做出贡献。

本书共分为9章，包括如下几个方面的主要内容：低碳电力系统机组组合理论和方法、低碳电力系统智能优化调度方法、低碳电力系统时滞稳定性理论、区间低频振荡控制方法、失步振荡机理和解列控制策略等。第 1 章为绪论，从国家碳达峰碳中和目标出发，基于电力系统低碳化是一个在能源供给侧和能源消费侧逐步减碳的过程，提出电力系统低碳化阶段划分，阐述了低碳电力系统中低碳是目标、安全是底线，分析了低碳电力系统组成结构、运行机理、演化模式等特征，简要叙述了低碳电力系统关键科学问题——调度与稳定控制问题。第 2 章论述了低碳电力系统机组组合模型和方法，并重点阐述了大规模、多约束、多时段机组组合、考虑机组爬坡约束的机组组合等。第 3 章论述了低碳电力系统发电计划、最优潮流、有功负荷分配等问题的智能优化调度方法。第 4 章基于低碳电力系统对广域测量系统存在更为重要的需求，论述了广域测量环境下低碳电力系统时滞稳定模型和时滞相关稳定性分析方法，阐述了阻尼性能与时滞稳定裕度的交互影响机理。第 5 章针对严重影响低碳电力系统稳定运行的区间振荡问题，论述了区间振荡的阻尼控制原理，详细阐述了基于通信时延的统一潮流控制器阻尼控制器设计方法和统一潮流控制器阻尼控制器约束优化控制策略。第 6 章基于灵活交流输电系统对源网荷协调调度和稳定控制的极端重要性，分析了灵活交流输电系统多目标时滞阻尼控制问题，重点讨论了含灵活交流输电系统设备的时滞电力系统建模和灵活交流输电系统阻尼控制器多目标协调控制策略；由于低碳电力系统中大规模新能源接入后系统惯性降低，进而导致扰动和故障下的系统失步振荡风险大增。第 7 章在分析失步振荡机理的基础上，探讨了风电对失步振荡中心的影响机理，描述了失步振荡中心电压频率演变规律，论述了基于电压相角轨迹的多频系统失步振荡中心定位方法。第 8 章由于失步解列作为系统第三道防线的重要组成部分，对防止低碳电力系统崩溃和大面积停电事故具有重要意义，重点论述了基于母线电压频率的失步振荡解列判据、基于实测受扰轨迹考虑量测误差的失步解列判据等。第 9 章重点讨论了考虑风电场并网的大电网快速主动解列策略、考虑发电机同调分群的大电网快速主动解列策略、基于半监督谱聚类的最优主动解列断面搜索等，为低碳电力系统的失步振荡解列控制提供理论基础和方法支撑。

在本书即将完稿之际，作者在这里对国家自然科学基金委员会对此项研究长期给予的支持表示衷心的感谢，没有这些课题的支持，要想面向世界电力科技前沿顺利开展深入的基础性理论研究并取得系统性成果是不可能的。在此还特别感谢华中电网有限公司十余年的支持，没有以“西电东送、南北互供、互联枢纽、水火风互济”为基本特征的华中电网实际场景，要想面向国家重大需求开展大电网调度与稳定控制问题的研究并取得有工程应用价值的成果也是不可能的。有鉴于此，作者希望本书能起到抛砖引玉的作用，为专家学者探索新型电力系统基础科学问题、为工程技术人员解决低碳电力系统实际问题拓展新思路、提供新路径，为他们提供理论和方法上的参考，助力他们在此领域开展更广泛、更深入的研究。在此还应特别指出，尽管学术界对电力系统低碳调度与稳定控制问题已经进行了多年的研究，但是由于我国电网已是世界上电压等级最高、规模最大、运行控制最复杂的大电网，对如此大规模的电网进行低碳化国际上无此先例，并且由于所涉及的低碳电力系统运行与控制的基础科学问题在控制理论和基础数学上暂无完美解决方法，这个问题还远不能说已经得到完全解决。在国家碳达峰、碳中和战略下，随着电源侧新能源占比不断提升、用电侧负荷的可调度性增加以及储能应用于跨时间尺度电力平衡，低碳电力系统调度与稳定控制问题必将在新时代被赋予新内涵，因此本书所涉及的内容还有待在今后的研究和实践中不断补充和完善。

本书是在国家自然科学基金的资助下出版的。本书的基础性研究工作得到了国家自然科学基金（52077011、51577136、51977157、50779020）的持续支持和国家重点研发计划（2021YFC3200405）的支持，特此致谢。本书作者的研究生郭珂博士、贾骏博士、杨健博士、刘佳乐硕士、郑永乐硕士、刘扬硕士、陈恩泽硕士、王乙斐硕士、叶笑莉硕士、唐旭辰硕士、周慧芝硕士、肖固城硕士、徐君茹硕士、周芳硕士在攻读学位期间，对低碳电力系统调度与稳定控制问题进行了大量的有成效的研究，这些研究成果是本书不可缺少的组成部分。时任国家电网公司赵遵廉总工程师、清华大学孙元章教授对本书章节中的有关研究成果进行了具体指导。中国科学院院士、华中科技大学程时杰教授对本书提出了宝贵的意见和建议，在此致以诚挚的感谢。在撰写本书的过程中，武汉大学刘涤尘教授、徐箭教授、廖清芬副教授对本书的部分章节提供了参考资料并对本书内容提出了有益的建议。另外，在撰写本书时，作者参阅了大量的论著文献，在此对这些论著文献的作者表示衷心的感谢。

由于作者学识的限制，且电力系统低碳化研究仍处在发展之中，书中不妥之处在所难免，恳请广大读者和学术同行不吝指正。

作者

2021 年 8 月

目　录

绪　论

第 1 章

1.1　碳中和国家战略下电力系统新特点

为应对气候变化和实现能源绿色低碳转型，我国已确立碳中和国家发展战略，明确提出二氧化碳排放将于 2030 年前达到峰值，2060 年前实现碳中和。碳中和是我国基于推动构建人类命运共同体和实现可持续发展做出的重大战略决策，是一场广泛而深刻的经济社会系统性变革。自此，我国电力系统发展进入新时代。目前在全社会碳排放总量中，能源燃烧是我国主要的二氧化碳排放源，能源行业碳排放占全国总量的 80%以上，电力行业碳排放在能源行业中的占比超过 40%。为实现碳中和国家战略，要构建清洁低碳安全高效的能源体系，控制化石能源总量，着力提高利用效能，实施可再生能源替代行动，深化电力体制改革，构建以新能源为主体的新型电力系统。目前，电力行业对按期实现碳达峰和碳中和目标已取得广泛共识并已落实为电力企业发展战略和行动方案，但是由于该目标的艰巨性、复杂性，且需要新型电力系统基础科学理论和技术支撑，因此在碳达峰和碳中和具体实现路径和关键技术选择等方面存在着不同观点。

1.1.1　电力系统低碳化的阶段划分

在碳中和国家战略驱动下，电力系统呈现出从高碳向低碳甚至零碳系统演化、新能源电源强随机波动、水火电机组与新能源电源紧耦合运行、稳定控制与安全防御广域化等崭新特征。由于碳中和国家战略的长期性，我国电力系统必将是一个在能源供给侧和能源消费侧逐步减碳的过程。因此，可以根据电力系统低碳化程度的不同将电力系统划分为传统电力系统、低碳电力系统和零碳电力系统三个阶段。

(1)传统电力系统：在能源供给侧，水电、火电是主要能源，风电、太阳能发电等新能源是补充能源；在能源消费侧，负荷不具备可调节特征，发电跟踪负荷变化即“源随荷动”；电网作为水火电资源优化配置平台，调度的目标是在维持电力系统安全稳定的前提下实现火电等经济成本最小化。

(2)低碳电力系统：在能源供给侧，水电、风电、太阳能发电等清洁能源成为主要能源，火电成为补充能源且其在能源供给中的占比逐步降低；在能源消费侧，负荷具备一定的可调节特征；抽水蓄能和化学储能并存且化学储能规模将经历峰值后逐步降低；电网作为水火风光资源优化配置平台，调度的目标是在维持电力系统安全稳定的前提下实现碳排放最小化。

(3)零碳电力系统：在能源供给侧，水电、风电、太阳能发电等清洁能源成为主要能源；在能源消费侧，负荷具备显著的可调节特征；抽水蓄能是主要的电储能形式；电网作为水火风光资源优化配置平台，调度的目标是在维持电力系统安全稳定的前提下实现零碳排放。

之所以将电力系统划分为传统电力系统、低碳电力系统和零碳电力系统三个阶段，这是由以下原因决定的。

(1)在能源供给侧，水电、火电、风电、太阳能发电等能源供给特征不同。风电、太阳能发电等新能源易受气候、地形等多种不可抗拒的自然因素影响，出力不确定性强，具有随机性、波动性、反调峰特点，同时还有“极热无风”“晚峰无光”“大装机、小电量”等非常明显的缺点，这些决定了电力系统必须加大电能存储能力和增加负荷的可调节性，以适应新能源供给的不确定性和随机性。火力发电是碳排放的主要来源，火电将由提供电量为主、电力为辅的主要能源转变为电力为主、电量为辅的补充能源，火电退出规模及火电在低碳电力系统中的最终占比与碳捕集利用与封存(carbon capture, utilization and storage,CCUS)技术在火电行业零碳排放中突破程度密切相关。由于抽水蓄能电站配合新能源电源运行可以平抑新能源电源出力的波动性、随机性，减少其对电网的不利影响，促进新能源大规模并网消纳，因此可以预见，依据水能资源蕴藏量所开发建设的水电站，以及因平抑风电、太阳能发电等新能源波动而增加的抽水蓄能电站，将使得电力系统在低碳化过程中(见表 1-1)水电装机总容量仍持续增加。水火风光等发电形式在能源供给侧的占比变化是区分传统电力系统、低碳电力系统和零碳电力系统的主要特征。

表 1-1 电力系统低碳化的三个阶段

阶段	能源供给侧	能源消费侧	电网调度目标	储能
传统电力系统	水电、火电是主要能源	负荷不具备可调节特征	火电等经济成本最小化	少量存在
低碳电力系统	水风光等清洁能源为主要能源，火电为补充能源	负荷具备一定的可调节特征	碳排放最小化	抽水蓄能和化学储能并存
零碳电力系统	水风光等清洁能源为主要能源	负荷具备显著的可调节特征	零碳排放	抽水蓄能是主要的储能形式

(2)在能源消费侧负荷的可调节特征不同。传统电力系统负荷不具备可调节特征，电力调度机构通过负荷预测结果确定机组的运行方式。在电力系统实际运行过程中，水电、火电等常规电源能跟踪负荷在较小范围内的变化，进而实现电力实时平衡，负荷较大变化时可由一定容量的水火电备用电源实现。但是在低碳电力系统和零碳电力系统中，负荷具备可调节特征，这表现在：①负荷并非仅指实实在在的消耗有功功率或无功功率的负载，负荷具备广义负荷的属性，负荷带有源荷的双重特征。微电网或分布式电力系统在自身供电大于用电时，可以作为电源向电力系统供电，在自身供电小于用电时，可以作为负荷从电力系统获取电能。②实时电力平衡中，调度由源随荷动转变为源网荷协调或源网荷储协调，负荷和储能的联动可以有效平抑风电、太阳能发电等新能源出力的不确定性。

(3)电网调度目标不同。传统电力系统调度的目标是在维持电力系统安全稳定的前提下实现火电等经济成本最小化，碳排放等环保因素不作为电力系统经济调度的主要目标。但是在低碳电力系统和零碳电力系统中，电力系统经济调度转变为电力系统经济与环境调度，碳交易市场中碳排放权被赋予经济成本涵义并计入电力系统调度目标中，此时调度的目标是在维持电力系统安全稳定的前提下实现碳排放最小化或零碳排放。

1.1.2 低碳电力系统的特征分析

电力系统低碳化使得电力系统在组成结构、运行机理、演化模式等方面呈现新特征。

从组成结构上看，低碳电力系统是高比例新能源、高比例电力电子设备的电力系统。在碳中和国家战略驱动下，为实现电力系统低碳化，必将出现：①风电、太阳能发电等新能源在能源供给中占比逐步增加，若不考虑电力系统可调度和稳定控制等因素，新能源发电在能源供给中占比越多越有助于减少碳排放，但是过高占比的新能源将显著增加能源供给侧的不确定性，增加了源网荷协调运行和电力实时平衡的难度；②风电、光伏发电等新能源接入电力系统多采用电力电子装置，其动态特性与水电、火电等发电机组完全不同，水电、火电、风电、光伏发电等异种能源在多时间尺度下的协同运行是实现减碳目标的基础和前提，但是高比例电力电子装置接入电力系统将使得系统转动惯量减小、频率调节能力降低，极大地增加电力系统安全稳定运行的难度。

从运行机理上看，低碳电力系统是随机-确定耦合电力系统。传统电力系统是确定性电力系统，这是由于：①负荷是可预测且相对准确的；②水电、火电等机组的运行方式是确定的；③水电、火电等机组可以在一定范围内跟踪负荷的变化，同时系统具有一定容量的调峰调频备用容量；④风电、太阳能发电等新能源占比非常低，其不确定性不足以影响系统稳定运行。但是对于低碳电力系统，风电、太阳能发电等新能源在能源供给中占比高且还在逐步增加，其不确定性将导致电力系统的能源供给侧具备随机性，同时水电、火电等发电机组在电力系统低碳化过程中还将长期存在，这使得电力系统的能源供给侧具备一定程度的确定性。因此，低碳电力系统是随机-确定耦合的电力系统，并且随着新能源占比的持续增加，其随机的程度也相应加大，该系统将在电力系统调度、有功/无功功率平衡、小干扰稳定控制、暂态稳定控制等方面呈现出新的动态行为和新的运行机理。

从演化模式上看，低碳电力系统是集中式与分布式并存的电力系统。小规模的风电、太阳能发电等新能源接入低电压等级的电网，实现微电网内或配电层级的就地电力实时平衡；大规模的风电、太阳能发电等新能源规模化集约化开发，接入高电压等级的电网，实现大容量、高电压、远距离的传输，在更大的地理范围内实现电力实时平衡和资源优化配置。同时，大型水电站、具备大容量电能存储能力的抽水蓄能电站、大规模光热发电站等将使得大电网同步特性得以保证，并且由于风电、太阳能发电等新能源装机容量将数倍于负荷，势必引导抽水蓄能电站和化学储能容量显著增加，其增量容量将根据规划要求分属集中式、分布式等不同应用场景。可以预见，微电网、有源配电网、局部直流电网等新形态电网将与大电网协同发展。以集中式取代分布式，或以分布式取代集中式形成单一模式的电力系统不是低碳电力系统的终极演化模式。与此相适应，低碳电力系统调度呈现广义调度特征，电网调度模式也是集中式与分布式并存的，在大电网中是集中调度，在微电网、有源配电网、局部直流电网等新形态电网中将出现分布式调度。

1.1.3 电力系统低碳与安全的关系

电力系统低碳化过程本质上是低碳目标与安全目标不断协调和演化的过程。过分强调低碳目标而忽视安全目标，不顾电网安全无序发展风电、太阳能发电等新能源，这极易导致电力系统安全稳定事故、甚至大停电事故的发生；过分强调安全目标而忽视低碳目标，将会导致风电、太阳能发电等新能源消纳难，产生弃风弃光现象，阻碍了碳中和国家战略的实现。因此正确处理电力系统低碳与安全的关系至关重要。

(1)低碳是电力系统的目标。我国二氧化碳排放将于 2030 年前达到峰值，2060 年前实现碳中和，这是既定的国家战略。这意味着中国作为世界上最大的发展中国家，将完成全球最高碳排放强度降幅，用全球历史上最短的时间实现从碳达峰到碳中和。电力系统作为能源转型的中心环节，将承担着更加迫切和繁重的清洁低碳转型任务，要持续增大风电、太阳能发电等新能源的消纳，提高电网大范围优化配置资源的能力，激发负荷侧和新型储能技术等潜力，形成源网荷储协同消纳新能源的格局，不断适应更高比例的新能源开发利用需求。

(2)安全是电力系统的底线。低碳电力系统应是充分保障能源安全和社会发展的高度安全性电力系统。风电、光伏发电等新能源接入电力系统的规模快速扩大，新型电力电子设备应用比例的大幅提升，这将导致电力系统的技术基础、控制基础和运行机理发生深刻变化，电力电量平衡和安全稳定控制将面临前所未有的挑战。仅依靠传统的电源侧和电网侧调节手段，已经难以满足新能源持续大规模并网消纳的需求，因此有必要深入研究低碳电力系统的安全稳定控制新理论，发展适合于低碳电力系统的调度、有功/无功功率平衡、小干扰稳定控制、暂态稳定控制等新方法和新手段，并在低碳电力系统理论分析、控制方法、调节手段等方面发展创新，应对日益加大的各类安全风险和挑战。

1.2 低碳电力系统调度问题

随着风电、太阳能发电等新能源接入电力系统的规模越来越大，火电等常规能源在电力系统中占比的逐渐减小，以及负荷的用电特性不确定性显著增强，低碳电力系统运行与控制呈现出确定性不断减弱、随机性大幅增加的演化特征，这使得电力系统能量平衡和功率平衡成为困扰电网调度运行控制的核心问题。此问题关系到电力系统大规模消纳新能源的能力，直接影响电力行业碳排放目标的实现。除此之外，在能源供给侧和能源消费侧出现了微电网、分布式电力系统、有源配电网、局部直流电网、光储充一体化电站等新型业态，这些电力市场参与主体也出现了以低碳或零碳为目标的资源优化配置和调度的需求。

1.2.1 低碳电力系统调度模式

传统电力系统中电网调度至关重要，是电力系统安全稳定运行的神经中枢。电网调度是按不同时间尺度综合应用负荷预测、机组组合、日前计划、在线调度、实时控制等实现电力系统实时电力平衡和应急故障处理的。传统电力系统调度的主体是电网调度机构，调度的对象是水电、火电等发电机组，调度的目标是经济调度，即在安全约束的前提下以总发电成本最小化为目标。此时的电力系统由于风电、太阳能发电等新能源是补充能源，占比非常小，因此在电网实际调度时遵循新能源发电能发尽发、优先上网的原则，但若发生电网安全、功率难以平衡等情况时，则只能弃风弃光。

对于低碳电力系统，由于源荷界限开始模糊、新能源发电出力的不确定以及负荷的可调度性，调度不再仅仅限于电网侧调度，在电源侧、用电侧甚至储能侧都有资源优化配置的需求和调度概念。调度已具备广义的特征，在不同场景下具有不同的涵义，为方便阐述可以按电源侧、电网侧、用电侧、储能侧进行划分。在电网侧，调度的主体是电网调度机构，调度的对象既包括水电、火电等常规能源和风电、太阳能发电等新能源，还包括具有可调度性的柔性负荷，调度的目标是经济与环境协调调度，即在安全约束的前提下以碳排放最小化为主要目标，总发电成本最小化为辅助目标。此时的电力系统由于风电、太阳能发电等新能源占比已经较高，常规能源不仅要跟踪负荷的变化，还需要平抑风电、太阳能发电等新能源出力的随机性和波动性。在电源侧，发电集团和流域开发公司由于具备多种类型的发电机组且机组具有时间和空间广域互补性，这将衍生出电源侧调度模式，此时调度的主体是发电集团和流域开发公司，调度对象是发电集团和流域开发公司内部多种类型的发电机组，调度的目标以碳排放最小化为主要目标，以经济效益最大化为辅助目标。当碳排放权的成本计入目标函数时经济效益最大化可以作为调度的唯一目标，典型的电源侧调度模式有：梯级水电站群发电优化调度、考虑碳排放权的多能源机组组合优化调度、考虑辅助服务的新能源发电优化调度等。在用电侧，微电网、分布式电力系统、有源配电网、局部直流电网、光储充一体化电站等使得负荷具备可调度特征，可参与电网的双向互动，典型的用电侧调度模式有：集群型大用户用电优化调度、聚类型负荷优化调度、分布式电力系统优化调度等。在储能侧，调度的主体是电网调度机构，也可以是储能主体，调度的目标兼顾碳排放最小化和经济效益最大化，典型的储能侧调度模式有：风电、太阳能发电等新能源与抽水蓄能协同优化调度、储能系统优化调度等。上述关于电源侧、电网侧、用电侧、储能侧调度模式的划分不是绝对的，源源互补、源网协调、网荷互动、源荷互动、源网荷协调、源网荷储协调等新需求将不断催生新的调度模式。

1.2.2 负荷的可调度性

电力系统低碳化过程中，风电、太阳能发电等新能源大规模接入电网是大势所趋，但其接入也将使得电源侧出力具备不确定性和随机性。增大负荷的可调度性将可以平抑风电、太阳能发电等新能源出力的随机性，此时的负荷用电特性将由刚性的、被动的、不可调度的特性逐步向柔性的、主动的、可调度的特性转变。可调度性负荷通常具有不确定性和源荷双重特性，具体体现在：

(1)负荷的不确定性。传统电力系统中负荷可以做到精确预测，这是因为此时的负荷在时间和空间分布上是确定性的；低碳电力系统中负荷由于在时间和空间分布上受行为习惯、用电习惯等因素影响表现出不确定性。例如，将电动汽车充放电作为一种负荷，其充放电时间和地点受用户消费习惯影响呈现出不确定性，其充放电地点可以是在家也可以是在办公室，还可以是大型商场停车场，甚至可以是在自驾旅途中。

(2)负荷的源荷双重特性。传统电力系统中负荷只是一种消耗有功功率或无功功率的负载；低碳电力系统中负荷具有源荷双重特性，在充电时或用电时表现为负荷，在放电或发电时表现为电源，这种情况将导致输电网或配电网潮流出现双向流动。电动汽车、储能系统、微电网、分布式电力系统等均表现出源荷双重特性。

可调度性负荷可以参与日前调度计划和日内调度、实时调度，在削峰填谷、平抑新能源出力的不确定性和提供辅助服务等方面具有重要应用潜力。在低碳电力系统调度中，可调度性负荷可以视为虚拟发电机组参与日前调度计划；并且由于日前负荷预测和风电、太阳能发电等新能源出力预测存在一定程度的误差，此时可以让可调度性负荷参与日内计划和实时调度，进而可以确保电力系统在日前、日内、实时等不同时间尺度上实现电力供需平衡。对于可快速调整用电功率的负荷，在日内、实时调度中可以作为瞬时响应负荷参与系统二次调频。

1.2.3 源网荷储协调调度

源网荷协调调度或源网荷储协调调度是低碳电力系统安全稳定运行的基础。传统电力系统中由于负荷的刚性和负荷可以准确预测，电网调度的重点是对发电机组的调度，即源的调度。但是在低碳电力系统中，源由水电、火电等常规能源和风电、太阳能发电等新能源组成且源具备不确定性，荷具备可调度性和源荷双重特性，因此电网调度的重点在于对源荷的协同调度。此时电力系统调度已由源随荷动改为源荷互动。对于风电、太阳能发电等新能源占比高的电力系统，荷的可调度性不足以匹配新能源的不确定性，抽水蓄能和化学储能将参与源荷互动，确保在电力系统调度中能实现电力实时平衡。抽水蓄能和化学储能中的电能来自其他时间段、其他地点的风电、太阳能发电等新能源出力，通过这种跨时间跨空间电力平衡机制可实现源网荷储协调调度。

近年来电气工程、控制工程、信息通信等技术深度融合，新能源功率预测技术、智能电网调度自动化技术、灵活交流输电系统技术等为源网荷储协调调度奠定了坚实的基础。

(1)新能源功率预测技术。风电、太阳能发电等新能源易受气候、地形等自然因素影响，出力在时间分布上不确定性强，具有随机性、波动性。新能源功率精确预测的难度显著大于传统电力系统的负荷预测。受制于天气预报精度等因素影响，目前风电功率日前预测偏差有时在20%以上，对电力实时平衡的影响已超过了负荷预测偏差对电力实时平衡的影响，这对制定电力系统日前调度计划和进行日内调度、实时调度非常不利，有可能对高比例新能源电力系统的安全稳定运行带来隐患。原有适合负荷预测的理论和方法，如时间序列预测方法、神经网络预测方法、组合预测方法等，在应用于新能源功率预测时精度有待进一步提高。

(2)智能电网调度技术。该技术除涵盖传统电力系统中的调度自动化技术外，还新增了风电、太阳能发电等新能源调度、柔性负荷调度、储能系统运行与控制、源网荷协调调度或源网荷储协调调度、分布式发电系统调度与运行等。该技术可以实现常规能源、新能源等多种能源机组协调运行，实现多种能源在广域范围内或分布式场景下的资源优化配置。

(3)灵活交流输电系统技术。抽水蓄能和化学储能与风电、太阳能发电等新能源联动，本质上是增加了电源侧调度的灵活性；负荷的可调度性特性及柔性负荷参与日前调度计划和日内调度、实时调度，本质上是增加了用电侧调度的灵活性；这些电源侧和用户侧灵活性会带来电力系统中潮流分布的显著变化，甚至会带来电力系统中潮流流动方向的改变，使得电力系统实时功率平衡和稳定运行控制变得异常困难。此时，有必要增加电网侧调度的灵活性，灵活交流输电系统(flexible AC transmission systems，FACTS)技术通过现代电力电子技术和自动控制技术结合来改变交流电力系统的运行参数或者网络参数(如输电线路阻抗、母线电压和相角等)，可以很大程度地提高线路潮流和电压的可控性，从而提高电网侧调度的灵活性。

1.3 低碳电力系统稳定控制问题

低碳电力系统以碳排放最小化为主要目标，这意味着风电、太阳能发电等新能源出力越大越好，电力系统将会由常规能源和新能源并存的电力系统演化为以新能源为主体的新型电力系统。风电、太阳能发电等新能源占比提升将由量变转变为质变，这将带来电力系统运行与控制基础理论的突破和变革。新型电力系统的“新”就表现在新的电力系统运行与控制基础理论,具体包括:风电、太阳能发电等新能源出力不确定性对低碳电力系统影响机理;低碳电力系统的小干扰稳定、暂态稳定、电压稳定、频率稳定的机理和控制方法;高比例电力电子设备对同步交流电力系统影响机理;高比例电力电子设备故障下电力系统稳定控制方法;低碳电力系统的低频振荡、次同步振荡、宽频振荡等电力系统失稳现象的机理与抑制方法;严重故障下低碳电力系统的失步振荡机理和失步振荡中心迁移规律;低碳电力系统的失步解列判据和失步解列策略等。

1.3.1 理论创新

低碳电力系统运行与控制基础理论的突破能为电力系统低碳转型、实现碳中和国家战略提供理论基础和方法支撑。为实现上述突破,需要在以下基础理论上进行创新。

(1)大规模新能源接入下随机-确定耦合电力系统动态行为分析。大规模新能源接入导致的最根本性变化是电力系统在电源侧呈现出更大的不确定性,并且随着新能源占比的逐步提高这种不确定性特征更明显;水电、火电等常规能源仍保持了电力系统在电源侧的确定性。水火风光等多种能源使得低碳电力系统在电源侧具备了随机-确定耦合特征,在此基础上电力系统的小干扰稳定、暂态稳定、电压稳定、频率稳定、低频振荡、次同步振荡等都需要在随机-确定耦合框架下进行研究和探索。

(2)低碳电力系统的随机微分动力系统模型与演化规律。传统电力系统建模后对应的是一个高阶、确定性的微分动力系统,大规模新能源接入和可调度负荷使得该微分动力系统具备随机性。该系统的稳定条件、扰动和故障情况下系统解随时间演化规律、小干扰下邻域稳定特征、大干扰和故障下稳定状态迁移和过渡过程等都需要重点研究。这些研究成果将对低碳电力系统运行与稳定控制具有重要的理论指导意义和应用价值。

(3)低碳电力系统的时滞和时变参数系统的稳定性与镇定方法。低碳电力系统有两大特征,一是大规模新能源接入使之具备不确定性特征,二是大范围能源资源优化配置使之具备广域特征。如抽水蓄能与风电、太阳能发电等新能源协调运行就兼具不确定性和广域特征。低碳电力系统的广域特征决定了该系统的模型是时滞系统。同时,低碳电力系统的不确定性特征可以用时变参数描述,这决定了该系统的模型是时变参数系统。以时滞和时变参数系统来分析低碳电力系统不仅可以实现对系统的稳定性分析,还可以实现控制器设计。

1.3.2 关键技术

除了在低碳电力系统稳定控制理论上突破以外,以下关键技术使得低碳电力系统稳定控制实现成为可能。

(1)广域测量技术。广域测量系统(wide area measurement system,WAMS)是全球定位技术(global position system,GPS)在电力系统中的应用,可以获得广域范围内统一时间坐标下电力系统状态值(包括发电机功角、母线电压或电流的幅值和相角等)。广域测量系统采用的全球定位技术最初为美国的 GPS 卫星导航系统,我国现正逐步改为北斗卫星导航系统(BeiDou navigation satellite system, BDS)。广域测量系统为源网荷储协调调度提供了统一时钟下电力系统基础数据支撑,可以实现在广域范围内跨空间电力实时平衡,为抽水蓄能和风电、太阳能发电等新能源协调调度、电力资源广域优化配置、低碳电力系统广域稳定控制等奠定了基础。

(2)信息物理系统控制技术。信息物理系统(cyber physical system, CPS)由两部分组成,一是按自然物理原则运行的物理系统,二是体现控制目标并作用于物理系统使之按意图运行的信息系统。CPS是针对物理系统和信息系统异构互斥问题提出的,采用体现两类系统共性特征的分析与控制方法实现物理系统和信息系统融合统一。低碳电力系统具备典型CPS特征,电力物理系统和电力信息系统实现了深度融合,源网荷协调调度、源网荷储协调调度、区间振荡控制、失步振荡控制等都是电力信息系统对发电机、变压器、输电线路、负荷等元件组成的电力物理系统的控制。低碳电力系统稳定控制以CPS视角进行分析和研究有助于实现信息域、物理域的协同安全。信息物理社会系统(cyber physical social system, CPSS)作为以CPS为基础且进一步考虑社会域的CPS,具有人机物协同的特征,已开始被认为是实现低碳电力系统调度与稳定运行的关键技术之一。

(3)区间振荡控制技术。区间振荡指发电机的转子角、转速、线路功率等发生近似等幅或增幅的、振荡频率较低的振荡。区间振荡现象仍时有发生,有的区间振荡由于控制不当甚至导致电力系统解列和大停电等严重后果。经过长期的研究,学者们在区间振荡产生机理、分析方法、阻尼控制器设计等方面已取得较好的成果,负阻尼机理、强迫共振机理、分岔和混沌理论等都被用于解释区间振荡产生的物理本质。广域测量环境下低碳电力系统区间振荡时滞控制研究也正在开展。

(4)失步振荡控制技术。大规模新能源接入电力系统后系统惯性降低,电力系统的安全稳定运行面临严峻挑战,失步解列作为系统第三道防线的重要组成部分,对防止电网崩溃和大面积停电事故具有重要意义,是高比例新能源电力系统稳定运行的最后保障。严重故障后电力系统振荡模式变化迅速,在系统失步过程中,失步振荡中心呈现特定的电气量特征,失步解列装置通过捕捉失步振荡中心作为解列依据。鉴于失步振荡控制技术对低碳电力系统极端重要性,大规模风电接入对失步振荡的影响机理、失步振荡中心迁移规律、失步振荡的解列判据和解列策略等研究都在开展中。

1.4 本书的主要内容

电力系统调度与稳定控制问题是电气工程领域的重要科学问题,世界各国从事该领域研究的专家学者对此进行了长期的研究和探索。同时电力系统调度与稳定控制问题还是重要的工程问题,事关电力系统安全稳定运行和国家能源安全,并对国民经济发展和社会和谐稳定起着至关重要的作用。我国电力系统调度与稳定控制技术的发展水平与我国电网发展阶段密切相关。我国已建成世界上规模最大、电压等级最高、运行控制最复杂的互联电力系统,已建成世界上单机容量最大的水轮发电机组和装机容量最大的水电站,并且我国的风电、光伏发电等新能源装机容量位居世界第一。这使得解决我国电力系统调度与稳定控制问题更具挑战性、技术难度更高、且更为迫切。

我国已提出碳中和国家战略和具体时间节点需要达到的减碳目标,明确提出要构建以新能源为主体的新型电力系统,这使得电力系统调度与稳定控制问题与以往相比凸显其更加重要的科学价值和更为重要的应用价值。可以说,电力系统调度与稳定控制问题解决的程度和解决的好坏事关以新能源为主体的新型电力系统建设成败,直接影响国家碳达峰和碳中和目标的如期实现。

在碳达峰和碳中和国家战略驱动下，低碳化成为电力系统未来发展趋势，以水火电等常规能源为主体的传统电力系统将向以风光等新能源为主体的新型电力系统转型。这将导致电力系统调度与稳定控制问题发生根本性变化：调度对象将由水火电为主能源的传统电力系统转变为具有高比例新能源与高度电力电子化特征的新型电力系统，调度目标将由安全经济调度转变为安全低碳调度，调度理念将由“源随荷动”转变为“源荷互动”，稳定控制中功角、频率、电压等电力系统状态稳定机理和低频振荡、宽频振荡、失步振荡等失稳现象形成的机理更加复杂。并且，与西方发达国家相比，我国将用史上最短时间实现碳中和，这也意味着我国将用史上最短时间实现将世界上规模最大、电压等级最高、运行控制最复杂的电力系统转变为以新能源为主体的新型电力系统，实现电力系统绿色低碳转型和能源变革。因此，面向国际电力科技前沿和面向国家重大需求，系统、全面、深入研究低碳电力系统调度与稳定控制问题尤为迫切。

本书共分为9章，包括如下几个方面的主要内容：低碳电力系统机组组合理论和方法、低碳电力系统智能优化调度方法、低碳电力系统时滞稳定性理论、区间低频振荡控制方法、失步振荡机理和解列控制策略等。这些内容是低碳电力系统能否实现安全低碳运行的关键，也是以水火电为主能源的传统电力系统能否向以风光等新能源为主体的新型电力系统成功转型的关键。

第1章为绪论，从国家碳达峰、碳中和目标出发，基于电力系统低碳化是一个在能源供给侧和能源消费侧逐步减碳的过程，提出电力系统低碳化阶段划分，阐述了低碳电力系统中低碳是目标、安全是底线，分析了低碳电力系统组成结构、运行机理、演化模式等特征，简要叙述了低碳电力系统必须解决的关键科学问题——调度与稳定控制问题。

第2章论述了低碳电力系统机组组合模型和方法。机组组合问题是传统电力系统中最基本的问题，其核心是在满足电力系统运行和安全约束的条件下合理确定调度期内机组的开、停状态和各机组出力情况以实现特定的目标。根据我国碳中和国家战略可知，从实现碳达峰到实现碳中和的时间跨度为三十年，这决定了电力系统低碳化是一个长期过程，也决定了机组组合问题仍然是低碳电力系统中最基本的问题。从数学模型上来说，低碳电力系统机组组合问题本质上还是属于大规模混合整数非线性优化问题。因此，本章从数学模型、求解方法、仿真计算等方面重点阐述了大规模多约束多时段机组组合、考虑机组爬坡约束的机组组合等。

第3章论述了低碳电力系统发电计划、最优潮流、有功负荷分配等问题的智能优化调度方法，重点阐述了计及阀点效应的电力系统动态经济调度、安全约束下的电力系统最优潮流分布、水火电力系统的短期有功负荷分配和梯级水电系统短期发电计划等问题的建模过程和求解方法。这些方法能快速获得计算结果，对制定电力系统日前、日内和实时调度计划具有重要的指导意义。

第4章论述了低碳电力系统时滞稳定模型和时滞相关稳定性分析方法。与传统电力系统相比，低碳电力系统对广域测量系统有更为重要的需求。在进行区间振荡控制时，广域测量系统不可避免地带来了信号传输时滞，而此时滞往往是系统失稳、阻尼控制器性能恶化并失效的主要原因。本章探讨了基于广域测量系统的低碳电力系统时滞相关稳定性问题，详细阐述了阻尼性能与时滞稳定裕度的交互影响机理，发现了广域控制信号传输时滞、电力系统时滞稳定裕度、阻尼性能三者相互影响的规律，揭示了以广域控制信号传输时滞作为时延攻击导致低碳电力系统失稳的传播和演化机理，为设计具有“时延攻击韧性”的广域阻尼控制器提供了最基础的理论支撑。

第5章针对严重影响低碳电力系统稳定运行的区间振荡问题，阐述了区间振荡的阻尼控制原理，主要论述了广域信号传输时滞对电力系统的影响、时滞稳定裕度的求解、广域控制信号选择、控制器参数确定等问题。本章还详细阐述了基于通信时延的统一潮流控制器阻尼控制器设计方法，提出了统一潮流控制器阻尼控制器约束优化控制策略。这些阻尼控制器设计准则能为区间振荡抑制提供重要的理论指导和方法支撑。

第6章主要讨论了灵活交流输电系统多目标时滞阻尼控制问题。灵活交流输电系统对源网荷协调调度和稳定控制具有极端重要性，因此本章分析了灵活交流输电系统多目标时滞阻尼控制问题，重点讨论了含灵活交流输电系统设备的时滞电力系统建模，提出了灵活交流输电系统阻尼控制器多目标协调控制策略。

第7章详细分析了失步振荡的机理。低碳电力系统中大规模新能源接入后系统惯性降低，系统遭受扰动和故障后发生失步振荡的风险大增。在系统发生失步振荡时，具备不同故障穿越能力的风电机组将呈现不同的运行方式，进而影响系统振荡模式与失步解列装置的动作情况。因此，本章探讨了风电对失步振荡中心的影响机理，发现系统失步场景下双馈风力发电机定子磁链的自由分量不会衰减、转子变换器中将产生过电压与过电流、振荡中心将由在线路某一范围内迁移变为在整条线路上迁移等规律。本章还详细描述了失步振荡中心电压频率演变规律，并详细阐述了基于电压相角轨迹的多频系统失步振荡中心定位方法。

第8章重点论述了失步振荡的解列判据。失步解列作为系统第三道防线的重要组成部分，对防止低碳电力系统崩溃和大面积停电事故具有重要意义，失步解列判据是进行失步解列的前提和基础。根据失步中心迁移场景下，失步中心两侧母线电压频差过零、出现反向等特征，提出了基于母线电压频率的失步解列判据，该判据能适应失步中心的迁移，且不受电网结构和运行方式的限制。本章还论述了基于实测受扰轨迹考虑量测误差的失步解列判据。

第9章重点论述了失步振荡的解列控制。快速准确地对受扰机组进行同调分群并进而求解最优解列断面是主动解列的关键。本章详细论述了考虑风电场并网的大电网快速主动解列策略、考虑发电机同调分群的大电网快速主动解列策略和基于半监督谱聚类的最优主动解列断面搜索。这些研究能为低碳电力系统的失步振荡解列控制提供基础理论和方法策略的支撑。

参考文献

[1]刘吉臻. 新能源电力系统建模与控制[M]. 北京：科学出版社，2015.

[2]国家电力调度中心，电网典型事故分析[M]. 北京：中国电力出版社，2008.

[3]赵遵廉，舒印彪，雷晓蒙，等. 电力系统安全稳定导则[M]. 北京：中国电力出版社，2001.

[4]薛禹胜. 运动稳定性量化理论-非自治非线性多刚体系统的稳定性分析[M]. 南京：江苏科学技术出版社，1999.

[5]康重庆，陈启鑫，夏清. 低碳电力系统理论与应用[M]. 北京：科学出版社，2019.

[6]余贻鑫，王成山. 电力系统稳定性理论与方法[M]. 北京：科学出版社，1999.

[7]孙元章，程林，何剑. 电力系统运行可靠性理论[M]. 北京：清华大学出版社，2012.

[8]韩英铎，王仲鸿，陈淮金. 电力系统最优分散协调控制[M]. 北京：清华出版社，1997.

[9]舒印彪,张启平.超长距离交流输电技术分析[M].北京:中国电力出版社,2020.
[10]KUNDUR P. Power System Stability and Control[M]. New York: McGraw-Hill Inc, 1994.
[11]周孝信,鲁宗相,刘应梅,等.中国未来电网的发展模式和关键技术[J].中国电机工程学报,2014,34(29):4999-5008.
[12]周孝信,陈树勇,鲁宗相.电网和电网技术发展的回顾与展望-试论三代电网[J].中国电机工程学报,2013,33(22):1-11.
[13]舒印彪,薛禹胜,蔡斌,等.关于能源转型分析的评述(一)转型要素及研究范式[J].电力系统自动化,2018,42(9):1-15.
[14]舒印彪,薛禹胜,蔡斌,等.关于能源转型分析的评述(二)不确定性及其应对[J].电力系统自动化,2018,42(10):1-12.
[15]吴俊,薛禹胜,舒印彪,等.大规模可再生能源接入下的电力系统充裕性优化(一)旋转级备用的优化[J].电力系统自动化,2019,43(8):101-109.
[16]吴俊,薛禹胜,舒印彪,等.大规模可再生能源接入下的电力系统充裕性优化(二)多等级备用的协调优化[J].电力系统自动化,2019,43(10):19-26.
[17]吴俊,薛禹胜,舒印彪,等.大规模可再生能源接入下的电力系统充裕性优化(三)多场景的备用优化[J].电力系统自动化,2019,43(11):1-7,76.
[18]LIU G, TOMSOVIC K. Quantifying spinning reserve in systems with significant wind power penetration [J]. IEEE Transactions on Power Systems, 2012,27(4): 2385-2393.
[19]鞠平,刘咏飞,薛禹胜,等.电力系统随机动力学研究展望[J].电力系统自动化,2017,41(1):1-8.
[20]李洪宇,鞠平,陈新琪,等.多机电力系统的拟哈密顿系统随机平均法[J].中国科学(技术科学),2015,45(7):766-772.
[21]余贻鑫.电力系统安全域方法研究述评[J].天津大学学报,2008,41(6):635-646.
[22]舒印彪,张智刚,郭剑波,等.新能源消纳关键因素分析及解决措施研究[J].中国电机工程学报,2017,37(1):1-8.
[23]袁小明,程时杰,文劲宇.储能技术在解决大规模风电并网问题中的应用前景分析[J].电力系统自动化,2013,37(1):14-18.
[24]吴为,汤涌,孙华东,等.基于广域量测信息的电力系统暂态稳定研究综述[J].电网技术,2012,36(9):81-87.
[25]薛禹胜.时空协调的大停电防御框架(一)从孤立防线到综合防御[J].电力系统自动化,2006,30(1):8-16.
[26]薛禹胜.时空协调的大停电防御框架(二)广域信息、在线量化分析和自适应优化控制[J].电力系统自动化,2006,30(2):1-10.
[27]薛禹胜.时空协调的大停电防御框架(三)各道防线内部的优化和不同防线之间的协调[J].电力系统自动化,2006,30(3):1-10,106.
[28]任先成,李威,薛禹胜,薛峰,方勇杰,李勇.互联电网失稳模式演化现象及其影响因素分析[J].电力系统自动化,2013,37(21):9-16.

[29]YOU HAIBO,VITTAL V, ZHONG YANG. Self-healing in power systems: an approach using islanding and rate of frequency decline-based load shedding[J]. IEEE Transactions on Power Systems, 2003,18(1):174-181.

[30]XUE YUSHENG,XU TAISHAN,LIU BING,et al. Quantitative assessments for transient voltage security[J]. IEEE Transactions on Power Systems,2000,15(3):1077-1083.

[31]汤涌.基于响应的电力系统广域安全稳定控制[J].中国电机工程学报,2014,(29):5041-5050.

[32]孙宏斌,王康,张伯明,等.采用线性决策树的暂态稳定规则提取[J].中国电机工程学报,2011,31(34):61-67.

[33]SUN KAI, SIDDHARTH LIKHATE,VITTAL V,et al. An online dynamic security assessment scheme using phasor measurements and decision trees[J]. IEEE Transactions on Power Systems, 2007,22(4): 1935-1943.

[34]XUE YUSHENG,YU XINGHUO. Beyond smart grid-a cyber-physical-social system in energy future[J]. Proceedings of the IEEE,2017,105(12): 2290-2292.

[35]YU XINGHUO, XUE YUESHENG. Smart grids: a cyber-physical systems perspective [J]. Proceedings of the IEEE,2016,104(5): 1058-1070.

[36]王成山,李鹏,于浩.智能配电网的新形态及其灵活性特征分析与应用[J].电力系统自动化,2018,42(10):13-21.

[37]肖定垚,王承民,曾平良,等.电力系统灵活性及其评价综述[J].电网技术,2014,38(6):1569-1576.

[38]杨胜春,刘建涛,姚建国,等.多时间尺度协调的柔性负荷互动响应调度模型与策略[J].电力系统自动化,2014,34(22):3664-3673.

[39]郑超,苗田,马世英.基于关键支路受扰轨迹凹凸性的暂态稳定判别及紧急控制[J].中国电机工程学报,2016,36(10):2600-2610.

[40]顾卓远,汤涌,张健,等.基于相对动能的电力系统暂态稳定实时紧急控制方案[J].中国电机工程学报,2014,34(7):1095-1102.

低碳电力系统机组组合

第 2 章

2.1 引　言

机组组合(unit commitment,UC)问题是电力系统调度中最核心的问题,根据机组组合结果制定电力系统调度计划是电力系统安全稳定运行的前提和基础。机组组合问题是在满足多种约束的条件下合理确定电力系统中各机组在调度期内的开停机状态以及处于开机状态机组的出力大小,使得电力系统运行达到某种优化目标(如总运行费用最小、碳排放最少等)。解决低碳电力系统机组组合问题的关键:一是如何认识水火电等常规能源机组和风光等新能源电源在电力系统低碳化过程中的地位问题,即常规能源机组和新能源电源在低碳电力系统中占比的演化趋势问题,这个问题决定了低碳电力系统调度和稳定控制的理论、方法和关键技术选择;二是如何建立低碳电力系统机组组合数学模型,以及如何针对机组组合问题的特点寻求最合适的求解算法,使之能快速高效地获得机组组合结果。

对于第一个问题,我们认为在电力系统低碳化过程中风光等新能源电源不可能完全取代常规能源机组。从碳的排放看,水电机组和风光等新能源电源都可以做到零碳排放,核电在不考虑核废料处理等环保因素时也可以做到零碳排放,火电作为碳排放的主要来源将由提供电量为主的主要能源转变为提供电力为主的补充能源,碳捕集利用与封存(CCUS)技术突破程度决定了火电有序退出规模及在低碳电力系统中最终占比;从运行的不确定和波动性来看,风光等新能源电源受气候、地形等自然因素影响出力不确定性强,水电和核电出力确定性强,为平抑风光等新能源电源的随机性和波动性,以抽水蓄能为电能存储形式的水电装机容量将随着风光等新能源电源增加而增加;以光热发电为代表的新型太阳能利用形式具有同步发电机组特征,且光热发电装机容量正逐步增加,并可以在一定程度上克服光伏发电的缺点。从现在到今后相当长的时间内,对电力系统调度和稳定控制起决定作用的还是同步发电机组。电力系统依靠同步发电机组之间的电磁感应、同步力矩、阻尼力矩等维持电能量平衡和稳定性,在受到各种扰动时,同步发电机组之间相互作用使电力系统维持原来的平衡状态或过渡到新的平衡状态。因此,在电力系统低碳化过程中,同步发电机组的开停机状态以及出力大小仍旧是机组组合问题需要重点研究的对象。一些新的业态和场景也将出现在低碳电力系统机组组合中,如具有源荷双重属性的广义负荷可以作为虚拟电厂参与机组组合,数量巨大的风力发电机聚合成大容量的虚拟风机参与机组组合等。

对于第二个问题,从数学模型上看,低碳电力系统机组组合模型与传统电力系统机组组合模型本质上是一样的,都是大规模混合整数非线性约束优化问题。这个问题的决策变量包括两类:一是机组的开停机状态,对应的是数学模型中的只能取值 0 或者 1 的离散变量;二是处于开机状态机组的出力大小，对应的是数学模型中的连续变量。求解这个问题的难度是随着待求解机组数量的增加，算法的计算量呈指数倍增长，即出现“维数灾”(curse of dimensionality)问题。迄今为止，尽管学者们对机组组合问题进行了长期的研究，但是当系统的规模较大时机组组合问题要从理论上求得精确的最优解相当困难。鉴于机组组合结果对制定电力系统调度计划、保证电力系统安全稳定运行具有重要意义，有必要针对机组组合问题的特点寻求最合适的求解算法使之能快速高效地获得机组组合结果。

本章将对电力系统机组组合模型和方法进行评述，对电力系统机组组合的各种现代智能优化算法进行分类总结，详细评述各种方法优点和存在的不足之处，为低碳电力系统机组组合问题的建模和求解提供基础。然后，针对大规模多约束多时段机组组合问题和考虑机组爬坡约束的机组组合问题，探讨这些问题的优化目标、约束条件和建模过程，寻求并重点阐述能有效求解这些问题的计算方法，最后验证上述机组组合计算方法能克服“维数灾”问题获得满意的计算结果。

2.2 低碳电力系统机组组合模型和方法

电力系统的机组组合问题对电力系统安全稳定运行至关重要。随着计算机技术的迅速发展和优化理论的深入研究，国内外的电力专家和学者几乎尝试了应用所有优化算法解决电力系统的机组组合问题，但到目前为止，还没有找到一种既理想又实用的算法，究其根本原因，是因为该问题本身是一个复杂的大型、动态、有约束的混合整数非线性规划问题。如何在已有研究成果的基础上继续完善、改进和探索新的求解方法，是低碳电力系统调度和稳定控制所面临的一个亟待解决的问题。本节将对机组组合的优化目标和约束、机组组合的求解方法等研究和应用现状进行论述，以期能反映出这一领域的研究现状和最新动向。

2.2.1 机组组合的优化目标和约束

在传统电力系统中，确定性的电源和可准确预测的负荷是日前调度计划、日内调度计划和实时调度的对象。由于传统电力系统调度是以源随荷动为基本特征的，日前调度计划、日内调度计划中总是先准确预测待调度时段的负荷，接着根据负荷确定相应调度时段的电源出力，最终实现各调度时段的电力实时平衡。从传统电力系统调度业务流程可知，机组组合问题成为电力系统安全稳定运行的前提和基础，机组组合结果就是各调度时段的机组发电计划。在传统电力系统中，机组组合是在调度周期内满足各种运行约束和安全约束的前提下，通过合理地控制机组的开、停状态和机组出力以实现总运行成本最低的目标，此时机组组合也就是电力系统经济调度或电力系统短期发电计划。同时，由于电力市场化和各市场主体商业化运营，机组组合还被赋予了新的内容。电力市场环境下传统的短期发电计划转变为买卖双方之间的电力交易计划，电价成为确定电力交易计划的核心，机组开、停和负荷分配的主要依据除了参考可准确预测的负荷以外，还必须考虑电源出力与电价之间的函数关系，此时的电源出力和负荷对电价都有弹性，机组组合的目标转变为在保证电网安全运行的前提下，以电网获得效益最大为准则，按电价择优安排发电计划，而不再以传统的追求系统综合发电成本最低为目标。从以上分析可知，传统电力系统机组组合没有将碳排放作为主要优化目标。

在低碳电力系统中，日前调度计划、日内调度计划和实时调度仍然存在，不过调度的对象变成了不确定性的电源和可调度的负荷。这将带来调度模式从源随荷动向源荷互动或源网荷协调模式转变。相应的机组组合目标也从总运行成本最小化或电网效益最大化转变为碳排放最小化。考虑到风电、太阳能发电等新能源强不确定性，抽水蓄能和化学储能等被用来平抑新能源电源的强不确定性。此时的机组组合结果必须将风电、太阳能发电等新能源发电优先安排进日前调度计划和日内调度计划，同时抽水蓄能和化学储能也可能被安排进日前调度计划和日内调度计划。由于源荷的双重特性，负荷可以作为虚拟电厂参与电力实时平衡。由于低碳电力系统中火电还将在一段时间内存在，因此机组组合的优化目标除了碳排放最小化这一主要目标以外，还可以包含总运行成本最低、电网效益最大等辅助目标。

从数学的角度看，机组组合问题首先是一个优化问题，其次还是一个复杂优化问题，是一个包含整型和连续变量的高维、离散非凸的混合整数非线性优化问题。这个问题属于 NP(non-deterministic polynomial)完全问题。当系统的规模不大时，机组组合问题可以给出一个符合优化目标的机组开、停状态或各机组出力的计划；当系统的规模较大时，机组组合问题要从理论上求得精确的最优解相当困难。传统的优化算法如线性规划、二次规划、动态规划等在求解复杂机组组合问题时都或多或少地存在一些缺点，得不到十分理想的结果。现代智能优化算法如遗传算法、粒子群优化算法、禁忌搜索、模拟退火、进化规划、进化策略、人工神经网络、模糊优化等在求解复杂机组组合问题时可以克服维数灾问题，能获得理想的结果。

机组组合问题可根据电力系统的实际情况，建立不同的数学模型。从优化目标来看，机组组合问题可以是单目标优化，也可以是多目标优化；从约束条件看，机组组合问题可以包括电力系统运行约束，还可以包括电力系统的安全约束，甚至电力市场或碳排放市场的交易约束；机组组合问题的决策变量可以是各发电机组的开停机状态和出力，还可以包括用电侧的柔性负荷和储能侧的储能出力。一般来说，低碳电力系统机组组合问题的主要优化目标是碳排放最小化，辅助优化目标可以是调度周期内总运行成本费用最小或系统利润最大，考虑的约束条件通常包括：系统的电力平衡约束，机组出力上、下限约束，机组最小运行和停运时间约束，出力备用要求约束，机组加、减负荷变化速率约束，调度周期内允许开、停机次数，机组在调度周期始、末状态约束，线路传输容量限制，分区功率平衡约束，机组的燃料限制约束，随机停运约束等。

2.2.2 机组组合的求解方法

低碳电力系统机组组合问题属于 NP 完全问题，用传统的优化算法如线性规划、二次规划、动态规划等求解时存在“维数灾”问题，即随着系统规模的扩大计算量呈指数倍增长。为了克服维数灾问题，现代智能优化算法如遗传算法、粒子群优化算法、禁忌搜索、模拟退火、进化规划、进化策略、人工神经网络、模糊优化等被用于求解电力系统机组组合问题。

1. 遗传算法

遗传算法(genetic algorithm，GA)是在 20 世纪 70 年代由 John holland 提出的，其基于大自然中生物体遗传进化规律，是一种通过模拟自然进化过程搜索最优解的方法，可以用来求解电力系统机组组合问题。遗传算法能否成功获取电力系统机组组合结果，重点是算法在适应度函数、编码规则、遗传操作、约束处理的设计。①在适应度函数设计上，有学者将遗传算法应用于机组组合问题，为克服简单遗传算法的早熟现象，引入了随进化代数变化的适应值函数，并针对具体问题，加入特殊的窗口式交叉和变异操作算子，但随着机组台数的增多，计算时间增加很快；有学者在用遗传算法求解电力市场环境中的机组组合问题时，改变传统调度中以运行费用最小为目标函数，而以系统获得利润最大作为目标函数，并将此作为遗传算法的适应度函数。②在编码规则设计上，有学者提出一种新的遗传算法求解机组组合问题，采用一种紧凑的编码策略，引入特殊的算子对与时间有关的约束加以处理，在执行经济调度前对候选解加以特殊处理，使之成为可行解，这些措施有助于缩短遗传算法求解的时间和提高解的质量。③在遗传操作的设计上，有学者对遗传算法的变异算子进行了特殊的处理，算法能处理包含任何可转化成实际费用的约束，具有较强的鲁棒性，能在合理的计算时间内找到较好的方案；有学者提出一种新颖的改进遗传算法，首先根据系统负荷特性产生初始可行个体用以避免采用随机方法产生初始群体存在不可行个体的情况，并根据机组的最小开、停机时间将其分类，同时设计了具有局部爬山能力的智能变异算子。④在约束处理设计上，有学者提出一种并行遗传算法，根据遗传算法处理问题的难易程度，把约束条件分为难处理和易处理两类，难处理的最小开、停机时间约束采用适当的编码技术处理，而易处理的约束在负荷经济分配阶段以惩罚项的形式加入目标函数中；当考虑电力市场中有能量合同约束时，有学者将整个问题分解为上、下两级，在上级问题中采用遗传搜索决定机组的开、停状态，将能量合同约束放在下级经济调度问题中考虑，并采用对偶技术加以求解，同时采用变 λ 法消除因电价给解带来的振荡性。

还有学者发现了遗传算法与其他算法结合起来更有利于解决机组组合问题。①有学者把拉格朗日分解法和遗传算法有机地结合起来，将复杂的机组组合问题分解为一系列简单的子问题，形成多层次的优化问题，采用次梯度法优化拉格朗日乘子，对单台机组的子问题采用遗传算法求解，两者交替迭代进行，直到找出最优或次优的对偶解；②有学者采用具有专家知识规则的方法确定遗传算法的初始群体，并采用启发式法则对个体适应值进行评价，同时对遗传算法求得的最好解再用线性规划法进行一次优化，采用这些措施后，使遗传算法的收敛速度有所改善；③有学者采用遗传算法处理机组的开、停机状态，对非线性的经济调度问题采用二次规划法求解，算法中采用二进制和实数混合编码技术表示变量，使用修补法处理约束条件，这样既节省了内存，又加速了遗传算法的收敛速度；④有学者提出将整个求解问题分解为上、下两层，上层采用遗传算法和下层采用拉格朗日松弛法求解的混合算法，上层专门确定机组的开、停状态，下层用于求解在机组运行状态确定后的经济调度问题，对机组的最小开机和关机时间约束直接在遗传算法的编码中考虑，同时只有在系统的负荷平衡和机组的初(末)状态约束满足的条件下，才进行经济调度计算，这使得计算时间大大缩短。

从上述分析可知，遗传算法由于对待求解问题的目标函数无连续、可微等要求且具备并行计算的特征，在求解较为复杂的含有多参数、多变量组合优化问题时能够较快地获得较好的优化结果，并能克服维数灾问题。同时，该算法非常适合根据待求解问题的特征进行修正设计，或与其他优化算法进行组合设计，从而获得可行的电力系统机组组合结果。

2. 进化规划法

进化规划(evolutionary programming，EP)是一种基于自然进化原理的优化算法，其关键特征是新个体是在旧个体的基础上添加一个随机数产生的，添加值的大小与个体适应度相关。进化规划非常适合解决目标函数或约束条件不可微的优化问题。有学者把拉格朗日松弛法和进化规划法结合起来求解电力系统机组组合问题，对单台机组的子问题用前向动态规划法求解，而对拉格朗日乘子的更新采用进化规划法，可避免使用次梯度法计算中存在的收敛稳定性问题；还有学者先采用拉格朗日法得到一个初步开机方案，然后对每个时段的开机计划进行多余检查，对有多于开机台数的时段，采用进化规划法对初步开机方案进行调整，以此相互迭代直至求得满意解为止。

3. 模拟退火算法

模拟退火算法（simulated annealing，SA）是基于 Monte-Carlo 迭代求解策略的一种随机寻优算法，其思想来源于物理中固体物质的退火过程与一般组合优化问题之间的相似性。模拟退火算法从某一较高初温出发，伴随温度参数的不断下降，结合时变且最终趋于零的概率突跳特性在解空间中随机寻找目标函数的全局最优解。模拟退火算法的优点是具有全局优化性能、实现简单，缺点是收敛速度慢、控制参数难以确定。有学者把模拟退火算法应用于由 100 台机组组成的大型系统的机组组合中，得到了较好的次优解，计算速度比动态规划法快，能考虑复杂约束，具有广泛的适应性；有学者针对 SA 算法收敛速度慢的缺点，在开始阶段采取投机计算模式，在最后阶段采取连续子集模式的并行 SA 算法求解，但所研究的问题规模较小，仅有 10 台机组；还有学者提出一种新颖的基于分子系统几何优化模型的方法用以求解机组组合问题，该模型把机组看成是一种人工分子，将发电机组的运行状态视为绕分子周围运动的原子，将机组的组合问题转化为几何优化问题并采用 SA 法求解，当整个分子系统的总能量达到最小时，便可得到最优解，但该算法还不完全成熟，仅局限于求解 5 台机组在一个时段的组合情况，对多机组在多时段的情况还有待进一步研究。SA 算法能否成功获取电力系统机组组合结果，重点是算法在编码规则、约束处理、与其他算法的组合设计。在编码规则设计上，有学者提出两种编码方法，把机组的最小开、停机时间和机组的初（末）状态约束直接在个体的编码中加以考虑，并设计了新的邻域结构和搜索策略，用以提高算法的性能。在约束处理的设计上，有学者提出一种使 SA 在计算过程中产生的候选解能满足所有约束条件的方法。在与其他算法组合设计上，有学者将 SA 与二次规划组合提出一种在采用 SA 确定机组组合问题时随机产生可行解的新规则，对其中的经济调度采用二次规划法求解。

4. 禁忌搜索算法

禁忌搜索算法（tabu search，TS）是 F Glover 提出的一种模拟智力过程而扩展邻域的启发式搜索方法，在搜索过程中获得知识，能够以较大的概率跳出局部极值区。TS 方法最重要的思想是标记已搜索的局部最优解并在后续迭代搜索中尽量避开这些对象，从而保证对不同的有效搜索途径的探索。TS 方法以其较高的求解质量和效率已在许多组合优化问题中显示出强大的寻优能力，但存在对初始解依赖性较强的缺点，TS 的另一个缺点是搜索只是单对单操作。

禁忌搜索中邻域的处理非常关键。有学者提出采用限制邻域搜索的 TS 算法对机组组合问题进行求解；有学者提出把优先顺序法嵌入 TS 算法中减少搜索邻域中的候选解，以减少计算时间；还有学者为改善 TS 求解机组组合问题的性能，提出一种并行 TS 算法，其基本思想是将邻域分解成多子邻域以减轻计算的负担，同时把每个 Tabu 长度扩展为多个 Tabu 长度，以便产生不同的搜索方向，使得在保持解的多样性的同时能搜索到更好的解。禁忌搜索可以与其他优化算法组合求解电力系统机组组合问题，并能取得较好的效果：①有学者应用改进的 TS 方法确定组组合状态子问题，对经济调度子问题采用二次规划法求解，为避免出现局部极值，使用临时内存存放 TS 搜索中的最近 Tabu 表移动状态，动态地丢弃以前的解，从而根据不同的方向搜索到更好的解；②有学者将遗传算法和 TS 法相结合，在遗传算法的繁殖阶段应用

TS法产生性能优良的个体，采用二进制和实数混合的编码技术，对每台机组在整个调度期内的开、停状态用0、1二进制数表示，然后将其转化为相应的实数，这样在遗传算法的执行过程中可以缩小解的搜索空间，可节省计算时间，而在TS搜索中则采用临时内存避免解的重复，以解决局部极值问题；③有学者把禁忌搜索与模拟退火相结合，提出以确定模拟退火初始控制参数的策略，在模拟退火的搜索中利用禁忌搜索的短内存结构禁止解的循环；④还有学者将GA、TS、SA集成在一起，算法以GA为核心，采用二进制和实数混合的编码方法，在繁殖阶段，采用TS产生新个体，使用SA更新群体，采用以规则为基础的变异算子，对约束条件采用修补机制处理，使GA的适应函数只包含机组的费用信息。

5. 人工神经网络

人工神经网络在优化问题中，常用的两种重要模型是BP网络和Hopfield网络模型。神经网络模型的优点是在线计算能力强，适合实时控制。但同时也存在着收敛速度慢，易陷入局部极值点等缺点，且网络合适的隐含层数目和节点数目确定较困难。

有学者对人工神经网络在小规模机组组合问题中的应用作了初步探讨，所建立的神经网络模型可根据负荷大小动态调整机组的开、停状态，并把约束条件引入网络的能量函数中加以处理；有学者应用Hopfield网络模型求解机组组合问题，利用S型函数的优点可以较好地处理不等式约束，根据负荷和机组的数据通过网络的学习训练可以确定机组的运行状态，而对经济调度则采用优先顺序法求解，但该算法不能保证网络学习训练的收敛性及无法精确地将机组组合问题映射成神经网络模型；还有学者为使标准Hopfield网络能准确处理机组组合既有离散约束又有连续约束的混合优化问题，提出增广Hopfield网络模型。人工神经网络可以与其他优化算法组合求解电力系统机组组合问题，并能取得较好的效果：①有学者把神经网络与动态规划结合起来，当网络学习训练结束后，根据给定的负荷曲线通过网络产生一个初步的机组开、停计划(包括确定和不确定的机组运行状态)，然后对含有不确定运行机组的时段采用动态规划进行局部调整，较传统动态规划法节约了计算时间，又没有降低解的质量；②有学者将遗传算法引入神经网络的训练中以避免学习过程中出现的停滞现象，从而增加了网络的稳定性和计算的准确性；③还有学者把拉格朗日松弛法和Hopfield网络相结合，应用拉格朗日松弛法将机组组合问题加以分解，并把负的对偶函数视为网络的能量函数，用神经元表示拉格朗日乘子，而网络中乘子的更新及单台机组子问题采用动态规划法处理，对实际的数据集应用软件模拟得到了较为理想的结果，但若应用硬件实现，则可使收敛速度加快。

6. 模糊优化方法

模糊优化理论和方法起源于20世纪70年。Bellman和Zadeh提出的模糊决策概念和模糊环境下的决策模型，近年来在工程中得到广泛应用。将优化问题中确定性的约束条件用模糊方式表达，不仅能表示可行解，且对不可行解按照距离可行域的远近程度进行模糊处理，可有效地处理约束条件，以便将模糊理论与其他方法相结合来求得全局最优解。

有学者将每小时的负荷预测、机组费用、旋转备用均用模糊关系表示，提出一种模糊动态规划法求解机组组合问题，同时还对使用不同的隶属函数对结果产生的影响进行了探讨，但模糊动态规划法较常规动态规划法的计算时间要长得多；有学者对工程中很难用精确数学关系表示的问题采用模糊逻辑规则的推理形式描述，并将这种模糊逻辑方法应用于机组组合问题中，但模糊推理规则的确立因人而异，这对最后结果的好坏有直接影响；有学者建立了机组组合问题的模糊模型，模型根据事先给定的隶属函数将负荷预测和旋转备用模糊化，对机组运行状态子问题采用遗传算法求解，个体的编码使用0、1二进制数和实数相结合的混合编码方式，而经济调度部分则采用二次规划法求解；还有学者将基于约束满足的模糊排列方法应用于机组组合问题的求解中，可避免优化过程中的重复搜索。

7. 专家系统

专家系统是人工智能的一个重要分支，它是采用人类专家的知识、经验和推理方法等处理各种实际问题的智能化计算机程序系统。

有学者研究发现：调度员根据电力系统的运行情况将机组分为承担基荷、腰荷和峰荷三种类型，先根据负荷大小确定一个初步的开、停机计划，再根据专家规则推理得到最终结果，但究竟如何根据电力系统的运行情况和负荷类型较好地确定这三类机组的分类界限是较为困难的问题，而只把机组分为三类也是相当粗糙的，有时所求解达不到理想的精度。有学者把专家系统和人工神经网络相结合，神经网络可用于调度的前、后处理阶段，在前处理阶段期间，从数据库中选择与当前负荷变化趋势相近的调度方案，再使用基于专家规则的推理方法寻找可行或次优解，在后处理阶段应用训练好的神经网络进一步改善解而得到最终优化运行方案。有学者提出一种确定水电系统实时运行的动态开、停机计划模型，先利用专家系统消除不可行解和劣解，再用动态规划求解给定负荷下的静态开、停机状态，最后采用商业优化软件求解大规模的网络动态优化问题，通过这三步缩短了计算时间，提高了解的质量。还有学者提出一种模糊神经网络与专家系统的组合模型，首先将负荷根据隶属函数分为很高、高、中、低、很低五类，然后以此作为神经网络的输入，通过网络的输出得到一个初步的开、停机计划，最后应用专家系统推理以得到最终结果。

8. 其他方法

近几年，随着计算机和人工智能技术的迅速发展，不断涌现出许多其他的新方法，如免疫算法、面向智能体计算等方法。有学者提出一种新颖的模拟人体免疫系统的免疫随机算法用以求解机组组合问题。其基本思想是把目标函数和约束视为抗原而加以分类，通过计算亲合性而得到免疫系统的抗体，而与抗原结合很好的抗体便可认为是所求问题的优化解。有学者应用逻辑规划和约束满足方法求解此问题，将整个问题看成是一棵树的搜索过程，把树的节点视为调度期内各时段的机组运行状态，通过约束满足技术减小搜索空间，应用深度优先顺序搜索法提高了执行效率。还有学者提出一种新的多智能体方法，将每台机组视为一个智能体，通过各智能体之间的信息交换、谈判等策略找到优化解，但所建立的模型很简单，仅仅能处理机组数目很少的情况。

2.2.3 机组组合待深入研究的问题

本节全面论述了低碳电力系统机组组合的优化目标和约束，分类总结了机组组合的求解方法特别是机组组合的现代智能优化求解方法，详细评述了各种方法的不足之处，具体表现在：由于模拟进化算法的随机性，不能保证每次计算都能收敛到全局最优解，同时还存在“早熟”现象；模拟退火算法存在收敛速度慢的缺点；禁忌搜索算法存在对初始解依赖性强和搜索过程只是单对单的操作；人工神经网络的学习训练易陷入局部极值区，同时指出不同的具体问题，网络合适的隐含层数目和节点数目较难确定；模糊优化算法中隶属函数的确定及专家系统中专家的知识、经验和规则的获取都是棘手的问题。

随着碳达峰和碳中和目标的提出，机组组合问题呈现出两大新趋势：一是风电、太阳能发电等新能源接入电力系统以及负荷具备源荷双重特性，使得电力系统机组组合已具备广义特征，这时候待调度的机组可能是水电、火电机组，也可能是具备源荷双重特性的柔性负荷(类似于一个待调度的虚拟发电机)，机组组合中电力实时平衡不再是简单的源随荷动而是源荷协调；二是随着电力市场和碳交易市场的推进，机组组合问题中的机组出力与市场价格之间的弹性在增加，机组组合优化目标中成本具备广义成本的概念，除火电的发电成本以外，碳交易市场中碳排放成本也将计入其中。这些都是在机组组合建模过程中必须考虑的因素。

求解机组组合问题的计算方法需要进一步探索。由于电力系统的机组组合问题属于 NP 完全问题，采用传统优化算法很难找到理论上的全局最优解，而现代智能优化算法在机组组合问题中的应用研究也刚开始不久，还存在一些缺点，需要进一步深入研究。当前将传统优化算法与现代智能优化算法以及各种智能优化算法加以综合集成，并充分利用调度员的经验知识和并行处理技术，开发高效实用的机组组合优化算法是值得深入研究的问题。针对机组组合问题的特点，可以把机组的开、停机状态转换过程看作是一个离散事件动态系统，而单台机组的开停具有时间顺序，多台机组间的状态转移是一个具有并发性的分布式系统，因而对难处理的最小开停机时间约束，可用受控计时 Petri 网模型算法处理，这是一个新的值得研究的方向。还可针对机组组合问题的特殊性，对模拟进化算法的编码机制加以研究，使之能对某些约束在编码阶段直接加以考虑，并设计相应的进化操作算子，以产生更好的可行解个体。

2.3 大规模多约束多时段机组组合问题

随着电力系统规模的日益扩大，电力系统的运行与控制越来越重要，机组组合便是其中一个重要的问题。机组组合问题是混合整数非线性约束优化问题，其复杂性主要体现在：一是约束多，既包括系统运行约束，如系统的电力平衡约束、出力备用要求约束、线路传输容量限制、分区功率平衡约束等，还包括机组运行约束，如机组出力上、下限约束、机组最小运行和停运时间约束、机组的燃料限制约束、调度周期内允许开、停机次数等，大量的约束使得机组组合计算方法在迭代过程中产生的解很容易违反约束条件；二是多时段，一般来说一天可以分为 24 个调度时段或者 48、96 个调度时段，分别对应于日前调度、日内调度或实时调度，此时机组组合的计算方法必须一次计算出 24 个调度时段或者 48、96 个调度时段的机组开停机状态，以及各时段处于开机状态机组的出力大小，多时段使得机组组合计算方法的变量规模显著增加，进而导致算法的计算复杂度大增，“维数灾”问题凸显。本节将讨论大规模多约束多时段机组组合问题，考虑的约束条件包括系统的电力平衡约束，出力备用要求约束，机组出力上、下限约束，机组最小运行和停运时间约束等。机组加、减负荷变化速率约束即机组爬坡约束下的机组组合问题将在下节讨论。

本节首先建立了大规模多约束多时段机组组合问题的数学模型，这个数学模型具有通用性，可以根据应用场景调整目标函数和约束条件。然后，重点阐述了一种基于启发式调整策略和粒子群优化相结合的新方法求解电力系统中的机组组合问题，该算法特点是：①将 UC 问题分解为具有整型变量和连续变量的两个优化子问题，采用离散粒子群优化和等微增率相结合的双层嵌套方法对外层机组启、停状态变量和内层机组功率经济分配子问题进行交替迭代优化求解;②构造了关机调整和替换调整两个启发式搜索策略对优化结果进行进一步局部微调以提高算法解决 UC 问题的全局寻优能力和计算效率,从而有效改善解的质量。

2.3.1 多约束多时段机组组合问题的数学模型

UC 问题是在满足各种约束的前提下,确定机组在调度期内的开、停状态及相应出力,使系统总运行费用最小。UC 问题包括确定调度期内机组在各计算时段的开、停机状态以及系统总负荷在运行机组间的经济分配两个子问题。优化变量中既有表示机组开、停状态的 0、1 整型变量,又有表示机组出力大小的连续变量,这是一个大规模混合整数非线性约束优化问题,其数学模型可以描述如下。

1. 目标函数

UC 问题是在满足各种约束的前提下,在调度期内合理确定各计算时段所有可用机组的最优开、停机状态及相应出力大小,使系统总运行费用最小。UC 问题是一大规模混合整数非线性约束优化问题,其中包含表示机组开、停状态的 0、1 决策变量和出力连续变量。其目标函数可表示为

$$\min F = \sum_{t=1}^{T}\sum_{i=1}^{N}[f_i(P_i^t) + ST_i^t(1-u_i^{t-1})]u_i^t \tag{2-1}$$

式中:$f_i(P_i^t)$为机组 i 在 t 时段的发电费用,通常取 $f_i(P_i^t)=a_i+b_iP_i^t+c_i\,(P_i^t)^2$;$ST_i^t$ 为机组 i 在 t 时段启动费用;u_i^t 为机组 i 在时段 t 的开、停状态,1 表示开机,0 表示停机;N 为可用机组数;T 为总计算时段;P_i^t 为机组 i 在时段 t 的出力。注意该目标函数可以根据应用场景调整。

2. 约束条件

(1)系统负荷平衡约束

$$\sum_{i=1}^{N} P_i^t u_i^t = P_D^t \tag{2-2}$$

式中:P_D^t 表示 t 时段的系统负荷。

(2)系统备用约束

$$\sum_{i=1}^{N} u_i^t P_{i\max} \geqslant P_D^t + R^t \tag{2-3}$$

式中:R^t 表示 t 时段系统所需的备用容量。

(3)机组出力上下限约束

$$u_i^t P_{i\min} \leqslant P_i^t \leqslant u_i^t P_{i\max} \tag{2-4}$$

式中:$P_{i\min}$、$P_{i\max}$分别表示机组 i 的最小、最大出力。

(4)最短开机时间和停机时间约束

$$\begin{cases}(X_{i,t-1}^{\text{on}} - T_i^{\text{on}})(u_i^{t-1} - u_i^t) \geqslant 0 \\ (X_{i,t-1}^{\text{off}} - T_i^{\text{off}})(u_i^t - u_i^{t-1}) \geqslant 0\end{cases} \tag{2-5}$$

式中:$X_{i,t-1}^{\text{on}}$、$X_{i,t-1}^{\text{off}}$分别表示机组 i 到 $t-1$ 时段为止的持续开机和持续停机时间;T_i^{on}、T_i^{off} 分别表示机组 i 容许的最短开机和停机时间。

注意:调度周期内允许开、停机次数,机组在调度周期始、末状态约束,线路传输容量限制,分区功率平衡约束,机组的燃料限制约束,随机停运约束等可以根据应用场景增加到约束条件中。

2.3.2 多约束多时段机组组合问题的求解

多约束多时段机组组合属于典型的 NP 难问题，找到理论上的最优解非常困难。国内外学者提出应用动态规划(DP)、混合整数规划(MIP)和拉格朗日松弛(LR)等方法解决 UC 问题。已有研究表明对大规模 UC 问题，这些方法都存在不同程度的缺点，诸如 DP 存在“维数灾”难点；MIP 法计算时间随机组规模增加呈指数增长；LR 法存在对耦间隙和收敛稳定性问题。随着人工智能技术的发展，智能优化方法也相继被应用于 UC 问题的求解。尽管智能优化方法解决 UC 问题具有并行处理能力、对目标函数无连续可微限制以及操作简单等优点，但因其潜在的随机性无法保证每次计算都能找到全局最优解，寻优过程中存在“早熟”现象，且计算量较大、所需时间较长；同时，智能优化方法本质上属无约束优化算法，如何处理 UC 问题的约束也将影响算法的效率，已有研究中大多采用罚函数法处理 UC 问题的约束，但选取合理的惩罚因子较困难。近年来 Kennedy 和 Eberhart 受鸟群觅食过程中的迁徙和群集行为启发，提出了一种新的基于群集智能的粒子群优化算法(particle swarm optimization, PSO)。PSO 具有并行处理和鲁棒性好等特性，该算法的出现为 UC 问题的解决提供了新思路。但是 PSO 在解决 UC 问题时面临如何处理约束条件以及找到全局优化解的困难。为此，本节提出面向启发式调整策略和粒子群优化的机组组合计算方法，采用适合处理机组开、停 0－1 状态变量的离散 PSO(discrete binary particle swarm optimization, DPSO)来有效解决 UC 问题。DPSO 求解中针对 UC 问题的特点，采用启发式规则处理约束以保证解的可行性，从而克服采用罚函数处理约束时罚因子选取的难题；为进一步提高 DPSO 求解 UC 问题的精度，构建了关机和替换调整两个策略对 DPSO 算法优化的结果进行局部微调和修正，从而使解的质量得以提高和改善。

面向启发式调整策略和粒子群优化的机组组合计算方法包括以下特征。

1. 求解机组开、停机状态的 DPSO 方法

机组的 u_i^t 只能取 0 或 1，因此应用 PSO 求解 UC 问题时，须采用离散 PSO 方法(DPSO)，即粒子个体的位置值只能取 0 或 1。应用 DPSO 确定 u_i^t 的迭代过程为

$$V_i(t+1)=\omega V_i(t)+c_1\cdot \text{rand1}(0,1)\cdot(p_i(t)-u_i(t))+c_2\cdot \text{rand2}(0,1)\cdot(p_g(t)-u_i(t))$$

$$s(V_i(t+1))=1/(1+\mathrm{e}^{-V_i(t+1)}) \tag{2-6}$$

$$u_i(t+1)=\begin{cases}1 & \text{rand}(0,1)<s(V_i(t+1))\\ 0 & \text{rand}(0,1)\geqslant s(V_i(t+1))\end{cases}$$

式中：$u_i(t)$表示第 i 个粒子第 t 次迭代的位置；$V_i(t)$表示第 i 个粒子第 t 次迭代的速度；ω 为惯性权重；c_1 和 c_2 为加速度常数；rand1(0,1)和 rand2(0,1)表示(0,1)之间的均匀分布随机数；$p_i(t)$表示粒子 i 迭代至 t 次时的最优值；$p_g(t)$表示整个粒子群体迭代至 t 次时的最优值。

利用 DPSO 确定机组运行状态 $u_i(t)$时，必须考虑系统备用和机组最小开、停机时间约束，否则可能因 DPSO 的随机性致使解不可行。为满足机组最小开、停机时间约束，粒子在 DPSO 算法迭代过程中，首先判断机组连续运行(或关机)的时段总数是否小于最小开机(或关机)时间，如果小于，则限制机组维持原有的开机(或停机)状态，即：由下式决定机组的运行状态 $u_i(t)$

$$u_i(t)=\begin{cases}1 & 0<X_{i,t}^{\text{on}}<T_i^{\text{on}}\\ 0 & 0<X_{i,t}^{\text{off}}<T_i^{\text{off}}\\ S(V_i(t+1)) & \end{cases} \tag{2-7}$$

对系统备用约束，在每个时段都对其加以检验。如果某个时段违反此约束，则按下述方法进行机组运行状态的调整。

(1)$t=0$。

(2)对所有处于关机状态的机组，按每台机组最大出力下的平均运行费用值从小到大的次序进行排序，形成集合 FD(α_i)。

(3)从集合 FD(α_i)中取出第一台机组 i，判断是否满足开机条件，如果满足，将机组 i 开机。

(4)将机组 i 从集合 FD(α_i)中删除。继续判断是否满足备用约束，若满足，转至(5)；否则，转至(3)；如果集合 FD(α_i)为空，则转至(5)。

(5)$t=t+1$；如果 $t<T$，转至(2)；否则，调整过程结束。

2. 启发式局部调整策略

由于 UC 问题受系统备用和最短开、停机时间约束限制，仅仅依靠 DPSO 算法得到的结果并非很理想。为此，构建了关机调整和替换调整两个局部启发式策略对 DPSO 算法的优化结果做进一步的调整和修正。

1)关机调整策略

由于备用约束只有最小限制，没有最大限制，因此利用 DPSO 确定机组运行状态时，可能导致过多机组运行，从而使得备用容量过多，这样可能增加了系统的总运行费用，所以应将多余备用降低到最少。为此，只需对所有时段满足关机条件的多余备用机组实施关机操作即可，此过程称为关机调整。

关机调整策略的具体实施步骤如下：

(1)取 $t=0$。

(2)将所有处于开机状态的机组按容量值从小到大的次序进行排序，组成集合 FC(α_i)。

(3)从集合 FC(α_i)中取出第一台机组 m，判断将机组 m 关机后，所有处于开机状态的机组是否满足备用约束。若不满足，转(5)。

(4)判断机组 m 是否满足关机条件。若满足，将其关机。

(5)将机组 m 从集合 FC(α_i)中删除，判断集合 FC(α_i)是否为空。若为空，转(6)；否则，转(3)。

(6)$t=t+1$；若 $t<T$，转至(2)；否则，结束调整过程。

2)替换调整策略

通常大容量机组的平均单位出力费用较低，小容量机组的平均单位出力费用较高，一台大容量机组承担的负荷需要几台小机组才能承担。同时大容量机组最小关机时间较长，DPSO 优化得到机组运行状态中可能存在容量较大的机组处于关机状态、较多小容量机组处于开机状态，这样可能使总运行费用较高。此时，应调整机组开停机状态，让大容量机组优先投入运行以降低系统总运行费用。即在满足约束的前提下，用每个计算时段处于停机状态的大容量机组试着去替代已经开机的小容量机组，若调整后系统的总运行费用小于原先的总费用，则对原先机组的开停机状态和出力进行更新；否则，维持原先的计算结果，此过程称为替换调整。

替换调整策略的具体实施步骤如下：

(1)以 DPSO 的计算结果作为调整的初始状态。

(2)取 $t=0$。

(3)对 t 时段所有处于关机状态机组按容量由大到小进行排序，形成集合 SD(α_i)；对所有处于开机状态的机组按容量由小到大进行排序，形成集合 SC(β_i)。

(4)从集合 SD(α_i)中取出第一台机组 m，判断机组 m 是否满足开机条件，如果满足，继续(5)；否则，转至(10)。

(5)从集合 SC(β_i)中取出第一台机组 j，判断机组 j 是否满足关机条件，如果满足，继续(6)；否则，转至(9)。

(6)用机组 m 替代机组 j，判断是否满足备用约束条件，如满足，继续(7)；否则，转至(11)。

(7)将机组 m 开机，然后对所有新开机的时段应用关机调整策略。

(8)计算机组状态改变后系统的总运行费用。若比原来的总运行费用小，则更新机组状态；否则，恢复机组原来的状态。

(9)将机组 j 从集合 SC(β_i)中删除，判断集合 SC(β_i)是否为空，若为空，继续(11)；否则，转至(5)。

(10)将机组 m 从集合 SD(α_i)中删除，判断集合 SD(α_i)是否为空，若为空，继续(11)；否则，转至(4)。

(11)取下一时段 $t=t+1$。如果 $t<T$，转(3)；否则，结束调整过程。

2.3.3 分析与说明

为验证面向启发式调整策略和粒子群优化的机组组合计算方法有效性，采用VisualC++6.0编制了相应的程序，在 P-IV CPU-2.0GHz 的 PC 机上运行。分别以 10 台、20 台、40 台、80 台和 100 台机组成的系统为算例，对本方法的性能进行检验。计算周期取一天，将全天分为 24 个时段，一个小时作为一个计算时段。计算中采用的有关参数取值：粒子群体规模取 20，最大迭代次数取 100，c_1 取 1.2，c_2 取 2.8。应用本方法连续进行 20 次计算，并对 20 次计算结果进行统计分析，从中选取最好结果作为最终优化解。

表 2-1 给出了采用局部调整策略前后 20 次计算结果的最优值、最差值和平均值的比较。

表 2-1 采用调整策略前后系统总费用比较

机组台数	不采用调整策略			采用调整策略		
	最优值	最差值	平均值	最优值	最差值	平均值
10	567940	575348	570322	564087	566921	564836
20	1147103	1172399	1156559	1123957	1126958	1125143
40	2328274	2365259	2347316	2246447	2250806	2248664
80	4716027	4761532	4738262	4491517	4496657	4493745
100	5921034	5956541	5934023	5611348	5618755	5614802

从表 2-1 可知：粒子群优化过程中如果不采用局部调整策略，计算结果精度不够理想，尤其是随着机组台数的增加，解的精度问题较突出；采用调整策略后取得了较好的效果，使得求解精度大为提高，弥补了粒子群优化算法求解 UC 问题精度不够高的缺点，突显了采用局部调整策略的高效性。

为进一步验证本方法的性能，表 2-2 和表 2-3 分别给出了文献中采用拉格朗日松弛法

(LR)、遗传算法(GA)、进化规划(EP)、LR和GA组合法(LRGA)以及混合PSO和LR法(PSOLR)对同一问题求解结果和计算时间与本方法的比较。由表2-2可知,本方法的求解精度高于其他方法。尤其是随着机组台数的增加,求解精度并没有降低,因而本方法适用于大规模UC问题的求解,这体现出本方法的有效性。

表2-2 各种方法计算最优结果比较

机组台数	总费用/$					
	LR	GA	EP	LRGA	PSOLR	本文算法
10	565825	565825	564551	564800	565869	564087
20	1130660	1126243	1125494	1122622	1128072	1123957
40	2258503	2251911	2249093	2242178	2251116	2246447
80	4526022	4504933	4498479	4501844	4496717	4491517
100	5657277	5627437	5623885	5613127	5623607	5611348

由表2-3可知:本方法计算时间明显小于其他算法,且机组规模从10到100台变化时,计算时间增幅较小;同时本方法随机组台数增加,计算时间近似线性增长,而其他算法计算时间随着机组规模的增加几乎呈指数增长,这说明本方法计算效率高、收敛速度快,适合求解大规模UC问题。

表2-3 不同机组台数情况下的计算时间比较(s)

机组台数	方法					
	LR	GA	EP	LRGA	PSOLR	本方法
10	257	221	100	518	42	1.2
20	514	733	340	1147	91	2.3
40	1066	2697	1176	2165	213	4.8
80	2122	10036	3584	3383	543	9.9
100	2978	15733	6120	4045	730	12.1

通过以上分析比较可知:本方法解决UC问题在求解精度和计算时间两方面都取得了较好的效果,从而体现出本方法解决UC问题的高效性。

2.3.4 主要结论

本节构建了多约束多时段机组组合问题的数学模型。该数学模型可以根据应用场景调整目标函数和约束条件,具有通用性。同时,提出了面向启发式调整策略和粒子群优化的机组组合计算方法,首先利用离散粒子群优化算法(DPSO)的快速寻优能力确定机组开、停状态;然后,采用等微增率法求解机组运行状态既定条件下的负荷经济分配子问题;最后,为克服DPSO算法寻优过程中可能陷入局部极值区的缺陷,构造了关机调整和替换调整两个启发式局部调整策略对DPSO的结果进行进一步局部修正,以改进求解精度,最终求得机组的最优开、停机状态及其发电出力。以10~100台机组成的5个测试系统为算例,通过与其他算法结果进行比较分析，验证了本方法的可行性和有效性。仿真结果表明本方法解决大规模机组组合问题具有求解精度高和收敛速度快的优势。

2.4 考虑机组爬坡约束的机组组合问题

发电机组的爬坡速率为每台机组单位时间能增加或减少的出力，表示机组的升、降出力的能力。爬坡单位为MW/分钟。一般使用的单位为pu，即用实际值除以一个基准值，用一个比例来表示。机组组合是在预先规定的调度周期内合理确定所有机组的开、停状态，并满足各种约束条件，使系统总运行费用最小。在该问题中，由于机组出力爬坡约束的引入，在整个调度周期内，机组的调度决策不仅具有空间上的关联，还具有时间上的关联，从而使得其机组组合模型不易求解。从数学的角度看，这是一个典型的多约束混合整数规划问题，属组合优化的范畴，是一个NP难问题。尽管对此问题已有大量的研究，提出了许多求解方法，如优先顺序法、动态规划法、混合整数规划法、拉格朗日松弛法、人工神经网络法、模拟退火算法、遗传算法、TS搜索法(tabu search，TS)等。但到目前为止，该问题还没有很好地解决，以上这些方法都或多或少存在一些缺陷。

本节首先建立考虑机组爬坡约束的机组组合数学模型，然后重点阐述基于离散-连续混合粒子群算法的机组组合计算方法。该算法特点是：①采用离散二进制粒子群算法处理外层机组的启、停状态优化变量，采用标准粒子群算法处理内层的机组功率经济分配，内外层嵌套迭代优化求解；②引入基于机组优先顺序的变异技术和修补策略，提高算法的全局寻优能力和计算效率。

2.4.1 考虑机组爬坡约束的机组组合数学模型

1. 目标函数

考虑机组爬坡约束的机组组合是在满足机组爬坡约束和其他约束条件的前提下，在调度期内合理确定各计算时段所有可用机组的最优开、停机方式以及相应出力大小，使总运行费用最小。考虑机组爬坡约束的机组组合问题是一个大规模混合整数非线性约束优化问题，其中包含许多表示机组开、停状态的0、1整型决策变量和出力连续变量。其目标函数可表示为

$$\min F = \sum_{t=1}^{T}\sum_{i=1}^{N}[f_i(P_i^t) + C_i^t(1-u_i^{t-1})]u_i^t \tag{2-8}$$

式中：等式右边第一项为机组的发电费用，它通常是机组出力的函数，可表示为 $f_i(P_i^t)=a_i+b_iP_i^t+c_i(P_i^t)^2$；等式右边第二项为机组启动费用，它与机组的停机时间等参数有关；u_i^t 为机组的开、停状态，当 $u_i^t=1$ 表示开机，$u_i^t=0$ 表示停机；N 为可用机组数，T 为调度期的计算时段数，t 表示时段编号，i 表示机组编号；P_i^t 为机组 i 在时段 t 的出力大小。

2. 机组的启动费用

由于火电机组的启动费用与机组本身的停机时间密切相关，根据式(2-9)确定机组的启动费用

$$C_i^t = \begin{cases} S_h & T_i^{\text{off}} \leqslant X_{i,t}^{\text{off}} \leqslant H_i^{\text{off}} \\ S_c & X_{i,t}^{\text{off}} > H_i^{\text{off}} \end{cases}$$

$$H_i^{\mathrm{off}} = T_i^{\mathrm{off}} + T_{\mathrm{cold}} \tag{2-9}$$

式中：S_{h}、S_{c} 分别表示机组的热启动和冷启动费用；T_{cold} 表示机组的冷启动时间；T_i^{off} 表示机组容许的最短停机时间。

3. 约束条件

前 4 个约束条件与多约束多时段机组组合数学模型的约束条件相同，第 5 个约束条件为机组爬坡约束。机组爬坡约束实质上是增加了相邻调度时段间的耦合关系。

(1)系统负荷平衡约束

$$\sum_{i=1}^{N} P_i^t u_i^t = P_D^t \tag{2-10}$$

式中：P_D^t 表示 t 时段的系统负荷。

(2)机组出力上下限约束

$$u_i^t P_{i\min} \leqslant P_i^t \leqslant u_i^t P_{i\max} \tag{2-11}$$

式中：$P_{i\min}$、$P_{i\max}$ 分别表示机组 i 的最小、最大出力。

(3)系统备用

$$\sum_{i=1}^{N} u_i^t P_{i\max} \geqslant P_D^t + R^t \tag{2-12}$$

式中：R^t 表示 t 时段系统所需的备用大小。

(4)最短开机时间和最短停机时间

$$\begin{cases}(X_{i,t-1}^{\mathrm{on}} - T_i^{\mathrm{on}})(u_i^{t-1} - u_i^t) \geqslant 0 \\ (X_{i,t-1}^{\mathrm{off}} - T_i^{\mathrm{off}})(u_i^t - u_i^{t-1}) \geqslant 0\end{cases} \tag{2-13}$$

式中：$X_{i,t-1}^{\mathrm{on}}$、$X_{i,t-1}^{\mathrm{off}}$ 分别表示机组 i 到 $t-1$ 时段为止的持续开机时间和持续停机时间；T_i^{on}、T_i^{off} 分别表示机组 i 容许的最短开机时间和最短停机时间限制。

(5)机组出力爬坡约束

$$\begin{aligned}P_i^t - P_i^{t-1} &\leqslant UR_i \\ P_i^{t-1} - P_i^t &\leqslant DR_i\end{aligned} \tag{2-14}$$

式中：UR_i、DR_i 分别表示机组 i 在相邻时段出力容许的最大上升值和下降值。

2.4.2 考虑机组爬坡约束的机组组合问题的求解

考虑机组爬坡约束的机组组合问题包括确定调度期内机组在每个计算时段的最优开、停状态以及负荷在运行机组之间的经济分配两个子问题。优化变量中既有表示机组开、停状态的 0、1 整型变量，又有表示机组出力大小的连续型变量，这是一个混合整数优化问题。由于标准 PSO 算法是针对连续性实数进行操作，因而必须对 PSO 加以改进，才能应用于机组组合这类含有 0、1 整型变量的混合优化问题。为此，提出采用内外双层嵌套粒子群算法，其外层采用改进的离散二进制粒子群算法(DPSO)专门用于求解机组开、停机状态优化子问题，内层用标准粒子群算法(PSO)直接求解机组负荷经济分配子问题，通过内外两层算法的交替迭代更新，最终便可得到机组的最优开、停机顺序及相应出力大小。

基于离散-连续混合粒子群算法的机组组合计算方法包括以下特征。

1. 决策变量的处理

设在一个 d 维的目标搜索空间中，有 m 个粒子组成一个群体，在第 t 次迭代时粒子 i 的位

置表示为 $X_i(t)=(x_{i1}(t),x_{i2}(t),\cdots,x_{id}(t))$，相应的飞行速度表示为 $V_i(t)=(v_{i1}(t),v_{i2}(t),\cdots,v_{id}(t))$。PSO算法执行时，首先随机初始化 m 个粒子的位置和速度，然后通过迭代寻找最优解。在每一次迭代中，粒子 i 通过跟踪两个极值来更新自己的速度和位置，一个极值是粒子 i 本身迄今为止搜索到的最优解，称为个体极值，表示为 $P_i(t)=(p_{i1}(t),p_{i2}(t),\cdots,p_{id}(t))$；另一个极值是整个粒子群体到目前为止找到的最优解，称为全局极值，表示为 $P_g(t)=(p_{g1}(t),p_{g2}(t),\cdots,p_{gd}(t))$。考虑机组爬坡约束的机组组合问题的决策变量包括机组开、停状态和机组出力大小，前者属于0、1整型变量，用离散二进制粒子群算法处理，后者属于连续型变量，用标准粒子群算法处理。

由于机组 i 在时段 t 的开、停状态 u_i^t 只能在0、1两者间选取，而人工神经网络中的S型响应函数 $f(x)=1/(1+e^{-x})$，其输出的饱和值为0和1，图2-1是S型函数的示意图，因此可以利用S型函数的特性来获得机组开、停状态 u_i^t 的取值。

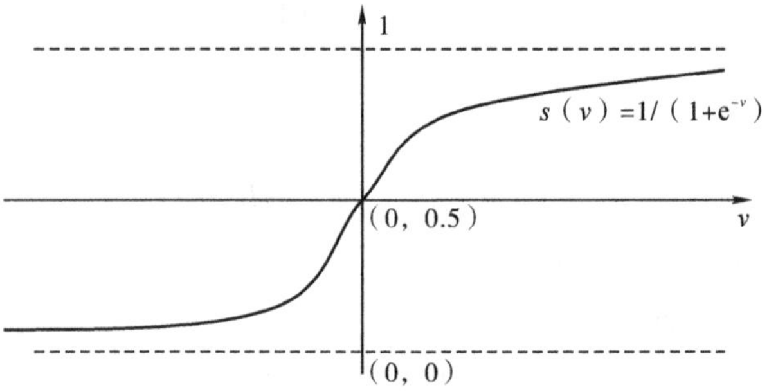

图2-1 S型函数示意图

在DPSO中，我们首先定义 $s(V_i(t))=1/(1+e^{-V_i(t)})$，然后根据式(2-15)对粒子的飞行速度进行更新，再根据S型响应函数，计算得到 $s(V_i(t+1))$ 值。

$$V_i(t+1)=\omega V_i(t)+c_1\cdot \text{rand1}(0,1)\cdot(p_i-u_i(t))+c_2\cdot \text{rand2}(0,1)\cdot(p_g-u_i(t)) \tag{2-15}$$

式中：ω 为惯性权重；$c1$、$c2$ 是两个学习因子；rand1(0,1)和rand2(0,1)是两个均匀分布在(0,1)中的随机数。得到 $s(V_i(t+1))$ 后，在(0,1)中产生一个均匀分布的随机数rand(0,1)，通过比较rand(0,1)和 $s(V_i(t+1))$ 的大小，依据式(2-16)确定机组启、停状态变量的取值

$$u_i(t+1)=\begin{cases}1 & \text{rand}(0,1)<s(V_i(t+1))\\0 & \text{rand}(0,1)\geqslant s(V_i(t+1))\end{cases} \tag{2-16}$$

由此可知，只需根据式(2-15)和式(2-16)对粒子的位置和速度进行迭代更新，便能利用DPSO算法来优化求解机组的开、停机状态变量。把按式(2-15)和式(2-16)规则更新粒子位置和速度，专门用于解决0、1整型优化变量的方法称为改进的离散二进制粒子群算法DPSO。

对于连续型变量，标准粒子群算法的粒子速度更新方程为式(2-15)，粒子的位置更新方程为

$$u_i(t+1)=u_i(t)+V_i(t+1) \tag{2-17}$$

之后就能利用标准PSO算法来优化求解机组出力这一连续型变量。

2. 约束条件的处理

机组组合问题的约束条件很多，有必要根据约束条件的类型加以分别处理。由于待优化变量 P_i^t 的取值是限制在其定义域内产生的，故出力约束方程(2-11)自动满足。对系统负荷平衡、备用和机组爬坡约束，可通过采用惩罚函数法将这些约束以惩罚项的形式加入目标函数中，这样可使求解问题简化。引入惩罚函数并考虑约束条件式(2-10)、式(2-12)、式(2-14)后，原优化问题可转化为以下无约束优化目标函数：

$$\min\psi = F + \sum_{i=1}^{4}\sigma_i\phi_i \tag{2-18}$$

$$\phi_1 = \sum_{t=1}^{T}\left(P_D^t - \sum_{i=1}^{N}P_i^t u_i^t\right)^2 \tag{2-19}$$

$$\phi_2 = \sum_{t=1}^{T}\left[\min\left(0, \sum_{i=1}^{N}u_i^t P_{i\max} - (P_D^t + R^t)\right)\right]^2 \tag{2-20}$$

$$\phi_3 = \sum_{t=2}^{T}\sum_{i=1}^{N}\left[\min(0, UR_i - (P_i^t - P_i^{t-1}))\right]^2 \tag{2-21}$$

$$\phi_4 = \sum_{t=2}^{T}\sum_{i=1}^{N}\left[\min(0, DR_i - (P_i^{t-1} - P_i^t))\right]^2 \tag{2-22}$$

式中：ϕ_i 是罚函数，σ_i 是 ϕ_i 的惩罚因子。

具体计算中，可吸取模拟退火算法的思想来选择适当的惩罚因子 σ_i，即随着粒子迭代过程的不断进行，σ_i 逐渐增大，以保证约束条件得到满足。

3. 修补策略

采用 DPSO 算法优化机组开、停机状态变量时，未考虑机组最短开、停机时间约束。为处理这个与计算时段有关的特殊约束，提出一种修补策略专门用于对粒子在飞行演化过程中违反机组最短开、停机时间约束的个体进行局部动态启发式调整。具体调整策略：从第一个时段开始，依次记录到当前时段 t 为止各机组的持续累计开机时间 $X_{i,t}^{\text{on}}$ 或停机时间 $X_{i,t}^{\text{off}}$，若不满足 $X_{i,t}^{\text{on}} \geqslant T_i^{\text{on}}$ 或 $X_{i,t}^{\text{off}} \geqslant T_i^{\text{off}}$，则对机组开、停状态 u_i^t 的值进行相应的改变，即由 $u_i^t=0$ 改变为 $u_i^t=1$ 或由 $u_i^t=1$ 改变为 $u_i^t=0$，直到 $X_{i,t}^{\text{on}} \geqslant T_i^{\text{on}}$ 或 $X_{i,t}^{\text{off}} \geqslant T_i^{\text{off}}$ 的条件得到满足。若在当前时段 t，机组的最短开、停机时间约束已经满足，则对本时段不进行调整，然后对后续时段进行同样的操作，一直调整到最后时段完毕为止。采用这样的启发式调整策略，可以有效地改变机组的开、停机状态，减少 DPSO 算法中机组状态随机改变的盲目性，能使机组的最小开、停机时间约束快速得到满足，同时调整规则简单、易于操作，又不至于使算法的复杂性大大增加。

4. 基于优先顺序的变异算子

为避免算法过早陷入局部极值区，可采用一种基于优先顺序的变异算子。利用机组的平均满负荷费用大小作为机组优先启、停的排序指标，事先将系统所有可用机组按其平均满负荷费用值 α 依据从小到大的顺序排列好，以便决定机组的投、切顺序。但这种未考虑负荷变化的优先排序是一种静态排序策略，如果完全按这种次序安排机组的启、停，可能得不到最优解。为克服这个缺陷，提出一种基于机组平均满负荷费用指标优先的变异算子来对机组的启、停状态进行局部修改。具体操作：先按机组的 α 值从小到大进行排序，设为 $\alpha_1 < \alpha_2 < \cdots < \alpha_i < \cdots < \alpha_N$，即具有较小 α 值的机组优先开机，反之优先停机，如果在时段 t，有机组 i 处于停机状态，而

机组 j 处于开机状态，且有 $\alpha_i<\alpha_j$，则以预先设定的概率对机组 i、j 的开、停机状态进行交换，并用同样规则对所有机组在每个时段的机组状态都进行相应的变异操作。

5. 求解步骤

基于离散-连续混合粒子群算法的机组组合计算方法的步骤如下。

(1)初始化：在 DPSO 中，对表示机组启、停状态变量 u_i^t 粒子的位置随机初始化为 0、1 值，在标准 PSO 中对表示机组出力 P_i^t 粒子的位置在其取值范围内随机产生，速度值只需在各自规定的范围内随机产生。

(2)计算各粒子的适应值。按式(2－8)中的目标函数式计算系统的总运行费用，同时判断系统负荷平衡、备用、机组爬坡率等约束是否违反。如果违反，则在运行费用中加上相应的惩罚函数项(依据式(2－19)至式(2－22)计算)，并按式(2－18)计算得到各粒子的适应值。

(3)根据所有粒子的适应值，找到群体中粒子的个体极值和全局极值。

(4)在标准 PSO 中，根据式(2－15)和式(2－17)计算更新表示机组功率 P_i^t 粒子的速度和位置，检查粒子位置更新后各变量是否越限，若有越限的情况，则进行相应的越限处理。

(5)在 DPSO 中，根据式(2－15)和式(2－16)更新表示机组开、停机状态变量 u_i^t 粒子的速度和位置。

(6)对机组启、停状态变量 u_i^t 进行基于优先顺序的变异和修补策略操作。

(7)更新所有粒子的速度和位置。

(8)判断终止结束条件：若达到事先设置的最大允许迭代次数，则停止计算，输出结果；否则，迭代次数增加一次，然后转到步骤(2)继续进行迭代计算。

2.4.3 分析与说明

为验证所提出方法的有效性，采用 Visual C＋＋ 6.0 编制相应的计算程序，并对一个由 10 台机组组成的系统进行分析计算，调度周期为一天，将全天分为 24 个时段，一小时为一个计算时段。机组的有关参数和系统负荷数据分别见表 2－4 和表 2－5 所示。

表 2－4 机组数据

机组号	1	2	3	4	5	6	7	8	9	10
P_{max}/MW	455	455	130	130	162	80	85	55	55	55
P_{min}/MW	150	150	20	20	25	20	25	10	10	10
a	1000	970	700	680	450	370	480	660	665	670
b	16.19	17.26	16.60	16.50	19.7	22.26	27.74	25.92	27.27	27.79
c	0.00048	0.00031	0.002	0.00211	0.00398	0.00712	0.00079	0.00413	0.00222	0.00173
T_{on}/h	8	8	5	5	6	3	3	1	1	1
T_{off}/h	8	8	5	5	6	3	3	1	1	1
S_h/元	4500	5000	550	560	900	260	260	30	30	30
S_c/元	9000	10000	1100	1120	1800	520	520	60	60	60
T_{cold}/h	5	5	4	4	4	2	2	0	0	0
Init state	8	8	−5	−5	−6	−3	−3	−1	−1	−1

表 2-5 系统负荷

小时	1	2	3	4	5	6	7	8	9	10	11	12
负荷/MW	700	750	850	950	1000	1100	1150	1200	1300	1400	1450	1500
小时	13	14	15	16	17	18	19	20	21	22	23	24
负荷/MW	1400	1300	1200	1050	1000	1100	1200	1400	1300	1100	900	800

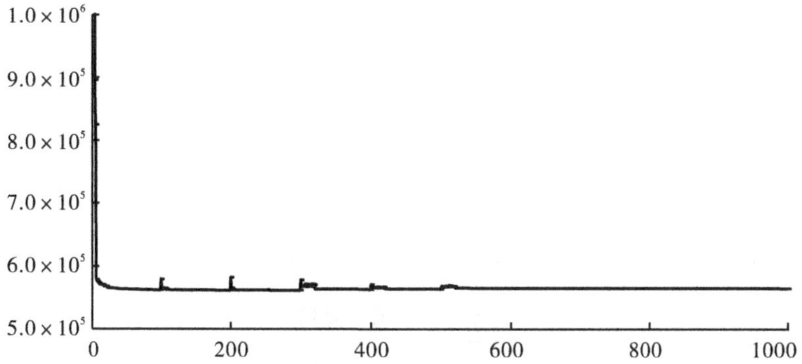

图 2-2 机组总运行费用随迭代次数变化关系

应用离散-连续混合粒子群算法连续进行 20 次独立计算，从中选取最好的结果作为所求问题的最终解。通过计算，得到各机组在一天 24 小时的启、停运行状态结果如表 2-6，系统的总运行费用为 565323 元。表 2-7 列出了采用遗传算法 GA、离散粒子群优化算法 DPSO 等不同方法对此问题的计算结果，图 2-2 是机组的总运行费用随迭代次数变化的关系曲线。对比分析这些结果，可知所提出方法对机组组合问题的求解是行之有效的，同时算法的性能也较其他方法更优，改善了计算结果，使系统总运行费用有所下降，节约了运行成本。

表 2-6 机组启、停计划结果

时段	各时段机组启停状态									
	机组 1	机组 2	机组 3	机组 4	机组 5	机组 6	机组 7	机组 8	机组 9	机组 10
1	1	1	0	0	0	0	0	0	0	0
2	1	1	0	0	0	0	0	0	0	0
3	1	1	0	0	0	1	0	0	0	0
4	1	1	0	1	0	1	0	0	0	0
5	1	1	0	1	0	1	0	0	0	0
6	1	1	0	1	0	1	1	0	0	0
7	1	1	1	1	0	1	1	0	0	0
8	1	1	1	1	0	1	1	0	0	0
9	1	1	1	1	1	1	1	0	0	0
10	1	1	1	1	1	1	1	0	1	0
11	1	1	1	1	1	1	1	1	1	0
12	1	1	1	1	1	1	1	1	1	1
13	1	1	1	1	1	1	1	1	0	0

续表

时段	各时段机组启停状态									
	机组 1	机组 2	机组 3	机组 4	机组 5	机组 6	机组 7	机组 8	机组 9	机组 10
14	1	1	1	1	1	1	0	0	0	0
15	1	1	1	1	1	0	0	0	0	0
16	1	1	1	1	1	0	0	0	0	0
17	1	1	1	1	1	0	0	0	0	0
18	1	1	1	1	1	0	0	0	0	0
19	1	1	1	1	1	0	0	0	0	0
20	1	1	1	1	1	1	0	1	1	0
21	1	1	1	1	1	1	0	0	0	0
22	1	1	0	1	1	1	0	0	0	0
23	1	1	0	0	0	1	0	0	0	0
24	1	1	0	0	0	0	0	0	0	0

表 2-7 各种方法的计算结果比较

方法	总运行费用/元
GA 方法	609023
DPSO 方法	565804
本方法	565323

2.4.4 主要结论

本节建立了考虑机组爬坡约束的机组组合问题的数学模型，并将这一复杂的大规模组合优化问题分解为具有整型变量与连续变量的内外两层优化子问题，使模型中的整型与连续型变量相互分离，外层表现为优化机组启、停状态变量，内层为机组功率经济分配优化子问题。针对内外两层优化子问题的具体特点，借鉴人工神经网络中的S型响应函数来实现机组开、停状态变量的映射，从而提出了离散-连续粒子群算法相结合的内外双层嵌套计算方法，通过内外两层的交替迭代更新，求得问题的最优解。同时在算法中引入基于机组优先顺序的变异技术和修补策略，以有效处理机组最小启、停时间约束并提高了算法的全局寻优能力和计算效率。通过对应用算例的计算及与其他算法所得结果进行比较，仿真结果表明本方法在求解精度和收敛速度方面都有明显地改善，从而验证了本方法的可行性和有效性。同时，本方法操作简单、易于实现，并具通用性。PSO 算法作为一种新型的群体智能优化方法，在解决机组组合优化问题中展现出强大的优势，因而本方法为机组组合问题的解决带来了新的思路和方法，同时也为求解其他复杂的组合优化问题具有重要的启发意义。

2.5 小结

机组组合问题是低碳电力系统调度和稳定控制的关键问题。本章首先论述了低碳电力系统机组组合的数学模型，该模型属于大规模混合整数非线性约束优化问题，然后分类总结并详细评述了机组组合的求解方法。由于机组组合问题属于典型的NP难问题，传统方法如动态规划、混合整数规划和拉格朗日松弛等在求解机组组合问题时存在“维数灾”等困难，现代智能优化方法由于具备并行处理能力、对目标函数无连续可微限制以及操作简单等优点成为求解机组组合问题的优先选择。

接着，本章构建了多约束多时段机组组合问题的数学模型，提出了面向启发式调整策略和粒子群优化的机组组合计算方法。将电力系统中机组组合这一复杂的大规模NP难问题分解为具有0—1整型变量与连续变量的内外两层优化子问题，外层子问题为优化确定机组开、停机0—1状态变量，内层子问题为机组运行状态既定条件下的负荷经济分配子问题。针对机组组合问题的具体特点，对外层优化子问题采用DPSO方法求解，内层子问题采用等微增率方法求解，通过内外两层的交替迭代更新求得问题的优化解。为进一步改善解的质量，构造了关机调整和替换调整两个启发式策略，从而提高了算法解决机组组合问题的全局寻优能力和计算效率。算例结果表明本方法在求解精度和收敛速度两方面都得到明显改善，进而验证了本方法的高效性。同时为大规模多约束多时段机组组合问题的解决提供了一种新的思路。

最后，本章还构建了考虑机组爬坡约束的机组组合问题的数学模型，提出了基于离散-连续混合粒子群算法的机组组合计算方法。将考虑机组爬坡约束的机组组合这一复杂得多约束混合整数规划问题分解为具有整型变量和连续变量的两个优化子问题，提出采用改进离散-连续混合粒子群算法相结合的双层嵌套方法对外层机组的启、停状态优化变量和内层的机组功率经济分配进行交替迭代优化求解。同时在算法中引入基于机组优先顺序的变异技术和修补策略，能有效地处理机组最小启、停时间约束并提高了算法的全局寻优能力和计算效率。通过具体算例的计算并同其他算法结果进行比较，仿真结果表明新方法求解精度高、收敛速度快，从而验证了新方法的可行性和有效性，也为考虑机组爬坡约束的机组组合问题的求解提供了一条新的途径。

参考文献

[1]夏清，钟海旺，康重庆. 安全约束机组组合理论与应用的发展和展望[J]. 中国电机工程学报，2013，33(16)：94－103，13.

[2]韦化，龙丹丽，黎静华. 求解大规模机组组合问题的策略迭代近似动态规划[J]. 中国电机工程学报，2014，34(25)：4420－4429.

[3]YUAN XIAOHUI，SU ANJUN，NIE HAO，et al. Application of enhanced discrete differential evolution approach to unit commitment problem[J]. Energy Conversion and Management，2009，50(9)：2449－2456.

[4]袁晓辉，苏安俊，聂浩，等. 面向启发式调整策略和粒子群优化的机组组合问题[J]，电工技术学报，2009，24(12)：137－141.

[5]JI BIN，YUAN XIAOHUI，CHEN ZHIHUAN，et al. Improved gravitational search algorithm for unit commitment considering uncertainty of wind power[J]. Energy，2014，67(1)：52－62.

[6]YUAN XIAOHUUI，JI BIN，YUAN YANBIN，et al. An efficient chaos embedded hybrid approach for hydro-thermal unit commitment problem[J]. Energy Conversion and Man-

agement, 2015, 91:225 - 237.
[7]YUAN XIAOHUI,JIA BIN,ZHANG SHUANGQUAN, et al. A new approach for unit commitment problem via binary gravitational search algorithm[J]. Applied Soft Computing, 2014, 22(1):249 - 260.
[8]YUAN XIAOHUI,NIE HAO,SU ANJUN, et al. An improved binary particle swarm optimization for unit commitment problem[J]. Expert Systems with Applications, 2009, 36(4):8049 - 8055.
[9]YUAN XIAOHUI, TIAN HAO,ZHANG SHUANGQUAN, et al. Second-order cone programming for solving unit commitment strategy of thermal generators[J]. Energy Conversion and Management, 2013, 76:20 - 25.
[10]YUAN XIAOHUI,SU ANJUN,NIE HAO, et al. Unit commitment problem using enhanced particle swarm optimization algorithm[J]. Soft Computing, 2011, 15(1):139 - 148.
[11]张智,陈艳波,刘芳,等.计及运行风险和需求响应的两阶段鲁棒机组组合模型[J].中国电机工程学报,2021,41(3):961 - 972.
[12]SIMOPOULOS D N,KAVATZA S D,VOURNAS C D. Unit commitment by an enhanced simulated annealing algorithm[J]. IEEE Transactions on Power Systems, 2006, 21(1): 68 - 76.
[13]CHENG CHUAN-PING,LIU CHIH-WEN, et al. Unit commitment by Lagrangian relaxation and genetic algorithms[J]. IEEE Transactions on Power Systems, 2000, 15(2): 707 - 714.
[14]SWARUP K S,YAMASHIRO S. Unit commitment solution methodology using genetic algorithm[J]. IEEE Transactions on Power Systems,2002, 17(1):87 - 91.
[15]张舒,胡泽春,宋永华,等.基于网损因子迭代的安全约束机组组合算法[J].中国电机工程学报,2012,32(7):76 - 82.
[16]王喆,余贻鑫,张弘鹏.社会演化算法在机组组合中的应用[J].中国电机工程学报,2004,24(4):12 - 17.
[17]张晓花,赵晋泉,陈星莺.节能减排多目标机组组合问题的模糊建模及优化[J].中国电机工程学报,2010,30(22):71 - 76.
[18]SHAHAB BAHRAMI, VINCENT W S WONG. Security-constrained unit commitment for AC-DC grids with generation and load uncertainty[J]. IEEE Transactions on Power Systems, 2018,33(3):2717 - 2732.
[19]NIMA AMJDY, SHAHAB DEHGHAN, AHMAD ATTARHA,et al. Adaptive robust network-constrained AC unit commitment[J]. IEEE Transactions on Power Systems, 2017, 32(1): 672 - 683.
[20]YE HONGXING,LI ZUYI. Robust security-constrained unit commitment and dispatch with recourse cost requirement[J]. IEEE Transactions on Power Systems, 2016,31(5): 3527 - 3536.
[21]袁亚湘,孙文瑜.最优化理论与方法[M].北京:科学出版社,2001.

低碳电力系统智能优化调度方法

第3章

3.1 引　言

低碳电力系统调度最典型的特征就是源荷互动，此时系统中源荷界限开始模糊，负荷的可调度性增强，且用于平抑新能源电源波动性的储能受到前所未有的重视。低碳电力系统调度不再仅仅局限于日前调度、日内调度和实时调度的概念，调度已具备广义的特征，在电源侧、电网侧、用电侧、储能侧等都有调度的概念。调度主体也不再仅仅局限于电力系统调度机构，还包括电网公司、发电集团、流域开发公司、风电场、光伏电站、光储充一体化电站等。与传统电力系统相比，低碳电力系统调度的应用场景更加丰富。例如，在传统电力系统中，电力系统经济调度是在满足系统和发电机组约束条件下通过优化分配各发电机组出力使系统总运行费用最小，此时系统总运行费用主要由火电机组的燃料成本构成，但是在低碳电力系统中，碳排放成本将计入电力系统经济调度的目标函数中。低碳电力系统还会催生出新的调度模式，如抽水蓄能电站与风电、光伏等新能源电源协调调度与运行问题，在该问题中抽水蓄能电站被赋予了平抑新能源电源波动性的重任，需要在新能源电源出力不足时启动抽水蓄能电站发电、在新能源电源出力过多时启动抽水蓄能电站蓄能，从而实现在更大范围、更高电压等级、更宽泛时间尺度的电力电量平衡。

从数学模型上看，低碳电力系统调度都属于大规模约束非线性优化问题，其特征包括：一是约束条件非常多，既可以包括系统功率平衡约束、机组出力约束、节点电压上下限约束、线路功率上下限约束等系统或机组约束，还可以包括水电厂库容约束、水电厂发电流量约束等。多约束条件的存在使得低碳电力系统调度问题是一个在时间和空间上相互耦合的复杂优化决策问题；二是决策变量的规模大，这对低碳电力系统调度问题的求解算法提出了非常高的要求。传统优化算法如线性规划法、动态规划法、网络流规划、非线性规划法等在求解低碳电力系统调度问题时存在维数灾、约束条件处理复杂、计算时间和空间复杂度高等缺点，现代智能优化算法如遗传算法、粒子群优化算法、混沌优化等具有对目标函数无连续可微限制、适合并行处理、可以避免维数灾问题等优点，可以用于求解大规模复杂低碳电力系统调度问题。

本章针对几类典型的低碳电力系统调度问题进行探讨和研究，包括计及阀点效应的电力系统动态经济调度、安全约束下的电力系统最优潮流分布、水火电力系统的短期有功负荷分配、梯级水电系统的短期发电计划优化调度等。在探讨和研究过程中，遵循以下几个原则：一是对每一个低碳电力系统调度问题都给出了优化目标和约束条件，构建了相应的数学模型；二是在数学模型的基础上，针对问题的特点提出了能有效求解该低碳电力系统调度问题的计算方法，包括基于空间扩展算子的动态经济调度算法、最优潮流问题的群智能优化算法、基于改进遗传算法的水火电力系统有功负荷分配方法、基于混沌进化算法的梯级水电系统短期发电计划优化方法等，并给出了这些方法的主要特征和关键技术；三是设计并实现了低碳电力系统调度问题的计算方法，并通过仿真实验验证了这些方法的有效性。

3.2 计及阀点效应的电力系统动态经济调度

随着电力系统规模的日益扩大，电力系统的安全可靠和经济运行越来越重要，发电机组出力优化分配就是其中一项很重要的任务。电力系统动态经济调度是在满足系统和发电机组约束条件下，优化分配各发电机组出力，节约燃料、降低生产成本，使系统总运行费用最小或碳排放最少。从数学上讲，这是一个典型的高维、动态非凸约束非线性优化问题。当计及机组阀点效应后，该问题更是呈现为不光滑、非凸特性。由于该问题对电力系统的安全运行具有重要作用，同时能带来较大的经济效益，因而一直倍受重视。本节将构建计及阀点效应的动态经济调度问题数学模型，重点阐述基于空间扩张算子的动态经济调度算法，为电力系统动态经济调度问题的求解提供新方法。

3.2.1 动态经济调度问题的数学模型

在不考虑各时段之间负荷变化和机组出力爬坡率约束条件下，求解单时段静态经济调度问题得到的机组出力，在实际运行中往往受爬坡率约束限制和负荷变化，使得机组在某些时段可能根本无法达到静态经济调度得到的机组出力。因此，仅仅解决不考虑时段之间耦合关系的单时段静态经济运行问题是不够的，还必须在经济调度问题中，综合考虑机组在整个调度期内出力爬坡率约束和系统负荷随时间的变化等要求，即所谓的动态经济调度问题。电力系统的动态经济调度问题是一个在时间和空间上相互耦合的复杂优化决策问题，以前的研究还未很好解决此问题，而这又具有很大的实际工程应用价值。有必要紧紧围绕此问题，既计及发电机组的阀点效应，又考虑调度时段之间的耦合关系，提出一种基于空间扩张算子的优化方法来解决这类不光滑、非凸的动态约束非线性优化问题。

为此，首先要建立计及阀点效应的动态经济调度问题数学模型。

1. 目标函数

电力系统动态经济调度问题是在满足系统负荷和机组各种约束条件的前提下，在调度期内合理确定各计算时段发电机组的出力，使系统总运行费用最小。

其目标函数可表示为

$$\min F(P) = \min \sum_{t=1}^{T} \sum_{i=1}^{N} f_i(P_i^t)\Delta T \tag{3-1}$$

式中：$f_i(P_i^t)$表示发电机组的费用特性曲线；P_i^t 为机组 i 在时段 t 的出力大小；ΔT 是每个时段所持续的时间；N 为机组数；T 为调度期的计算时段数；t 表示时段编号；i 表示机组编号。

实际计算中常选取具有二次函数关系式的机组费用曲线，即

$$f_i(P_i^t) = a_i + b_i P_i^t + c_i\,(P_i^t)^2$$

然而在汽轮机进气阀突然开启时出现的拔丝现象会在机组耗量曲线上叠加一个脉动效应，产生阀点效应(valve point effect)。

由阀点效应产生的机组耗量特性可以表示为

$$E_i = |e_i \sin(h_i \cdot (P_{i\min} - P_i))| \tag{3-2}$$

式中：e_i、h_i 为表示机组阀点特性的参数。

当计及发电机组的阀点效应时，目标函数(3-1)应改变为

$$\min F(P) = \min \sum_{t=1}^{T} \sum_{i=1}^{N} [f_i(P_i^t) + E_i] \Delta T \tag{3-3}$$

以往的研究表明：忽略阀点效应会使求解精度受到明显的影响。因而在动态经济调度问题中，有必要计及机组阀点效应的影响。

2. 约束条件

(1)系统负荷平衡约束

$$\sum_{i=1}^{N} P_i^t = P_D^t \qquad t = 1,2,\cdots,T \tag{3-4}$$

式中：P_D^t 表示 t 时段的系统负荷。

(2)机组出力上、下限约束

$$P_{i\min} \leqslant P_i^t \leqslant P_{i\max} \qquad i = 1,2,\cdots,N \quad t = 1,2,\cdots,T \tag{3-5}$$

式中：$P_{i\min}$、$P_{i\max}$ 分别表示机组 i 的最小、最大出力。

(3)机组出力爬坡约束

$$\begin{aligned} & P_i^t - P_i^{t-1} \leqslant UR_i \\ & P_i^{t-1} - P_i^t \leqslant DR_i \\ & i = 1,2,\cdots,N \quad t = 1,2,\cdots,T \end{aligned} \tag{3-6}$$

式中：UR_i、DR_i 分别表示机组 i 在相邻时段出力容许的最大上升值和下降值。

3.2.2 基于空间扩展算子的动态经济调度算法

学者们对电力系统动态经济调度问题的求解方法进行了长期研究，已有大量研究成果，提出了各种解决方法，如线性规划法、动态规划法、网络流规划、非线性规划法、神经网络、遗传算法、蚁群和混沌优化以及粒子群算法等等。这些研究成果总结起来包括：①采用类似动态规划的动态排序方法求解经济调度，但模型中一般未考虑机组的爬坡率约束；②采用混沌优化和蚁群算法解决考虑机组阀点效应的单时段静态经济调度问题；③采用经典二进制编码遗传算法求解考虑机组非凸耗量特性的经济运行问题，取得了较好的结果；④采用整数规划、禁忌搜索、模拟退火和二次规划组合的混合优化算法求解非凸的经济运行问题；⑤采用两阶段神经网络模型和粒子群优化算法解决单时段静态经济运行问题；⑥提出一种将进化规划和序列二次规划集成的混合优化方法求解动态经济调度问题，模型综合考虑了机组的非凸非线性特性，通过拉格朗日乘子松弛约束，采用进化规划更新拉格朗日乘子，得到了较好的结果。虽然从总体上讲，上述一些求解方法效果较好，但仍存在一些缺陷：线性规划法在将模型近似线性化时不可避免地要引起计算误差；非线性规划法虽可精确考虑问题的非线特性，但常要求目标函数连续、可微，这使其在实际应用中受到一定限制；随着经济调度问题规模的增大，动态规划法存在固有的“维数灾”问题；采用基于人工智能技术的神经网络、遗传算法、蚁群、混沌和粒子群等算法，尽管能方便地处理机组特性曲线的非线性以及目标函数的非凸不可微等特性，但这些方法本质上属随机优化算法，因而导致所得解并非全局最优解。

当考虑机组阀点效应后的动态经济调度问题在数学上表现为不光滑、非凸约束非线性优

化问题，求解较为复杂。为解决好这类优化问题，提出采用基于空间扩张算子的优化算法。根据空间扩张算子的思想，可针对所求问题的特性来选取沿不同方向进行空间扩张，进而构造出性能优良的优化算法。根据动态经济调度问题的不光滑和非凸特点，现选取沿连续两次迭代计算时次梯度之差方向的空间扩张算子来构造极小化空间扩张优化算法。

1. 空间扩张算子

设 $\boldsymbol{\xi}\in R_n$，$\|\boldsymbol{\xi}\|=1$，$\alpha>0$。对 $\forall\, x\in R_n$，x 可以表示为

$$x=\gamma_{\xi}(x)\cdot\boldsymbol{\xi}+d_{\xi}(x) \tag{3-7}$$

其中 $(\boldsymbol{\xi},d_{\xi}(x))=0$

由式(3-7)可知

$$\begin{aligned}\gamma_{\xi}(x)&=(x,\boldsymbol{\xi})\\ d_{\xi}(x)&=x-(x,\boldsymbol{\xi})\boldsymbol{\xi}\end{aligned} \tag{3-8}$$

根据式(3-7)定义算子 $R_{\alpha}(\boldsymbol{\xi}):R_n\rightarrow R_n$

$$R_{\alpha}(\boldsymbol{\xi})x=\alpha\gamma_{\xi}(x)\boldsymbol{\xi}+d_{\xi}(x) \tag{3-9}$$

$R_{\alpha}(\boldsymbol{\xi})$ 称为沿方向 $\boldsymbol{\xi}$、系数为 α 的空间扩张算子。

空间扩张算子 $R_{\alpha}(\boldsymbol{\xi})$ 的矩阵表示式为

$$R_{\alpha}(\boldsymbol{\xi})=I+(\alpha-1)\boldsymbol{\xi}\boldsymbol{\xi}^{\mathrm{T}} \tag{3-10}$$

2. 空间扩张优化算法

不失一般性，考虑下列无约束优化问题：

$$\min_{x\in R^n} f(x) \tag{3-11}$$

假设与空间扩张算子 $R_{\alpha}(\xi)$ 对应的空间变换矩阵为 $\boldsymbol{B}$，对应的空间变换关系：$x=\boldsymbol{B}y$，$f(x)$ 的次梯度记为 $g(x)$。计算开始时，给定初始值 x_0，初始步长 λ_1，初始空间变换矩阵 $\boldsymbol{B}_0$。设经过 k 次迭代计算后，得到 $x_k,\boldsymbol{B}_k,y_k$，其中 $y_k=\boldsymbol{B}_k^{-1}x_k$。于是可按下列步骤进行第 $k+1$ 次的迭代计算：

(1)分别计算 $f(x)$ 在 x_{k-1} 和 x_k 处的次梯度 $g(x_{k-1})$、$g(x_k)$；

(2)在变换空间中计算第 k 次和第 $k-1$ 次的次梯度之差，以确定第 $k+1$ 次迭代计算的空间扩张方向 ξ_{k+1}，即

$$\xi_{k+1}=\frac{\boldsymbol{B}_k^{\mathrm{T}}[g(x_k)-g(x_{k-1})]}{\|\boldsymbol{B}_k^{\mathrm{T}}[g(x_k)-g(x_{k-1})]\|}$$

(3)根据空间扩张算子 $R_{\alpha}(\xi_{k+1})$，确定第 $k+1$ 次迭代计算的空间变换矩阵 $\boldsymbol{B}_{k+1}$，即

$$\boldsymbol{B}_{k+1}=\boldsymbol{B}_k[R_{\alpha}(\xi_{k+1})]^{-1}$$

(4)在变换空间中计算 $\boldsymbol{B}_{k+1}^{-1}x_k$ 处的次梯度 $\boldsymbol{B}_{k+1}^{\mathrm{T}}g(x_k)$，并根据线搜索确定迭代步长 λ_{k+1}；

(5)按关系式 $x_{k+1}=x_k-\lambda_{k+1}\boldsymbol{B}_{k+1}\boldsymbol{B}_{k+1}^{\mathrm{T}}g(x_k)$ 进行 $k+1$ 次迭代搜索计算；

(6)结束准则判断。若满足结束条件，停止计算；否则，继续进行迭代计算。

3. 约束条件的处理

采用不光滑精确罚函数法将所有约束条件以惩罚项的形式加入目标函数中，这样便使原来的约束问题转化为无约束优化问题，从而可通过求解无约束问题来解决原来的有约束优化问题，使求解过程简化。在所有违反约束条件的集合中，选取最大的约束违反量进行惩罚，从而将动态经济调度模型转化成无约束优化问题。经转化后的目标函数为

$$\min\psi = F(P) + \sigma\max\left\{\begin{array}{l} 0,\ \max\limits_{t=1,2\cdots,T}\left| P_D^t - \sum\limits_{i=1}^{N} P_i^t \right|,\ \max\limits_{\substack{t=1,2\cdots,T \\ i=1,2\cdots,N}}(P_i^t - P_{i\max}), \\ \max\limits_{\substack{t=1,2\cdots,T \\ i=1,2\cdots,N}}(P_{i\min} - P_i^t),\ \max\limits_{\substack{t=1,2\cdots,T \\ i=1,2\cdots,N}}(P_i^{t-1} - P_i^t - DR_i), \\ \max\limits_{\substack{t=1,2\cdots,T \\ i=1,2\cdots,N}}(P_i^t - P_i^{t-1} - UR_i) \end{array}\right\} \tag{3-12}$$

式中：σ 是罚因子。

计算中罚因子 σ 的选取至关重要。如果罚因子选取过大，可能使算法收敛于非最优解；反之，又可能使算法收敛于不可行解。为此，采用自适应调整策略来更新罚因子 σ，即随着迭代过程的进行，σ 逐渐增大，以保证所有约束条件都得以满足，并最终找到问题的最优解。具体调整策略为

计算开始时，令 $k=0$，设置初始罚因子 σ_0（可取较小值，如取 1）。当迭代计算到第 k 次时，第 $k-1$ 次和第 k 次的机组出力分别为 P_{k-1} 和 P_k，首先按优化目标函数式(3-3)计算得到的函数值分别为 $F(P_{k-1})$、$F(P_k)$，然后按式(3-13)计算新的惩罚因子 $\tilde{\sigma}_k$：

$$\tilde{\sigma}_k = \alpha \cdot \frac{F(P_{k-1}) - F(P_k)}{|P_k - P_{k-1}|} \tag{3-13}$$

如果有 $\tilde{\sigma}_k > \beta\sigma_{k-1}$，则对罚因子进行更新，即用 $\tilde{\sigma}_k$ 取代前次的罚因子 σ_{k-1}。

上式中的 α、β 均为大于 1 的常数，取 $\alpha=12$、$\beta=1.2$ 可获得较好的结果。

3.2.3　分析与说明

为验证本算法的有效性，采用 Visual C++ 6.0 编制相应的计算程序，并以一个由 10 台机组组成的系统为例进行分析计算。调度周期取一天，将全天分为 24 个时段，一小时为一个计算时段。机组的有关参数如表 3-1 所示。

表 3-1　机组数据

	机组号 i									
参数	1	2	3	4	5	6	7	8	9	10
$P_{i\max}$/MW	470	460	340	300	243	160	130	120	80	55
$P_{i\min}$/MW	150	135	73	60	73	57	20	47	20	55
a_i 美元·h^{-1}	958.2	1313.6	604.97	471.6	480.29	601.75	502.7	639.4	455.6	692.4
b_i/美元·$(MWh)^{-1}$	21.6	21.05	20.81	23.9	21.62	17.87	16.51	23.23	19.58	22.54
c_i/美元·$(MW^2h)^{-1}$	0.00043	0.00063	0.00039	0.0007	0.00079	0.00056	0.00211	0.0048	0.00908	0.00951
e_i/美元·h^{-1}	450	600	320	260	280	310	300	340	270	380
h_i/rad·$(MW)^{-1}$	0.041	0.036	0.028	0.052	0.063	0.048	0.086	0.082	0.098	0.094

续表

参数	机组号 i									
	1	2	3	4	5	6	7	8	9	10
UR_i/MW	80	80	80	50	50	50	30	30	30	30
DR_i/MW	80	80	80	50	50	50	30	30	30	30

注：表 3-1 中 $P_{i\min}$ 和 $P_{i\max}$ 分别表示机组 i 的最小、最大出力；

a_i、b_i、c_i 分别表示机组 i 的费用曲线系数，即 $f_i(P_i^t)=a_i+b_iP_i^t+c_i(P_i^t)^2$；

e_i、h_i 分别表示机组 i 的阀点特性系数；

UR_i、DR_i 分别表示机组 i 在相邻时段出力容许的最大上升值和下降值。

应用本算法计算得到系统的总运行费用为 1028085 $，各机组在一天 24 小时的出力优化分配结果如表 3-3 所示，由表中计算结果可知，各机组在每个计算时段分配的负荷均满足所有约束条件。同时，表 3-2 还列出了采用其他方法求解此问题的计算结果。由表 3-2 中的数据可看出本算法解的质量明显好于其他方法的结果，显示了该算法求解动态经济调度问题的优势。对比分析这些结果，可知本算法对动态经济调度问题的求解是行之有效的，而且算法性能也较其他方法更优，改善了计算结果，使系统总运行费用较其他方法得到的费用有所下降，节约了燃料的运行成本。

表 3-2　不同方法的计算结果比较

方法	总运行费用/$
逐步二次规划算法(SQP)	1051163
进化规划法(EP)	1048638
SQP 与 EP 混合算法	1036875
本算法	1028085

表 3-3　机组负荷经济分配结果

时段	各时段机组负荷分配/MW									
	机组 1	机组 2	机组 3	机组 4	机组 5	机组 6	机组 7	机组 8	机组 9	机组 10
1	226.62	222.27	106.04	120.42	73.02	107.00	26.57	47.01	52.06	55.00
2	226.62	302.27	170.09	70.42	73.00	57.00	56.53	47.01	52.06	55.00
3	226.62	309.53	185.20	120.40	122.87	82.74	56.53	47.05	52.06	55.00
4	226.62	309.53	259.05	120.42	122.87	122.45	63.07	47.00	80.00	55.00
5	226.62	309.53	223.06	170.41	122.87	122.45	93.06	77.00	80.00	55.00
6	303.25	309.53	195.84	180.83	172.73	122.46	123.04	85.31	80.00	55.00
7	303.25	309.53	262.32	180.83	172.73	159.96	93.06	85.31	80.00	55.00
8	303.25	309.53	295.55	230.66	222.60	122.45	99.59	85.31	52.06	55.00
9	379.87	389.53	297.40	212.12	172.73	122.45	129.59	85.31	79.99	55.00
10	379.87	396.80	291.76	241.25	222.60	160.00	129.59	115.31	79.83	55.00

续表

时段	各时段机组负荷分配/MW									
	机组 1	机组 2	机组 3	机组 4	机组 5	机组 6	机组 7	机组 8	机组 9	机组 10
11	379.87	460.00	325.66	241.25	222.60	159.98	129.59	119.99	52.06	55.00
12	456.5	396.80	339.99	259.66	222.60	159.84	129.62	120.00	79.99	55.00
13	379.87	394.99	339.83	241.25	238.97	122.45	99.65	120.00	80.00	55.00
14	303.25	314.99	297.4	241.24	222.60	160.00	129.55	120.00	79.98	55.00
15	379.87	309.53	217.53	191.33	222.60	128.53	99.55	119.99	52.06	55.00
16	303.25	309.53	185.20	142.75	172.73	122.45	93.06	90.03	80.00	55.00
17	226.62	309.53	184.46	180.83	172.73	122.45	63.06	85.31	80.00	55.00
18	303.25	309.53	217.42	167.32	222.60	122.45	93.06	85.31	52.06	55.00
19	303.26	316.82	297.40	181.38	173.78	159.98	123.06	85.31	80.00	55.00
20	379.87	396.8	302.03	230.81	222.60	160.00	129.59	115.31	80.00	55.00
21	379.87	389.51	297.40	180.83	172.73	153.77	129.59	85.31	79.99	55.00
22	303.25	309.53	289.18	130.83	122.87	122.45	129.59	85.31	79.99	55.00
23	226.62	309.53	209.53	110.11	73.00	121.62	99.59	76.99	49.99	55.00
24	226.62	309.37	178.30	60.11	122.86	71.62	93.06	47.00	20.05	55.00

3.2.4 主要结论

本节提出采用沿连续两次相邻迭代计算时次梯度之差方向空间扩张的优化算法求解电力系统动态经济调度问题，并对约束条件采用自适应更新罚因子的不光滑精确罚函数法加以处理，从而简化了求解过程。同时该算法既能方便地计及机组出力爬坡率等与时间相关的耦合约束，又很容易考虑机组的阀点效应。仿真计算结果表明该方法求解精度高、收敛速度快，验证了该算法的可行性和有效性，从而为解决动态经济调度问题提供了一种新思路和方法。

3.3 安全约束下的电力系统最优潮流分布

最优潮流是指在电力系统的结构参数和负荷给定的前提下满足指定约束并使目标函数最优的潮流分布。最优潮流问题的决策变量包括发电机有功出力、发电机节点和可调无功补偿节点的无功出力、有载调压变压器的变比等，通过调节这些决策变量就可以使电力系统潮流发生变化，进而使整个系统达到最优的控制目标。从数学上看，最优潮流的数学模型是带约束的非线性规划问题。最优潮流的数学模型最初由法国学者 Carpentier 提出的，之后，人们提出了简化梯度法、牛顿法、二次规划法、线性规划法、内点法、遗传算法、进化规划、信赖域法等方法来求解最优潮流问题，但这些算法在求解过程中都或多或少存在着不足。随着电力系统日趋复杂，人们对最优潮流问题的求解速度和效率提出了更高的要求。常规的最优潮流求解方法已经难以满足要求，具有并行计算特征的进化算法日益受到人们的重视。本节将构建最优潮流的数学模型，重点阐述基于可行保留策略和变异算子的群智能优化算法来求解最优潮流问题，为电力系统最优潮流问题的求解提供新方法。

3.3.1 最优潮流问题的数学模型

在数学上，最优潮流问题是一个非线性规划问题，其数学模型如下：

$$\min f(\boldsymbol{u},\boldsymbol{x}) \tag{3-14}$$

$$s.t.\ g(\boldsymbol{u},\boldsymbol{x})=0 \tag{3-15}$$

$$h(\boldsymbol{u},\boldsymbol{x})\leqslant 0 \tag{3-16}$$

式中：$\boldsymbol{u}$ 为控制变量，调度人员可以对其进行调整和控制，通常包括发电机有功出力(平衡节点除外)、发电机节点和可调无功补偿节点的无功出力、有载调压变压器的变比；$\boldsymbol{x}$ 为状态变量，通常包括电压相角(平衡节点除外)、电压幅值；等式约束条件 $g(\boldsymbol{u},\boldsymbol{x})=0$ 为基本潮流方程；不等式约束条件 $h(\boldsymbol{u},\boldsymbol{x})\leqslant 0$ 一般包括：

(1)发电机有功出力上、下限约束

$$P_{Gj,\min}\leqslant P_{Gj}\leqslant P_{Gj,\min}\quad j=(1,2,\cdots,N_G) \tag{3-17}$$

(2)发电机无功出力上、下限约束

$$Q_{Gj,\min}\leqslant Q_{Gj}\leqslant Q_{Gj,\min}\quad j=(1,2,\cdots,N_G) \tag{3-18}$$

(3)发电机节点电压幅值上、下限约束

$$V_{Gj,\min}\leqslant V_{Gj}\leqslant V_{Gj,\min}\quad j=(1,2,\cdots,N_G) \tag{3-19}$$

(4)有载调压变压器的变比约束

$$T_{j,\min}\leqslant T_j\leqslant T_{j,\min}\quad j=(1,2,\cdots,N_T) \tag{3-20}$$

(5)可调无功电源出力上、下限约束

$$Q_{Cj,\min}\leqslant Q_{Cj}\leqslant Q_{Cj,\min}\quad j=(1,2,\cdots,N_C) \tag{3-21}$$

(6)负荷节点电压上、下限约束

$$V_{Lj,\min}\leqslant V_{Lj}\leqslant V_{Lj,\min}\quad j=(1,2,\cdots,N_L) \tag{3-22}$$

(7)线路功率上、下限约束

$$S_{lj,\min}\leqslant S_{lj}\leqslant S_{lj,\min}\quad j=(1,2,\cdots,n_l) \tag{3-23}$$

式中：N_G 为发电机数目；N_T 为有载调压变压器数目；N_C 为可调无功电源数目；N_L 为负荷节点数目；n_l 为线路数目。

搜索空间为

$$S=\{\boldsymbol{u}\in R^D\} \tag{3-24}$$

可行域为

$$F=\{\boldsymbol{u}\in R^D \mid g(\boldsymbol{u},\boldsymbol{x})=0 \cap f(\boldsymbol{u},\boldsymbol{x})\leqslant 0\} \tag{3-25}$$

3.3.2 最优潮流问题的群智能优化算法

由于最优潮流是带约束的非线性规划问题，传统优化方法如简化梯度法、牛顿法、二次规划法、线性规划法、内点法等被用于求解最优潮流问题，但是这些方法存在“维数灾”、不适合并行计算等缺点。Eberhart 和 Kennedy 通过对鸟群等简单群体模型的研究，提出了一种基于群体智能的计算技术——粒子群优化(particle swarm optimization，PSO)算法。在该算法中，问题的解被模拟为空间中具有一定速度的粒子，众多粒子在解空间中飞行，并通过共享个体和群体的飞行经验不断调整各自的飞行速度和方向，使得整个群体以迭代方式向最优值进化。

PSO 算法由于简单、搜索速度快且容易编程实现等优点，一经提出就引起了广大学者的关注，并在电力系统、函数优化、神经网络设计、模式识别、信号处理等方面获得了成功的应用。PSO 算法从本质上说是一种进化算法，具备隐并行性，将其应用于最优潮流问题可以大大提高求解效率。但是，如同其他进化算法一样，PSO 算法也容易陷入局部极值，导致算法早熟。因此，为克服 PSO 算法的局限性，提出了基于可行保留策略和变异算子的群智能优化算法来求解最优潮流问题。可行保留策略将最优潮流问题的目标函数和约束条件分开处理，使得只有可行的解才能指导粒子飞行，避免了粒子在不可行域中的无效搜索，提高了算法的搜索效率；变异算子以预定的概率选择变异个体，对粒子的位置进行变异操作，使得粒子可以有效避免陷入局部最优，增强了算法的全局搜索能力。

最优潮流问题的群智能优化算法特征如下。

1. 算法的基本框架

PSO 算法的思想来源于对鸟群觅食行为的模拟。在现实世界中，鸟群通过个体及群体的觅食经验总能找到食物。正如 E O Wilson 所说："在搜寻食物的过程中，群体中的个体成员可以得益于所有其他成员的发现和先前的经历。当食物不可预测地零星分布时，这种协作带来的优势是决定性的，远大于对食物竞争带来的劣势。"正是这一思想导致了 PSO 算法的产生。

设搜索空间为 d 维，粒子群中第 i 个粒子的位置为 $\boldsymbol{u}_i=(u_{i1},u_{i2},\cdots,u_{iD})$，第 i 个粒子的速度为 $\boldsymbol{v}_i=(v_{i1},v_{i2},\cdots,vu_{iD})$，第 i 个粒子目前搜索到的最好位置为 $\boldsymbol{p}_i=(p_{i1},p_{i2},\cdots,p_{iD})$，群体目前搜索到的最好位置为 $\boldsymbol{p}_n=(p_{n1},p_{n2},\cdots,p_{nD})$。第 i 个粒子第 d 维的速度和位置更新方程如下：

$$v_{id}=\omega v_{id}+c_1r()(p_{id}-u_{id})+c_2R()(p_{nd}-u_{id}) \tag{3-26}$$

$$u_{id}=u_{id}+v_{id} \tag{3-27}$$

式中：$r(\ )$ 和 $R(\ )$ 是 $[0,1]$ 中的随机数；c_1 和 c_2 为加速因子，取值为正常数；ω 为惯性权重因子，用来平衡算法的全局和局部搜索能力，ω 取较大值可以增强 PSO 算法的全局搜索能力，有利于跳出局部极值，ω 取较小值可以增强 PSO 算法的局部搜索能力，有利于算法收敛。粒子通过式(3-26)来不断更新自身的飞行速度和方向，决定下一步的运动轨迹，通过式(3-27)计算新位置的坐标，直到达到最大迭代次数或满足其他终止条件时停止搜索。

2. 不等式约束的处理

在求解最优潮流问题的常规算法中，通常采用罚函数法来处理不等式约束，其基本思想是：将约束条件引入到目标函数中形成一个新的函数，将有约束的优化问题转化为无约束的优化问题。但是罚因子的选择是一个难题：过大的罚因子会使算法的收敛性变坏；过小的罚因子达不到惩罚的效果。因此，为克服罚函数法的不足，提出采用可行保留策略对不等式约束进行特殊处理。

设粒子群有 N 个粒子，第 i 个粒子到第 t 次迭代结束时搜索到的最好位置为 $p_i^{(t)}=(p_{i1}^{(t)},p_{i2}^{(t)},\cdots,p_{iD}^{(t)})$，最好的适应值为 $f(\boldsymbol{u}_i^*,\boldsymbol{x}_i^*)$。第 i 个粒子到第 t 次迭代结束时的位置为 $\boldsymbol{u}_i^{(t)}=(u_{i1}^{(t)},u_{i2}^{(t)},\cdots,u_{iD}^{(t)})$，当前的适应值为 $f(\boldsymbol{u}_i^{(t)},\boldsymbol{x}_i^{(t)})$。群体到第 t 次迭代结束时搜索到的最好位置为 $p_n^{(t)}=(p_{n1}^{(t)},p_{n2}^{(t)},\cdots,p_{nD}^{(t)})$。第 i 个粒子的个体经验更新方程如下：

$$\boldsymbol{p}_i^{(t)}=\begin{cases}\boldsymbol{u}_i^{(t)},(\boldsymbol{u}_i^{(t)}\in F\cap f(\boldsymbol{u}_i^{(t)},\boldsymbol{x}_i^{(t)})<f(\boldsymbol{u}_i^*,\boldsymbol{x}_i^*))\\ \boldsymbol{p}_i^{(t-1)},(\boldsymbol{u}_i^{(t)}\notin F\cup f(\boldsymbol{u}_i^{(t)},\boldsymbol{x}_i^{(t)})\geqslant f(\boldsymbol{u}_i^*,\boldsymbol{x}_i^*))\end{cases} \tag{3-28}$$

群体经验更新方程如下：

$$\boldsymbol{p}_n^{(t)} = \min\{\boldsymbol{p}_1^{(t)}, \boldsymbol{p}_2^{(t)}, \cdots, \boldsymbol{p}_N^{(t)}\} \tag{3-29}$$

可行保留策略将目标函数和约束条件分开处理。目标函数作为适应值函数用来评估解的优劣；约束条件仅用来判断解的可行性。初始化种群时，为增大粒子在空间搜索到可行解的概率，初始种群中的每个粒子必须满足最优潮流不等式约束条件。当搜索到的解在可行域中且优于先前的解时，才更新每个粒子目前搜索到的最好位置和群体目前搜索到的最好位置。可行保留策略使得只有可行的解才能指导粒子飞行，从而避免了粒子在不可行域中的无效搜索，提高了算法的效率。

3. 高斯变异算子的引入

式(3-13)中粒子速度的更新受三个因素的影响：第一是粒子先前的速度，表明粒子过去飞行速度对当前飞行速度的影响；第二是“认知”部分，表明粒子自身飞行经验知识对当前飞行速度的影响；第三是“社会”部分，表明群体飞行经验对当前飞行速度的影响。当 PSO 算法接近局部最优值或全局最优值时，粒子将在该最优值附近振动，直至粒子的速度减为零。因此，标准 PSO 算法缺乏跳出局部极值的能力，容易陷入局部最优值。有学者借鉴遗传算法的思想，引入选择、交叉和变异机制来改进 PSO 算法的性能，取得了一定的效果，其中，变异机制的引入使得 PSO 算法更易跳出局部最优值。最优潮流的数学模型通常是一个多峰函数，在其解空间上存在着众多极值。为了使算法能够跳出局部最优值，借鉴遗传算法的思想，引入高斯变异算子 $g(\sigma)$ 对标准 PSO 算法进行了改进：

$$m(\boldsymbol{u}_{id}) = \boldsymbol{u}_{id}[1 + g(\sigma)] \tag{3-30}$$

式中：$m(\boldsymbol{u}_{id})$ 为变异后粒子 i 所在的位置；为搜索空间每维长度的 0.1 倍。改进后的 PSO 算法以预定的概率 p_{mut} 选择变异个体，并通过高斯概率分布规律确定粒子的新位置。在粒子飞行初期，该算法可以进行大范围的搜索；在粒子飞行后期，通过减少高斯变异率来改善搜索效率。

通过以上算法设计可知，采用新的基于可行保留策略和变异算子的改进粒子群优化算法来求解最优潮流问题是可行的。可行保留策略将最优潮流问题的目标函数和约束条件分开处理，使得只有可行的解才能指导粒子飞行，避免了粒子在不可行域中的无效搜索，提高了算法的搜索效率；变异算子以预定的概率选择变异个体，对粒子的位置进行高斯变异操作，使得粒子可以有效避免陷入局部最优，增强了算法的全局搜索能力。

3.3.3 分析与说明

为测试本算法的性能，通过标准 IEEE 30 节点系统进行了测试。该系统有 6 台发电机组，4 台有载调压变压器，41 条支路。发电机 G_1 和 G_2 的燃料成本函数为分段二次成本函数，其参数设置如表 3-4 所示；发电机 G_5、G_8、G_{11}、G_{13} 的燃料成本函数为二次成本函数。目标函数为发电成本最小。利用 Matlab 7.0 实现本改进的 PSO 算法，运行环境为 2.4 GHz CPU 和 512 MB RAM 的 PC 机。

显然，在搜索空间中有多个局部最优解，常规算法容易陷入局部最优。本算法的参数设置如表 3-5 所示。其中，加速因子 c_1 和 c_2 的取值为 1.49445；惯性权重因子 ω 的取值为 $0.5+0.5r(\ )$，$r(\ )$ 为[0,1]中的随机数；借鉴遗传算法的经验，变异概率 p_{mut} 取为 0.1；R_{uns} 为独立测试次数。为提高计算效率，算法中的初始种群通过随机方式产生，并且必须满足不等式约束条件。

表 3-4 发电机 G_1 和 G_2 的分段二次成本函数

发电机	有功出力下限/MW	有功出力上限/MW	系数		
			a	b	c
G_1	50	140	55.0	0.70	0.0050
	140	200	82.5	1.05	0.0075
G_2	20	55	40.0	0.30	0.0100
	55	80	80.0	0.60	0.0200

表 3-5 算法的参数设置

ω	c_1	c_2	$v_{d,\max}$
$0.5+0.5r(\ )$	1.49445	1.49445	$\lvert u_{d,\max}-u_{d,\min}\rvert$
N	p_{mut}	T	$\mathrm{R_{uns}}$
50	0.1	1000	30

由于本算法具有随机性，故采用 30 次独立测试的结果作为实验结果。燃料成本函数为二次成本函数的发电机中，与节点 5 相连的发电机具有最大的发电容量，因此在潮流计算中，采用节点 5 作为平衡节点。实验结果如图 3-1 所示，其中最小发电成本的最好值为 647.36 USD，最差值为 647.81 USD，平均值为 647.54 USD，并且最好值在 30 次独立测试中出现了两次，说明该算法性能稳定。

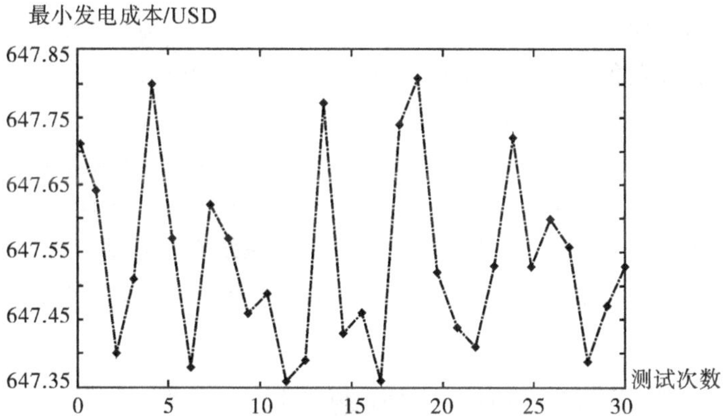

图 3-1 最优潮流计算结果

我们将本算法的测试结果与进化规划方法和常规 PSO 算法的测试结果进行了比较，如表 3-6 所示。显然，由于高斯变异算子的引入，所提的算法能够有效跳出局部最优，其最好值、平均值、最差值均优于进化规划和常规 PSO 算法，并且由于 PSO 算法中粒子本身的加速作用，所提算法的计算时间也远远低于进化规划算法。

表 3-6 算法结果比较

算法	最小发电成本/USD			
	最好值	平均值	最差值	时间/s
进化规划	647.79	649.67	652.67	51.60
PSO	647.69	647.73	647.87	—
本算法	647.36	647.54	647.81	1.82

3.3.4 主要结论

本节提出了一种求解最优潮流问题的群智能优化算法，为快速求解最优潮流问题提供了新思路。提出的可行保留策略克服了罚函数法中罚因子难以选择的问题，避免了粒子在不可行域中的无效搜索，提高了算法的搜索效率；引入高斯变异算子使得粒子可以有效避免陷入局部最优，增强了算法的全局搜索能力。这些改进对提高算法性能具有普遍性，因此该算法也可用于其他复杂的电力系统优化问题，而且由于 PSO 算法中粒子的飞行相互独立，因此该算法特别适合并行处理，在最优潮流实时计算中的应用前景广阔。IEEE 30 节点系统的测试结果表明，利用本算法求解最优潮流问题是可行的和有效的，具有一定的实用价值；对于复杂的最优潮流问题，该算法优于进化规划算法和常规的粒子群优化算法。

3.4 水火电力系统的短期有功负荷分配

水火电力系统的短期有功负荷分配是在满足系统总负荷的前提下，在调度周期内充分合理地利用有限的水资源在各电厂间分配有功负荷，以减少火电厂的总运行费用。由于水电厂运行的灵活性和梯级水电厂间的补偿协调作用，即上一级水电厂的发电用水或弃水经一定延时将会影响下级各水电厂的发电和弃水，而下级水电厂的水库调节能力又反过来影响上级水电厂的用水计划。因此水火电力系统的短期有功负荷分配是一个具有复杂约束条件的大型、动态、有时滞的非线性优化问题。本节将构建水火电力系统有功负荷分配问题的数学模型，重点阐述基于改进遗传算法的水火电力系统有功负荷分配方法，为水火电力系统有功负荷分配问题的求解提供新方法。

3.4.1 水火电力系统有功负荷分配问题的数学模型

水火电力系统的短期有功负荷优化分配是在保证系统安全可靠运行的前提下，满足所有的约束条件，合理地分配各电厂的有功负荷，使系统的总运行费用最小。因而可取目标函数为所有火电厂的总煤耗最小，即：

$$\min J = \sum_{t=1}^{T}\sum_{i=1}^{N_s} f_i(P_{si}^t) = \sum_{t=1}^{T}\sum_{i=1}^{N_s}[\alpha_{si} + \beta_{si}P_{si}^t + \gamma_{si}(P_{si}^t)^2] \tag{3-31}$$

式中：$f_i(P_{si}^t)$表示第 i 个火电厂在 t 时段的费用函数；T 表示调度周期；N_s 表示火电厂个数；α_{si}，β_{si}，γ_{si}为第 i 个火电厂的费用系数。

约束条件如下：

(1)系统负荷平衡

$$\sum_{i=1}^{N_h} P_{hi}^t + \sum_{j=1}^{N_s} P_{sj}^t = P_D^t \quad t = 1,2,\cdots,T \tag{3-32}$$

式中:P_{hi}^t 表示第 i 个水电厂在 t 时段的发电出力;P_{sj}^t 表示第 j 个火电厂在 t 时段的发电出力;P_D^t 表示在 t 时段的系统负荷。

(2)火电厂发电出力约束

$$P_{si\min}^t \leqslant P_{si}^t \leqslant P_{si\max}^t \quad i = 1,2,\cdots,N_s;t = 1,2,\cdots,T \tag{3-33}$$

式中:$P_{si\min}^t$,$P_{si\max}^t$ 分别表示第 i 个火电厂在 t 时段发电出力的最小值和最大值。

(3)水电厂发电出力约束

$$P_{hi\min}^t \leqslant P_{hi}^t \leqslant P_{hi\max}^t \quad i = 1,2,\cdots,N_h;t = 1,2,\cdots,T \tag{3-34}$$

式中:$P_{hi\min}^t$,$P_{hi\max}^t$ 分别表示第 i 个水电厂在 t 时段发电出力的最小和最大值。

(4)水电厂库容约束

$$V_{i\min}^t \leqslant V_i^t \leqslant V_{i\max}^t \quad i = 1,2,\cdots,N_h;t = 1,2,\cdots,T \tag{3-35}$$

式中:V_i^t 表示第 i 个水电厂在 t 时段末的库容;$V_{i\min}^t$,$V_{i\max}^t$ 分别表示第 i 个水电厂在 t 时段末库容的最小值和最大值。

(5)水电厂发电流量约束

$$Q_{i\min}^t \leqslant Q_i^t \leqslant Q_{i\max}^t \quad i = 1,2,\cdots,N_h;t = 1,2,\cdots,T \tag{3-36}$$

式中:Q_i^t 表示第 i 个水电厂在 t 时段发电流量;$Q_{i\min}^t$,$Q_{i\max}^t$ 分别表示第 i 个水电厂在 t 时段发电流量的最小值和最大值。

(6)水电厂调度周期始、末库容约束

$$V_i^0 = V_i^{\text{begin}}, \quad V_i^T = V_i^{\text{end}} \quad i = 1,2,\cdots,N_h \tag{3-37}$$

(7)水电厂水量平衡方程

$$V_i^t = V_i^{t-1} + I_i^t + Q_{i-1}^{t-\tau_i} + S_{i-1}^{t-\tau_i} - Q_i^t - S_i^t \quad i = 1,2,\cdots,N_h;t = 1,2,\cdots,T \tag{3-38}$$

式中:τ_i 表示水流流达时间;I_i^t,S_i^t 分别表示第 i 个水电厂在第 t 时段的自然入流和弃水。

(8)水电转换关系

水电厂的发电出力 P_{hi}^t 与水库库容和发电流量有关,即 $P_{hi}^t = f(Q_i^t, V_i^t)$。可用下列二次函数来表示,即

$$P_{hi}^t = C_{1i} \cdot (V_i^t)^2 + C_{2i} \cdot (Q_i^t)^2 + C_{3i} \cdot V_i^t \cdot Q_i^t + C_{4i} \cdot V_i^t + C_{5i} \cdot Q_i^t + C_{6i} \tag{3-39}$$

式中:C_{1i},C_{2i},C_{3i},C_{4i},C_{5i},C_{6i} 均为常系数。

3.4.2 基于改进遗传算法的水火电力系统有功负荷分配

对于水火电力系统的短期有功负荷分配,国内外学者曾采用等微增率、动态规划、线性规划和非线性规划、网络流规划以及拉格朗日松弛等方法对此问题进行研究,但这些方法都或多或少地存在一些缺陷:等微增率只是使目标函数取极小值的必要条件而并非充分条件;动态规划法面临“维数灾”问题;线性规划不可避免地要对所求解的问题加以线性简化才能使用,这就使得计算精度有所下降;非线性规划在求解过程中易遇到数值稳定性问题;网络流规划一般要求费用函数呈凸性;拉格朗日松弛法求解过程中解存在振荡性,甚至出现奇异。因此,继续完善现有算法和探索新的方法来更好地解决电力系统的经济运行问题具有重要的现实意义。近年来,一种基于生物自然选择和遗传机理的优化算法——遗传算法(GA),由于其对求解问题

的限制较少，不要求目标函数连续、可微而备受青睐；同时该算法不是单从某一点出发搜索，而是从群体出发在整个解空间中搜索，并能以较大的概率找到全局最优解或近乎全局最优解。另外，GA 在解决非线性问题时表现出较强的鲁棒性、全局优化性和可并行处理性而在工程实际中受到广泛的关注和应用。与此同时也被应用到水火电力系统的经济运行中，但在应用传统的二进制编码遗传算法(SGA)求解水火电力系统有功负荷分配这类变量取值范围广和计算规模大的实际工程问题时，效果并不十分理想。为使遗传算法能更好地应用于此类问题的求解中，针对 SGA 算法的缺点，提出一种性能良好的改进遗传算法(RGA)来对此问题进行优化求解。

遗传算法的核心是进行选择、杂交和变异等遗传操作运算。采用不同的遗传操作算子，GA 在进化过程中的搜索能力和执行效率是不同的。为提高 GA 的性能，我们对二进制编码遗传算法加以改进，直接采用浮点数编码技术对决策变量进行编码，并设计了与之相适应的杂交和变异算子，从而构造出一种改进的遗传算法(RGA)。

基于改进遗传算法的水火电力系统有功负荷分配方法的特征如下。

1. 编码方法

二进制编码存在 Hamming 悬崖，而且在求解高维优化问题时，编码长度与求解精度之间的矛盾更加突出，这使得 GA 的搜索空间急剧增大，降低了执行效率。为克服二进制编码方法的缺点，对于一些多维、精度要求较高的优化问题，可直接采用浮点数编码方法。浮点数编码方法是指个体的每个基因用其取值范围内的浮点数来表示。

针对水火电力系统短期有功负荷分配问题的特点，用每个时段每个火电厂的发电出力 P_{si}^t 和每个时段每个水电厂的发电流量 Q_i^t 作为决策变量对其直接编码，即将所有的 P_{si}^t，Q_j^t($t=1,2,\cdots,T$；$i=1,2,\cdots,N_s$；$j=1,2,\cdots,N_h$)按顺序连接起来组成一个染色体基因，每个基因都对应一个调度方案。对水电厂用发电流量而不用发电出力编码，主要是考虑到式(3-38)和式(3-39)计算的简便性。

2. 两两竞争选择

在标准遗传算法中常采用赌轮选择方法，该法是根据个体被选中的概率与其适应值大小成比例。但此选择方法在进化过程中可能会引发超级个体和相似个体问题，而使 GA 在搜索过程中出现"早熟"现象，致使进化过程过早地结束，难以找到全局最优解。为此本文采用两两竞争的选择方法，即每次从群体中随机选取两个个体加以竞争比较，适应值大的个体获胜，若两个个体的适应值相等，则任选其中一个。该选择方法避免了个体被选择的概率与其适应值的大小直接成比例，同时又能保证被选中的个体具有较大的适应值。

3. 杂交算子

个体之间的杂交运算是随机的，不同父代个体通过杂交产生的子代个体是不一样的。针对浮点数编码方法的特点，为使杂交后产生的子代个体具有优良的性能，可通过事先给定个体的概率分布关系来进行杂交运算以产生子代个体。

假设在第 t 代进化过程中两个父代个体分别为 x_1^t，x_2^t，且 $x_1^t \leqslant x_2^t$，取值范围为$[a,b]$，则具体杂交过程如下：

(1)在$[0,1]$中产生一个均匀分布的随机数 u；

(2)按下列关系计算杂交系数 β；

$$\beta=\begin{cases}(\alpha u)^{\frac{1}{\eta+1}} & u\leqslant 0.5\\ \left(\frac{1}{2-\alpha u}\right)^{\frac{1}{\eta+1}} & u>0.5\end{cases} \tag{3-40}$$

式中：η 为一任意非负的实数，称为杂交分布因子；$\alpha=2-\gamma^{-(\eta+1)}$；$\gamma=1+\frac{2}{x_2^t-x_1^t}\cdot\min[(x_1^t-a),(b-x_2^t)]$。

(3)按下列法则生成两个子代个体 x_1^{t+1} 和 x_2^{t+1}

$$\begin{aligned}x_1^{t+1}&=0.5[(1+\beta)x_1^t+(1-\beta)x_2^t]\\x_2^{t+1}&=0.5[(1-\beta)x_1^t+(1+\beta)x_2^t]\end{aligned} \tag{3-41}$$

4. 变异

浮点数编码 GA 与二进制编码 GA 的变异不同。首先，变异不再是发生在个体的每一位上，而是以参数为单位进行；其次，变异不再是简单地改变编码位上的值，而是通过某种运算得到变异后参数的取值。

遗传算法随着进化过程地不断进行，群体的多样性逐渐减少，此时可通过变异操作来维持和加强群体的多样性，以防止和克服“早熟”现象的发生。现采用以下一种适合于浮点数编码的基于参数的变异算子，假设父代个体为 $x\in[a,b]$，变异后产生的子代个体为 y，则具体操作过程如下所列。

(1)在[0,1]中产生一个均匀分布的随机数 u；

(2)按下列关系计算变异系数 δ：

$$\delta=\begin{cases}(2u+(1-2u)\,(1-\Delta)^{\lambda+1})^{\frac{1}{\lambda+1}}-1 & u\leqslant 0.5\\ 1-(2(1-u)+2(u-0.5)\,(1-\Delta)^{\lambda+1})^{\frac{1}{\lambda+1}} & u>0.5\end{cases} \tag{3-42}$$

式中：λ 为任意非负实数，称为变异分布因子；$\Delta=\frac{\min[(x-a),(b-x)]}{b-a}$。

(3)产生子代个体 y：

$$y=x+\delta\cdot(b-a) \tag{3-43}$$

5. 约束条件的处理

对水电厂的发电流量和火电厂的发电出力，由于直接采用浮点数编码，在随机产生初始群体时可在其取值变化范围内取值，在进化过程中，由于按所设计的杂交和变异算子产生的子代个体均被限制在其取值范围内，因而约束条件(3-32)和(3-36)自动满足。对其他约束条件，采用惩罚函数处理，这样便将有约束的优化问题转化为无约束优化问题。对约束条件处理后可得如下新的目标函数 F：

$$\min F=J+\sum_{i\in N_h}\Phi(V_i^t)+\sum_{i\in N_h}\Psi(V_i^T)+\sum_{i\in N_h}\Omega(P_{hi}^t)+\Theta(P_D^t) \tag{3-44}$$

式中：$\Phi(V_i^t)$ 表示违反水电厂库容上下限约束的惩罚函数；$\Psi(V_i^T)$ 表示违反水电厂调度周期末库容约束的惩罚函数；$\Omega(P_{hi}^t)$ 表示违反水电厂发电出力上下限约束的惩罚函数；$\Theta(P_D^t)$ 表示违反系统负荷平衡约束的惩罚函数。

3.4.3 分析与说明

现以水火电力系统为例，应用本算法对其有功负荷分配问题进行优化求解。该系统由一个包含两个水电厂的梯级水电系统和一个火电厂组成，梯级两水电厂间的水流时滞 τ 为 3 小时，有关各电厂的具体参数如表 3－7 至表 3－10 所示。

表 3－7 水电厂发电出力特性系数

水电厂	C_1	C_2	C_3	C_4	C_5	C_6
1	－0.001	－0.1	0.01	0.4	4.0	－30.0
2	－0.001	－0.1	0.01	0.3	3.0	－30.0

表 3－8 水电厂水库特性

水电厂	V_{min}	V_{max}	V_0	V_T	Q_{min}	Q_{max}
1	95	135	100	115	5	15
2	155	185	170	170	5	15

表 3－9 水电厂自然入流量

时段	1	2	3	4	5	6	7	8	9	10	11	12
水电厂 1	10	9	8	7	6	7	8	9	10	11	12	10
水电厂 2	10	10	10	2	3	4	3	2	1	1	1	2

表 3－10 系统负荷

时段	1	2	3	4	5	6	7	8	9	10	11	12
负荷	90	95	100	105	110	115	120	115	110	105	100	90

遗传算法利用选择、杂交、变异等操作算子，以一定的概率来指导随机搜索。因此群体大小 N、杂交概率 P_c、变异概率 P_m 等参数的选择十分重要，它们直接影响遗传算法的性能，但究竟如何优选这些参数目前尚无统一的理论指导。群体大小是代表所求问题候选解个体的数量，如果 N 太小，不能提供足够的采样点，致使 GA 找不到问题的最优解；反之若 N 太大，则会增加计算时间，使收敛速度变慢，因此根据经验一般选取群体大小为 50～100。杂交是遗传算法探索未知空间的主要操作，所以杂交概率 P_c 一般应取较大值，但若取值过大，则易破坏群体中的优良模式，取值过小又使产生新个体的速度太慢，P_c 的取值范围一般为 0.6～0.9。变异是维持群体多样性的手段，变异概率通常应取较小值，若 P_m 太大会导致 GA 搜索中的盲目随机性，太小又会降低群体的分散性，因此 P_m 一般在 0.001～0.01 范围内取值。

计算中设置群体大小为 100，进化总代数为 1000，杂交概率 $P_c=0.9$，变异概率 $P_m=0.01$，杂交分布因子 $\eta=2$，变异分布因子 $\lambda=80$。采用本文的 RGA 和标准的 SGA，分别随机产生初始群体，在计算机上各自连续运行 10 次，取最好解作为最后的最优解。采用 RGA 算法，10 次运行花费 CPU 的总时间为 30s，平均每次运行时间为 3s，而采用 SGA 所需的总运行时间为 200s，平均每次需 20s。

采用本 RGA 算法和标准 SGA 算法，通过计算得到在满足所有约束条件下的结果如表 3－11所示。

表 3-11 不同算法的结果比较

算法	总费用/$	CPU 时间/s
SGA 算法	27298	200
RGA 算法	26710	30

由表 3-11 中的计算结果可知，采用 RGA 算法不仅计算得到的总运行费用较 SGA 算法的要小，而且消耗 CPU 的时间也明显少于 SGA 所消耗 CPU 的时间。由此可以看出浮点数编码方案在解决诸如数值优化类问题时比二进制编码方案求解的精度高，计算速度快。这说明采用本 RGA 算法计算所得结果正确合理，求解精度高，收敛速度快。

3.4.4 主要结论

水火电力系统的短期有功负荷分配在电力系统的经济运行中发挥着重要的作用，从本质上讲它是一个具有复杂约束条件的非线性大型动态优化问题，处理起来十分复杂，采用传统优化算法难以得到理想的结果。本节提出基于改进遗传算法的水火电力系统有功负荷分配方法，该方法对决策变量直接采用浮点数编码技术，同时根据给定的概率分布进行杂交操作和实施参数变异的改进遗传算法。最后通过具体算例，对该方法进行验证，通过与二进制编码遗传算法所得结果进行对比分析，表明计算结果正确合理，收敛速度快，求解精度高。这也说明该方法不失为一种行之有效的优化方法，具有应用潜力。

3.5 梯级水电系统的短期发电计划优化调度

对于含有梯级或混联式水电厂群的水电系统，各水电厂间既存在电力联系，又存在水力联系，优化调度要考虑许多因素，因而其短期发电过程是一个具有约束条件的大型、动态、有时滞的复杂非线性系统的优化问题，处理起来很复杂。本节将构建梯级水电系统短期发电计划的数学模型，提出基于混沌进化算法的梯级水电系统短期发电计划优化方法，从而为解决梯级水电系统的短期发电计划问题提供了一种新颖有效的方法。

3.5.1 梯级水电系统短期发电计划的数学模型

梯级水电系统短期发电计划的数学模型如下。

1. 目标函数

由于水电厂在电力系统中具有很强的调节能力，因此在整个调度期内（通常取一日），可充分利用水量，减少火电燃料耗量，使电力系统总发电成本最低。假设研究的对象是以发电为主的梯级水电系统，则其短期发电计划问题可以描述为在满足各种约束条件下，使水电系统在调度期内的发电量最大。其目标函数可以表示为：

$$\max f(V,Q) = \max \sum_{j=1}^{N} \sum_{t=1}^{24} P_j^t(Q_j^t, V_j^t, V_j^{t+1}) \tag{3-45}$$

式中：N 表示水电厂个数；V_j^t 表示第 j 个水电厂在 t 时段末的库容；Q_j^t 表示第 j 个水电厂在 t 时段的发电流量；P_j^t 表示第 j 个水电厂在 t 时段的出力；j 表示水电厂编号，$j=1,2,\cdots,N$；t

表示时段，$t=1,2,\cdots,24$

2. 约束条件

(1)出力约束

$$P_{\min j} \leqslant P_j^t \leqslant P_{\max j} \tag{3-46}$$

式中：$P_{\min j}$，$P_{\max j}$分别为第 j 个水电厂出力的最小值和最大值。

(2)库容约束

$$V_{\min j} \leqslant V_j^t \leqslant V_{\max j} \tag{3-47}$$

式中：$V_{\min j}$，$V_{\max j}$分别为第 j 个水电厂库容的最小值和最大值。

(3)流量约束

$$Q_{\min j} \leqslant Q_j^t \leqslant Q_{\max j} \tag{3-48}$$

式中：$Q_{\min j}$，$Q_{\max j}$分别为第 j 个水电厂流量的最小值和最大值。

(4)调度周期始、末库容约束

$$V_j^1 = V_j^{\text{begin}} \qquad V_j^{25} = V_j^{\text{end}} \tag{3-49}$$

(5)水量平衡方程

$$\begin{aligned} V_1^t &= V_1^{t-1} + I_1^t - Q_1^t - S_1^t \\ V_j^t &= V_j^{t-1} + I_j^t + Q_{j-1}^{t-\tau} + S_{j-1}^{t-\tau} - Q_j^t - S_j^t \end{aligned} \tag{3-50}$$

式中：S_j^t，I_j^t 分别为第 j 个水电厂在 t 时段的弃水流量和径流量；τ 为水流流达时间。

3. 水电转换关系

水电厂的发电出力 P_j^t 与水库库容、发电流量和机组效率呈非线性关系，即 $P_j^t = f(\eta_j^t, Q_j^t, V_j^t)$。可采用下列关系来描述：

$$P_j^t = a_{0j} + a_{1j} \cdot Q_j^t + a_{2j} \cdot (Q_j^t)^2 + a_{3j} \cdot (Q_j^t)^3 + a_{4j} \cdot (Q_j^t)^4 - \Delta H_j^t \tag{3-51}$$

其中，水头损失 ΔH_j^t 可按下述关系确定：

$$\Delta H_j^t = \beta_j \cdot \Delta h_j^t \cdot Q_j^t \tag{3-52}$$

对发电仅仅与上游水库水位有关的电厂：

$$\Delta h_j^t = h_{\max j} - h_j^t \tag{3-53}$$

对发电既与上游水库水位有关又与下游直接相邻水库水位有关的电厂：

$$\Delta h_j^t = h_{\max j} - h_j^t + h_i^t - h_{\min i} \tag{3-54}$$

以上式中：a_{0j}，a_{1j}，a_{2j}，a_{3j}，a_{4j}，β_j 为常数；h_j^t 表示第 j 个水电厂在 t 时段的水头；$h_{\max j}$表示第 j 个水电厂的最大水头；$h_{\min i}$表示第 i 个水电厂的最小水头；下标 i 表示与水电厂 j 直接相邻的下游水电厂。

水头与水库库容之间的关系可用凹的分段线性函数表示：

$$h_j^t = k_j^t + \alpha_j^t \cdot V_j^t = \min\{k_j^i + \alpha_j^i \cdot V_j^i\} \qquad i = 1,2,\cdots \tag{3-55}$$

3.5.2 基于混沌进化算法的梯级水电系统短期发电计划

对于梯级水电系统短期发电计划优化调度问题，国内外学者曾采用动态规划、极大值原理、线性和非线性规划、网络流算法、拉格朗日乘子法和人工神经网络等方法对此问题进行研究，但这些方法都或多或少存在一些不足，如存在维数灾，须大内存，计算时间长，约束条件处理复杂等问题。随着人工智能技术的迅速发展，模拟生物进化规律的遗传算法作为一种新的优化算法，具有简单通用，对目标函数要求不高，鲁棒性强，适合并行处理等特点，这些使得其在工程实际中受到广泛应用。尽管遗传算法已被应用于水电系统的短期经济运行中，但其仍然存在一些问题，如在接近全局最优解时搜索速度变慢，甚至陷入局部极值区域，易产生“早熟”现象。

基于混沌理论的混沌优化是近年来出现的一种新型优化算法，它利用混沌变量的遍历性、随机性、规律性来搜索寻找问题的最优解，其算法思路直观，实现简单，适应性强。虽然混沌优化通过载波可减小混沌搜索空间以加速局部搜索速度，但它并没有充分利用得到的先验知识，因而其局部搜索效果也存在一定的局限性。为克服混沌优化和遗传算法各自的缺点，充分利用二者的优点，本节提出将混沌序列与遗传算法相结合的混沌杂交进化算法(hybrid chaotic / evolutionary algorithm，CHEA)。这种算法利用混沌序列对初始值的敏感性，使产生的群体不可能同时陷于同一局部值，因而进化不会停止；通过进化操作在搜索空间加速最优解的收敛速度，而在接近全局最优解时，由于混沌序列的介入和家族竞争的引进，最优解总是不断地被更新，直到稳定，从而有效抑制了“早熟”现象，提高了解的精度。

基于混沌进化算法的梯级水电系统短期发电计划优化方法的特征如下。

1. 混沌序列

混沌是非线性系统所独有且广泛存在于自然界的一种非周期运动形式。混沌目前尚无通用严格的定义。一般认为将不是由随机性外因引起的，而是由确定性方程(内因)直接得到的具有随机性的运动状态称为混沌。混沌运动是确定性系统中局限于有限相空间的高度不稳定的运动。所谓轨道高度不稳定是指近邻的轨道随时间的发展会指数的分离。由于这种不稳定性，系统的长时间行为会显示出某种混乱性。Logistic 映射是非线性方程中出现的一个能成功地进行实验数学研究的不寻常的实例，它虽然简单却能体现出所有非线性现象的本质。常采用下列一维 Logistic 映射产生混沌序列：

$$t_{k+1} = \lambda \cdot t_k \cdot (1 - t_k) \qquad t_k \in (0,1) \qquad k = 0,1,2\cdots \tag{3-56}$$

式中：t_k 表示混沌变量 t 在第 k 次迭代时的取值。

当 $\lambda=4$ 时，上述系统完全处于混沌状态，t 在(0,1)范围内遍历。

混沌变量$\{t_k\}$的运动形式有如下特征。

(1)随机性

当 $\lambda=4$ 时，Logistic 映射在有限区间[0,1]内不稳定运动，其长时间的动态行为将显示出随机性质。

(2)规律性

尽管$\{t_k\}$体现出随机性，但它是由确定方程导出的。初值确定后，$\{t_k\}$便已确定，即其随机性是内在的，这就是混沌运动的规律性。

(3)遍历性

混沌运动的遍历性是指混沌变量能在一定范围内按其自身规律不重复地遍历所有状态。

(4)对初值的敏感性

初值 t_0 的微小变化将导致序列$\{t_k\}$远期行为的巨大差异。对初值的敏感性是混沌的一个十分鲜明的特征。Lorenz 曾十分形象地称其为蝴蝶效应：“仅仅是蝴蝶翅膀的一次小小扇动，就有可能改变一个月以后的天气情况”。

(5)具有分形的性质

混沌奇异吸引子在微小尺度上具有与整体自相似的几何结构,对它的空间描述只能采用分数维。

(6)普适性

普适性是指混沌系统中存在着一些普遍适用的常数。

2. 混沌杂交进化算法的基本步骤

设有优化问题:

$$\min f(x_i) \qquad x_i \in [a_i, b_i] \qquad i = 1,2,\cdots,n \tag{3-57}$$

(1)初始化

用随机方法产生 m 个初始值 $y_{j,i}(0)\in[0,1]$,并利用 Logistic 映射产生 l 个不同轨迹的混沌变量$\{y_{j,i}(k)\}$,$j=1,2,\cdots,m$;$i=1,2,\cdots,n$;$k=1,2,\cdots,l$。

(2)将混沌变量生成家族成员 $x_{j,i}(k)$

$$x_{j,i}(k) = a_i + (b_i - a_i) \cdot y_{j,i}(k) \tag{3-58}$$

(3)编码

因水电系统的短期优化调度系多维有复杂约束的非线性优化问题,故采用浮点数编码为宜。浮点数编码是指个体的每个基因用某一范围内的一个浮点数来表示,个体的编码长度等于其决策变量的个数。该编码方法适合在进化算法中表示变化范围较大的数,同时便于处理复杂的约束条件以及在较大空间中进行搜索等。针对水电系统短期发电计划问题的特点,用每个时段通过每个水电厂的流量作为优化变量对其编码,即将所有 $Q_j^t(j=1,2,\cdots,N;t=1,2,\cdots,24)$按顺序连接起来组成一个染色体基因,每个基因都对应各水电厂在一日中每小时的一个流量调度方案。

(4)选择

根据适应度 $f(x_{j,i}(k))$的大小,找出每个族内适应值高的个体使之有机会成为父代。

(5)交叉

将每个族内选出的适应度高的个体与其他族选出的个体进行交叉操作,产生新的父代个体。对采用浮点数编码的个体,交叉操作常采用均匀算术交叉,即子代个体由父代个体的线性组合产生。假设在第 t 代群体中选择待交叉的两个父代为 $s_v^t=<v_1,v_2,\cdots,v_n>$,$s_w^t=<w_1,w_2,\cdots,w_n>$,则交叉后所产生的子代为

$$s_v^{t+1} = \beta \cdot s_v^t + (1-\beta) \cdot s_w^t \qquad s_w^{t+1} = \beta \cdot s_w^t + (1-\beta) \cdot s_v^t \tag{3-59}$$

式中:β 为 0 ~1 中的常数。

(6)自适应误差反向传播变异

变异是增加和保持群体多样性的有效算子,同时也是跳出局部极值,克服“早熟收敛”的有效手段。变异尺度大,有利于算法在广阔的解空间中搜索得到全局最优解,但搜索粗糙,精度较差;反之精度较高,但易陷入局部极值。为克服此缺点,本文采用一种类似于 BP 神经网络训练算法的自适应误差反向传播变异能有效地提高解的精度,加快收敛速度。具体变异规则如下:

$$x_j^i(k+1) = x_j^i(k) + \eta \cdot \Delta x_j^i(k) + \alpha \cdot sx_j^i(k)$$
$$\Delta x_j^i(k) = [x_j^{\text{best}}(k) - x_j^i(k)] \cdot |N(0,1)|$$
$$sx_j^i(k+1) = \eta \cdot acc^i(k) \cdot \Delta x_j^i(k) + \alpha \cdot sx_j^i(k) \tag{3-60}$$
$$acc^i(k) = \begin{cases} 1 & \text{如果适应值改善} \\ 0 & \text{其他} \end{cases}$$

式中：k 为当前进化代数；η 为学习速率；α 为动量因子；$N(0,1)$表示均值为 0，方差为 1 的标准正态分布随机数；|.|表示取绝对值；$\Delta x_{j,i}(k)$表示个体改变量的大小；$sx_j^i(k)$表示进化趋势；$x_j^i(k)$表示第 k 代进化变异前第 i 个个体的第 j 个变量；$x_j^i(k+1)$表示第 k 代进化变异后第 i 个个体的第 j 个变量。

(7)适应值函数和约束条件的处理

由于待优化变量 Q_j^i 的取值自动满足其定义域，故流量约束方程自动满足，计算中对约束条件采用不可微精确罚函数法处理，这样可将有约束的优化问题转化为以罚函数为目标函数的无约束优化问题。合理确定罚函数是处理好约束条件的关键，因为既要考虑如何度量解对约束条件不满足的程度，又要考虑进化算法的效率。罚函数的强度太小，部分个体仍有可能破坏约束条件，保证不了进化运算所得到的个体一定是满足约束条件的可行解；反之又有可能使个体的适应度差异不大，降低个体之间的竞争力，同样影响算法的效率。

对约束条件处理后得如下的目标函数：

$$\min F = -f + \sum_{i=1}^{3} \sigma_i \phi_i \tag{3-61}$$

$$\phi_1 = \sum_{j=1}^{N} |V_j^{25} - V_j^1|$$

$$\phi_2 = \sum_{j=1}^{N}\sum_{t=1}^{24} |V_j^t - V_j^{\lim}| \qquad \phi_3 = \sum_{j=1}^{N}\sum_{t=1}^{24} |P_j^t - P_j^{\lim}|$$

$$V_j^{\lim} = \begin{cases} V_{\max j} & \text{如果 } V_j^t > V_{\max j} \\ V_{\min j} & \text{如果 } V_j^t < V_{\min j} \\ V_j^t & \text{其他} \end{cases} \qquad P_j^{\lim} = \begin{cases} P_{\max j} & \text{如果 } P_j^t > P_{\max j} \\ P_{\min j} & \text{如果 } P_j^t < P_{\min j} \\ P_j^t & \text{其他} \end{cases}$$

式(3-61)中：ϕ_i是罚函数，σ_i是 ϕ_i的惩罚因子。

取罚因子 $\sigma_i = 1/T$，$T = \alpha T$，α 为 0～1 中的常数。σ_i这样选取吸取了模拟退火的思想，使温度 T 逐渐下降，即 σ_i逐渐增大，这样随着进化的不断进行，罚因子 σ_i 逐步增大，以保证所有约束条件得到满足。

进化算法采用适应值来指导搜索，即适应值越大的个体在下一代出现的可能性越大，因此必须定义一个适应度函数来评价群体中每一个体的好坏程度。针对上述目标函数，可构造如下适应值函数 FIT：

$$FIT = F_{\max} - F + K(F_{\max} - F_{\min}) \tag{3-62}$$

式中：$F_{\max}$，$F_{\min}$分别为当前群体中目标函数的最大值和最小值；K 为控制参数，通常在 0.01～0.1 中取值。

3.5.3 分析与说明

为验证和测试本算法的正确性和有效性，现提供两个算例加以分析说明。

1. 算例 1

常用 Rosenbrock 函数来测试和评价进化算法的性能。该函数形式如下：

$$\begin{gathered} \min f = 100 \times (x_1^2 - x_2)^2 + (1 - x_1)^2 \\ -2.048 \leqslant x_i \leqslant 2.048 \quad i = 1,2 \end{gathered} \tag{3-63}$$

此函数是一个经典的单峰病态函数，它有一个全局最小值 0 位于(1,1)处，该函数在全局最小点附近存在一片平坦区，难以极小化。现分别采用 CHEA 和常规 GA 对该函数进行优化求解，目标函数与迭代次数的变化关系曲线如图 3-2 所示。由图 3-2 可知，用常规遗传算法求解时在进化过程中存在较长的缓慢收敛现象，当进化 1000 代后，目标函数值才接近 10^{-5} 附近；而采用 CHEA 算法，由于混沌序列的引入和自适应误差反向传播变异算子的作用，使得目标函数值下降很显著，收敛速度非常快，进化过程非常迅速，在 200 次迭代范围内，目标函数的取值就达到 10^{-10} 的精度，很快就找到全局最优解，由此可知 CHEA 的求解效率明显高于常规 GA，这也充分体现出 CHEA 算法的正确性和有效性。

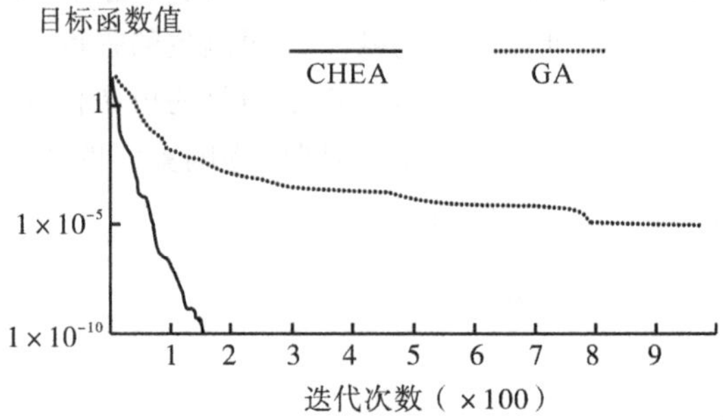

图 3-2　进化过程曲线

2. 算例 2

某梯级水电系统由两个水电厂组成，上游水库具有长期调节性能(电厂 1)，下游水库具有日调节性能(电厂 2)。调度周期为 24 小时，计算时段间隔取为 1 小时。采用 CHEA 算法对该梯级水电系统短期发电计划问题进行优化求解。通过计算得到 24 小时各电厂的最优出力和最优流量分配结果分别如图 3-3 和图 3-4 所示。

从图中的计算结果，可以看出电厂出力随时段变化过程大体上呈现出先小后大的趋势，即在刚开始的几个调度时段，电厂少发电，水库多蓄水，以增大梯级总的贮蓄能量，这样有利于后

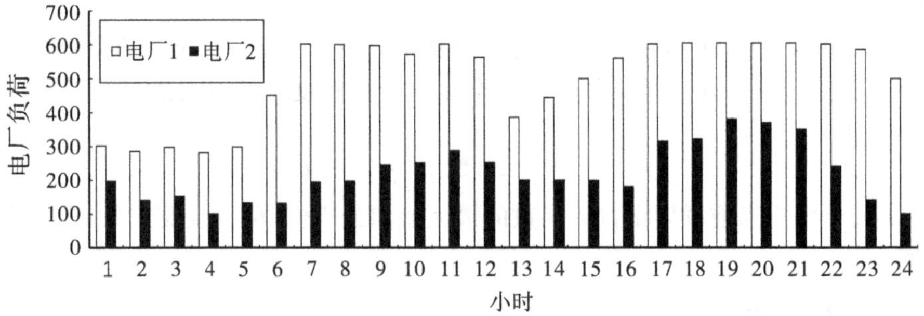

图 3-3　各电厂每小时发电计划(MW)

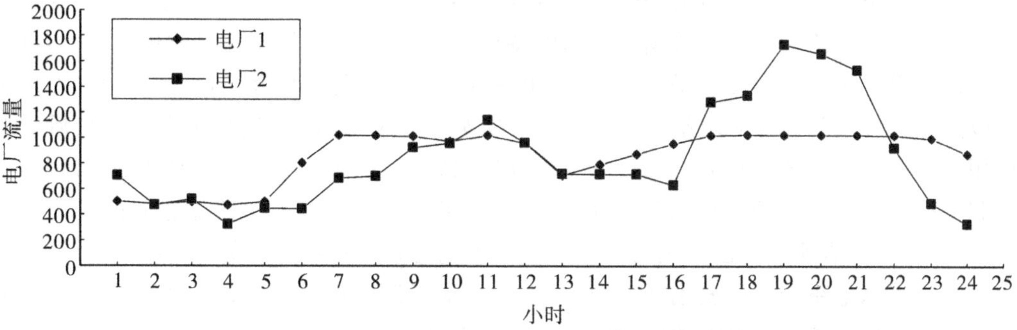

图 3-4　各电厂每小时流量/(m^3/s)

期时段的发电。尤其是对上游调节性能好的水库 1，因为同样数量的水量贮存在上游水库 1 比贮存在下游水库 2 具有更多的势量，同时因下游电厂 2 调节性能差，大多数时段电厂 2 的机组发电出力都较大，也就是优先使用下游水库的能量，这样可以避免或最大限度地减少弃水以防止白白浪费掉贮存在水库中的水能。由此可见，采用 CHEA 算法对梯级水电系统短期发电计划问题求解所到的结果是正确合理的。

3.5.4　主要结论

本节提出基于混沌进化算法的梯级水电系统短期发电计划优化方法。该方法采用适合进化算法的浮点数编码技术，在进化过程中引入混沌序列，充分利用其对初值的敏感性、遍历性和随机性，同时对变异算子加以改进，构造出一种新的自适应误差反向传播变异算子，形成了一种性能优良的混沌杂交进化算法 CHEA。该算法既保留了进化算法的通用性，又有效地抑制了“早熟”收敛现象，使求解的精度和收敛速度都有明显地改善，算法操作简单，易于实现。最后将其应用于梯级水电系统的短期优化调度中，仿真结果正确有效。

3.6　小　结

本章重点探讨了低碳电力系统智能优化调度方法。针对计及阀点效应的动态经济调度问题，提出了基于空间扩张算子的动态经济调度算法。机组阀点效应使得动态经济调度问题更呈现出不光滑、非凸特性，导致动态经济调度问题的求解更加困难。根据动态经济调度问题的不光滑和非凸特点，采用沿连续两次迭代计算次梯度之差方向的空间扩张算法可以有效求解电力系统动态经济负荷分配问题。该算法中采用自适应更新罚因子的不光滑精确罚函数处理约束条件，简化了求解过程。仿真计算结果表明用该方法求解计及阀点效应的动态经济调度问题时具有求解精度高、收敛速度快的优点。

针对最优潮流问题，提出了一种求解最优潮流问题的群智能优化算法，该算法采用粒子群优化算法的基本框架，并采用可行保留策略和变异算子。其中，可行保留策略将最优潮流问题的目标函数和约束条件分开处理，使得只有可行的解才能指导粒子飞行，避免了粒子在不可行域中的无效搜索，提高了算法的搜索效率；变异算子以预定的概率选择变异个体，对粒子的位置进行高斯变异操作，使得粒子可以有效避免陷入局部最优，增强了算法的全局搜索能力。对于复杂的最优潮流问题，该算法优于进化规划算法和常规的粒子群优化算法。

针对水火电力系统有功负荷分配问题，提出了基于改进遗传算法的水火电力系统有功负荷分配方法。该算法针对浮点数编码技术的特点，对杂交和变异算子加以改进，应用多项式概率分布函数设计出新的杂交算子，同时构造出一种基于参数的变异算子，以此来改善GA的性能。改进算法在收敛速度和求解精度方面都有明显地改善，同时算法易于实现。最后将此算法应用于水火电力系统的短期有功负荷优化分配问题中，在计算中可以方便地处理诸如流量、库容和发电出力间复杂的非线性关系，同时还考虑了梯级水电厂间水流流达时间的影响。通过仿真计算结果，表明该算法不失为一种求解水火电力系统短期有功负荷分配的有效方法。

针对梯级水电系统短期发电计划问题，提出了基于混沌进化算法的梯级水电系统短期发电计划优化方法。该算法将混沌序列与进化算法有机地结合在一起，同时采用浮点数编码并构造一种新的自适应误差反向传播变异算子，从而有效抑制进化算法的"早熟"现象和收敛速度慢等缺陷。仿真计算结果表明该法可以求解具有复杂约束条件的非线性优化问题，算法求解精度高，收敛速度快，从而为水电系统的短期发电计划问题提供一种有效的方法。

参考文献

[1]YUAN XIAOHUI,TIAN HAO,YUAN YANBIN, et al. An extended NSGA-III for solution multi-objective hydro-thermal-wind scheduling considering wind power cost[J]. Energy Conversion and Management, 2014, 96(12):568－578.

[2]YUAN XIAOHUI,CAO BO,YANG BO, et al. Hydrothermal scheduling using chaotic hybrid differential evolution[J]. Energy Conversion and Management, 2008, 49(12): 3627－3633.

[3]YUAN XIAOHUI,WANG LIANG,YUAN YANBIN, et al. A modified differential evolution approach for dynamic economic dispatch with valve-point effects[J]. Energy Conversion and Management, 2008, 49(12):3447－3453.

[4]魏韡，刘锋，梅生伟. 电力系统鲁棒经济调度(一)理论基础[J]. 电力系统自动化，2013，37(17):37－43.

[5]魏韡，刘锋，梅生伟. 电力系统鲁棒经济调度(二)应用实例[J]. 电力系统自动化，2013，37(18):60－67.

[6]TIAN HAO,YUAN XIAOHUI,JI BIN, et al. Multi-objective optimization of short-term hydrothermal scheduling using non-dominated sorting gravitational search algorithm with chaotic mutation[J]. Energy Conversion and Management, 2014, 81(1):504－519.

[7]YUAN XIAOHUI,SU ANJUN,YUAN YANBIN, et al. An improved PSO for dynamic load dispatch of generators with valve-point effects[J]. Energy, 2009, 34(1): 67－74.

[8]YUAN XIAOHUI,WANG LIANG, YANBIN YUAN. Application of enhanced PSO approach to optimal scheduling of hydro system[J]. Energy Conversion and Management, 2008, 49(11):2966－2972.

[9]LI JING,OU NA,LIN GUANG, et al. Compressive sensing based stochastic economic dispatch with high penetration renewables[J]. IEEE Transactions on Power Systems, 2019, 34(2): 1438－1449.

[10]COSMIN SAFTA, RICHARDL-Y CHEN, HABIB N Najm, et al. Efficient uncertainty quantification in stochastic economic dispatch[J]. IEEE Transactions on Power Systems, 2017, 32(4): 2535 - 2546.

[11]YUAN XIAOHUI, WANG LIANG, ZHANG YONGCHUAN, et al. A hybrid differential evolution method for dynamic economic dispatch with valve-point effects[J]. Expert Systems with Applications, 2009, 36(2): 4042 - 4048.

[12] YU BINGHUI, YUAN XIAOHUI, WANG LJINWEN. Short-term hydro-thermal scheduling using particle swarm optimization method[J]. Energy Conversion and Management, 2007, 48(7): 1902 - 1908.

[13]ZWE-LEE GAING. Particle swarm optimization to solving the economic dispatch considering the generator constraints[J]. IEEE Transactions on Power Systems, 2003, 18(3): 1187 - 1195.

[14]ATTAVIRIYANUPAP P, KITA H, TANAKA E, et al. A hybrid EP and SQP for dynamic economic dispatch with nonsmooth fuel cost function[J]. IEEE Transactions on Power Systems, 2002, 17(2): 411 - 416.

[15]WHEIMIN L, FUSHENG C, MINGTONG T. Nonconvex ecnonimc dispatch by integrated artificial intelligence[J]. IEEE Transactions on Power Systems, 2001, 16(2): 307 - 311.

[16] NARESH R, DUBEY J, SHARMA J. Two-phase neural network based modelling framework of constrained economic load dispatch[J]. IEE Proc.-Gener. Transm. Distrib, 2004, 151(3): 373 - 378.

[17]雷雪姣,潘士娟,管晓宏,等.考虑传输安全裕度的电力系统发电经济调度[J].中国电机工程学报,2014,34(31):5651 - 5658.

[18]吴宏宇,管晓宏,翟桥柱,等.水火电联合短期调度的混合整数规划方法[J].中国电机工程学报,2009,29(28):82 - 88.

[19]YUAN XIAOHUI, WANG PENGTAO, YUAN YANBIN, et al A new quantum inspired chaotic artificial bee colony algorithm for optimal power flow problem[J]. Energy Conversion and Management, 2015, 100(1): 1 - 9.

[20]杨波,赵遵廉,陈允平,等.一种求解最优潮流问题的改进粒子群优化算法[J].电网技术,30(11):6 - 10,2006.

[21]YUAN XIAOHUI, ZHANG BINQIAO, WANG PENGTAO, et al, Multi-objective optimal power flow based on improved strength Pareto evolutionary algorithm[J]. Energy, 2017, 122: 70 - 82.

[22]XU YIJUN, KORKALI MERT, MILI LAMINE, et al. An iterative response-surface-based approach for chance-constrained AC optimal power flow considering dependent uncertainty[J]. IEEE Transactions on Smart Grid, 2021, 12(3): 2696 - 2707.

[23]丁晓莺,王锡凡,张显,等.基于内点割平面法的混合整数最优潮流算法[J].中国电机工程学报,2004,24(2):1 - 7.

[24]袁贵川,王建全,韩祯祥.电力市场下的最优潮流[J].电网技术,2004,28(5):13 - 17.

[25]杨新林，孙元章，王海风. 考虑暂态稳定性约束的最优潮流[J]. 电力系统自动化，2003，27(14)：13－17.
[26]丁晓莺，王锡凡. 最优潮流在电力市场环境下的最新发展[J]. 电力系统自动化，2002，26(13)：1－7.
[27]韦化，李滨，杭乃善，等. 大规模水-火电力系统最优潮流的现代内点算法实现[J]. 中国电机工程学报，2003，23(6)：13－18.
[28]袁晓辉，王乘，张勇传，等. 粒子群优化算法在电力系统中的应用[J]. 电网技术，2004，28(19)：14－19.
[29]刘盛松，侯志俭，蒋传文. 基于混沌优化与线性内点法的最优潮流算法[J]. 电网技术，2003，27(9)：23－28.
[30]刘盛松，侯志俭，邰能灵，等. 基于滤波器-信赖域方法的最优潮流算法[J]. 中国电机工程学报，2003，23(6)：1－6.
[31]汪峰，白晓民. 基于最优潮流方法的传输容量计算研究[J]. 中国电机工程学报，2002，22(11)：35－40.
[32]韦化，阳育德，李啸骢. 多预想故障暂态稳定约束最优潮流[J]. 中国电机工程学报，2004，24(10)：91－96.
[33]张勇传. 水电站经济运行原理[M]. 北京：中国水利水电出版社，1998.

低碳电力系统时滞稳定性

第 4 章

4.1 引　言

基于经典控制理论的频域法本质上是通过 Laplace 变换在频域空间采用多项式方法分析电力系统的稳定性并进行区间振荡控制器设计；基于线性系统理论的特征值分析法本质上是在时域上采用 Lyapunov 稳定性定理分析电力系统的稳定性；两者的数学模型都是以常微分方程（微分代数方程）为研究对象，所对应的电力系统动力学行为仅依赖于时间。时滞的引入使得电力系统动力学行为不仅依赖于时间，还要考虑时间的滞后作用，其对应的数学模型不再是常微分方程而是泛函微分方程，采用传统的频域法和特征值分析法进行区间振荡控制和阻尼控制器设计已不可取。本章以电力系统低碳化和广域化两大趋势为背景，针对电力系统的特点，将时滞环节引入到电力系统建模过程中，建立考虑信号传输时滞的电力系统模型和阻尼控制模型，进而提出时滞电力系统稳定性判据和区间振荡的时滞控制方法。

目前，国内外对于电力系统时滞稳定性与时滞控制方法的研究正处于起步阶段，国家碳中和战略下构建以新能源为主体的新型电力系统使得该问题的研究凸显更加重要的理论意义和应用价值。迄今为止，电力系统时滞稳定性与时滞控制方法的研究仍存在以下没有被很好地解决的问题：①建模问题。传统的电力系统稳定性判据通常不考虑时滞的影响，例如电力系统小干扰稳定性判据为电力系统状态矩阵在右半平面无特征根，此判据没有考虑时滞的影响。在存在时滞的条件下，如何根据电力系统低碳化和广域化需求对电力系统稳定控制问题进行建模值得深入研究。②稳定判据的保守性问题。由于是在时域内探讨电力系统稳定控制问题，因此如何降低时滞相关稳定条件的保守性至关重要。并且，在计及时滞时，时滞稳定裕度将成为衡量电力系统时滞稳定的指标，但该指标包含弱阻尼情形，即当时滞接近时滞稳定裕度极限时，对时滞系统来说仍是稳定的，但是对电力系统调度和稳定运行来说已不可取，过长时间不能平息的振荡将波及互联电网其他区域并严重威胁电网安全运行。因此，如何建立时滞稳定裕度、阻尼比、阻尼因子等指标之间的量化关系对电力系统稳定性分析和稳定控制十分必要。③阻尼控制器选点和选信号问题。无时滞情况下，留数、MSV、RHP-zeros、RGA、MOI 等都可用于确定阻尼控制器的安装位置和输入信号；计及时滞时，这些指标所确定的安装位置和反馈信号是否仍能使阻尼控制器控制性能最优？若不是，如何改进这些指标或定义新的指标以指导阻尼控制器安装位置与输入信号选择。④阻尼控制器参数设计问题。电力系统建模为时滞系统之后，阻尼控制器设计问题将转化为时滞系统镇定问题，这需要将基于 NLMI 描述的控制器转变为 LMI 的描述形式，从而可以利用 Matlab 等数值计算工具求解。同时，由于阻尼控制器参数设计是一个优化问题，也需要探索不同控制目标下阻尼控制器智能优化设计方法。

上述这些问题均是以电力系统时滞模型为基础的。考虑时滞影响后，电力系统模型从一般动力系统转变为时滞动力系统，其数学描述也从微分方程变为滞后型泛函微分方程。因此，为进一步分析时滞对电力系统的影响，本章首先建立考虑时滞影响的电力系统时滞模型，然后采用时滞依赖模型变换在时域内利用线性矩阵不等式(LMI)构造合适的 Lyapunov-Krasovskii 泛函并以 Lyapunov-Krasovskii 稳定性定理进行分析，获得了比目前常用的 Fridman、Park 和 Moon 模型变换具有更低保守性的时滞相关稳定条件，可用于有效度量时滞电力系统保持稳定性和性能的时滞大小；接着，以电力系统时滞相关稳定条件为基础，研究阻尼性能与时滞稳定裕度的交互影响机理，构建信号传输时滞、时滞稳定裕度、阻尼性能之间的数量关系，探讨信号传输时滞导致电力系统稳定性能下降甚至失稳的机理，为电力系统小干扰稳定性能评估和区间振荡控制奠定理论基础。

4.2 基于广域测量系统的电力系统时滞相关稳定性

在国家碳中和战略下以新能源为主体的新型电力系统与传统电力系统相比，具备显著的时空协调特征，此时广域测量系统(wide area measurement system, WAMS)因其能采集统一同步时间坐标下广域地理范围内的电力系统状态信息显示出极其重要的作用。传统电力系统静态稳定分析方法以线性控制系统理论为基础，以电力系统状态矩阵的特征值作为判定系统稳定性的条件，忽略了时滞影响，不能用于 WAMS 环境下考虑时滞的电力系统稳定性分析。

为此，本节在分析 WAMS 时滞对电力系统影响的基础上，建立时滞电力系统模型，该模型考虑了励磁器和电力系统稳定器可能引入的时滞，将电力系统非线性动态模型在平衡点泰勒展开为线性时滞系统，为定量分析考虑时滞的电力系统稳定性奠定了基础。同时，本节还以自由权矩阵方法为基础，采用一类改进的 Lyapunov-Krasovskii 泛函，建立新的时滞电力系统稳定判据，可克服传统的电力系统特征值稳定判据的不足。在仿真试验中，对系统参数与时滞稳定裕度之间的关系进行分析，验证稳定判据的有效性。

4.2.1 WAMS 时滞对电力系统的影响

广域测量系统 WAMS 是以全球定位技术(global position system, GPS)为基础，通过相量测量单元(phasor measurement unit, PMU)量测广域范围内电力系统的发电机功角、母线电压或电流的幅值和相角，并通过通信通道将采集到的信息传输到电网调度控制中心。WAMS 具有如下两个基本特征：①全网采用基于 GPS 技术的统一同步时间坐标，依托的定位导航授时体系主要是北斗卫星导航系统(Beidou navigation satellite system, BDS)和美国全球定位系统。②采集到的电力系统状态信息在全网范围内共享。WAMS 为在广域范围内实现电力系统暂态稳定控制、互联电网阻尼控制、电压稳定控制或频率稳定控制等提供了可能。WAMS 为电网实时动态监控提供了信息平台，可以对电力系统的动态过程特性进行分析和评估，辨识电力系统在各种扰动或连锁故障下的失稳现象并估计失稳演化态势，向电网调度运行部门提供预警、预防控制的在线决策，提高电力系统安全运行水平。典型的广域测量系统结构如图 4-1 所示。

已有研究表明，将通过 WAMS 采集到的广域信号作为电力系统稳定控制器(power sys-

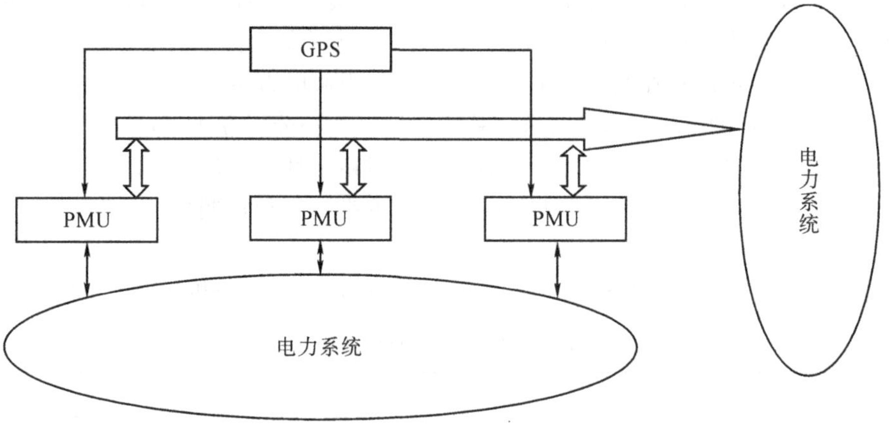

图 4-1　WAMS组成结构

tem stabilizer，PSS)或广域阻尼控制器(wide area damping controller，WADC)的镇定信号，可以显著地提高区间振荡模式的可观性，从而提高 PSS 和 WADC 对区间振荡的阻尼效果。从图 4-1 可知，广域测量系统由 PMU、通信通道、控制中心三大部分组成。其中，PMU 负责量测电力系统中发电机功角、母线电压或电流的幅值和相角，与电力系统常用的传统远端终端(remote terminal unit，RTU)量测方式相比，PMU 所采集的信息具有统一的 GPS 时钟，能在统一时间坐标下为跨度达数百及上千公里的大规模互联电力系统状态监控和稳定控制提供基础数据支持；通信通道负责将 PMU 所采集的信息准确快速地传输至电网调度控制中心，为提高传输速度，主干通信通道通常采用光纤。对于同一电厂内不同的发电机或同一变电站内不同的变压器，PMU 所采集的信息还需要通过局域网集中后才能通过主干通信通道传输；控制中心负责对 PMU 所采集信息的处理和分析，实现数据存储、查询和监控。

从以上分析可知，PMU 所采集的信息从量测点到控制中心的传输不可避免地存在时滞。已有研究表明：若采用本地信号对电力系统进行控制，信号传输时滞通常在 10 ms 以内，此时时滞对控制效果影响不大，可以忽略不计；若采用广域信号对电力系统进行控制，信号传输时滞根据 WAMS 系统通信通道介质、通信设备性能、通道和设备利用程度等有所不同，一般在数十毫秒到数百毫秒。因此，WAMS 总时滞 h 一般可以表述为

$$h = h_1 + h_2 + h_3 + h_4$$

其中，h_1 为 PMU 中与电压或电流互感器数据采集、傅里叶变换等相量计算相关的时滞，这类时滞小且相对固定；h_2 为通信网络时滞，包括 PMU 量测点数据传输前的预处理、数据在通信通道中的传输和路由、数据到达接收端时的后处理等时滞，这类时滞较大，且具有一定的随机性，既与通信介质有关，也与通信设备性能有关，还与通道利用程度、数据拥塞程度有关；h_3 为从控制中心到控制点的控制时滞，这取决于控制中心到控制点的距离、通信介质、控制方式等；h_4 为其他可能的随机时滞。

基于本地状态量的局部控制时滞通常在 10 ms 以内，这类时滞对控制器控制性能的影响不大。因此，在局部控制器设计中忽略时滞的影响是可行的。但是，在 WAMS 环境下，基于 PMU 量测信号的广域控制必须考虑时滞的影响。时滞对电力系统的影响主要表现在两个方面。

(1)对电力系统稳定性的影响。有学者从时滞微分-代数方程理论出发，在频域空间内对

含时滞的特征方程根的分布进行研究，发现过大的时滞会对系统的主导特征值产生负面影响，进而影响电力系统的小干扰稳定性。还有学者从南方电网高压直流输电(high voltage direct current，HVDC)的辅助阻尼控制设计中发现时滞还会引起电力系统产生高频等幅振荡。

(2)对控制器设计的影响。有学者采用稳定时滞域拓扑分析方法，即采用先计算稳定域或不稳定域边界然后从封闭区域内选取一点确定该区域稳定性的方法，量化了时滞对广域阻尼控制器设计的影响。还有学者认为过大的时滞会严重影响各种控制器的性能，恶化系统阻尼或导致系统失稳，增加了控制器设计的难度。

已有相关文献对国内 WAMS 工程或测试系统的时滞进行了分析和研究，如表 4-1 所示。

表 4-1 WAMS 工程实测时滞

序号	电力系统	时滞/ms	
		TCP/IP 异步模式	UDP 模式
1	江苏 WAMS 工程	20～80	—
2	三峡左岸 WAMS 工程	6～52	6～67
3	华北 WAMS 工程	9～41	9～40
4	华东 WAMS 工程	2～23	2～17
5	WECC System	20.6±4.6	—
6	BPA 电力系统	38(光纤)	—
		80(微波)	—

在表 4-1 中，TCP/IP 采用多数据包的方式，由于 WAMS 各数据包可能经历不同的路由，因此 WAMS 各数据包到达接收端时延迟各不相同；UDP 为无连接的报文方式，可快速发送数据，但可靠性不如 TCP/IP。

随着 WAMS 在我国电力系统应用的深入，时滞对电力系统运行和控制的影响吸引了越来越多学者的关注。因此，开展电力系统时滞影响研究，建立含时滞的广域电力系统稳定与控制新理论是一项基础性、长期性的研究工作，对 WAMS 环境下电力系统安全稳定运行和低碳调度具有重要意义。

4.2.2 时滞电力系统模型

在 WAMS 环境下，考虑时滞影响的电力系统广域稳定控制所依赖的数学模型不再是用常微分方程所描述的无时滞控制系统，而是包含时滞的非线性微分动力系统。当时滞对系统的影响可以忽略不计或信号传输时滞相对较小时，这种用常微分方程来描述电力系统是可行的，事实上，以往的电力系统的小干扰稳定、暂态稳定、区间振荡控制等研究均基于这一假设。但是，当信号传输时滞相对较大时或时滞对系统的影响不能忽略不计时，这种以常微分方程描述电力系统是不可行的，因此必须采用新的时滞动力系统模型描述电力系统并采用相应的手段进行分析。时滞动力系统最典型的特征是系统的演化不仅依赖于系统的当前状态，还依赖于系统过去某一时刻的状态量，在解的表征上则体现为解空间上的维数是无穷维的。因此，对电力系统进行时滞稳定性分析将引入新的稳定性评估指标——时滞稳定裕度进行度量。

为从机理上揭示时滞对电力系统稳定性的影响，下面以简单电力系统为例进行分析探讨。

假定该电力系统为单机无穷大电力系统，包含发电机(generator)、励磁器(exciter)、电力系统稳定器 PSS 等基本电气元件。发电机数学模型如下所示：

$$\dot{\delta} = \omega_s(\omega - 1) \tag{4-1}$$

$$\dot{\omega} = \frac{1}{m}[P_m - P_e - D(\omega - 1)] \tag{4-2}$$

$$P_e = E'_q I_q - (x'_d - x_q) I_d I_q \tag{4-3}$$

$$\dot{E}'_q = \frac{1}{T'_{d0}}(E_f - E_q) = \frac{1}{T'_{d0}}[E_f - E'_q - (x_d - x'_d) I_d] \tag{4-4}$$

$$\begin{bmatrix} I_d \\ I_q \end{bmatrix} = \frac{1}{x'_d x_q}\begin{bmatrix} 0 & x_q \\ -x'_d & 0 \end{bmatrix}\begin{bmatrix} -U_d \\ E'_q - U_q \end{bmatrix} \tag{4-5}$$

其中，δ 为发电机转角；ω_s 为发电机基础转速；ω 为以标幺值度量的发电机转速；m 为机械启动时间；P_m 为机械有功功率；P_e 为电气有功功率；D 为阻尼因子；E_q 为发电机的 q 轴电势；E'_q 为发电机的 q 轴暂态电势；E_f 为励磁电压；x_d 为发电机的 d 轴同步电抗；x_q 为发电机的 q 轴同步电抗；x'_d 为发电机的 d 轴暂态电抗；T'_{d0} 为发电机的 d 轴暂态短路时间常数；I_d 为发电机的 d 轴电流；I_q 为发电机的 q 轴电流；U_d 为发电机的 d 轴电压；U_q 为发电机的 q 轴电压。事实上，除上述模型外，发电机的模型还可以采取更高阶模型，但是采用高阶发电机模型所揭示的时滞对电力系统影响机理与采用低阶发电机模型是相同的。

考虑时滞的励磁器动态方程可表示为

$$\dot{E}_f = \frac{K_e}{T_e}[\Delta U(t - d(t)) + U_{\text{PSS}}] - \frac{E_f}{T_e} \tag{4-6}$$

其中，K_e 为励磁器增益常数；T_e 为励磁器时间常数；$d(t)$ 表示时滞；$\Delta U = U_{\text{ref}} - U_t$；$U_{\text{ref}}$ 为参考节点电压；U_t 为发电机端口电压；U_{PSS} 为 PSS 输出电压。在 WAMS 环境下，U_{ref} 通常取自远端量测点，其在 WAMS 系统中的传输存在一定的时滞。

考虑时滞的 PSS 动态方程如下：

$$\begin{bmatrix} \dot{y}_1 \\ \dot{y}_2 \end{bmatrix} = \begin{bmatrix} 0 & 1 \\ -\dfrac{1}{T_2 T_3} & -\dfrac{T_2 + T_3}{T_2 T_3} \end{bmatrix}\begin{bmatrix} y_1 \\ y_2 \end{bmatrix} + \begin{bmatrix} 0 \\ \dfrac{1}{T_2 T_3} \end{bmatrix}\Delta\omega(t - d(t)) \tag{4-7}$$

$$U_{\text{PSS}} = \frac{-K_{\text{PSS}}}{K_e}\left\{\begin{bmatrix} \dfrac{-T_1}{T_2} & \dfrac{T_3 - T_1 T_2 - T_1 T_3}{T_2} \end{bmatrix}\begin{bmatrix} y_1 \\ y_2 \end{bmatrix} + \frac{T_1}{T_2}\Delta\omega(t - d(t))\right\} \tag{4-8}$$

其中，K_{PSS} 为 PSS 增益常数；T_1、T_2 和 T_3 为 PSS 时间常数；y_1 和 y_2 为 PSS 的状态变量。励磁器和 PSS 除采用上述数学模型外，还可以采用其他形式的数学模型，不同的数学模型并不影响对电力系统进行时滞稳定性分析。

式(4-1)至式(4-8)为 WAMS 环境下考虑时滞的电力系统稳定性分析模型。该模型是典型的非线性、多参数、多状态变量的时滞动力系统模型。设系统的平衡点为 $[\delta_0 \quad \omega_0 \quad E'_{q0} \quad E_{f0} \quad y_{10} \quad y_{20}]^{\mathrm{T}}$，定义系统状态变量为 $x = [\Delta\delta \quad \Delta\omega \quad \Delta E'_q \quad \Delta E_f \quad \Delta y_1 \quad \Delta y_2]^{\mathrm{T}}$。其中，$\Delta\delta$ 为发电机转角偏移；$\Delta\omega$ 为发电机角速度偏移；$\Delta E'_q$ 为发电机的 q 轴暂态电压偏移；ΔE_f 为励磁电压偏移；Δy_1 和 Δy_2 为 PSS 状态变量偏移，则考虑时滞的电力系统稳定性分析模型可以在平衡点展开，可得到如下方程：

$$\Delta\dot{\delta} = \omega_s \Delta\omega \tag{4-9}$$

$$\Delta\dot{\omega} = \frac{1}{m}(\Delta P_m - \Delta P_e - D\Delta\omega) \tag{4-10}$$

$$\Delta\dot{E}'_q = \frac{1}{T'_{d0}}[\Delta E_f - \Delta E'_q - (x_d - x'_d)\Delta I_d] \tag{4-11}$$

$$\Delta\dot{E}_f = \frac{K_e}{T_e}[\Delta U_t(t - d(t)) + \Delta U_{PSS}] - \frac{\Delta E_f}{T_e} \tag{4-12}$$

$$\Delta\dot{y}_1 = \Delta y_2 \tag{4-13}$$

$$\Delta\dot{y}_2 = -\frac{1}{T_2 T_3}\Delta y_1 - \frac{T_2 + T_3}{T_2 T_3}\Delta y_2 + \frac{1}{T_2 T_3}\Delta\omega(t - d(t)) \tag{4-14}$$

$$\Delta U_{PSS} = \frac{-K_{PSS}}{K_e}\left\{\frac{-T_1}{T_2}\Delta y_1 + \frac{T_3 - T_1 T_2 - T_1 T_3}{T_2}\Delta y_2 + \frac{T_1}{T_2}\Delta\omega(t - d(t))\right\} \tag{4-15}$$

式(4－9)至式(4－15)为发电机、励磁器和 PSS 在平衡点展开得到的基于状态变量 $x = [\Delta\delta \quad \Delta\omega \quad \Delta E'_q \quad \Delta E_f \quad \Delta y_1 \quad \Delta y_2]^T$ 的方程组。为便于进行电力系统时滞影响基本原理的分析，该电力系统采用单机无穷大电力系统连接方式。因此，下式成立：

$$\begin{bmatrix} U_x - U_0 \\ U_y \end{bmatrix} = \begin{bmatrix} 0 & -x_e \\ x_e & 0 \end{bmatrix}\begin{bmatrix} I_x \\ I_y \end{bmatrix} \tag{4-16}$$

其中，U_0 为无穷大节点电压；U_x 为发电机端电压的 x 轴分量；U_y 为发电机端电压的 y 轴分量；x_e 为发电机和无穷大节点间的输电线路电抗；I_x 为发电机端电流的 x 轴分量；I_y 为发电机端电流的 y 轴分量。

设 $xy-dq$ 坐标变换如图 4－2 所示，可知：

$$\begin{bmatrix} f_d \\ f_q \end{bmatrix} = \begin{bmatrix} \sin\delta & -\cos\delta \\ \cos\delta & \sin\delta \end{bmatrix}\begin{bmatrix} f_x \\ f_y \end{bmatrix} \tag{4-17}$$

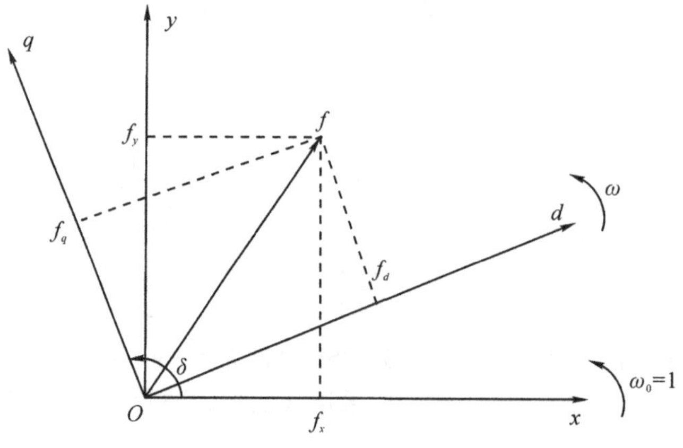

图 4－2　$xy-dq$ 坐标变换关系

电压和电流在 $xy-dq$ 坐标变换下的相互关系为

$$\begin{bmatrix} U_d \\ U_q \end{bmatrix} = \begin{bmatrix} \sin\delta & -\cos\delta \\ \cos\delta & \sin\delta \end{bmatrix}\begin{bmatrix} U_x \\ U_y \end{bmatrix} \tag{4-18}$$

$$\begin{bmatrix} I_d \\ I_q \end{bmatrix} = \begin{bmatrix} \sin\delta & -\cos\delta \\ \cos\delta & \sin\delta \end{bmatrix}\begin{bmatrix} I_x \\ I_y \end{bmatrix} \tag{4-19}$$

对式(4-16)两边左乘$\begin{bmatrix}\sin\delta & -\cos\delta\\ \cos\delta & \sin\delta\end{bmatrix}$可得：

$$\begin{bmatrix}\sin\delta & -\cos\delta\\ \cos\delta & \sin\delta\end{bmatrix}\begin{bmatrix}U_x-U_0\\ U_y\end{bmatrix}=\begin{bmatrix}\sin\delta & -\cos\delta\\ \cos\delta & \sin\delta\end{bmatrix}\begin{bmatrix}0 & -x_e\\ x_e & 0\end{bmatrix}\begin{bmatrix}I_x\\ I_y\end{bmatrix}$$
$$=\begin{bmatrix}\sin\delta & -\cos\delta\\ \cos\delta & \sin\delta\end{bmatrix}\begin{bmatrix}0 & -x_e\\ x_e & 0\end{bmatrix}\begin{bmatrix}\sin\delta & \cos\delta\\ -\cos\delta & \sin\delta\end{bmatrix}\begin{bmatrix}I_d\\ I_q\end{bmatrix} \tag{4-20}$$

由上式进一步可得U_d、U_q、I_d和I_q之间的关系为

$$\begin{bmatrix}U_d\\ U_q\end{bmatrix}=\begin{bmatrix}0 & -x_e\\ x_e & 0\end{bmatrix}\begin{bmatrix}I_d\\ I_q\end{bmatrix}+\begin{bmatrix}\sin\delta\\ \cos\delta\end{bmatrix}U_0 \tag{4-21}$$

由式(4-5)和式(4-21)可得I_d和I_q的表达式为

$$\begin{bmatrix}I_d\\ I_q\end{bmatrix}=\begin{bmatrix}0 & -x_e-x_q\\ x_e+x'_d & 0\end{bmatrix}^{-1}\begin{bmatrix}-U_0\sin\delta\\ E'_q-U_0\cos\delta\end{bmatrix}$$
$$=\frac{1}{(x_e+x_q)(x_e+x'_d)}\begin{bmatrix}0 & x_e+x_q\\ -(x_e+x'_d) & 0\end{bmatrix}\begin{bmatrix}-U_0\sin\delta\\ E'_q-U_0\cos\delta\end{bmatrix} \tag{4-22}$$

由式(4-5)和式(4-21)可得U_d和U_q的表达式为

$$\begin{bmatrix}U_d\\ U_q\end{bmatrix}=\frac{1}{(x_e+x_q)(x_e+x'_d)}\begin{bmatrix}-x_q(x_e+x'_d) & 0\\ 0 & -x'_d(x+x_q)\end{bmatrix}\begin{bmatrix}-U_0\sin\delta\\ -U_0\cos\delta\end{bmatrix}+$$
$$\frac{1}{(x_e+x_q)(x_e+x'_d)}\begin{bmatrix}0\\ x_e(x_e+x_q)\end{bmatrix}E'_q \tag{4-23}$$

将式(4-22)和式(4-23)在平衡点线性化可得：

$$\begin{bmatrix}\Delta I_d\\ \Delta I_q\end{bmatrix}=\begin{bmatrix}\dfrac{U_0\sin\delta}{x_e+x'_d}\\ \dfrac{U_0\cos\delta}{x_e+x_q}\end{bmatrix}\Delta\delta+\begin{bmatrix}\dfrac{1}{x_e+x'_d}\\ 0\end{bmatrix}\Delta E'_q \tag{4-24}$$

$$\begin{bmatrix}\Delta U_d\\ \Delta U_q\end{bmatrix}=\begin{bmatrix}\dfrac{x_qU_0\sin\delta}{x_e+x_q}\\ \dfrac{-x'_dU_0\cos\delta}{x+x'_d}\end{bmatrix}\Delta\delta+\begin{bmatrix}0\\ \dfrac{x_e}{x_e+x'_d}\end{bmatrix}\Delta E'_q \tag{4-25}$$

通过式(4-9)至式(4-15)、式(4-24)和式(4-25)，考虑时滞的电力系统稳定性分析模型可以变换为线性单时滞动力系统模型：

$$\dot{\boldsymbol{x}}(t)=\boldsymbol{A}\boldsymbol{x}(t)+\boldsymbol{A}_d\boldsymbol{x}(t-d(t)) \tag{4-26}$$

其中，$d(t)$为时变时滞，其特征通过时滞上界、下界和时滞变化率描述。$d(t)$时滞上界和下界确定了系统的时滞稳定裕度，时滞变化率刻画了时滞随时间变化的规律，其大小对系统的时滞稳定裕度产生影响。

由式(4-9)至式(4-15)、式(4-24)和式(4-25)可得系统式(4-26)中的状态矩阵$\boldsymbol{A}$为

$$\boldsymbol{A}=\begin{bmatrix}0 & \omega_s & 0 & 0 & 0 & 0\\ a_1 & \dfrac{-D}{m} & b_1 & 0 & 0 & 0\\ a_2 & 0 & b_2 & \dfrac{1}{T'_{d0}} & 0 & 0\\ 0 & 0 & 0 & -\dfrac{1}{T_e} & \dfrac{K_{\mathrm{PSS}}T_1}{T_eT_2} & c_1\\ 0 & 0 & 0 & 0 & 0 & 1\\ 0 & 0 & 0 & 0 & -\dfrac{1}{T_2T_3} & -\dfrac{T_2+T_3}{T_2T_3}\end{bmatrix} \tag{4-27}$$

其中：

$$a_1=-\frac{UI_q\sin\delta(x_q-x'_d)}{(x_e+x'_d)m}-\frac{U\cos\delta[E'_q+(x_q-x'_d)I_d]}{(x_e+x_q)m}$$

$$a_2=\frac{(x_d-x'_d)U\sin\delta}{(x_e+x'_d)T'_{d0}}$$

$$b_1=-\frac{(x_e+x_q)I_q}{(x_e+x'_q)m}$$

$$b_2=-\frac{x_e+x_d}{(x_e+x'_d)T'_{d0}}$$

$$c_1=-\frac{K_{\mathrm{PSS}}(T_3-T_1T_2-T_1T_3)}{T_eT_2}$$

式(4－26)中时滞状态矩阵 $\boldsymbol{A}_d$ 可表示为

$$\boldsymbol{A}_d=\begin{bmatrix}0 & 0 & 0 & 0 & 0 & 0\\ 0 & 0 & 0 & 0 & 0 & 0\\ 0 & 0 & 0 & 0 & 0 & 0\\ d_1 & -\dfrac{K_{\mathrm{PSS}}T_1}{T_eT_2} & -\dfrac{K_e}{T_e}\dfrac{x_eU_q}{(x_e+x'_d)U_t} & 0 & 0 & 0\\ 0 & 0 & 0 & 0 & 0 & 0\\ 0 & \dfrac{1}{T_2T_3} & 0 & 0 & 0 & 0\end{bmatrix} \tag{4-28}$$

其中：

$$d_1=\frac{K_e}{T_e}\left(\frac{x'_dU_q\sin\delta}{x_e+x'_d}-\frac{x_qU_d\cos\delta}{x_e+x_q}\right)\frac{U_q}{U_t}$$

如果 $d(t)=0$，则系统模型式(4－26)可以转化为不含时滞的电力系统线性化模型。此时，常规的特征值稳定判据，即系统状态矩阵 $\boldsymbol{A}+\boldsymbol{A}_d$ 的特征值实部小于零，仍然可以作为式(4－26)的稳定判据。因此，从某种意义上说，本章对电力系统时滞稳定性问题的研究是对传统的电力系统特征值稳定判据的拓展和延伸。

4.2.3 时滞稳定裕度的求解

电力系统运行时，会遇到各种小的干扰，如负荷的投切和波动、发电机组的调节等。系统在小扰动作用下产生的振荡如果可以被抑制，也就是扰动消失后的一段时间内系统能回到扰动前的状态，则系统被称为小干扰稳定。电力系统的时滞稳定裕度是系统小干扰稳定时所能容忍的最大延时，是进行系统稳定性分析的一个重要指标。

1. 电力系统中的时滞问题处理方法

近年来对电力系统的时滞问题进行研究已成为热点。WAMS 的建设和广泛应用迫切需要将电力系统建模为时滞动力系统进行研究。目前，对电力系统的时滞问题的研究采用的主要方法如下。

(1)Pade 近似方法

Pade 近似方法是在法国数学家 Pade 提出的有理近似公式的基础上发展起来的。该方法的本质是采用泰勒公式将频域的指数描述形式用有限阶数的多项式逼近。含有时延单元的闭环控制系统结构如图 4-3 所示，时延环节的传递函数 $e^{-\tau s}$ 用有理数进行逼近。

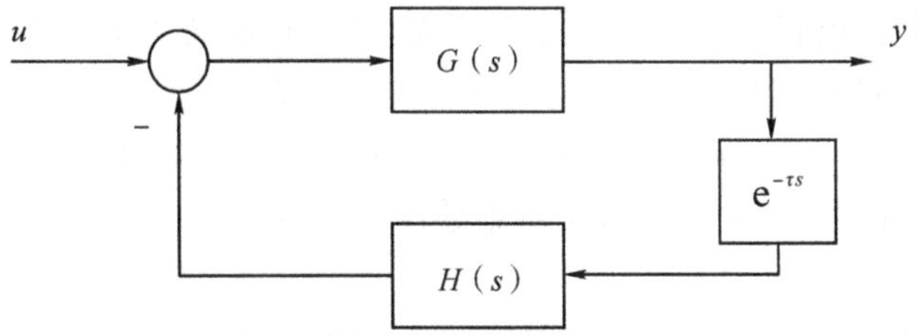

图 4-3 含时延环节的闭环控制系统结构

采用 Pade 近似方法可以将有时滞的电力系统模型转化为无时滞的电力系统模型，从而可以用现有的成熟的无时滞电力系统分析方法进行分析。Pade 逼近表示如下：

$$e^{-\tau s} \approx \frac{\sum_{j=0}^{l} \frac{(l+k-j)!l!(-\tau s)^j}{j!(l-j)!}}{\sum_{j=0}^{k} \frac{(l+k-j)!k!(-\tau s)^j}{j!(k-j)!}} \tag{4-29}$$

其中，$e^{-\tau s}$ 为拉氏变换表示的时滞。式(4-29)中 $l+k$ 的取值越大，则 Pade 逼近的精度越高。

式(4-29)中的 l、k 与 1～3 阶 Pade 逼近表达式的关系如表 4-2 所示。

表 4-2 l 和 k 与 Pade 逼近表达式的关系

k	$l=1$	$l=2$	$l=3$
1	$\frac{-\tau s+2}{\tau s+2}$	—	—
2	$\frac{-2\tau s+6}{\tau^2 s^2+4\tau s+6}$	$\frac{\tau^2 s^2-6\tau s+12}{\tau^2 s^2+6\tau s+12}$	—
3	$\frac{-6\tau s+24}{\tau^3 s^3+6\tau^2 s^2+18\tau s+24}$	$\frac{3\tau^2 s^2-24\tau s+60}{\tau^3 s^3+9\tau^2 s^2+36\tau s+60}$	$\frac{-\tau^3 s^3+12\tau^2 s^2-60\tau s+120}{\tau^3 s^3+12\tau^2 s^2+60\tau s+120}$

有学者以 1 阶 Pade 逼近为例将含时滞的系统转化为无时滞的系统，并用此方法设计了考虑广域信号传输时滞的附加区间阻尼控制器(additional inter-area damping controller, AIADC)：

$$e^{-\tau s} \approx \frac{1-0.5\tau s}{1+0.5\tau s} \tag{4-30}$$

还有学者提出采用2阶Pade逼近表达时延环节，建立了考虑时滞的电力系统状态空间模型，并用H回路成形及规范互质分解技术对电力系统进行了鲁棒镇定控制器设计：

$$e^{-\tau s} \approx \frac{12-6\tau s+\tau^2 s^2}{2+6\tau s+\tau^2 s^2} \tag{4-31}$$

采用2阶Pade逼近的目的是为了获得一定的Pade逼近精度，同时保证较小的计算量。还有学者采用5阶Pade近似方法逼近500 ms的时延，设计了附加阻尼控制器(additional damping controller，ADC)，结果表明当信号传输时滞为常数时滞且等于500 ms时，电力系统的功角曲线可在5 s内稳定。

Pade近似方法的主要缺点是：

①Pade逼近的阶数在控制器设计之前需要预先设定，目前暂无有效理论指导Pade逼近阶数的选取，全凭设计者的经验确定Pade逼近最佳阶数取值；

②Pade逼近的提出是针对常数型时滞提出的，在处理时变型时滞时存在难度。特别是此时电力系统还存在不确定时，Pade逼近方法更难处理。

(2)Smith预测补偿方法

Smith预测补偿方法主要思想是通过设计Smith预测补偿器补偿时滞带来的影响。采用Smith预测补偿方法抵消时滞环节的影响，可以将时滞系统转化为无时滞的常微分方程，所设计的控制器在信号传输存在时滞时仍能有效工作。该方法的缺点是要求信号传输时滞为常数，难以处理时变时滞和不确定性等问题。

(3)频域分析方法

频域分析方法是在频域内分析时滞系统，通过特征方程根的分布或复Lyapunov矩阵函数方程的解来判别时滞电力系统的稳定性。该方法的判定依据为当所有特征值实部均为负数时系统才是稳定的。频域分析方法的关键在于如何将难以求解的超越方程转化为易于求解的特定形式的方程。有学者分别采用Shur-Cohu-Fujiwara方法、Rekasius变换、Lambert W-Function将超越形式的特征方程进行简化，之后再对其进行稳定性分析。该方法的主要缺点有：

①由于系统特征方程在数学上为一超越方程，求解难度较大，即使在一定条件下进行了简化，仍需要较大的计算量；

②该方法不适合处理电力系统模型中存在不确定性、时滞为时变时滞等复杂情形；特别是当不确定性和时变时滞耦合时，该方法难以处理；

③该方法本质上采用的是计算数学的方法，不能给出时滞稳定判据的数学表达式；

④该方法适合进行电力系统稳定性分析，在进行控制器设计时比较复杂。

(4)时域分析方法

时域分析方法是以Lyapunov-Krasovskii稳定性定理或Razuminkhin稳定性定理为基础进行研究的，其主要思想是避开直接求解时滞微分方程，通过构建一个与之相对应的Lyapunov函数来间接分析时滞动力系统。Lyapunov通过观察经典力学中能量场分布对系统稳定性的影响发现：在平衡点周围，系统总能量的变化小于零，只有这样，系统才能在外部扰动消失后仍能恢复到初始稳定状态。

Lyapunov稳定性理论的意义是不需求解系统运动方程就可以判断平衡点的稳定性。在电力系统稳定性分析中，基于特征值的小干扰稳定性理论就是以Lyapunov稳定性理论为基础的。在Lyapunov-Krasovskii稳定性定理的早期应用中，由于没有一般方法来构造Lyapunov-Krasovskii泛函，使得该方法在复杂工程应用中存在局限性。但是，随着利用LMI的Matlab工具箱发展，Lyapunov-Krasovskii泛函的构造变得简单和方便。由于该方法可以定义不同的Lyapunov-Krasovskii泛函，因此可以给出具有不同保守性的时滞相关或无关稳定条件，并且该方法非常适合采用线性矩阵不等式进行控制器设计。Moon、Park、Fridman、Wu & He等以Lyapunov-Krasovskii稳定性定理为基础对线性时滞系统的稳定性和镇定问题进行了深入研究，研究的重点是如何选取权矩阵以降低时滞系统稳定条件的保守性。Park和Moon分别提出Park不等式和Moon不等式，建立了基于该不等式的时滞相关稳定条件。

Park不等式可表示为：对于$\forall \boldsymbol{a},\boldsymbol{b}\in \boldsymbol{R}^n$，$\forall \boldsymbol{R}=\boldsymbol{R}^{\mathrm{T}}>0$，$\forall \boldsymbol{M}\in \boldsymbol{R}^{n\times n}$，有

$$-2\boldsymbol{a}^{\mathrm{T}}\boldsymbol{b}\leqslant\begin{bmatrix}\boldsymbol{a}\\ \boldsymbol{b}\end{bmatrix}^{\mathrm{T}}\begin{bmatrix}\boldsymbol{R} & \boldsymbol{RM}\\ \boldsymbol{M}^{\mathrm{T}}\boldsymbol{R} & (\boldsymbol{M}^{\mathrm{T}}\boldsymbol{R}+\boldsymbol{I})\boldsymbol{R}^{-1}(\boldsymbol{RM}+\boldsymbol{I})\end{bmatrix}\begin{bmatrix}\boldsymbol{a}\\ \boldsymbol{b}\end{bmatrix}\tag{4-32}$$

Moon不等式可表示为：对于$\forall \boldsymbol{a}\in R^{n_a}$，$\forall \boldsymbol{b}\in R^{n_b}$，$\forall \boldsymbol{N}\in R^{n_a\times n_b}$，$\boldsymbol{X}\in R^{n_a\times n_a}$，$\boldsymbol{Y}\in R^{n_a\times n_b}$，$\boldsymbol{Z}\in R^{n_b\times n_b}$，若$\begin{bmatrix}\boldsymbol{X} & \boldsymbol{Y}\\ \boldsymbol{Y}^{\mathrm{T}} & \boldsymbol{Z}\end{bmatrix}\geqslant 0$，则有

$$-2\,\boldsymbol{a}^{\mathrm{T}}\boldsymbol{Nb}\leqslant\begin{bmatrix}\boldsymbol{a}\\ \boldsymbol{b}\end{bmatrix}^{\mathrm{T}}\begin{bmatrix}\boldsymbol{X} & \boldsymbol{Y}-\boldsymbol{N}\\ \boldsymbol{Y}^{\mathrm{T}}-\boldsymbol{N}^{\mathrm{T}} & \boldsymbol{Z}\end{bmatrix}\begin{bmatrix}\boldsymbol{a}\\ \boldsymbol{b}\end{bmatrix}\tag{4-33}$$

自由权矩阵方法(free weight matrix，FWM)由学者Wu & He提出，是迄今为止具有较低保守性的时滞系统分析方法，该方法根据牛顿-莱布尼兹(Leibniz-Newton)公式，采用自由的权矩阵对Lyapunov泛函导数进行化简，可以获得具有极低保守性的时滞相关稳定条件。采用Lyapunov-Krasovskii稳定性定理分析时滞系统稳定的优点是：

①Lyapunov-Krasovskii稳定性定理本质上是一种直接法，无需求解系统运动方程就可分析系统的稳定性；

②Lyapunov-Krasovskii泛函的构造可以借助Matlab工具箱实现，非常适合该方法的工程应用；

③设计者可以根据实际需要采用不同的Lyapunov-Krasovskii泛函，为进一步降低时滞系统稳定判据的保守性提供了可能。

由于Lyapunov-Krasovskii稳定性定理只能得到充分条件，因此时滞系统稳定判据总存在一定的保守性。保守性大小与选取合适的Lyapunov-Krasovskii泛函以及对其导数进行缩放的技巧有关。对于实际工程应用而言，这种保守性是否可接受是应用Lyapunov-Krasovskii稳定性定理的关键。

作者将沿袭Lyapunov-Krasovskii稳定性定理这一研究方向，采用具有极低保守性的自由权矩阵方法研究电力系统的时滞稳定性，探讨电力系统稳定控制器的设计理论和方法。

2. 自由权矩阵方法及其实现

不失一般性，考虑如下非线性时滞系统数学模型：

$$\dot{\boldsymbol{x}}(t)=f(\boldsymbol{x}(t),\boldsymbol{x}(t-\tau_1),\boldsymbol{x}(t-\tau_2),\cdots,\boldsymbol{x}(t-\tau_n),t)\tag{4-34}$$

其中，$\boldsymbol{x}(t)\in R^n$。将非线性系统在系统平衡点线性化，可得到如下形式的多时滞线性系统模

型：

$$\dot{\boldsymbol{x}}(t)=\boldsymbol{A}(t)\boldsymbol{x}(t)+\sum_{i=1}^{n}\boldsymbol{A}_i(t)\boldsymbol{x}(t-\tau_i) \tag{4-35}$$

对于时滞系统，如果系统的稳定性依赖于时滞的大小，即对于部分时滞常数 $\tau_i>0$ 能保持系统稳定，则系统有时滞稳定依赖性。若 $\tau_i>0$ 相等即 $\tau_i=\tau>0$，则式(4-35)可以转化为单时滞线性系统模型：

$$\dot{\boldsymbol{x}}(t)=\boldsymbol{A}(t)\boldsymbol{x}(t)+\sum_{i=1}^{n}\boldsymbol{A}_i(t)\boldsymbol{x}(t-\tau) \tag{4-36}$$

当实际时滞小于时滞稳定裕度时，系统能够保持稳定。自由权矩阵方法可以用来获得以线性矩阵不等式(LMI)描述的时滞相关稳定条件，根据该条件就可以求解时滞稳定裕度。

利用 LMI 和 MATLAB 工具箱可以用来求解线性系统的稳定性问题，线性矩阵不等式的一般形式为

$$\boldsymbol{F}(\boldsymbol{x})=\boldsymbol{F}_0+x_1\boldsymbol{F}_1+\cdots+x_m\boldsymbol{F}_m<0 \tag{4-37}$$

其中，$x_1,\cdots,x_m$ 是一组待确定的实数变量，称为决策变量；由决策变量所构成的 $\boldsymbol{x}=(x_1,\cdots,x_m)^{\mathrm{T}}\in R^m$，称为决策向量；$\boldsymbol{F}_i=\boldsymbol{F}_i^{\mathrm{T}}\in R^{n\times n}$，$i=0,1,2,\cdots,m$ 是一组实对称矩阵。

用线性矩阵不等式可以求解 3 类标准的控制问题，MATLAB 给出了针对每种类型的 LMI 求解器。

(1)可行性问题用 feasp 求解器，可表示为

寻找一个 $\boldsymbol{x}\in R^N$ 使得满足线性矩阵不等式系统 $\boldsymbol{A}(x)<\boldsymbol{B}(x)$成立。

(2)线性矩阵不等式约束的一个线性目标函数的最小化问题用 mincx 求解器，可表示为

$$\begin{gathered}\min_{x}\boldsymbol{c}^{\mathrm{T}}\boldsymbol{x}\\ \text{s. t. }\ \boldsymbol{A}(x)<\boldsymbol{B}(x)\end{gathered} \tag{4-38}$$

(3)广义特征值的最小化问题用 gevp 求解器，可表示为

$$\begin{gathered}\min_{x}\lambda\\ \text{s. t. }\ \boldsymbol{C}(\boldsymbol{x})<\boldsymbol{D}(\boldsymbol{x})\\ 0<\boldsymbol{B}(\boldsymbol{x})\\ \boldsymbol{A}(\boldsymbol{x})<\lambda\boldsymbol{B}(\boldsymbol{x})\end{gathered} \tag{4-39}$$

对于系统式(4-26)，时滞稳定裕度可以通过时滞相关或时滞无关稳定条件求取，其中时滞相关稳定条件由于保守性更低已成为求解时滞稳定裕度的主流方法。采用具有极低保守性的自由权矩阵方法可以获得时滞相关稳定条件，根据该条件就可以设计时滞稳定裕度求解算法。基于自由权矩阵方法的时滞相关稳定条件有引理 4.1 和引理 4.2。

引理 4.1 给定标量 $\tau>0$ 和 μ，如果存在 $\boldsymbol{H}_1=\boldsymbol{H}_1^{\mathrm{T}}>0$，$\boldsymbol{H}_2=\boldsymbol{H}_2^{\mathrm{T}}>0$，$\boldsymbol{H}_3=\boldsymbol{H}_3^{\mathrm{T}}>0$，$\boldsymbol{H}=\begin{bmatrix}\boldsymbol{H}_{11} & \boldsymbol{H}_{12}\\ \boldsymbol{H}_{21} & \boldsymbol{H}_{22}\end{bmatrix}\geqslant 0$，以及任意合适维数的矩阵 $\boldsymbol{N}_1$ 和 $\boldsymbol{N}_2$，使得如下 LMI 成立：

$$\boldsymbol{\Phi}=\begin{bmatrix}\boldsymbol{\Phi}_{11} & \boldsymbol{\Phi}_{12} & \tau\boldsymbol{A}^{\mathrm{T}}\boldsymbol{H}_3\\ \boldsymbol{\Phi}_{12}^{\mathrm{T}} & \boldsymbol{\Phi}_{22} & \tau\boldsymbol{A}_d^{\mathrm{T}}\boldsymbol{H}_3\\ \tau\boldsymbol{H}_3^{\mathrm{T}}\boldsymbol{A} & \tau\boldsymbol{H}_3^{\mathrm{T}}\boldsymbol{A}_d & -\tau\boldsymbol{H}_3\end{bmatrix}<0 \tag{4-40}$$

$$\boldsymbol{\Psi}=\begin{pmatrix}\boldsymbol{H}_{11} & \boldsymbol{H}_{12} & \boldsymbol{N}_1\\ \boldsymbol{H}_{12}^{\mathrm{T}} & \boldsymbol{H}_{22} & \boldsymbol{N}_2\\ \boldsymbol{N}_1^{\mathrm{T}} & \boldsymbol{N}_2^{\mathrm{T}} & \boldsymbol{H}_3\end{pmatrix}\geqslant 0 \tag{4-41}$$

则对满足时滞约束 $0\leqslant d(t)\leqslant\tau,\dot{d}(t)\leqslant\mu$ 的系统式(4-26)是渐进稳定的。

其中：

$$\boldsymbol{\Phi}_{11}=\boldsymbol{H}_1\boldsymbol{A}+\boldsymbol{A}^{\mathrm{T}}\boldsymbol{H}_1+\boldsymbol{N}_1+\boldsymbol{N}_1^{\mathrm{T}}+\boldsymbol{H}_2+\tau\boldsymbol{H}_{11}$$

$$\boldsymbol{\Phi}_{12}=\boldsymbol{H}_1\boldsymbol{A}_d-\boldsymbol{N}_1+\boldsymbol{N}_2^{\mathrm{T}}+\tau\boldsymbol{H}_{12}$$

$$\boldsymbol{\Phi}_{22}=-\boldsymbol{N}_2-\boldsymbol{N}_2^{\mathrm{T}}-(1-\mu)\boldsymbol{H}_2+\tau\boldsymbol{H}_{22}$$

应用引理4.1设计时滞稳定裕度求解算法时需要解决的问题是如何进行迭代求解。根据引理4.1,通过MATLAB LMI Toolbox的feasp求解器可以获得系统式(4-26)的时滞稳定裕度 τ,但其求解过程是通过预设 τ 并检测待定矩阵的存在性而实现的。

因此根据Schur补,对给定的对称矩阵 $\boldsymbol{S}=\boldsymbol{S}^{\mathrm{T}}=\begin{bmatrix}\boldsymbol{S}_{11} & \boldsymbol{S}_{12}\\ \boldsymbol{S}_{12}^{\mathrm{T}} & \boldsymbol{S}_{22}\end{bmatrix}$,其中 $\boldsymbol{S}_{11}\in R^{r\times r}$。以下三个条件等价：

(1)$\boldsymbol{S}<0$；

(2)$\boldsymbol{S}_{11}<0,\boldsymbol{S}_{22}-\boldsymbol{S}_{12}^{\mathrm{T}}\boldsymbol{S}_{11}^{-1}\boldsymbol{S}_{12}<0$；

(3)$\boldsymbol{S}_{22}<0,\boldsymbol{S}_{11}-\boldsymbol{S}_{12}\boldsymbol{S}_{22}^{-1}\boldsymbol{S}_{12}^{\mathrm{T}}<0$。

因此,根据Schur补,式(4-40)等价于：

$$\begin{pmatrix}\boldsymbol{\Phi}_{11}+\tau\boldsymbol{A}^{\mathrm{T}}\boldsymbol{H}_3\boldsymbol{A} & \boldsymbol{\Phi}_{12}+\tau\boldsymbol{A}^{\mathrm{T}}\boldsymbol{H}_3\boldsymbol{A}_d\\ \boldsymbol{\Phi}_{12}^{\mathrm{T}}+\tau\boldsymbol{A}_d^{\mathrm{T}}\boldsymbol{H}_3\boldsymbol{A} & \boldsymbol{\Phi}_{22}+\tau\boldsymbol{A}_d^{\mathrm{T}}\boldsymbol{H}_3\boldsymbol{A}_d\end{pmatrix}<0 \tag{4-42}$$

令 $\gamma=\tau^{-1}$,则引理4.1转化为广义特征值最小化问题：

$$\begin{aligned}&\min\gamma\\ &\text{s.t. }\boldsymbol{\Phi}_2<\gamma\boldsymbol{\Phi}_1,\boldsymbol{\Psi}\geqslant 0,\\ &\boldsymbol{H}_n>0(n=1,2,3),\boldsymbol{H}>0\end{aligned} \tag{4-43}$$

其中：

$$\boldsymbol{\Phi}_1=\begin{pmatrix}-\boldsymbol{\Phi}'_{11} & -\boldsymbol{\Phi}'_{12}\\ -\boldsymbol{\Phi}'^{\mathrm{T}}_{12} & -\boldsymbol{\Phi}'_{22}\end{pmatrix}$$

$$\boldsymbol{\Phi}_2=\begin{pmatrix}\boldsymbol{H}_{11}+\boldsymbol{A}^{\mathrm{T}}\boldsymbol{H}_3\boldsymbol{A} & \boldsymbol{H}_{12}+\boldsymbol{A}^{\mathrm{T}}\boldsymbol{H}_3\boldsymbol{A}_d\\ \boldsymbol{H}_{12}^{\mathrm{T}}+\boldsymbol{A}_d^{\mathrm{T}}\boldsymbol{H}_3\boldsymbol{A} & \boldsymbol{H}_{22}+\boldsymbol{A}_d^{\mathrm{T}}\boldsymbol{H}_3\boldsymbol{A}_d\end{pmatrix}$$

$$\boldsymbol{\Phi}'_{11}=\boldsymbol{H}_1\boldsymbol{A}+\boldsymbol{A}^{\mathrm{T}}\boldsymbol{H}_1+\boldsymbol{N}_1+\boldsymbol{N}_1^{\mathrm{T}}+\boldsymbol{H}_2$$

$$\boldsymbol{\Phi}'_{12}=\boldsymbol{H}_1\boldsymbol{A}_d-\boldsymbol{N}_1+\boldsymbol{N}_2^{\mathrm{T}}$$

$$\boldsymbol{\Phi}'_{22}=-\boldsymbol{N}_2-\boldsymbol{N}_2^{\mathrm{T}}-(1-\mu)\boldsymbol{H}_2$$

根据式(4-43),通过MATLAB LMI Toolbox的gevp求解器可以方便地获得系统式(4-26)的时滞稳定裕度。

引理4.2　给定标量 $\tau>0$ 和 μ,如果存在 $\boldsymbol{H}_i=\boldsymbol{H}_i^{\mathrm{T}}>0(i=1,4,5),\boldsymbol{H}_i=\boldsymbol{H}_i^{\mathrm{T}}\geqslant 0(i=2,3)$,$\boldsymbol{N}=\begin{bmatrix}\boldsymbol{N}_1\\ \boldsymbol{N}_2\\ \boldsymbol{N}_3\end{bmatrix},\boldsymbol{S}=\begin{bmatrix}\boldsymbol{S}_1\\ \boldsymbol{S}_2\\ \boldsymbol{S}_3\end{bmatrix}$ 和 $\boldsymbol{M}=\begin{bmatrix}\boldsymbol{M}_1\\ \boldsymbol{M}_2\\ \boldsymbol{M}_3\end{bmatrix}$,使得如下LMI成立：

$$\begin{bmatrix} \boldsymbol{\Phi} & \tau\boldsymbol{N} & \tau\boldsymbol{S} & \tau\boldsymbol{M} & \tau\boldsymbol{A}_{\mathrm{cl}}^{\mathrm{T}}(\boldsymbol{H}_4+\boldsymbol{H}_5) \\ \tau\boldsymbol{N}^{\mathrm{T}} & -\tau\boldsymbol{H}_4 & 0 & 0 & 0 \\ \tau\boldsymbol{S}^{Y} & 0 & -\tau\boldsymbol{H}_4 & 0 & 0 \\ \tau\boldsymbol{M}^{\mathrm{T}} & 0 & 0 & -\tau\boldsymbol{H}_5 & 0 \\ \tau(\boldsymbol{H}_4+\boldsymbol{H}_5)\boldsymbol{A}_{\mathrm{cl}} & 0 & 0 & 0 & -\tau(\boldsymbol{H}_4+\boldsymbol{H}_5) \end{bmatrix} < 0 \tag{4-44}$$

则系统模型式(4－26)是渐进稳定的。

其中：

$$\boldsymbol{\Phi} = \boldsymbol{\Phi}_1 + \boldsymbol{\Phi}_2 + \boldsymbol{\Phi}_2^{\mathrm{T}}$$

$$\boldsymbol{\Phi}_1 = \begin{bmatrix} \boldsymbol{H}_1\boldsymbol{A}+\boldsymbol{A}^{\mathrm{T}}\boldsymbol{H}_1+\boldsymbol{H}_2+\boldsymbol{H}_3 & \boldsymbol{H}_1\boldsymbol{A}_d & 0 \\ \boldsymbol{A}_d^{\mathrm{T}}\boldsymbol{H}_1 & -(1-\mu)\boldsymbol{H}_2 & 0 \\ 0 & 0 & -\boldsymbol{H}_3 \end{bmatrix}$$

$$\boldsymbol{\Phi}_2 = [\boldsymbol{N}+\boldsymbol{M} \quad -\boldsymbol{N}+\boldsymbol{S} \quad -\boldsymbol{M}-\boldsymbol{S}]$$

$$\boldsymbol{A}_{\mathrm{cl}} = [\boldsymbol{A} \quad \boldsymbol{A}_d \quad 0]$$

与引理 4.1 相比，引理 4.2 具有更低的保守性，这是因为引理 4.2 采用了不同的 Lyapunov-Krasovskii 泛函：

$$\begin{aligned} V_1(t,x_t) = {} & \boldsymbol{x}^{\mathrm{T}}(t)\boldsymbol{H}_1\boldsymbol{x}(t) + \int_{t-d(t)}^{t}\boldsymbol{x}^{\mathrm{T}}(s)\boldsymbol{H}_2\boldsymbol{x}(s)\mathrm{d}s + \int_{t-\tau}^{t}\boldsymbol{x}^{\mathrm{T}}(s)\boldsymbol{H}_3\boldsymbol{x}(s)\mathrm{d}s + \\ & \int_{-\tau}^{0}\int_{t+\theta}^{t}\dot{\boldsymbol{x}}(s)^{\mathrm{T}}(\boldsymbol{H}_4+\boldsymbol{H}_5)\boldsymbol{x}(s)\mathrm{d}s\mathrm{d}\theta \end{aligned} \tag{4-45}$$

对比引理 4.1 的 Lyapunov-Krasovskii 泛函：

$$\begin{aligned} V_2(t,x_t) = {} & \boldsymbol{x}^{\mathrm{T}}(t)\boldsymbol{H}_1\boldsymbol{x}(t) + \int_{t-d(t)}^{t}\boldsymbol{x}^{\mathrm{T}}(s)\boldsymbol{H}_2\boldsymbol{x}(s)\mathrm{d}s + \\ & \int_{-\tau}^{0}\int_{t+\theta}^{t}\dot{\boldsymbol{x}}(s)^{\mathrm{T}}\boldsymbol{H}_3\boldsymbol{x}(s)\mathrm{d}s\mathrm{d}\theta \end{aligned} \tag{4-46}$$

由式(4－45)和式(4－46)可知，在求解引理 4.1 的时滞相关稳定条件时，$\int_{-\tau}^{0}\int_{t+\theta}^{t}\dot{\boldsymbol{x}}(s)^{\mathrm{T}}\boldsymbol{H}_3\boldsymbol{x}(s)\mathrm{d}s\mathrm{d}\theta$ 导数中 $-\int_{t-\tau}^{t}\dot{\boldsymbol{x}}(s)^{\mathrm{T}}\boldsymbol{H}_3\boldsymbol{x}(s)\mathrm{d}s$ 项被松弛为 $-\int_{t-d(t)}^{t}\dot{\boldsymbol{x}}(s)^{\mathrm{T}}\boldsymbol{H}_3\boldsymbol{x}(s)\mathrm{d}s$，而 $-\int_{t-\tau}^{t-d(t)}\dot{\boldsymbol{x}}(s)^{\mathrm{T}}\boldsymbol{H}_3\boldsymbol{x}(s)\mathrm{d}s$ 项被忽略了。因此，采用式(4－45)中的 Lyapunov-Krasovskii 泛函可以获得具有更低保守性的时滞相关稳定条件。

如构造 Lyapunov-Krasovskii 泛函如下：

$$\begin{aligned} V_3(t,x_t) = {} & \boldsymbol{x}^{\mathrm{T}}(t)\boldsymbol{H}_1\boldsymbol{x}(t) + \int_{t-\tau}^{t}\boldsymbol{x}^{\mathrm{T}}(s)\boldsymbol{H}_2\boldsymbol{x}(s)\mathrm{d}s + \int_{t-d(t)}^{t}\boldsymbol{x}^{\mathrm{T}}(s)\boldsymbol{H}_3\boldsymbol{x}(s)\mathrm{d}s + \\ & \int_{-\tau}^{0}\int_{t+\theta}^{t}\dot{\boldsymbol{x}}(s)^{\mathrm{T}}\boldsymbol{H}_4\boldsymbol{x}(s)\mathrm{d}s\mathrm{d}\theta \end{aligned} \tag{4-47}$$

其中，$\boldsymbol{H}_i=\boldsymbol{H}_i^{\mathrm{T}}>0(i=1,4)$，$\boldsymbol{H}_i=\boldsymbol{H}_i^{\mathrm{T}}\geqslant 0(i=2,3)$是待定矩阵。这样可得到以下定理：

定理 4.1 给定标量 $\tau\geqslant 0$ 和 μ，如果存在矩阵 $\boldsymbol{H}_i=\boldsymbol{H}_i^{\mathrm{T}}>0(i=1,4)$，$\boldsymbol{H}_i=\boldsymbol{H}_i^{\mathrm{T}}\geqslant 0(i=2,3)$，$\boldsymbol{N}>0$，$\boldsymbol{M}>0$，$\boldsymbol{S}=\boldsymbol{S}^{\mathrm{T}}\geqslant 0$，使得如下 LMI 成立：

$$\begin{bmatrix} \boldsymbol{\Phi} & \sqrt{h}\boldsymbol{\Phi}_3^{\mathrm{T}}\boldsymbol{H}_4 \\ \sqrt{h}\boldsymbol{H}_4^{\mathrm{T}}\boldsymbol{\Phi}_3 & -\boldsymbol{H}_4 \end{bmatrix} < 0 \tag{4-48}$$

$$\boldsymbol{\Psi}_1 = \begin{bmatrix} \boldsymbol{S} & \boldsymbol{N} \\ \boldsymbol{N}^{\mathrm{T}} & \boldsymbol{H}_4 \end{bmatrix} \geqslant 0 \tag{4-49}$$

$$\boldsymbol{\Psi}_2 = \begin{bmatrix} \boldsymbol{S} & \boldsymbol{M} \\ \boldsymbol{N}^{\mathrm{T}} & \boldsymbol{H}_4 \end{bmatrix} \geqslant 0 \tag{4-50}$$

则对满足时滞约束 $0 \leqslant d(t) \leqslant \tau, \dot{d}(t) \leqslant \mu$ 的系统式(4-26)是渐进稳定的。

其中:

$$\boldsymbol{\Phi} = \boldsymbol{\Phi}_1 + \boldsymbol{\Phi}_2 + \boldsymbol{\Phi}_2^{\mathrm{T}} + h\boldsymbol{S}$$

$$\boldsymbol{\Phi}_1 = \begin{bmatrix} \boldsymbol{H}_1\boldsymbol{A} + \boldsymbol{A}^{\mathrm{T}}\boldsymbol{H}_1 + \boldsymbol{H}_2 + \boldsymbol{H}_3 & \boldsymbol{H}_1\boldsymbol{A}_d & 0 \\ \boldsymbol{A}_d^{\mathrm{T}}\boldsymbol{H}_1 & -(1-\mu)\boldsymbol{H}_3 & 0 \\ 0 & 0 & -\boldsymbol{H}_2 \end{bmatrix}$$

$$\boldsymbol{\Phi}_2 = [\boldsymbol{N} \quad \boldsymbol{M}-\boldsymbol{N} \quad -\boldsymbol{M}]$$

$$\boldsymbol{\Phi}_3 = [\boldsymbol{A} \quad \boldsymbol{A}_d \quad 0]$$

证明:由 Leibniz-Newton 公式,对于任意合适维数的矩阵 $\boldsymbol{N},\boldsymbol{M}$ 和 $\boldsymbol{S}$,以下式子成立:

$$2\zeta^{\mathrm{T}}(t)\boldsymbol{N}\left[\boldsymbol{x}(t) - \boldsymbol{x}(t-d(t)) - \int_{t-d(t)}^{t} \dot{\boldsymbol{x}}(s)\mathrm{d}s\right] = 0 \tag{4-51}$$

$$2\zeta^{\mathrm{T}}(t)\boldsymbol{M}\left[\boldsymbol{x}(t-d(t)) - \boldsymbol{x}(t-\tau) - \int_{t-\tau}^{t-d(t)} \dot{\boldsymbol{x}}(s)\mathrm{d}s\right] = 0 \tag{4-52}$$

$$\begin{aligned} &\int_{t-\tau}^{t} \zeta^{\mathrm{T}}(t)\boldsymbol{S}\zeta(t)\mathrm{d}s - \int_{t-\tau}^{t} \zeta^{\mathrm{T}}(t)\boldsymbol{S}\zeta(t)\mathrm{d}s \\ &= \tau\zeta^{\mathrm{T}}(t)\boldsymbol{S}\zeta(t) - \int_{t-\tau}^{t-d(t)} \zeta^{\mathrm{T}}(t)\boldsymbol{S}\zeta(t)\mathrm{d}s - \int_{t-d(t)}^{t} \zeta^{\mathrm{T}}(t)\boldsymbol{S}\zeta(t)\mathrm{d}s \\ &= 0 \end{aligned} \tag{4-53}$$

$$-\int_{t-\tau}^{t} \dot{\boldsymbol{x}}^{\mathrm{T}}(s)\boldsymbol{H}_4\dot{\boldsymbol{x}}(s)\mathrm{d}s = -\int_{t-\tau}^{t-d(t)} \dot{\boldsymbol{x}}^{\mathrm{T}}(s)\boldsymbol{H}_4\dot{\boldsymbol{x}}(s)\mathrm{d}s - \int_{t-d(t)}^{t} \dot{\boldsymbol{x}}^{\mathrm{T}}(s)\boldsymbol{H}_4\dot{\boldsymbol{x}}(s)\mathrm{d}s \tag{4-54}$$

其中,$\zeta(t) = [\boldsymbol{x}^{\mathrm{T}}(t) \quad \boldsymbol{x}^{\mathrm{T}}(t-d(t)) \quad \boldsymbol{x}^{\mathrm{T}}(t-\tau)]^{\mathrm{T}}$。

计算 $V_3(t,x_t)$ 沿式(4-26)的解的导数,并将式(4-51)至式(4-54)的左边加入 $\dot{V}_3(t,x_t)$,可得:

$$\begin{aligned} \dot{V}_3(t,x_t) = {} & \boldsymbol{x}^{\mathrm{T}}(t)\boldsymbol{H}_1\dot{\boldsymbol{x}}(t) + \dot{\boldsymbol{x}}^{\mathrm{T}}(t)\boldsymbol{H}_1\boldsymbol{x}(t) + \boldsymbol{x}^{\mathrm{T}}(t)\boldsymbol{H}_2\boldsymbol{x}(t) - \boldsymbol{x}^{\mathrm{T}}(t-\tau)\boldsymbol{H}_2\boldsymbol{x}(t-\tau) + \\ & \boldsymbol{x}^{\mathrm{T}}(t)\boldsymbol{H}_3\boldsymbol{x}(t) - (1-\dot{d}(t))x^{\mathrm{T}}(t-d(t))\boldsymbol{H}_3\boldsymbol{x}(t-d(t)) + \tau\dot{\boldsymbol{x}}^{\mathrm{T}}(t)\boldsymbol{H}_4\dot{\boldsymbol{x}}(t) - \\ & \int_{t-\tau}^{t} \dot{\boldsymbol{x}}^{\mathrm{T}}(s)\boldsymbol{H}_4\dot{\boldsymbol{x}}(s)\mathrm{d}s \\ \leqslant {} & \boldsymbol{x}^{\mathrm{T}}(t)\boldsymbol{H}_1\dot{\boldsymbol{x}}(t) + \dot{\boldsymbol{x}}^{\mathrm{T}}(t)\boldsymbol{H}_1\boldsymbol{x}(t) + \boldsymbol{x}^{\mathrm{T}}(t)(\boldsymbol{H}_2 + \boldsymbol{H}_3)\boldsymbol{x}(t) - \\ & \boldsymbol{x}^{\mathrm{T}}(t-\tau)\boldsymbol{H}_2\boldsymbol{x}(t-\tau) - (1-\mu)\boldsymbol{x}^{\mathrm{T}}(t-d(t))\boldsymbol{H}_3\boldsymbol{x}(t-d(t)) + \\ & \tau\dot{\boldsymbol{x}}^{\mathrm{T}}(t)\boldsymbol{H}_4\dot{\boldsymbol{x}}(t) - \int_{t-\tau}^{t-d(t)} \dot{\boldsymbol{x}}^{\mathrm{T}}(s)\boldsymbol{H}_4\dot{\boldsymbol{x}}(s)\mathrm{d}s - \int_{t-d(t)}^{t} \dot{\boldsymbol{x}}^{\mathrm{T}}(s)\boldsymbol{H}_4\dot{\boldsymbol{x}}(s)\mathrm{d}s + \\ & 2\zeta^{\mathrm{T}}(t)\boldsymbol{N}\left[\boldsymbol{x}(t) - \boldsymbol{x}(t-d(t)) - \int_{t-d(t)}^{t} \dot{\boldsymbol{x}}(s)\mathrm{d}s\right] + \\ & 2\zeta^{\mathrm{T}}(t)\boldsymbol{M}\left[\boldsymbol{x}(t-d(t)) - \boldsymbol{x}(t-\tau) - \int_{t-\tau}^{t-d(t)} \dot{\boldsymbol{x}}(s)\mathrm{d}s\right] + \\ & \tau\zeta^{\mathrm{T}}(t)\boldsymbol{S}\zeta(t) - \int_{t-\tau}^{t-d(t)} \zeta^{\mathrm{T}}(t)\boldsymbol{S}\zeta(t)\mathrm{d}s - \int_{t-d(t)}^{t} \zeta^{\mathrm{T}}(t)\boldsymbol{S}\zeta(t)\mathrm{d}s \end{aligned}$$

$$\leqslant \zeta^{\mathrm{T}}(t)[\boldsymbol{\Phi}_1+\boldsymbol{\Phi}_2+\boldsymbol{\Phi}_2^{\mathrm{T}}+h\boldsymbol{S}+h\boldsymbol{\Phi}_3^{\mathrm{T}}\boldsymbol{H}_4\boldsymbol{\Phi}_3]\zeta(t)-\int_{t-d(t)}^{t}\boldsymbol{\xi}^{\mathrm{T}}(t,s)\boldsymbol{\Psi}_1\boldsymbol{\xi}(t,s)\mathrm{d}s-\int_{t-\tau}^{t-d(t)}\boldsymbol{\xi}^{\mathrm{T}}(t,s)\boldsymbol{\Psi}_2\boldsymbol{\xi}(t,s)\mathrm{d}s \tag{4-55}$$

其中，$\boldsymbol{\xi}(t,s)=[\zeta^{\mathrm{T}}(t)\quad \dot{\boldsymbol{x}}^{\mathrm{T}}(s)]^{\mathrm{T}}$。

由式(4－55)可知，若要使对于充分小的$\varepsilon>0$，$\dot{V}_3(t,x_t)<-\varepsilon\parallel \boldsymbol{x}(t)\parallel^2$成立，则必须使最后两项小于0，即$\boldsymbol{\Psi}_1$，$\boldsymbol{\Psi}_2\geqslant 0$。同时，$\boldsymbol{\Phi}_1+\boldsymbol{\Phi}_2+\boldsymbol{\Phi}_2^{\mathrm{T}}+h\boldsymbol{S}+h\boldsymbol{\Phi}_3^{\mathrm{T}}\boldsymbol{H}_4\boldsymbol{\Phi}_3<0$，则系统式(4－26)是渐进稳定的。根据Schur补，该式与式(4－48)等价，定理4.1证明成立。

引理4.1、引理4.2和定理4.1给出了通过自由权矩阵方法获得的时滞相关稳定条件，其主要特点体现在：

(1)自由权矩阵方法通过牛顿莱布尼兹公式界定Lyapunov-Krasovskii泛函导数中产生的交叉项，本质上还是一种模型变换方法，既可用于时滞相关稳定条件的推导，也可用于时滞系统镇定问题。

(2)对于稳定性分析问题，自由权矩阵方法的优点是其可以通过LMI求解；对于镇定问题，自由权矩阵方法得到的控制器是用非线性矩阵不等式(nonlinear matrix inequality，NLMI)描述的，需要通过参数调整方法或迭代算法实现。

(3)与Park和Moon模型变换相比，自由权矩阵方法可以获得更低的保守性。Park和Moon模型变换的目的还是为了对Lyapunov-Krasovskii泛函导数中产生的交叉项进行界定，其得到的时滞相关稳定条件中的权矩阵是特定的；而自由权矩阵方法得到的时滞相关稳定条件中的权矩阵是待定的，因此自由权矩阵方法可以大大降低Park和Moon模型变换的保守性。目前，自由权矩阵方法因其更低的保守性已在H_∞鲁棒重复控制、离散时滞系统、电力系统稳定控制等领域获得了成功应用，已成为国际上研究时滞系统稳定性问题的主流方法之一。

4.2.4 分析与说明

根据自由权矩阵方法可以对形如式(4－26)的时滞电力系统模型进行时滞稳定性分析，建立电力系统的时滞相关稳定条件，根据该条件可以得到刻画时滞电力系统稳定性能的关键指标——时滞稳定裕度。若实际信号传输时滞小于系统的时滞稳定裕度，则该系统是稳定的。下面以简单电力系统为例进行仿真实验，以验证式(4－26)时滞电力系统模型及时滞相关稳定条件(引理4.1、引理4.2和定理4.1)的正确性，并验证通过LMI实现时滞相关稳定条件的可行性。

实验中简单电力系统为单机无穷大电力系统，励磁器和PSS模型分别采用式(4－6)、式(4－7)和式(4－8)表示。时滞$d(t)$的上界记为τ，时滞变化率记为μ。由于τ表征了系统的稳定程度，因此τ又称为时滞稳定裕度。励磁器和PSS模型的参数如表4－3和表4－4所示。

表4－3 发电机参数设置

参数	取值	单位
m	8.143	s
T'_{d0}	2.611	s
D	0.415	—
ω_s	314.16	Rad·s^{-1}

表 4-4　励磁器和 PSS 取值

参数	取值	单位
K_e	7.162	—
T_e	0.302	s
T_1	0.161	s
T_2	0.031	s
T_3	2.611	s
K_{PSS}	11.23	—

设置运行点，$\omega_0=1$，$U_0=1$，$x_d=0.132$，$x'_d=0.324$，$x_q=0.617$，$x_e=0.901$。电力系统三种运行方式如下，情形 1：$\delta_0=50.6906$；情形 2：$\delta_0=46.2060$；情形 3：$\delta_0=36.3517$。根据引理4.1，时滞稳定裕度 τ 的计算结果如表 4-5 所示。

表 4-5　不同运行方式下时滞稳定裕度 τ 的计算结果

μ	0	0.2	0.4	0.6	0.8
情形 1	0.1225	0.1216	0.1204	0.1187	0.1183
情形 2	0.1281	0.1274	0.1265	0.1250	0.1242
情形 3	0.1304	0.1300	0.1294	0.1284	0.1273

从表 4-5 可知，对同一运行方式而言，当时滞变化率 μ 从 0 增大到 0.8 时，时滞稳定裕度 τ 减少。这意味着当信号传输时滞随着时间急剧变化时，电力系统的时滞稳定性能降低。因此在实际应用中，应尽量减少时滞的变化率或维持时滞为常数。表 4-5 还表明不同的运行状态也会影响电力系统的时滞稳定裕度 τ。

参数取不同值对时滞稳定裕度 τ 的影响如表 4-6 和表 4-7 所示。

表 4-6　时滞稳定裕度 $\tau(K_{PSS}=11.23)$

K_e	μ				
	0	0.2	0.4	0.6	0.8
5	0.1361	0.1356	0.1349	0.1339	0.1334
7	0.1236	0.1228	0.1216	0.1200	0.1195
9	0.1079	0.1064	0.1045	0.1023	0.1022
11	0.0895	0.0864	0.0833	0.0813	0.0813

表 4-7　时滞稳定裕度 $\tau(K_e=7.162)$

K_{PSS}	μ				
	0	0.2	0.4	0.6	0.8
8	0.1151	0.1140	0.1126	0.1105	0.1103
10	0.1203	0.1193	0.1181	0.1162	0.1159
12	0.1236	0.1227	0.1216	0.1199	0.1195
14	0.1258	0.1250	0.1239	0.1223	0.1219

从表 4-6 和表 4-7 可知，随着励磁器参数 K_e 的增加，时滞稳定裕度 τ 减少，而随着 PSS 参数 K_{PSS} 的增加，时滞稳定裕度 τ 增加。由式(4-11)、式(4-12)和式(4-15)可知，励磁器增益 K_e 增加，会增大励磁器的励磁能力，从而使发电机 q 轴暂态电势增大，系统的时滞稳定裕度 τ 相对降低。而 PSS 增益 K_{PSS} 增加，会增大 PSS 输出电压，从而减小励磁器的励磁电压和发电机的 q 轴暂态电势，提高了系统抑制扰动的能力，系统的时滞稳定裕度 τ 相对增大。因此在实际电力系统稳定控制中，可根据需要调整 K_e 或 K_{PSS}，从而改变时滞稳定裕度 τ。

由于引理 4.2 和定理 4.1 采用了改进的自由权矩阵方法，具有更低的保守性。试验中还根据引理 4.2 和定理 4.1，在取不同的时滞变化率时得到时滞稳定裕度 τ 的计算结果如表 4-8 所示。

表 4-8　时滞稳定裕度 τ 与时滞变化率 μ 的关系

μ	τ/s(引理 4.1)	τ/s(引理 4.2)	τ/s(定理 4.1)
0	0.1225	0.1225	0.1225
0.2	0.1216	0.1216	0.1216
0.4	0.1204	0.1204	0.1204
0.6	0.1187	0.1197	0.1204
0.8	0.1183	0.1197	0.1204
1.0	0.1183	0.1197	0.1204

由表 4-8 可知，当时滞变化率 μ 分别取值为 0、0.2 和 0.4 时，采用改进自由权矩阵方法引理 4.2 和定理 4.1 获得的时滞稳定裕度 τ 与引理 4.1 的结果相同；当时滞变化率 μ 取值为 0.6，0.8 和 1.0 时，采用定理 4.1 获得的时滞稳定裕度 τ 优于引理 4.1 和引理 4.2 的计算结果。这表明定理 4.1 可以获得具有更低保守性的时滞相关稳定条件，并且更适合求解时滞随时间变化较大的情形。相对于引理 4.1 和引理 4.2，定理 4.1 在求解电力系统时滞稳定裕度时计算的精度会更高，有助于实现更精细的电力系统稳定控制。

当通信时延 $h=0.1204$ 且 $\mu=0.6$ 时，系统各状态变量随时间变化的规律分别如图 4-4 至图 4-9 所示。

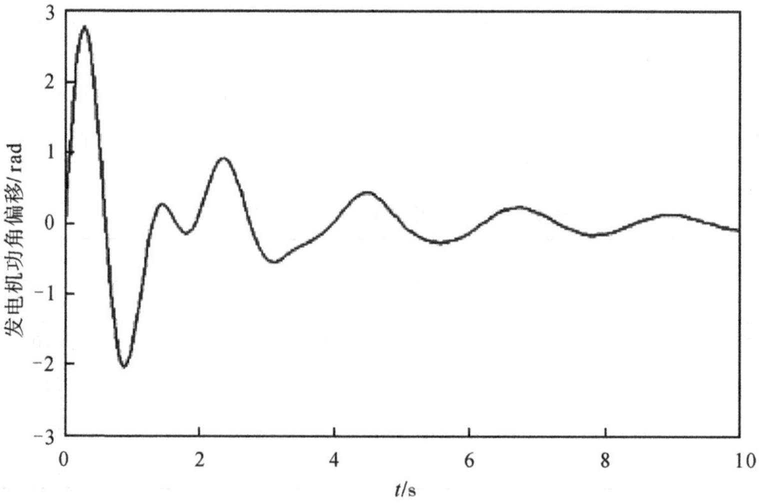

图 4-4　当 $h=0.1204$ 且 $\mu=0.6$ 时发电机功角偏移变化情况

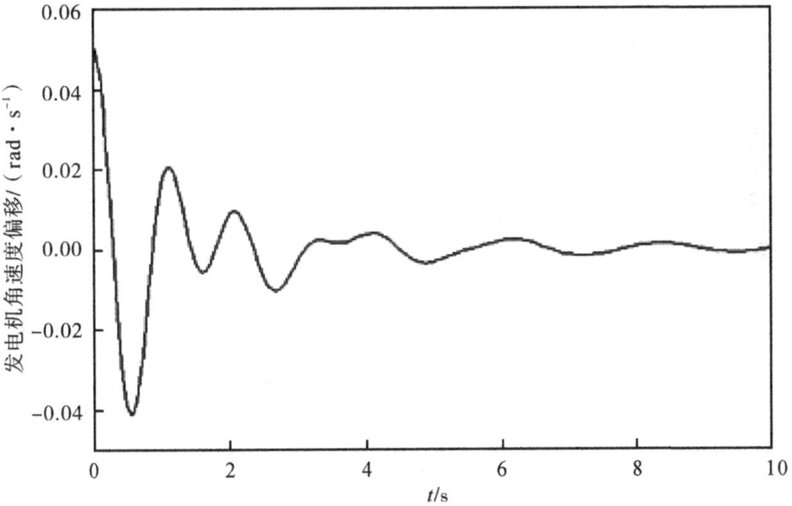

图 4-5　当 $h=0.1204$ 且 $\mu=0.6$ 时发电机角速度偏移变化情况

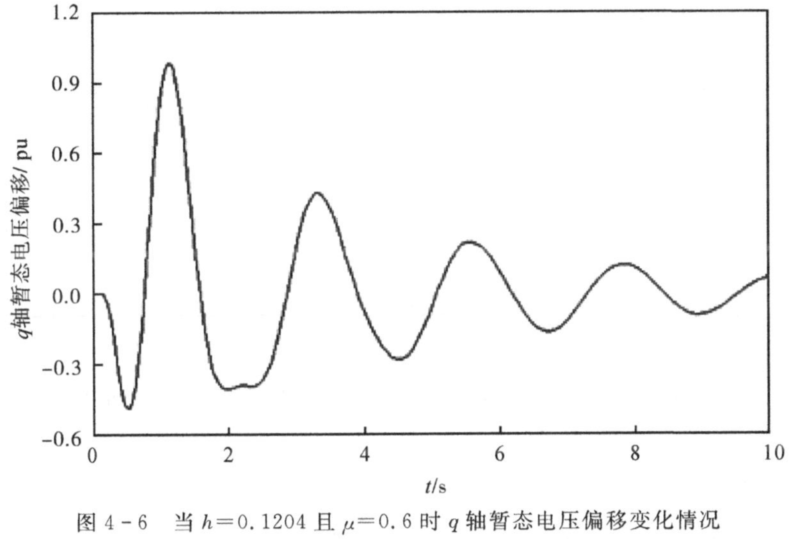

图 4-6　当 $h=0.1204$ 且 $\mu=0.6$ 时 q 轴暂态电压偏移变化情况

由图 4-4 至图 4-9 可知，当通信时延 h 不大于 0.1204 时，电力系统在遭受扰动后，各状态变量偏移随着时间的推移逐步减小到 0，系统可以在较短时间内重新恢复到扰动前的状态，验证了表 4-8 中用定理 4.1 所得到的计算结果。

若忽略时滞的影响，式(4-26)表示的时滞电力系统模型可以简化为 $\dot{\boldsymbol{x}}(t)=\boldsymbol{A}\boldsymbol{x}(t)$，其稳定的判定依据为：电力系统是稳定的当且仅当状态矩阵所有特征值的实部均小于 0。然而在 WAMS 环境下，传统的稳定判定依据不再可行。该仿真实验表明采用自由权矩阵方法得到的时滞相关稳定条件是判定系统稳定的有效方法。

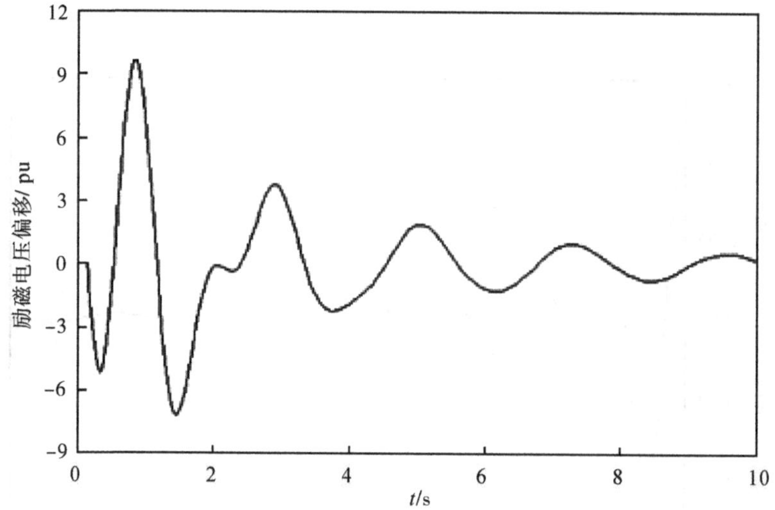

图 4-7 当 $h=0.1204$ 且 $\mu=0.6$ 时励磁电压偏移变化情况

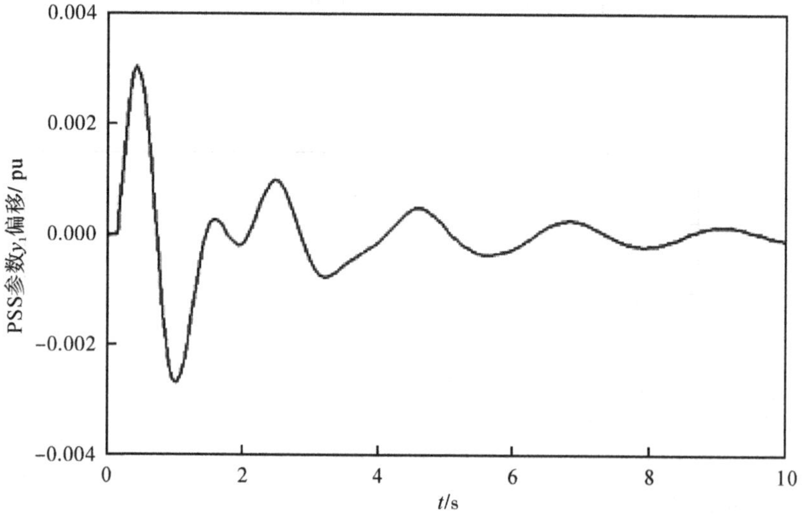

图 4-8 当 $h=0.1204$ 且 $\mu=0.6$ 时 PSS 参数 y_1 偏移变化情况

4.2.5 主要结论

传统的电力系统静态稳定分析以线性控制理论为基础，将电力系统非线性动态模型在平衡点泰勒展开为线性控制系统，通过分析电力系统状态矩阵的特征值来判断电力系统静态稳定性。如果电力系统状态矩阵特征值的实部均小于零，则表示系统稳定。这种分析方法忽略了时滞对电力系统稳定性的影响，在 WAMS 环境下的应用存在一定的局限性。因此，其并不适合 WAMS 环境下含时滞的电力系统稳定性分析。

本节考虑时滞对电力系统稳定性的影响，建立 WAMS 环境下含时滞的电力系统新模型。以线性时滞系统模型取代线性控制系统模型，为更精确地研究考虑时滞的电力系统静态稳定性奠定了基础，是对传统电力系统模型的拓展。同时，以自由权矩阵方法为基础，采用一类改

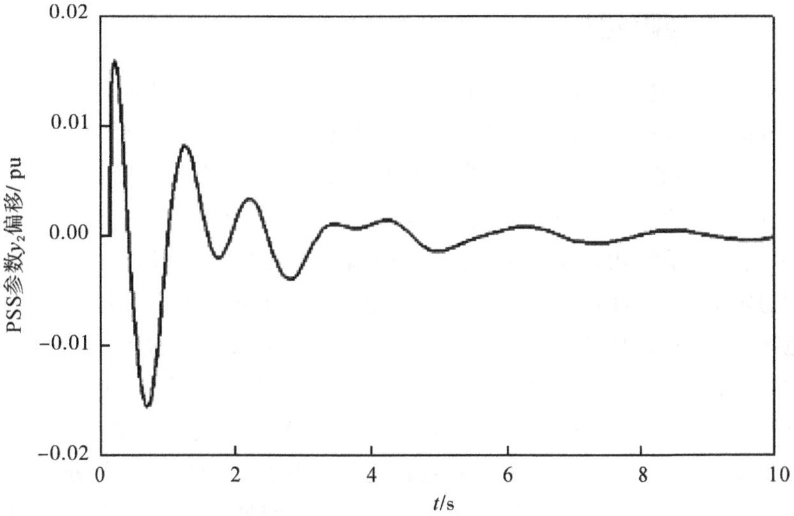

图 4-9　当 $h=0.1204$ 且 $\mu=0.6$ 时 PSS 参数 y_2 偏移变化情况

进的 Lyapunov-Krasovskii 泛函，建立新的时滞电力系统静态稳定判据，克服电力系统特征值稳定判据的不足。由于该判据能够通过线性矩阵不等式表示，且可以通过 MATLAB LMI 工具箱方便地实现，因此该判据在分析 WAMS 环境下电力系统静态稳定性方面具有较大的应用价值。为清晰阐述时滞对电力系统稳定性的影响，上述模型和稳定判据被用于单机无穷大系统的稳定性分析中，仿真结果证实模型和稳定判据的正确性和有效性。

4.3　阻尼性能与时滞稳定裕度的交互影响机理

在电力系统从高碳向低碳甚至零碳电力系统演化过程中，广域测量系统 WAMS 的作用至关重要，体现在两个方面：

(1)根据 WAMS 提供的频率、相位和幅值等信息，构建横跨广域范围的、全状态已知的电力系统分析模型，之后根据小干扰稳定、暂态稳定、电压稳定、频率稳定等数学模型分析电力系统的稳定性能或控制器控制效果，为离线决策提供参考；

(2)根据电力系统状态变量轨迹预测和感知电力系统现阶段和未来可调度的一段时间内电力系统安全态势。WAMS 利用统一同步时钟信号对电压、电流进行同步测量并提供频率、相位和幅值等信息，以此为基础可以形成电力系统状态变量随时间演化的轨迹，通过构建状态变量演化轨迹与小干扰稳定、暂态稳定、电压稳定、频率稳定等电力系统安全问题间的特定映射，形成相对固定的、规律性的模式，即可预测和感知电力系统安全发展态势，为电力系统调度和安全稳定运行提供在线决策依据。

由上可知，广域测量系统成功应用于电力系统稳定控制的关键是有效识别和正确提取电力系统状态变量演化轨迹特征。因此有必要精细分析阻尼性能与时滞稳定裕度的交互影响规律，为有效识别和正确提取电力系统状态变量演化轨迹特征提供理论基础，并为电力系统低碳安全调度、进行在线/离线决策提供理论基础和方法支撑。

4.3.1 阻尼因子与阻尼比

小干扰稳定性是指电力系统受到小干扰后，不发生自发振荡或非周期性失步，自动恢复到起始运行状态的能力。电力系统遭受的小干扰一般不会引起电力系统结构的变化，例如因风吹引起架空线路线间距离变化导致的线路等值阻抗变化、因生产过程随机性引起负荷在一定范围内的随机变化、因负载波动引起发电机机组的调节等。电力系统遭受小干扰后通常会发生两种情况：一是电力系统状态变量振荡能够被抑制，随着时间逐渐衰减直至为零，此时电力系统是小干扰稳定的；另一种是电力系统状态变量振荡不能被抑制，随着时间振荡的幅值不断增大或无限地维持下去，此时电力系统是小干扰失稳的。遭受小干扰后电力系统是否能维持稳定与系统初始运行状态、控制装置的控制特性、输电系统结构等密切相关。由于电力系统运行过程中难以避免小干扰的存在，因此实际运行的电力系统首先应该是小干扰稳定的。在不考虑信号传输时滞影响的情形下，小干扰稳定性通常用线性系统理论进行分析。

小干扰稳定性建模过程如下：首先利用 $dq-xy$ 坐标变换和泰勒公式，将发电机定子电压方程、负荷模型和节点导纳方程在运行点线性化，联立得到 xy 同步坐标下的各发电机端电压和电流增量表达式，然后将发电机转子运动方程、励磁系统、调速器、PSS、FACTS 等元件的模型线性化，进而得到多机电力系统小干扰稳定模型。从建模过程可以看出，小干扰稳定性存在两个基本特征：一是要求在运行点线性化，这是小干扰稳定性判据和小干扰稳定控制的前提；二是从微分动力系统的角度看，实质上为运行点邻域处稳定性问题。通过将小干扰稳定与暂态稳定比较可知，两者的共同点是都属于电力系统机电暂态问题，都是分析系统在某一正常运行状态下受到某种干扰后，能否经过一定的时间后回到稳定运行状态的问题；两者的区别是小干扰稳定中的干扰小，通常不会引起电力系统结构的改变，因此小干扰稳定模型的系统矩阵是时不变的，研究的问题是电力系统遭受扰动后能否经过一定的时间后回到原来稳定运行状态的问题，但是暂态稳定中的干扰大，往往会引起电力系统结构的改变，因此暂态稳定模型的系统矩阵是可以变化的，研究的问题是电力系统遭受扰动后能否经过一定的时间后回到新的稳定运行状态的问题。小干扰稳定性的判别方法通常是基于线性系统稳定性判别方法。

将电力系统非线性模型在运行点进行泰勒展开：

$$\frac{\mathrm{d}\Delta \boldsymbol{x}}{\mathrm{d}\boldsymbol{t}} = \boldsymbol{A}\Delta \boldsymbol{x} + \boldsymbol{h}(\Delta \boldsymbol{x}) \tag{4-56}$$

其中 $\boldsymbol{A}$ 为状态矩阵，$\boldsymbol{h}(\Delta \boldsymbol{x})$ 为 Δx 的高阶无穷小量。由于在进行电力系统的小干扰稳定分析时干扰足够小，因此可以用线性系统

$$\frac{\mathrm{d}\Delta \boldsymbol{x}}{\mathrm{d}\boldsymbol{t}} = \boldsymbol{A}\Delta \boldsymbol{x} \tag{4-57}$$

的稳定性来研究电力系统在运行点处的稳定性：

(1) 如果线性化后的系统渐近稳定，即当 $\boldsymbol{A}$ 所有特征值的实部均为负，那么实际的非线性系统在运行点处是渐近稳定的；

(2) 如果线性化后的系统不稳定，即当 $\boldsymbol{A}$ 所有特征值中至少有一个实部为正，那么实际的非线性系统在运行点处是不稳定的；

(3) 如果线性化后的系统临界稳定，即 $\boldsymbol{A}$ 所有特征值中无实部为正的特征值，但至少有一个实部为零的特征值，那么不能从线性近似中得出关于实际非线性系统稳定性的任何结论。

对于实际电力系统而言，这种情况可能对应临界稳定性。

设 $\boldsymbol{C}$ 表示复数集合，$\boldsymbol{C}^n$ 表示 n 维复向量空间，对于标量参数 $\lambda\in\boldsymbol{C}$ 和向量 $\boldsymbol{v}\in\boldsymbol{C}^n$，如果方程

$$\boldsymbol{A}\boldsymbol{v}=\boldsymbol{\lambda}\boldsymbol{v} \tag{4-58}$$

有非退化解(即 $\boldsymbol{v}\neq 0$)，则称 λ 为矩阵 $\boldsymbol{A}$ 的特征值。

矩阵 $\boldsymbol{A}$ 的特征值可以采用以下过程计算得到。将方程(4-58)写成如下形式：

$$(\boldsymbol{A}-\lambda)\boldsymbol{v}=\boldsymbol{0} \tag{4-59}$$

方程(4-59)具有非退化解的充分必要条件是：

$$\det(\boldsymbol{A}-\lambda\boldsymbol{I})=\boldsymbol{0} \tag{4-60}$$

将上式左端的行列式展开得到显式的多项式方程

$$a_0+a_1\lambda+\cdots+a_{n-1}\lambda^{n-1}+(-1)^n\lambda^n=\boldsymbol{0} \tag{4-61}$$

方程(4-61)为矩阵 $\boldsymbol{A}$ 的特征方程，是以 λ 为未知数的一元 n 次方程。左端的多项式称为特征多项式。方程中 λ^n 的系数不为零，此方程共有 n 个根，根的集合称为谱，记为 $\lambda(A)=\{\lambda_1,\cdots,\lambda_n\}$，则有

$$\det(\boldsymbol{A})=\lambda_1\lambda_2\cdots\lambda_n \tag{4-62}$$

对任意特征值 λ_i 和非零向量 $\boldsymbol{v}_i\in\boldsymbol{C}^n$，若方程成立：

$$\boldsymbol{A}\boldsymbol{v}_i=\lambda_i\boldsymbol{v}_i \tag{4-63}$$

则 $\boldsymbol{v}_i$ 称为矩阵 $\boldsymbol{A}$ 关于特征值 λ_i 的右特征向量。右特征向量按列组成矩阵 $\boldsymbol{X}_R=[\boldsymbol{v}_1\boldsymbol{v}_2\cdots\boldsymbol{v}_n]$。

对任意特征值 λ_i 和非零向量 $\boldsymbol{u}_i\in\boldsymbol{C}^n$，若方程成立：

$$\boldsymbol{u}_i^{\mathrm{T}}\boldsymbol{A}=\lambda_i\boldsymbol{u}_i^{\mathrm{T}} \tag{4-64}$$

则 $\boldsymbol{u}_i^{\mathrm{T}}$ 称为矩阵 $\boldsymbol{A}$ 关于特征值 λ_i 的左特征向量。左特征向量按行组成矩阵 $\boldsymbol{X}_L=[\boldsymbol{u}_1\boldsymbol{u}_2\cdots\boldsymbol{u}_n]^{\mathrm{T}}$。

从状态方程(4-57)可知，每个状态变量的变化率都是所有状态变量的线性组合，状态变量间存在耦合关系。为消去状态变量间的耦合，引入新的状态变量 z 得到：

$$\frac{\mathrm{d}z}{\mathrm{d}t}=\Lambda z \tag{4-65}$$

其中 $\Lambda=\mathrm{diag}\{\lambda_1\lambda_2\cdots\lambda_n\}$ 为对称矩阵，状态变量 z 与原状态变量 Δx 间关系为 $\Delta x=X_R z$。方程(4-65)可以用 n 个解耦的一阶方程描述：

$$\frac{\mathrm{d}z_i}{\mathrm{d}t}=\lambda_i z_i \tag{4-66}$$

对应的时域解为

$$z_i(t)=z_i(0)\mathrm{e}^{\lambda_i t} \tag{4-67}$$

式中 $z_i(0)$ 为新状态变量的初值。根据 $\Delta x=X_R z$ 关系，可得原状态变量的时域解：

$$\Delta x_i(t)=\nu_{i1}z_1(0)\mathrm{e}^{\lambda_1 t}+\nu_{i2}z_2(0)\mathrm{e}^{\lambda_2 t}+\cdots+\nu_{in}z_n(0)\mathrm{e}^{\lambda_n t} \tag{4-68}$$

其中 ν_{ik} 表示向量 $\boldsymbol{v}_k$ 的第 i 个元素。从此式可以看出：

(1)每一个特征值对应一个模态，系统状态变量的时间响应是 n 个模态的线性组合。

(2)实特征值对应非振荡模态。负的实特征值表示衰减模态，其绝对值越大，则非振荡模态衰减越快；正实特征值表示非周期性不稳定。

(3)复特征值对应振荡模态。复特征值总是以共轭对的形式出现，即

$$\boldsymbol{\lambda}=\boldsymbol{\delta}\pm \mathrm{j}\boldsymbol{\omega} \tag{4-69}$$

对应的振荡形式为

$$e^{\delta t}\sin(\boldsymbol{\omega} t+\boldsymbol{\theta}) \tag{4-70}$$

$$f=\frac{\omega}{2\pi} \tag{4-71}$$

$$\zeta=\frac{-\delta}{\sqrt{\delta^2+\omega^2}} \tag{4-72}$$

其中，矩阵 $\mathbf{A}$ 的特征值实部 δ 刻画了系统对振荡的阻尼，称为阻尼因子，若阻尼因子 $\delta<0$ 则此振荡模式是衰减振荡，若阻尼因子 $\delta>0$ 则此振荡模式是增幅振荡；虚部 $j\omega$ 确定了振荡的频率 f，单位为 Hz；ζ 为阻尼比，表征振荡模式中振荡幅值的衰减率和衰减特性。

4.3.2 基于阻尼因子的时滞稳定裕度

广域测量系统 WAMS 为电力系统调度提供决策支持的前提是能有效识别和正确提取电力系统状态变量演化轨迹特征。例如，在大规模互联电力系统的低频功率振荡控制中，首先要对 WAMS 采集到的电力系统状态数据进行振荡检测，扫描振荡敏感动态信息(如联络线潮流和相应发电机相角等)，用以检查是否发生低频振荡，然后根据振荡检测结果发现若已发生振荡，则采用 Prony 及其改进算法等方法分析并获取振荡的详细信息(包括频率、阻尼系数和相关发电机和母线等)，供电力系统调度机构的调度人员进行决策参考。上述低频功率振荡控制过程没有考虑广域测量系统信号传输时滞，采取此数据进行调度决策本质上是用之前某一时刻的电力系统状态值去控制当前时刻电力系统状态，这将可能导致控制器控制性能恶化、失效，甚至电力系统失稳等严重后果。为了正确提取电力系统状态变量演化轨迹特征，需要在提取过程中将电力系统本身的阻尼特性和因信号传输时滞导致的系统稳定性能下降区分开来，因此有必要深入研究信号传输时滞对阻尼性能的影响。

为此，本节提出了一种新的时滞稳定裕度指标，该指标建立了信号传输时滞、时滞稳定裕度、阻尼性能之间的数量关系，可用于衡量信号传输时滞对电力系统阻尼性能的影响程度，揭示了信号传输时滞导致电力系统稳定性能下降甚至失稳的机理，对电力系统小干扰稳定性能评估和稳定控制器设计具有重要的理论意义和应用价值。

时滞稳定裕度(τ_0)、阻尼因子(σ_0)和振荡模式($\delta_i'+j\bar{\omega}_i'$)在复平面上相互影响的机理如图 4-10 所示：

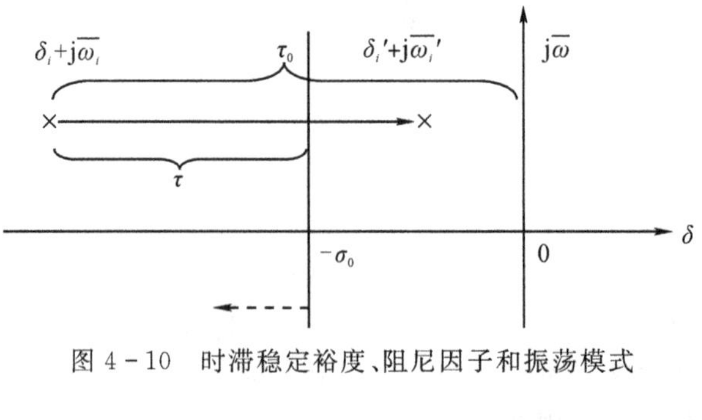

图 4-10 时滞稳定裕度、阻尼因子和振荡模式

图 4-10 表明信号传输时滞、时滞稳定裕度、阻尼性能之间存在相互影响关系。研究并提出一种与阻尼性能相关的时滞稳定裕度指标具有重要的理论价值和应用价值，特别是在处理弱阻尼低频振荡时具有重要意义。根据上节电力系统时滞相关稳定性分析，可得如下定理。

定理 4.2 给定标量 τ,σ_0 和 μ，如果存在 $\boldsymbol{P}\geqslant 0,\boldsymbol{M}_i=\boldsymbol{M}_i^{\mathrm{T}}>0(i=1,2,3)$，以及任意合适维数的矩阵 $\boldsymbol{N}_1$ 和 $\boldsymbol{N}_2$，使得如下 LMI 成立：

$$\boldsymbol{\Gamma}_2=\begin{bmatrix}\boldsymbol{P}_{11} & \boldsymbol{P}_{12} & \boldsymbol{N}_1\\ \boldsymbol{P}_{12}^{\mathrm{T}} & \boldsymbol{P}_{22} & \boldsymbol{N}_2\\ \boldsymbol{N}_1^{\mathrm{T}} & \boldsymbol{N}_2^{\mathrm{T}} & \boldsymbol{M}_3\end{bmatrix}\geqslant 0 \tag{4-73}$$

$$\boldsymbol{\Gamma}_3=\begin{bmatrix}\boldsymbol{\Gamma}_{11} & \boldsymbol{\Gamma}_{12} & \tau(\boldsymbol{A}^{\mathrm{T}}+\sigma_0\boldsymbol{I})\boldsymbol{M}_3\\ \boldsymbol{\Gamma}_{12}^{\mathrm{T}} & \boldsymbol{\Gamma}_{22} & \tau e^{\tau\sigma_0}\boldsymbol{A}_d^{\mathrm{T}}\boldsymbol{M}_3\\ \tau\boldsymbol{M}_3(\boldsymbol{A}+\sigma_0\boldsymbol{I}) & \tau e^{\tau\sigma_0}\boldsymbol{M}_3\boldsymbol{A}_d & -\tau\boldsymbol{M}_3\end{bmatrix}<0 \tag{4-74}$$

则电力系统是稳定的。

其中

$$\begin{aligned}
\boldsymbol{\Gamma}_{11}&=\boldsymbol{M}_1(\boldsymbol{A}+\sigma_0\boldsymbol{I})+(\boldsymbol{A}^{T}+\sigma_0\boldsymbol{I})\boldsymbol{M}_1+\boldsymbol{N}_1+\boldsymbol{N}_1^{\mathrm{T}}+\boldsymbol{M}_2+\tau\boldsymbol{P}_{11}\\
\boldsymbol{\Gamma}_{12}&=e^{\tau\sigma_0}\boldsymbol{M}_1\boldsymbol{A}_d-\boldsymbol{N}_1+\boldsymbol{N}_2^{\mathrm{T}}+\tau\boldsymbol{P}_{12}\\
\boldsymbol{\Gamma}_{22}&=-\boldsymbol{N}_2-\boldsymbol{N}_2^{\mathrm{T}}-(1-\mu)\boldsymbol{M}_2+\tau\boldsymbol{P}_{22}\\
\boldsymbol{\Phi}_{11}&=\tau(\boldsymbol{A}^{\mathrm{T}}+\sigma_0\boldsymbol{I})\boldsymbol{M}_3(\boldsymbol{A}+\sigma_0\boldsymbol{I})\\
\boldsymbol{\Phi}_{12}&=\tau e^{\tau\sigma_0}(\boldsymbol{A}^{\mathrm{T}}+\sigma_0\boldsymbol{I})\boldsymbol{M}_3\boldsymbol{A}_d\\
\boldsymbol{\Phi}_{22}&=\tau e^{2\tau\sigma_0}\boldsymbol{A}_d^{\mathrm{T}}\boldsymbol{M}_3\boldsymbol{A}_d
\end{aligned}$$

证明如下：

设开环电力系统微分代数方程为

$$\dot{\boldsymbol{x}}_O=f(\boldsymbol{x}_O,\boldsymbol{w}_O,\boldsymbol{u}_O),0=g(\boldsymbol{x}_O,\boldsymbol{w}_O,\boldsymbol{u}_O)\quad y_O=h(\boldsymbol{x}_O,\boldsymbol{w}_O,\boldsymbol{u}_O) \tag{4-75}$$

其中，$\boldsymbol{x}_O,\boldsymbol{w}_O,\boldsymbol{u}_O$，和 $\boldsymbol{y}_O$ 分别表示开环电力系统的状态、代数、控制、输出变量。对开环电力系统和广域阻尼控制器(WADC)在某一运行点线性化：

$$\dot{\boldsymbol{x}}_0(t)=\boldsymbol{A}_0\boldsymbol{x}_0(t)+\boldsymbol{B}_0\boldsymbol{u}_0(t),\boldsymbol{y}_0(t)=\boldsymbol{C}_0\boldsymbol{x}_0(t) \tag{4-76}$$

$$\dot{\boldsymbol{x}}_c(t)=\boldsymbol{A}_c\boldsymbol{x}_c(t)+\boldsymbol{B}_c\boldsymbol{u}_c(t),\boldsymbol{y}_c(t)=\boldsymbol{C}_c\boldsymbol{x}_c(t)+\boldsymbol{D}_c\boldsymbol{u}_c(t) \tag{4-77}$$

其中，$\boldsymbol{x},\boldsymbol{u}$，和 $\boldsymbol{y}$ 表征状态、控制和输出变量；$\boldsymbol{A}$、$\boldsymbol{B}$、$\boldsymbol{C}$ 和 $\boldsymbol{D}$ 表征状态、输入、输出和传递矩阵；下标 0 和 c 表征与开环电力系统和 WADC 对应的变量或矩阵。量测点和 WADC 之间的信号传输时滞为 $d(t)$，遵循：$d(t)\leqslant\tau$ 且 $\dot{d}(t)\leqslant\mu$，其中 τ 和 μ 分别表征时滞稳定裕度和时滞变化率。开环电力系统和 WADC 的连接关系为：$\boldsymbol{u}_0(t)=\boldsymbol{y}_c(t),\boldsymbol{u}_c(t)=\boldsymbol{y}_0(t-d(t))$。将式(4-77)加入式(4-76)得到闭环电力系统模型为

$$\dot{\boldsymbol{x}}(t)=\boldsymbol{A}\boldsymbol{x}(t)+\boldsymbol{A}_d\boldsymbol{x}(t-d(t)),\boldsymbol{x}(t)=[\boldsymbol{x}_0(t)\quad \boldsymbol{x}_c(t)]^{\mathrm{T}} \tag{4-78}$$

其中，$\boldsymbol{A}=\begin{bmatrix}\boldsymbol{A}_0 & \boldsymbol{B}_0\boldsymbol{C}_c\\ \boldsymbol{0} & \boldsymbol{A}_c\end{bmatrix},\boldsymbol{A}_d=\begin{bmatrix}\boldsymbol{B}_0\boldsymbol{D}_c\boldsymbol{C}_0 & \boldsymbol{0}\\ \boldsymbol{B}_c\boldsymbol{C}_0 & \boldsymbol{0}\end{bmatrix}$。

式(4-78)的特征方程为 $\det(s\boldsymbol{I}-\boldsymbol{A}-\boldsymbol{A}_d\mathrm{e}^{-d(t)s})$，其中 I 表征单位矩阵。设 $\boldsymbol{z}(t)=\boldsymbol{x}(t)\mathrm{e}^{\sigma_0 t}$，则改进后的特征方程为 $\det(s'\boldsymbol{I}-\boldsymbol{A}'-\boldsymbol{A}'_d\mathrm{e}^{-d(t)s'})$，其中 $s'=s+\sigma_0,\boldsymbol{A}'=\boldsymbol{A}+\sigma_0\boldsymbol{I},\boldsymbol{A}'_d=\boldsymbol{A}_d\mathrm{e}^{d(t)\sigma_0}$，对应的新系统为：

$$\dot{\boldsymbol{z}}(t)=\boldsymbol{A}'\boldsymbol{z}(t)+\boldsymbol{A}'_d\boldsymbol{z}(t-d(t)) \tag{4-79}$$

选择如下 Lyapunov-Krasovskii 泛函：

$$V_1=\boldsymbol{z}^{\mathrm{T}}(t)\boldsymbol{M}_1\boldsymbol{z}(t)+\int_{t-d(t)}^{t}\boldsymbol{z}^{\mathrm{T}}(s)\boldsymbol{M}_2\boldsymbol{z}(s)ds+\int_{-\tau}^{0}\int_{t+\theta}^{t}\dot{\boldsymbol{z}}^{\mathrm{T}}(s)\boldsymbol{M}_3\dot{\boldsymbol{z}}(s)\mathrm{d}s\mathrm{d}\theta \tag{4-80}$$

其中 $\boldsymbol{M}_i=\boldsymbol{M}_i^{\mathrm{T}}>0(i=1,2,3)$为待定矩阵。对于合适维数的矩阵 $\boldsymbol{P}=\begin{bmatrix}\boldsymbol{P}_{11} & \boldsymbol{P}_{12}\\ \boldsymbol{P}_{12}^{\mathrm{T}} & \boldsymbol{P}_{22}\end{bmatrix}$,$\boldsymbol{N}_1$ 和 $\boldsymbol{N}_2$,根据 Leibniz-Newton formula 下式成立:

$$V_2=2[\boldsymbol{z}^{\mathrm{T}}(t)\boldsymbol{N}_1+\boldsymbol{z}^{\mathrm{T}}(t-d(t))\boldsymbol{N}_2]\times[\boldsymbol{z}(t)-\boldsymbol{z}(t-d(t))-\int_{t-d(t)}^{t}\dot{\boldsymbol{z}}(s)\mathrm{d}s]=0 \tag{4-81}$$

$$V_3=\tau\boldsymbol{\zeta}_1^{\mathrm{T}}(t)\boldsymbol{P}\boldsymbol{\zeta}_1(t)-\int_{t-d(t)}^{t}\boldsymbol{\zeta}_1^{\mathrm{T}}(t)\boldsymbol{P}\boldsymbol{\zeta}_1(t)\mathrm{d}s\geqslant 0 \tag{4-82}$$

其中 $\boldsymbol{\zeta}_1=[\boldsymbol{z}^{\mathrm{T}}(t)\quad \boldsymbol{z}^{\mathrm{T}}(t-d(t))]^{\mathrm{T}}$。计算式(4-80)导数有:

$$\begin{aligned}\dot{V}_1=&\ \boldsymbol{z}^{\mathrm{T}}(t)[\boldsymbol{M}_1(\boldsymbol{A}+\sigma_0\boldsymbol{I})+(\boldsymbol{A}^{\mathrm{T}}+\sigma_0\boldsymbol{I})\boldsymbol{M}_1]\boldsymbol{z}(t)+2\boldsymbol{z}^{\mathrm{T}}(t)\boldsymbol{M}_1\boldsymbol{A}_d\mathrm{e}^{d(t)\sigma_0}\boldsymbol{z}(t-d(t))+\\ &\boldsymbol{z}^{\mathrm{T}}(t)\boldsymbol{M}_2\boldsymbol{z}(t)-(1-\dot{d}(t))\boldsymbol{z}^{\mathrm{T}}(t-d(t))\boldsymbol{M}_2\boldsymbol{z}(t-d(t))+\\ &\tau\dot{\boldsymbol{z}}^{\mathrm{T}}(t)\boldsymbol{M}_3\dot{\boldsymbol{z}}(t)-\int_{t-\tau}^{t}\dot{\boldsymbol{z}}^{\mathrm{T}}(s)\boldsymbol{M}_3\dot{\boldsymbol{z}}(s)\mathrm{d}s\\ \leqslant&\ \boldsymbol{z}^{\mathrm{T}}(t)[\boldsymbol{M}_1(\boldsymbol{A}+\sigma_0\boldsymbol{I})+(\boldsymbol{A}^{\mathrm{T}}\sigma_0\boldsymbol{I})\boldsymbol{M}_1]\boldsymbol{z}(t)+\\ &2\boldsymbol{z}^{\mathrm{T}}(t)\boldsymbol{M}_1\boldsymbol{A}_d\mathrm{e}^{\varpi_0}\boldsymbol{z}(t-d(t))+\boldsymbol{z}^{\mathrm{T}}(t)\boldsymbol{M}_2\boldsymbol{z}(t)-\\ &(1-\mu)\boldsymbol{z}^{\mathrm{T}}(t-d(t))\boldsymbol{M}_2\boldsymbol{z}(t-d(t))+V_2+\\ &\tau\dot{\boldsymbol{z}}^{\mathrm{T}}(t)\boldsymbol{M}_3\dot{\boldsymbol{z}}(t)-\int_{t-d(t)}^{t}\dot{\boldsymbol{z}}^{\mathrm{T}}(s)\boldsymbol{M}_3\dot{\boldsymbol{z}}(s)\mathrm{d}s+V_3\\ =&\ \boldsymbol{\zeta}_1^{\mathrm{T}}(t)\boldsymbol{\Gamma}_1\boldsymbol{\zeta}_1(t)-\int_{t-d(t)}^{t}\boldsymbol{\zeta}_2^{\mathrm{T}}(t,s)\boldsymbol{\Gamma}_2\boldsymbol{\zeta}_2(t,s)\mathrm{d}s\end{aligned}$$

其中

$$\begin{aligned}\boldsymbol{\Gamma}_{11}&=\boldsymbol{M}_1(\boldsymbol{A}+\sigma_0\boldsymbol{I})+(\boldsymbol{A}^{\mathrm{T}}+\sigma_0\boldsymbol{I})\boldsymbol{M}_1+\boldsymbol{N}_1+\boldsymbol{N}_1^{\mathrm{T}}+\boldsymbol{M}_2+\tau\boldsymbol{P}_{11}\\ \boldsymbol{\Gamma}_{12}&=\mathrm{e}^{\tau\sigma_0}\boldsymbol{M}_1\boldsymbol{A}_d-\boldsymbol{N}_1+\boldsymbol{N}_2^{\mathrm{T}}+\tau\boldsymbol{P}_{12}\\ \boldsymbol{\Gamma}_{22}&=-\boldsymbol{N}_2-\boldsymbol{N}_2^{\mathrm{T}}-(1-\mu)\boldsymbol{M}_2+\tau\boldsymbol{P}_{22}\\ \boldsymbol{\Phi}_{11}&=\tau(\boldsymbol{A}^{\mathrm{T}}+\sigma_0\boldsymbol{I})\boldsymbol{M}_3(\boldsymbol{A}+\sigma_0\boldsymbol{I})\\ \boldsymbol{\Phi}_{12}&=\tau\mathrm{e}^{\tau\sigma_0}(\boldsymbol{A}^{\mathrm{T}}+\sigma_0\boldsymbol{I})\boldsymbol{M}_3\boldsymbol{A}_d\\ \boldsymbol{\Phi}_{22}&=\tau\mathrm{e}^{2\tau\sigma_0}\boldsymbol{A}_d^{\mathrm{T}}\boldsymbol{M}_3\boldsymbol{A}_d\\ \boldsymbol{\Gamma}_1&=\begin{bmatrix}\boldsymbol{\Gamma}_{11}+\boldsymbol{\Phi}_{11} & \boldsymbol{\Gamma}_{12}+\boldsymbol{\Phi}_{12}\\ \boldsymbol{\Gamma}_{12}^{\mathrm{T}}+\boldsymbol{\Phi}_{12}^{\mathrm{T}} & \boldsymbol{\Gamma}_{22}+\boldsymbol{\Phi}_{22}\end{bmatrix}\\ \boldsymbol{\Gamma}_2&=\begin{bmatrix}\boldsymbol{P}_{11} & \boldsymbol{P}_{12} & \boldsymbol{N}_1\\ \boldsymbol{P}_{12}^{\mathrm{T}} & \boldsymbol{P}_{22} & \boldsymbol{N}_2\\ \boldsymbol{N}_1^{\mathrm{T}} & \boldsymbol{N}_2^{\mathrm{T}} & \boldsymbol{M}_3\end{bmatrix}\\ \boldsymbol{\zeta}_2(t,s)&=[\boldsymbol{z}^{\mathrm{T}}(t)\quad \boldsymbol{z}^{\mathrm{T}}(t-d(t))\quad \dot{\boldsymbol{z}}^{\mathrm{T}}(s)]^{\mathrm{T}}\end{aligned}$$

由 Schur Complement,$\boldsymbol{\Gamma}_1$ 等价于:

$$\boldsymbol{\Gamma}_3=\begin{bmatrix}\boldsymbol{\Gamma}_{11} & \boldsymbol{\Gamma}_{12} & \tau(\boldsymbol{A}^{\mathrm{T}}+\sigma_0\boldsymbol{I})\boldsymbol{M}_3\\ \boldsymbol{\Gamma}_{12}^{\mathrm{T}} & \boldsymbol{\Gamma}_{22} & \tau\mathrm{e}^{\varpi_0}\boldsymbol{A}_d^{\mathrm{T}}\boldsymbol{M}_3\\ \tau\boldsymbol{M}_3(\boldsymbol{A}+\sigma_0\boldsymbol{I}) & \tau\mathrm{e}^{\varpi_0}\boldsymbol{M}_3\boldsymbol{A}_d & -\tau\boldsymbol{M}_3\end{bmatrix} \tag{4-83}$$

如果 $\boldsymbol{\Gamma}_2\geqslant 0$ 和 $\boldsymbol{\Gamma}_3<0$ 成立,则对于任意小的 $\varepsilon>0$ 有 $\dot{V}_1<-\varepsilon\parallel\boldsymbol{z}(t)\parallel^2$。因此,定理 4.2 得证。

将此定理应用于两区四机系统。WADC 安装在第一台机组 G_1,输入信号为第一台 G_1 和

第三台机组 G_3 的转速差($\Delta\omega_1-\Delta\omega_3$),传递函数方程为

$$f_{\text{wadc}}=k_{\text{wadc}}\frac{5s}{1+5s}\left(\frac{1+0.324s}{1+0.212s}\right)^2 \tag{4-84}$$

其中 k_{wadc} 为 WADC 增益。通过定理 4.2 计算时滞稳定裕度 τ 随(k_{wadc},σ_0,μ)变化规律,见表 4-9。由表 4-9 可知,无论对于定常时滞还是时变时滞,时滞稳定裕度 τ 随着 σ_0 的增加而减少,这表明电力系统相对时滞依赖稳定性降低。对于给定 σ_0,时滞稳定裕度 τ 随着 k_{wadc} 的增加而减少。因此,通过在给定 σ_0 和 τ 的条件下合理设计 k_{wadc},WADC 即使输入信号被延时 τ 仍能满足要求的阻尼性能 σ_0。例如:假设 WADC 信号要求能容忍 0.135 s 的延时,则从表 4-9 可知 $k_{\text{wadc}}=15$ 只能保证达到 0.05 的阻尼因子,但 $k_{\text{wadc}}=10$ 却能保证达到 0.19 的阻尼因子。因此,$k_{\text{wadc}}=10$ 是更好的设计结果,因为其在要求的时滞稳定裕度下提供了更好的阻尼性能。

表 4-9 时滞稳定裕度 $\tau\infty(k_{\text{wadc}},\sigma_0,\mu)$

μ	k_{wadc}	$\sigma_0=0$	0.05	0.1	0.15	0.19
0	10	0.256	0.234	0.217	0.203	0.194
	15	0.140	0.136	0.133	0.131	0.130
	20	0.105	0.103	0.101	0.099	0.098
0.5	10	0.181	0.177	0.172	0.168	0.165
	15	0.122	0.120	0.118	0.116	0.114
	20	0.091	0.090	0.088	0.087	0.086

设节点 7 负荷变化 10%,$k_{\text{wadc}}=10$ 时 $\Delta\omega_1-\Delta\omega_3$ 在不同时延条件下的响应见图 4-11。由图可知,当输入信号被延时 0.194 s 和 0.234 s 时,$\Delta\omega_1-\Delta\omega_3$ 在 10 s 均能恢复稳定;但是与 $\tau=0.234$ s 相比,$\tau=0.194$ s 能确保更好的阻尼性能(阻尼因子为 0.19)。

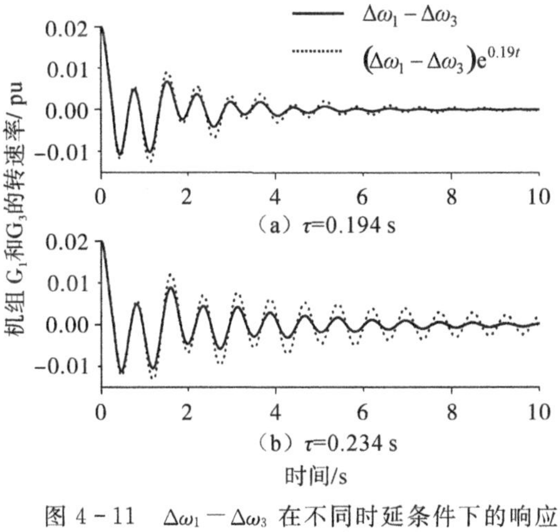

图 4-11 $\Delta\omega_1-\Delta\omega_3$ 在不同时延条件下的响应

应用定理 4.2 可用于计算信号传输时滞对电力系统阻尼性能的影响程度,从而为更精确地选择信号传输时滞上限或更合理地设计控制器参数提供理论依据。并且,从电力信息物理系统(cyber-physical system, CPS)跨域攻击的角度看,定理 4.2 还揭示了时延攻击导致广域

电力系统失稳的传播和演化机理，为设计具有“时延攻击韧性”的广域阻尼控制器提供了最基础的理论支撑。

定理4.2是根据Lyapunov-Krasovskii泛函和Leibniz-Newton公式推导的，下面给出一种新的基于阻尼因子的时滞稳定裕度计算方法，该方法根据积分不等式进行推导，可以获得更低的保守性和更快的计算速度，能适应更广的应用领域。

引理4.3 对于任意对称正定矩阵 $M \in R^{n\times n}$，$M=M^{T}>0$，标量 $\alpha>0$ 和向量函数 φ：$[0,\alpha]\to R^{n}$ 使得以下定义的积分存在，则有积分不等式成立：

$$\left(\int_{0}^{\alpha}\varphi(s)\mathrm{d}s\right)^{T}M\left(\int_{0}^{\alpha}\varphi(s)\mathrm{d}s\right)\leqslant\alpha\int_{0}^{\alpha}\varphi^{T}(s)M\varphi(s)\mathrm{d}s \tag{4-85}$$

为了分析阻尼因子和时滞稳定裕度的交互影响，式(4-78)改写如下：

$$\dot{z}(t)=A'z(t)+A'_{d}z(t-d(t)) \tag{4-86}$$

$$z(t)=x(t)e^{\sigma_0 t} \tag{4-87}$$

$$A'=A+\sigma_0 I \tag{4-88}$$

$$A'_{d}=A_{d}e^{d(t)\sigma_0} \tag{4-89}$$

选取如下Lyapunov-Krasovskii泛函：

$$\begin{aligned}V=&z^{T}(t)Pz(t)+\int_{t-d(t)}^{t}z^{T}(s)Qz(s)\mathrm{d}s+\\&\int_{t-\tau}^{t}z^{T}(s)Rz(s)\mathrm{d}s+\int_{-\tau}^{0}\int_{t+\theta}^{t}\tau\dot{z}^{T}(s)Y\dot{z}(s)\mathrm{d}s\mathrm{d}\theta\end{aligned} \tag{4-90}$$

其中 $P=P^{T}\geqslant0$，$P=P^{T}>0$，$P=P^{T}>0$，$P=P^{T}>0$ 是待定矩阵。那么计算 V 沿系统(4-86)的导数，得

$$\begin{aligned}\dot{V}=&2z^{T}(t)P\dot{z}(t)+z^{T}(t)(Q+R)z(t)-(1-\dot{d}(t))z^{T}(t-d(t))Qz(t-d(t))Y\dot{z}(s)-\\&z^{T}(t-\tau)Rz(t-\tau)+\tau^{2}\dot{z}^{T}(t)Y\dot{z}(t)-\tau\int_{t-\tau}^{t}z^{T}(s)Yz(s)\mathrm{d}s\end{aligned} \tag{4-91}$$

根据引理4.3，以下不等式成立：

$$\begin{aligned}\tau\int_{t-\tau}^{t}z^{T}(s)Yz(s)\mathrm{d}s=&\tau\int_{t-\tau}^{t-d(t)}z^{T}(s)Yz(s)\mathrm{d}s+\tau\int_{t-d(t)}^{t}z^{T}(s)Yz(s)\mathrm{d}s\\\geqslant&[z(t-d(t))-z(t-\tau)]^{T}Y[z(t-d(t))-z(t-\tau)]+\\&[z(t)-z(t-d(t))]^{T}Y[z(t)-z(t-d(t))]\end{aligned} \tag{4-92}$$

用式(4-91)和式(4-92)可以得到：

$$\begin{aligned}\dot{V}\leqslant&2z^{T}(t)P\dot{z}(t)+z^{T}(t)(Q+R)z(t)-\\&(1-\mu)z^{T}(t-d(t))Qz(t-d(t))Y\dot{z}(s)-\\&z^{T}(t-\tau)Rz(t-\tau)+\tau^{2}\dot{z}^{T}(t)Y\dot{z}(t)-\\&[z(t-d(t))-z(t-\tau)]^{T}Y[z(t-d(t))-z(t-\tau)]-\\&[z(t)-z(t-d(t))]^{T}Y[z(t)-z(t-d(t))]\\\leqslant&\xi^{T}(t)(\boldsymbol{\Phi}_1+\boldsymbol{\Phi}_2)\xi(t)\end{aligned} \tag{4-93}$$

其中

$$\xi(t)=(z^{T}(t)\quad z^{T}(t-d(t))\quad z^{T}(t-\tau))^{T}$$

$$\boldsymbol{\Phi}_1=\begin{pmatrix}\boldsymbol{\Phi}_{11} & \boldsymbol{\Phi}_{12} & 0\\ \boldsymbol{\Phi}_{12}^{\mathrm{T}} & \boldsymbol{\Phi}_{22} & \boldsymbol{Y}\\ 0 & \boldsymbol{Y}^{\mathrm{T}} & -\boldsymbol{R}-\boldsymbol{Y}\end{pmatrix}$$

$$\boldsymbol{\Phi}_{11}=\boldsymbol{P}(\boldsymbol{A}+\delta_0\boldsymbol{I})+(\boldsymbol{A}^{\mathrm{T}}+\delta_0\boldsymbol{I})\boldsymbol{P}+\boldsymbol{Q}+\boldsymbol{R}-\boldsymbol{Y}$$

$$\boldsymbol{\Phi}_{12}=\boldsymbol{P}\boldsymbol{A}_d\mathrm{e}^{\tau\delta_0}+\boldsymbol{Y}$$

$$\boldsymbol{\Phi}_{22}=-(1-\mu)\boldsymbol{Q}-2\boldsymbol{Y}$$

$$\boldsymbol{\Phi}_2=\begin{pmatrix}\boldsymbol{A}^{\mathrm{T}}+\delta_0\boldsymbol{I}\\ \boldsymbol{A}_d^{\mathrm{T}}\mathrm{e}^{\tau\delta_0}\\ 0\end{pmatrix}\tau^2\boldsymbol{Y}(\boldsymbol{A}+\delta_0\boldsymbol{I}\quad \boldsymbol{A}_d\mathrm{e}^{\tau\delta_0}\quad 0)$$

根据 Schur 补，$\boldsymbol{\Phi}_1+\boldsymbol{\Phi}_2<0$ 等价于

$$\boldsymbol{\Phi}=\begin{pmatrix}\boldsymbol{\Phi}_{11} & \boldsymbol{\Phi}_{12} & 0 & \boldsymbol{\Phi}_{14}\\ \boldsymbol{\Phi}_{12}^{\mathrm{T}} & \boldsymbol{\Phi}_{22} & \boldsymbol{Y} & \boldsymbol{\Phi}_{24}\\ 0 & \boldsymbol{Y}^{\mathrm{T}} & -\boldsymbol{R}-\boldsymbol{Y} & 0\\ \boldsymbol{\Phi}_{14}^{\mathrm{T}} & \boldsymbol{\Phi}_{24}^{\mathrm{T}} & 0 & -\boldsymbol{Y}\end{pmatrix}<0 \tag{4-94}$$

$$\boldsymbol{\Phi}_{14}=\tau(\boldsymbol{A}^{\mathrm{T}}+\delta_0\boldsymbol{I})\boldsymbol{Y}$$

$$\boldsymbol{\Phi}_{24}=\tau\mathrm{e}^{\tau\delta_0}\boldsymbol{A}_d^{\mathrm{T}}\boldsymbol{Y}$$

如果 $\boldsymbol{\Phi}<0$ 成立，那么对于充分小的 $\varepsilon>0$，有 $\dot{V}<-\varepsilon\,\|\boldsymbol{z}(t)\|^2$。

定理 4.3 给定标量 τ,σ_0 和 μ，如果存在 $\boldsymbol{P}=\boldsymbol{P}^{\mathrm{T}}\geqslant 0,\boldsymbol{Q}=\boldsymbol{Q}^{\mathrm{T}}>0,\boldsymbol{R}=\boldsymbol{R}^{\mathrm{T}}>0$，和 $\boldsymbol{Y}=\boldsymbol{Y}^{\mathrm{T}}>0$ 使得 $\boldsymbol{\Phi}<0$ 成立，则电力系统是稳定的。

定理 4.3 给出了基于阻尼因子的时滞稳定裕度的线性矩阵不等式(LMI)计算方法。该定理表明如果信号被延时 τ，区间振荡的阻尼因子小于 σ_0。由于在 Lyapunov-Krasovskii 泛函中加入了新的一项 $\int_{t-\tau}^{t}\boldsymbol{z}^{\mathrm{T}}(s)\boldsymbol{R}\boldsymbol{z}(s)\mathrm{d}s$，同时在推导过程中采用 Jensen 不等式取代 Leibniz-Newton 公式，因此定理 4.3 相对于定理 4.2 而言具有更低的保守性。并且由于 LMI 数目相对于定理 4.2 而言减少，因此定理 4.3 具有更快的计算速度和较小的内存空间。

将此定理应用于两区四机系统，并与定理 4.2 的计算结果进行比较。

从表 4-10 可知，定理 4.2 和定理 4.3 均表明：①当阻尼因子 σ_0 增大时，时滞稳定裕度 τ 减小；②对于给定阻尼因子 σ_0，当控制器增益 k_{wadc} 增大时，时滞稳定裕度 τ 减小。由于定理4.3 的更低保守性，定理 4.3 相对于定理 4.2 而言可以获得更大的时滞稳定裕度 τ。

表 4-10 时滞稳定裕度 $\tau\infty(k_{\mathrm{wadc}},\sigma_0,\mu=0.5)$

	k_{wadc}	$\sigma_0=0$	0.05	0.1	0.15	0.19
定理 4.3	10	0.186	0.181	0.177	0.172	0.169
	15	0.127	0.124	0.122	0.120	0.119
	20	0.096	0.094	0.093	0.091	0.090
定理 4.2	10	0.181	0.177	0.172	0.168	0.165
	15	0.122	0.120	0.118	0.116	0.114
	20	0.091	0.090	0.088	0.087	0.086

表 4-11 给出了定理 4.2 和定理 4.3 在 CPU 为 2.6 GHz、内存为 1.99 GB 计算机上的计算时间。显然，定理 4.3 相对于定理 4.2 而言具有更快的计算速度。这是因为定理 4.3 采取了更简单的 LMI。

表 4-11 计算时间($k_{wadc}=15,\mu=0.5$)

σ_0	0	0.05	0.1	0.15	0.19
定理 4.3	3.07	3.08	3.11	3.03	3.05
定理 4.2	7.11	7.09	7.16	7.08	7.09

4.3.3 主要结论

本节通过研究信号传输时滞对阻尼性能的影响，发现了广域控制信号传输时滞、电力系统时滞稳定裕度、阻尼性能三者相互影响规律，并构建了相应的交互影响模型，实现了在此领域的两个重要创新：

(1)首次提出了基于阻尼因子的电力系统时滞稳定裕度，从理论上建立了信号传输时滞、时滞稳定裕度、阻尼性能之间的数量关系，可用于衡量信号传输时滞对电力系统阻尼性能的影响程度，并已将其应用于 WAMS 信号传输时滞下的广域电力系统稳定性分析和电力系统广域阻尼控制器(WADC)设计中。

(2)首次揭示了以广域控制信号传输时滞作为时延攻击导致广域电力系统失稳的传播和演化机理。电力系统广域控制空时欺骗攻击，作为一种极具隐蔽性和破坏性的信息物理跨域攻击，通过伪造与真实卫星信号相似的欺骗信号，使广域控制采集终端接收欺骗信号产生错误的授时和定位，进而采用含错误时标和位置的状态变量用于广域控制，轻则会导致广域稳定控制失效，重则会导致广域电力系统失稳甚至发生大停电事故。本发现揭示了时延攻击导致广域电力系统失稳的传播和演化机理，为设计具有"时延攻击韧性"的广域阻尼控制器提供了最基础的理论支撑。同时，本发现为电力系统检测广域控制空时欺骗攻击、进行广域控制空时欺骗攻击防御奠定了理论基础，为电力信息物理系统协同安全防御提供了基础理论和方法支撑。

4.4 小　结

广域测量系统能提供统一同步时间坐标下广域地理范围内的电力系统状态信息，如发电机功角、母线电压或电流的幅值和相角等。因此，广域测量系统在低碳电力系统中的作用愈加重要。但是，广域测量系统不可避免地会带来时滞。考虑广域信号传输时滞影响后，电力系统模型从一般动力系统转变为时滞动力系统，其数学描述也从微分方程变为滞后型泛函微分方程。因此，为进一步分析时滞对广域电力系统的影响，需要建立时滞电力系统模型。本章在此方面进行了探索和研究，构建了考虑时滞影响的电力系统新模型，以新模型为基础采用基于自由权矩阵方法获得以线性矩阵不等式描述的电力系统静态稳定条件，并提出采用时滞稳定裕度取代特征值方法来判断和分析时滞电力系统的稳定性。值得一提的是，本章推导出了具有更低保守性的电力系统时滞相关稳定条件，为后续阻尼控制器设计和区间振荡控制奠定了理论基础。

依托广域测量系统提供的电力系统状态信息可以构建电力系统状态变量演化轨迹，通过分析轨迹特征可以进行电力系统安全稳定控制。在电力系统稳定性分析和区间振荡控制中，为了正确提取电力系统状态变量演化轨迹特征，需要在提取过程中将电力系统本身的阻尼特性和因信号传输时滞导致的系统稳定性能下降区分开来。因此本章还深入研究了阻尼性能与时滞稳定裕度交互影响机理，提出了基于阻尼因子的时滞稳定裕度指标，该指标建立了信号传输时滞、时滞稳定裕度、阻尼性能之间的数量关系，其可用于衡量信号传输时滞对电力系统阻尼性能的影响程度，同时该指标还揭示了信号传输时滞导致电力系统稳定性能下降甚至失稳的机理，对电力系统小干扰稳定性能评估和稳定控制器设计具有重要的理论意义和应用价值。本章还给出一种新的基于阻尼因子的时滞稳定裕度计算方法，该方法根据积分不等式进行推导，可以获得更低的保守性和更快的计算速度，能适应在线稳定分析等更广的应用领域。

参考文献

[1]FEDERICO MILANO. Small-signal stability analysis of large power systems with inclusion of multiple delays[J]. IEEE Transactions on Power Systems, 2016, 31(4):3257 - 3266.

[2]彭疆南，孙元章，王海风. 基于广域量测数据和导纳参数在线辨识的受扰轨迹预测[J]. 电力系统自动化，2003，27(22)：6 - 11.

[3]常乃超，兰洲，甘德强，倪以信. 广域测量系统在电力系统分析及控制中的应用综述[J]. 电网技术，2005，29(10)：46 - 52.

[4]YANG BO，SUN YUANZHANG. Damping factor based delay margin for wide area signals in power system damping control[J]. IEEE Transactions on Power Systems, 2013, 28(3): 3501 - 3502.

[5]袁野，程林，孙元章. 考虑时延影响的互联电网区间阻尼控制[J]. 电力系统自动化，2007，31(8)：12 - 16.

[6]张放，程林，黎雄，等. 广域闭环控制系统时延的测量及建模(一)：通信时延及操作时延[J]. 中国电机工程学报，2015，(22)：5768 - 5777.

[7]张放，程林，黎雄，等. 广域闭环控制系统时延的测量及建模(二)：闭环时延[J]. 中国电机工程学报，2015，(23)：5995 - 6002.

[8]LI CHONGTAO，LI GENGFENG，WANG CONG, et al. Eigenvalue sensitivity and eigenvalue tracing of power systems with inclusion of time delays[J]. IEEE Transactions on Power Systems, 2018, 33(4):3711 - 3719.

[9]毕天姝，刘灏，杨奇逊. PMU 算法动态性能及其测试系统[J]. 电力系统自动化，2014，38(1). 62 - 67.

[10]宋方方，毕天姝，杨奇逊. 基于广域测量系统的电力系统多摆稳定性评估方法[J]. 中国电机工程学报，2006，26(16)：38 - 45.

[11]KAMWA INNOCENT，SAMANTARAY S R, GEZA JOOS. Compliance analysis of PMU algorithms and devices for wide-area stabilizing control of large power systems [J]. IEEE Transactions on Power Systems, 2013, 28(2):1766 - 1778.

[12]王成山，石颉. 考虑时间时滞影响的电力系统稳定器设计[J]. 中国电机工程学报，2007，27

(10):1-6.
[13]胡志祥,谢小荣,童陆园.广域阻尼控制延迟特性分析及其多项式拟合补偿[J].电力系统自动化,2005,29(20):29-34.
[14]ZHANG YANG,BOSE ANJAN. Design of wide-area damping controllers for interarea oscillations[J]. IEEE Transactions on Power Systems, 2008,23(3):1136-1143.
[15]BHADU MAHENDRA,SENROY NILANJAN,NARAYAN KAR INDRA, et al. Robust linear quadratic Gaussian-based discrete mode wide area power system damping controller[J]. IET Generation Transmission & Distribution, 2016,10(6):1470-1478.
[16]YOHANANDHAN R V, SRINIVASAN L. Decentralised wide-area fractional order damping controller for a large-scale power system[J]. IET Generation Transmission & Distribution, 2016,10(5): 1164-1178.
[17]戚军,江全元,曹一家.基于系统辨识的广域时滞鲁棒阻尼控制[J].电力系统自动化,2008,32(6):35-40.
[18]杨东俊,丁坚勇,周宏,等.基于WAMS量测数据的低频振荡机理分析[J].电力系统自动化,2009,33(23):24-28.
[19]YANG BO,SUN YUANZHANG. A novel approach to calculate damping factor based delay margin for wide area damping control[J]. IEEE Transactions on Power Systems, 2014, 29(6): 3116-3117.
[20]ZHANG SONG,VITTAL VIJAY. Design of wide-area power system damping controllers resilient to communication failures[J]. 2013, 28(4):4292-4300.
[21]HENIC HEANNISSA,KAMWA INNOCENT. Assessment of two methods to select wide-area signals for power system damping control[J]. IEEE Transactions on Power Systems, 2008, 23(2): 572-581.
[22]STAHLHUT J W,BROWNE T J,HEYDT G T, et al. Latency viewed as a stochastic process and its impact on wide area power system control signals[J]. IEEE Transactions on Power Systems, 2008, 23(1): 84-91.
[23]GU K,KHARITONOV V L,CHEN J. Stability of Time-Delay Systems[J]. New York: Spring-Verlag, 2003.

统一潮流控制器的时滞阻尼控制

第 5 章

5.1 引 言

低频振荡是指发电机的转子角、转速，以及相关电气量（如线路功率、母线电压等）发生近似等幅或增幅的、振荡频率较低的振荡。低频振荡频率通常在 0.1～2.5 Hz，常出现在弱联系、远距离、重负荷输电线路上，在采用快速、高放大倍数励磁系统的条件下更容易发生。低频振荡根据振荡频率的高低不同可以分为两种类型：局部低频振荡（又称局部振荡）和区间低频振荡（又称区间振荡）。局部振荡频率相对较高（通常在 1 Hz 以上），参与振荡的机组数量较少，抑制局部振荡的主要方法是在与振荡模式强相关的机组上增加阻尼，选择的镇定信号一般是强相关机组的转速等本地信号。区间振荡频率相对较低（通常在 0.1～0.5 Hz），参与振荡的机组数量较多，这些机组可能分属于多个不同的电力系统区域，仅采用机组的本地信号作为镇定信号抑制区间振荡非常困难。国内外学者对区间振荡控制问题进行了多年研究，由于电力系统本身的复杂性，区间振荡现象仍时有发生，有的区间振荡由于控制不当甚至会导致电力系统解列和大停电等严重后果。如 1996 年 8 月 10 日，美国西部电网出现持续的负阻尼区间低频功率振荡，最终导致系统解列及大面积停电，损失负荷 30.392 GW；2006 年 7 月 1 日河南电网多条 500 kV 和 220 kV 线路跳闸后，华中电网发生大范围低频功率振荡，最终导致华中电网与华北电网、华中电网主网与川渝电网解列；2008 年 1 月华中电网 14 个不同区域再次发生有功功率振荡。因此，深入研究电力系统区间振荡机理和控制方法对有效抑制区间低频振荡、确保电力系统安全稳定运行具有重要的理论意义和实用价值。

统一潮流控制器（unified power flow controller，UPFC）作为迄今为止智能化程度最高、功能最全的电力电子设备，可以同时实现潮流控制、电压控制、暂态稳定控制和抑制区间低频振荡等多项功能，得到了业界的广泛关注，成为近年来电力电子设备控制领域的研究热点。通过对 UPFC 阻尼控制进行设计，在其主控回路上增加辅助阻尼控制器（supplementary damping controller，SDC）并借助广域测量系统的实时量测和远距离信号传输能力，可以实现对电力系统区间低频振荡的有效抑制，对确保电网安全稳定运行具有重要意义。

为此，本章首先探讨了区间振荡的阻尼控制原理，重点分析了广域信号传输时滞对互联电网区间振荡控制的影响及主流的时滞处理方法。然后，以 UPFC 时滞阻尼控制为研究对象，重点研究了时滞稳定裕度与辅助阻尼控制器增益、阻尼控制器阻尼性能相互影响规律，基于该规律提出一种考虑通信时延的 UPFC 阻尼控制器优化设计方法，通过该方法设计的阻尼控制器即使在一定通信时延下仍具有较好的区间低频振荡抑制能力。本章还提出了兼顾阻尼比和时滞稳定裕度的 UPFC 阻尼控制器约束优化控制策略，并设计了双层优化结构算法求解此控制策略。

5.2 区间振荡的阻尼控制原理

经过长期研究,国内外学者在区间振荡产生机理、分析方法、阻尼控制器设计等方面发表了大量的论文,取得了丰硕的成果。尽管负阻尼机理、强迫共振机理、分岔和混沌理论等都被用于解释区间振荡产生的物理本质,但负阻尼机理由于物理意义清晰、理论体系比较成熟、便于控制器设计等原因获得了学术界普遍认可并得到广泛应用。电气转矩解析法、频域法、特征值分析法就是以负阻尼机理为基础发展起来的。电气转矩解析法通过 Heffron-Philips 模型计算发电机机电振荡回路的阻尼转矩来进行区间振荡分析,是最早应用于区间振荡分析的实用方法,物理意义明确但计算复杂。频域法以经典控制理论为基础采用传递函数或传递函数矩阵通过 Nyquist 曲线或留数补偿相位设计阻尼控制器,以抑制区间振荡。特征值分析法以线性系统理论为基础,将电力系统动态非线性模型在平衡点处通过泰勒展开后用状态方程组描述系统在平衡点的特性,并通过特征根、特征向量、参与因子描述系统振荡模式。由于线性系统理论本身发展十分成熟,特征值分析法已成为目前应用最为广泛的区间振荡分析方法。为高效计算大规模电力系统特征根,还发展了 QR 法、BR 法、选择模式法、AESOPS 算法、Arnoldi 算法、S 矩阵法等各种特征值计算方法。由于电力系统可以用一组高阶非线性微分代数方程建模,因此特征值分析法本质上是采用定性方法分析扰动下常微分方程平衡点稳定性,其理论基础就是 Lyapunov 稳定性理论。以负阻尼机理为基础设计的阻尼控制器根据阻尼施加设备的不同可以分为两类:①在发电端安装基于广域信号反馈的 PSS 对励磁系统增加附加稳定控制。该方法的难点是 PSS 的选点配置和反馈信号选择。留数、最小奇异值(MSV)、右半平面零点(RHP-zeros)、相对增益矩阵(RGA)、模式可观度指标(MOI)、综合几何指标等都可用于选点和选信号,但可能产生不同的阻尼效果。②利用柔性交流输电系统(FACTS)设备(TCSC 和 HVDC 等)提供附加阻尼控制。由于安装 FACTS 设备的主要目的是大幅度提高线路的功率传输水平或维持节点电压稳定,因此要抑制区间振荡必须增加附加控制以提供额外阻尼。该方法的难点是如何通过 WAMS 选择具有较高可观度的信号作为反馈信号及采用何种方法设计辅助阻尼控制器。极点调整技术、非光滑优化技术、多目标智能优化、线性二次高斯(LQG)控制、模型预测控制(MPC)等均被用于设计辅助阻尼控制器。

随着 WAMS 在电力系统应用的深入,已有学者关注到广域信号传输时滞对互联电网区间振荡控制的影响,发表了一些有价值的研究成果,根据时滞处理方法的不同总结和评述如下。

(1)已有学者采用 Pade 近似法处理定常广域信号传输时滞,并用于设计 PSS、SVC 辅助阻尼控制器、PSS 与辅助阻尼控制器协调控制策略等来抑制区间振荡。由于 Pade 近似法本质上是基于泰勒公式通过多项式来逼近指数(时滞频域描述形式),因此可将含时滞的电力系统状态空间模型转变成不显含时滞的系统,留数、特征值分析法、阻尼比等无时滞分析和设计方法均可继续使用,但是该方法在处理多时滞和时变时滞时存在难度。

(2)有学者基于广域信号传输时滞的随机分布特征,采用自适应分段时延补偿器提高广域 PSS 在时滞条件下抑制区间振荡的能力。该方法具有工程实用价值,但该方法需要定期校核时延以确定是否变更时延补偿区间。

(3)部分学者通过含时滞超越项的系统特征方程分析时滞电力系统的稳定性，即在频域内通过特征方程根的分布或复 Lyapunov 矩阵函数方程解来判别稳定性。这些方法本质上是通过数值解法求解系统特征方程，但由于时滞使得系统特征方程变为超越方程，一般有无穷多个特征值，求解并不容易，并且当系统时滞和不确定性相互耦合时，求解非常困难，因此该方法仅适用于时滞近似已知的情形，应用具有一定的局限性。并且，由于该方法不能给出时滞和不确定性条件下电力系统稳定判据的数学表达式，因而不便于直接进行阻尼控制器设计。

(4)有的学者采用时滞稳定域的拓扑分析方法研究时滞对阻尼控制器设计的影响，如：将电力系统建模为线性多时滞系统，归纳出该系统的时滞稳定域具有稠密性、边界无打结、不具备连通性等拓扑性质，并通过判定可能时滞域边界上点的稳定性设计了对时滞异步变化不敏感的附加阻尼控制器(AIADC)。这种方法到目前为止还没有严格的理论证明，并且当系统阶次增加或具有 3 个以上时滞时，计算量急剧增大；封闭区域的边界界定也十分困难。另外，这种方法本质上还是一种求解超越特征方程的计算方法，当模型中存在时滞和不确定性耦合影响时，这种方法难以处理。

(5)有的学者采用 Smith 预测补偿方法消除时滞对系统的影响。经典 Smith 预估器(CSP)不能保证开环系统具有弱阻尼极点的闭环阻尼比；改进 Smith 预估器(MSP)，当系统存在快速稳定的特征值时在计算过程中会出现数值不稳定甚至无法计算的现象；统一 Smith 预估器(USP)综合了 CSP 与 MSP 的优点，克服了它们的缺点，能够应用在互联电力系统的区间阻尼控制中，但是该方法难以处理时变时滞和不确定性的情形。

(6)有学者将广域信号传输时滞表征为模糊系统的成员函数并作为模糊逻辑控制器输入，设计了基于模糊逻辑的广域阻尼控制器(FLWADC)，可用于时滞条件下的区间振荡控制，但由于广域信号传输时滞的模糊化无定式，因此该控制器设计更多地依赖于设计者的经验。

(7)还有学者采用时域方法分析时滞电力系统稳定性。该方法通常考虑时滞影响但不考虑不确定性影响，将广域电力系统稳定问题建模为时滞系统，然后选取一种时滞独立或时滞依赖稳定条件判断系统的稳定性，使用该方法的关键是如何选取具有较低保守性的时滞稳定判据。从理论上说，对于时滞动力系统，时滞依赖稳定判据由于依赖于时滞的大小或时滞的变化率，其在保守性方面一般优于时滞独立稳定判据。根据 Lyapunov-Krasovskii 稳定性定理和 Razumikhin 稳定性定理获取具有更低保守性的时滞稳定判据是近年来各国学者研究的重点。

5.3 基于通信时延的统一潮流控制器阻尼控制器设计

传统 SDC 设计方法忽略通信时延的影响，以模式理论和留数法为基础，可以分别确定具有较大模式可观度的 SDC 镇定信号和 SDC 参数，从而确保系统具有较好的阻尼性能，这对抑制局部低频振荡是可行和有效的。但是对于区间低频振荡而言，由于镇定信号传输需要借助广域测量系统并且一般存在几十至数百毫秒通信时延，通过传统方法设计的 SDC 在通信信号传输存在时延的时候对区间低频振荡抑制能力明显不足，将严重威胁电网安全稳定运行。

基于上述讨论，针对广域测量系统存在通信时延的应用环境，本节以 UPFC 阻尼控制器为研究对象，通过引入刻画通信信号时变和随机特征的时延环节，建立含 UPFC 阻尼控制的时滞系统新模型。根据 Lyapunov-Krasovskii 稳定性定理，揭示了辅助阻尼控制器参数、时滞稳定裕度、阻尼性能指标相互影响的规律，并据此实现 SDC 优化设计，并通过理论分析和仿真结果验证 UPFC 阻尼控制优化设计新方法的有效性。

5.3.1 考虑时滞影响的 UPFC 阻尼控制

为提高 UPFC 阻尼振荡的能力，可以采用广域信号作为 SDC 的反馈输入信号，但是信号传输所带来的时滞也增加了 SDC 的设计难度，考虑信号传输时滞的情况下，含 UPFC 的阻尼控制模型是时滞系统，需要采用时滞系统稳定性分析方法取代常规线性系统分析方法对其进行研究。

UPFC 作为一种 FACTS 设备，于 1998 年在美国开始投入试运行。目前，UPFC 在控制策略和应用领域仍处于研究阶段，一些学者已经在探讨通过各种控制方法，利用 UPFC 来阻尼区间振荡。其中一些研究是基于线性系统理论对含 UPFC 的电力系统进行分析，而另一些是使用非线性控制系统理论和能量函数的方法来进行研究。

UPFC 由并联换流器和串联换流器组成，称为统一潮流控制器。通过改变控制规律，它可以用来控制节点电压的幅值和相位，可以补偿线路参数，达到控制潮流、合理控制有功和无功功率的流动、提高线路输送能力、提高电压稳定性和阻尼振荡等目的。UPFC 控制器原理如图 5－1 所示，假设 UPFC 装设在节点 a 和 b 之间。由图 5－1 可知，UPFC 由激励变压器(T_{sh})、并联换流器($Conv_1$)、直流母线电容(C_{dc})、串联换流器($Conv_2$)、升压变压器(T_{se})组成，其功能可以理解为经直流母线电容耦合连接的静止同步补偿器 STATCOM 和静止同步串联补偿器 SSSC 的组合。STATCOM 并联在输电线路上，可从电网中吸收有功功率，稳定直流母线电容电压；SSSC 串联在电网中，向输电线路注入一个和线路电流相位相差 90°的可控电压，实现有功和无功补偿。

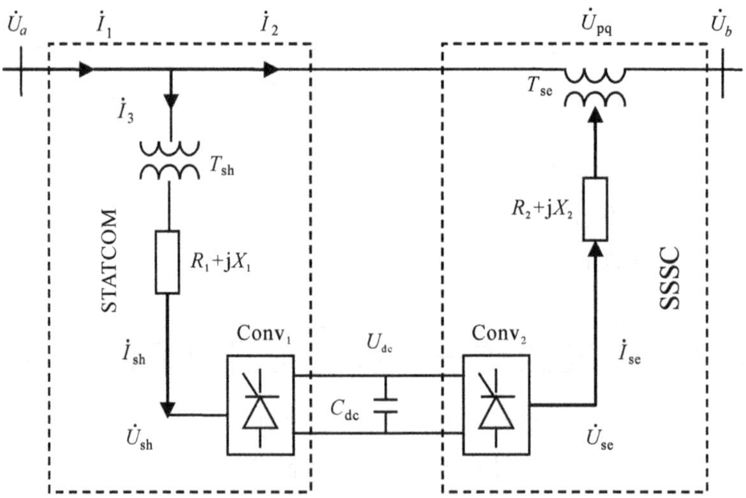

图 5－1 UPFC 控制机理

UPFC 中直流母线电容上电场能量变化规律和换流器侧电压可以表示为

$$C_{dc}U_{dc}\frac{dU_{dc}}{dt}=P_{sh}-P_{se}=\mathrm{Re}(\dot{U}_{sh}\dot{I}_{sh}^{*}-\dot{U}_{se}\dot{I}_{se}^{*}) \tag{5-1}$$

$$\dot{U}_{sh}=m_1U_{dc}(\cos\varphi_{sh}+\mathrm{j}\sin\varphi_{sh}) \tag{5-2}$$

$$\dot{U}_{se}=m_2U_{dc}(\cos\varphi_{se}+\mathrm{j}\sin\varphi_{se}) \tag{5-3}$$

$$\theta_1 = \varphi_a - \varphi_{sh} \tag{5-4}$$

$$\theta_2 = \varphi_a - \varphi_{se} \tag{5-5}$$

式中，U_{dc}为直流电容电压的瞬时值；$\dot{U}_{sh}$为并联换流器输出电压；P_{sh}为电网注入并联换流器中的有功功率；$\dot{U}_{se}$为串联换流器输出电压，其幅值范围是 $0 \leqslant U_{se} \leqslant U_{semax}$，$U_{semax}$与 UPFC 的额定容量有关；$P_{se}$为串联换流器注入电网的有功功率；$m_1$ 和 m_2 分别为并联和串联换流器的调制比；φ_{sh}为并联换流器输出电压 $\dot{U}_{sh}$ 的相位；φ_{sc}为串联换流器输出电压 $\dot{U}_{sc}$ 的相位，变化范围是 $0 \leqslant \varphi_{se} \leqslant 2\pi$；$\varphi_a$为输入端电压 $\dot{U}_a$ 的相位。

换流器 $Conv_1$ 和 $Conv_2$ 的交流电流和交流端电压关系如下：

$$(R_1 + jX_1)\dot{I}_{sh} = \dot{U}_a - \dot{U}_{sh} \tag{5-6}$$

$$(R_2 + jX_2)\dot{I}_{se} = \dot{U}_{se} - \dot{U}_{pq} \tag{5-7}$$

式中，$R_1 + jX_1$ 和 $R_2 + jX_2$ 分别为 UPFC 并联和串联侧的等值阻抗。

将上式中的实部和虚部分开，可表示为

$$\begin{bmatrix} R_1 & -X_1 \\ X_1 & R_1 \end{bmatrix}\begin{bmatrix} I_{shx} \\ I_{shy} \end{bmatrix} = \begin{bmatrix} U_{ax} \\ U_{ay} \end{bmatrix} - \begin{bmatrix} U_{shx} \\ U_{shy} \end{bmatrix} \tag{5-8}$$

$$\begin{bmatrix} R_2 & -X_2 \\ X_2 & R_2 \end{bmatrix}\begin{bmatrix} I_{scx} \\ I_{sey} \end{bmatrix} = \begin{bmatrix} U_{scx} \\ U_{sey} \end{bmatrix} - \begin{bmatrix} U_{pqx} \\ U_{pqy} \end{bmatrix} \tag{5-9}$$

将式(5-2)和式(5-3)分别代入式(5-8)和式(5-9)，可得 UPFC 的数学模型表达式：

$$\begin{bmatrix} R_1 & -X_1 \\ X_1 & R_1 \end{bmatrix}\begin{bmatrix} I_{shx} \\ I_{shy} \end{bmatrix} = \begin{bmatrix} U_{ax} \\ U_{ay} \end{bmatrix} - \begin{bmatrix} m_1 U_{dc}\cos\varphi_{sh} \\ m_1 U_{dc}\sin\varphi_{sh} \end{bmatrix} \tag{5-10}$$

$$\begin{bmatrix} R_2 & -X_2 \\ X_2 & R_2 \end{bmatrix}\begin{bmatrix} I_{sex} \\ I_{sey} \end{bmatrix} = \begin{bmatrix} m_2 U_{dc}\cos\varphi_{se} \\ m_2 U_{dc}\sin\varphi_{se} \end{bmatrix} - \begin{bmatrix} U_{pqx} \\ U_{pqy} \end{bmatrix} \tag{5-11}$$

UPFC 与系统间交换功率 P_{sh}、Q_{sh}和线路电流 I_2 的关系可以表示为

$$\begin{aligned} P_{sh} &= \mathrm{Re}(\dot{U}_{sh}\dot{I}_{sh}^*) \\ &= \mathrm{Re}\left(\dot{U}_{sh}\left(\frac{\dot{U}_a - \dot{U}_{sh}}{R_1 + jX_1}\right)^*\right) \\ &= U_a^2 G_1 - U_{sh}U_a G_1\cos(\varphi_a - \varphi_{sh}) - U_{sh}U_a B_1\sin(\varphi_a - \varphi_{sh}) \\ &= U_a^2 G_1 - m_1 U_{dc}U_a G_1\cos\theta_1 - m_1 U_{dc}U_a B_1\sin\theta_1 \end{aligned} \tag{5-12}$$

$$\begin{aligned} Q_{sh} &= \mathrm{Im}(\dot{U}_{sh}\dot{I}_{sh}^*) \\ &= -U_a^2 B_1 + U_{sh}U_a B_1\cos(\varphi_a - \varphi_{sh}) - U_{sh}U_a G_1\sin(\varphi_a - \varphi_{sh}) \\ &= -U_a^2 B_1 + m_1 U_{dc}U_a B_1\cos\theta_1 - m_1 U_{dc}U_a G_1\sin\theta_1 \end{aligned} \tag{5-13}$$

$$\dot{I}_2 = \frac{\dot{U}_a + \dot{U}_{se} - \dot{U}_b}{R_2 + jX_2} \tag{5-14}$$

式中，B_1 和 G_1 分别为 UPFC 并联侧的电导和电纳；$\dot{U}_b$ 是节点 b 的电压。

并联换流器 $Conv_1$ 和串联换流器 $Conv_2$ 通过电容耦合，并联换流器 $Conv_1$ 可以根据串联换流器 $Conv_2$ 和交流系统进行有功交换的需求，向电网吸收或注入有功功率 P_{sh}，并通过变压器 T_{sh}向系统注入和吸收无功功率，维持节点电压 $\dot{U}_a$ 和直流电容电压 U_{dc}。串联换流器 Conv2 的输出电压 $\dot{U}_{se}$可以进行调节，使其模值和相位发生变化，在线路中相当于一个交流电压源，通过对传输的有功功率和无功功率进行控制，从而调节线路潮流。

UPFC 中，直流侧电容电压存储的能量可表示为

$$W=\frac{CU_{dc}^2}{2} \tag{5-15}$$

由功率平衡关系可知，系统中电容的储能变化率等于 UPFC 吸收的瞬时有功功率，故有：

$$\frac{d(\frac{1}{2}CU_{dc}^2)}{dt}=\mathrm{Re}(\dot{U}_{sh}\dot{I}_{sh}^*)+\mathrm{Re}(\dot{U}_{pq}\dot{I}_2^*) \tag{5-16}$$

因此，直流侧电容电压 U_{dc}可由微分方程表示为

$$\frac{dU_{dc}}{dt}=\frac{P_{sh}}{CU_{dc}}+\frac{\mathrm{Re}(\dot{U}_{pq}\dot{I}_2^*)}{CU_{dc}} \tag{5-17}$$

稳态运行时 UPFC 中的电容电压为常数，稳态等值电路如图 5-2 所示，此时式(5-1)可表示为

$$C_{dc}U_{dc}\frac{dU_{dc}}{dt}=P_{sh}-P_{se}=\mathrm{Re}(\dot{U}_{sh}\dot{I}_{sh}^*-\dot{U}_{se}\dot{I}_{se}^*)=0 \tag{5-18}$$

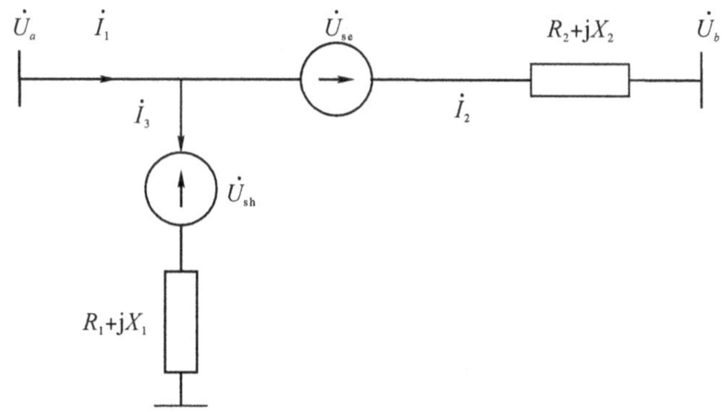

图 5-2 UPFC 稳态等值电路

由图 5-2 可知，UPFC 的接入节点电压和线路电流有以下关系：

$$\dot{I}_2=\dot{I}_1-\dot{I}_3 \tag{5-19}$$

$$\dot{I}_3=\frac{\dot{U}_a-\dot{U}_{sh}}{R_1+jX_1} \tag{5-20}$$

$$\dot{U}_b=\dot{U}_a+\dot{U}_{se}-(R_2+jX_2)\dot{I}_2 \tag{5-21}$$

因此，当 UPFC 处于稳态运行状况时，节点电压和线路电流之间的关系可表示为

$$\begin{bmatrix}\dot{U}_a\\ \dot{U}_b\end{bmatrix}=\begin{bmatrix}R_1+jX_1 & -(R_1+jX_1)\\ R_1+jX_1 & -(R_1+R_2)-j(X_1+X_2)\end{bmatrix}\begin{bmatrix}\dot{I}_1\\ \dot{I}_2\end{bmatrix}+\begin{bmatrix}1 & 0\\ 1 & 1\end{bmatrix}\begin{bmatrix}\dot{U}_{sh}\\ \dot{U}_{se}\end{bmatrix} \tag{5-22}$$

由式(5-2)至式(5-5)、式(5-18)至式(5-21)可知，稳态运行时电容电压 U_{dc}维持恒定，P_{sh}，P_{se}和 U_{pq}维持稳定。根据系统的调节要求，选择不同的运行方式，通过控制信号 m_1、m_2、θ_1 和 θ_2 可以来调节 UPFC 串联换流器输出电压 $\dot{U}_{se}$的幅值、相位和并联支路的无功功率，实现输电线路的有功和无功功率控制、串联补偿控制以及节点电压调节等。

5.3.2 含 UPFC 的电力系统时滞控制系统模型

UPFC 等动态装置、发电机组和负荷等，是通过电力网络相互联系。在系统处于稳态情况下，需要计算各节点的电压、电流和功率。节点的电压方程可以表示为

$$\boldsymbol{YV}=\boldsymbol{I} \tag{5-23}$$

式中,$\boldsymbol{Y}$ 是电力网络中的节点导纳矩阵;$\boldsymbol{V}$ 是网络中的节点电压;$\boldsymbol{I}$ 是节点注入电流。

节点注入电流偏差 $\Delta\boldsymbol{I}$ 和节点电压 $\Delta\boldsymbol{V}$ 偏差的关系可表示为

$$\begin{bmatrix}\Delta\boldsymbol{I}_1\\ \vdots\\ \Delta\boldsymbol{I}_i\\ \vdots\\ \Delta\boldsymbol{I}_n\end{bmatrix}=\begin{bmatrix}\boldsymbol{Y}_{11} & \cdots & \boldsymbol{Y}_{1j} & \cdots & \boldsymbol{Y}_{1n}\\ \vdots & \cdots & \vdots & \cdots & \vdots\\ \boldsymbol{Y}_{i1} & \cdots & \boldsymbol{Y}_{ij} & \cdots & \boldsymbol{Y}_{in}\\ \vdots & \cdots & \vdots & \cdots & \vdots\\ \boldsymbol{Y}_{n1} & \cdots & \boldsymbol{Y}_{nj} & \cdots & \boldsymbol{Y}_{nn}\end{bmatrix}\begin{bmatrix}\Delta\boldsymbol{V}_1\\ \vdots\\ \Delta\boldsymbol{V}_j\\ \vdots\\ \Delta\boldsymbol{V}_n\end{bmatrix} \tag{5-24}$$

$$\Delta\boldsymbol{I}_i=\begin{bmatrix}\Delta\boldsymbol{I}_{xi}\\ \Delta\boldsymbol{I}_{yi}\end{bmatrix},\boldsymbol{Y}_{ij}=\begin{bmatrix}G_{ij} & -B_{ij}\\ B_{ij} & G_{ij}\end{bmatrix},\Delta\boldsymbol{V}_j=\begin{bmatrix}\Delta\boldsymbol{V}_{xj}\\ \Delta\boldsymbol{V}_{yj}\end{bmatrix},i,j=1,2,\cdots,n$$

式中,$\Delta\boldsymbol{I}_{xi}$ 和 $\Delta\boldsymbol{I}_{yi}$ 分别是节点注入电流偏差的实部和虚部;$\Delta\boldsymbol{V}_{xj}$ 和 $\Delta\boldsymbol{V}_{yj}$ 分别是节点电压偏差的实部和虚部;$\boldsymbol{Y}_{ij}$ 是电力网络导纳矩阵元素;G_{ij} 和 B_{ij} 分别为 $\boldsymbol{Y}_{ij}$ 的实部和虚部;n 是网络节点数。

已知负荷的功率及电压稳态值、各动态元件的数学模型和式(5-24),可得到所有元件对应的导纳矩阵元素 $\boldsymbol{Y}_{ij}$。基于上述的 UPFC 数学模型,加上同步发电机模型、负荷模型等,含 UPFC 的电力系统由一组代数微分方程可描述为

$$\dot{\boldsymbol{x}}(t)=\boldsymbol{F}(\boldsymbol{x}(t),\boldsymbol{w}(t),\boldsymbol{u}(t)) \tag{5-25}$$

$$0=\boldsymbol{G}(\boldsymbol{x}(t),\boldsymbol{w}(t),\boldsymbol{u}(t)) \tag{5-26}$$

$$\boldsymbol{y}=\boldsymbol{H}(\boldsymbol{x}(t),\boldsymbol{w}(t),\boldsymbol{u}(t)) \tag{5-27}$$

式中,$\boldsymbol{x}$、$\boldsymbol{w}$、$\boldsymbol{u}$ 和 $\boldsymbol{y}$ 分别表示开环电力系统的状态变量、代数变量、输入变量和输出变量。

将含 UPFC 的电力系统在稳态运行点($\boldsymbol{x}_0,\boldsymbol{w}_0,\boldsymbol{u}_0,\boldsymbol{y}_0$)线性化可得:

$$\frac{\mathrm{d}}{\mathrm{d}t}\Delta\boldsymbol{x}=\frac{\partial\boldsymbol{F}}{\partial\boldsymbol{x}}\Delta\boldsymbol{x}+\frac{\partial\boldsymbol{F}}{\partial\boldsymbol{w}}\Delta\boldsymbol{w}+\frac{\partial\boldsymbol{F}}{\partial\boldsymbol{u}}\Delta\boldsymbol{u} \tag{5-28}$$

$$0=\frac{\partial\boldsymbol{G}}{\partial\boldsymbol{x}}\Delta\boldsymbol{x}+\frac{\partial\boldsymbol{G}}{\partial\boldsymbol{w}}\Delta\boldsymbol{w}+\frac{\partial\boldsymbol{G}}{\partial\boldsymbol{u}}\Delta\boldsymbol{u} \tag{5-29}$$

$$\Delta\boldsymbol{y}=\frac{\partial\boldsymbol{H}}{\partial\boldsymbol{x}}\Delta\boldsymbol{x}+\frac{\partial\boldsymbol{H}}{\partial\boldsymbol{w}}\Delta\boldsymbol{w}+\frac{\partial\boldsymbol{H}}{\partial\boldsymbol{u}}\Delta\boldsymbol{u} \tag{5-30}$$

由式(5-29)可得:

$$\Delta\boldsymbol{w}=-\frac{\partial\boldsymbol{G}^{-1}}{\partial\boldsymbol{w}}\frac{\partial\boldsymbol{G}}{\partial\boldsymbol{x}}\Delta\boldsymbol{x}-\frac{\partial\boldsymbol{G}^{-1}}{\partial\boldsymbol{w}}\frac{\partial\boldsymbol{G}}{\partial\boldsymbol{u}}\Delta\boldsymbol{u} \tag{5-31}$$

通过式(5-31),在式(5-28)和式(5-30)中消去 $\Delta\boldsymbol{w}$,可得:

$$\frac{\mathrm{d}}{\mathrm{d}t}\Delta\boldsymbol{x}=(\frac{\partial\boldsymbol{F}}{\partial\boldsymbol{x}}-\frac{\partial\boldsymbol{F}}{\partial\boldsymbol{w}}\frac{\partial\boldsymbol{G}^{-1}}{\partial\boldsymbol{w}}\frac{\partial\boldsymbol{G}}{\partial\boldsymbol{x}})\Delta\boldsymbol{x}+(\frac{\partial\boldsymbol{F}}{\partial\boldsymbol{u}}-\frac{\partial\boldsymbol{F}}{\partial\boldsymbol{w}}\frac{\partial\boldsymbol{G}^{-1}}{\partial\boldsymbol{w}}\frac{\partial\boldsymbol{G}}{\partial\boldsymbol{u}})\Delta\boldsymbol{u} \tag{5-32}$$

$$\Delta\boldsymbol{y}=(\frac{\partial\boldsymbol{H}}{\partial\boldsymbol{x}}-\frac{\partial\boldsymbol{H}}{\partial\boldsymbol{w}}\frac{\partial\boldsymbol{G}^{-1}}{\partial\boldsymbol{w}}\frac{\partial\boldsymbol{G}}{\partial\boldsymbol{x}})\Delta\boldsymbol{x}+(\frac{\partial\boldsymbol{H}}{\partial\boldsymbol{u}}-\frac{\partial\boldsymbol{H}}{\partial\boldsymbol{w}}\frac{\partial\boldsymbol{G}^{-1}}{\partial\boldsymbol{w}}\frac{\partial\boldsymbol{G}}{\partial\boldsymbol{u}})\Delta\boldsymbol{u} \tag{5-33}$$

设 $\boldsymbol{A}_0=\frac{\partial\boldsymbol{F}}{\partial\boldsymbol{x}}-\frac{\partial\boldsymbol{F}}{\partial\boldsymbol{w}}\frac{\partial\boldsymbol{G}^{-1}}{\partial\boldsymbol{w}}\frac{\partial\boldsymbol{G}}{\partial\boldsymbol{x}},\boldsymbol{B}_0=\frac{\partial\boldsymbol{F}}{\partial\boldsymbol{u}}-\frac{\partial\boldsymbol{F}}{\partial\boldsymbol{w}}\frac{\partial\boldsymbol{G}^{-1}}{\partial\boldsymbol{w}}\frac{\partial\boldsymbol{G}}{\partial\boldsymbol{u}},\boldsymbol{C}_0=\frac{\partial\boldsymbol{H}}{\partial\boldsymbol{x}}-\frac{\partial\boldsymbol{H}}{\partial\boldsymbol{w}}\frac{\partial\boldsymbol{G}^{-1}}{\partial\boldsymbol{w}}\frac{\partial\boldsymbol{G}}{\partial\boldsymbol{x}},\frac{\partial\boldsymbol{H}}{\partial\boldsymbol{u}}-\frac{\partial\boldsymbol{H}}{\partial\boldsymbol{w}}\frac{\partial\boldsymbol{G}^{-1}}{\partial\boldsymbol{w}}\frac{\partial\boldsymbol{G}}{\partial\boldsymbol{u}}=0$,则上式可以表示为状态方程:

$$\dot{\boldsymbol{x}}_0(t)=\boldsymbol{A}_0\boldsymbol{x}_0(t)+\boldsymbol{B}_0\boldsymbol{u}_0(t) \tag{5-34}$$

$$\boldsymbol{y}_0(t)=\boldsymbol{C}_0\boldsymbol{x}_0(t) \tag{5-35}$$

式中,$\boldsymbol{x}_0$、$\boldsymbol{y}_0$ 和 $\boldsymbol{u}_0$ 分别为开环电力系统的状态、输出和控制变量,$\boldsymbol{A}_0$、$\boldsymbol{B}_0$ 和 $\boldsymbol{C}_0$ 分别为开环电力

系统的状态矩阵、输入矩阵和输出矩阵。y_0 一般选择线路功率、线路电流或节点电压相位差等。

为了阻尼系统区间振荡，需要增加辅助阻尼控制器来提高阻尼效果，含辅助阻尼控制器的电力系统结构如图 5 - 3 所示。

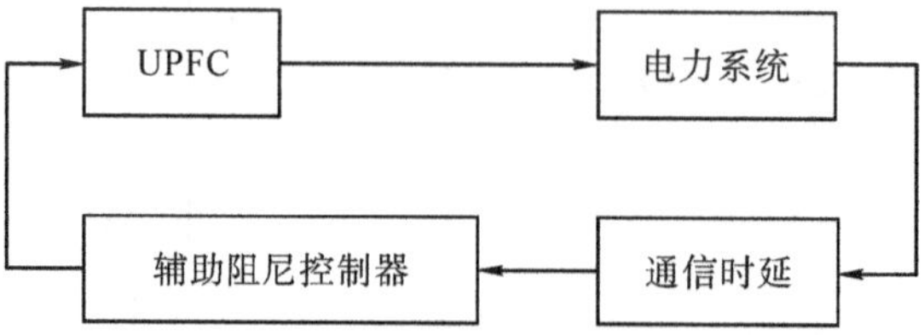

图 5 - 3 含辅助阻尼控制器的电力系统框图

UPFC 的辅助阻尼控制器 SDC 是一个有超前滞后环节的相位补偿控制器。其状态空间模型可表示为如下形式：

$$\dot{\boldsymbol{x}}_c(t) = \boldsymbol{A}_c\boldsymbol{x}_c(t) + \boldsymbol{B}_c\boldsymbol{u}_c(t) \tag{5-36}$$

$$\boldsymbol{y}_c(t) = \boldsymbol{C}_c\boldsymbol{x}_c(t) + \boldsymbol{D}_c\boldsymbol{u}_c(t) \tag{5-37}$$

式中，$\boldsymbol{x}_c$、$\boldsymbol{y}_c$ 和 $\boldsymbol{u}_c$ 分别为 SDC 的状态、输出和控制变量，$\boldsymbol{A}_c$、$\boldsymbol{B}_c$、$\boldsymbol{C}_c$ 和 $\boldsymbol{D}_c$ 分别为 SDC 的状态矩阵、输入矩阵、输出矩阵和传递矩阵。

在考虑通信时延的情形下，由于通信时延具有时变、随机特征，因此假设通信时延 $d(t)$ 满足：

$$d(t) \leqslant \tau, \dot{d}(t) \leqslant \mu$$

其中，τ 为通信时延上界或称时滞稳定裕度；μ 为时滞变化率。

考虑通信时延 $d(t)$ 后开环电力系统和 SDC 间的输出和控制变量存在有以下关系：$\boldsymbol{u}_c(t)=\boldsymbol{y}_0(t-d(t))$、$\boldsymbol{u}_0(t)=\boldsymbol{y}_c(t)$。因此，考虑通信时延的含 SDC 的 UPFC 阻尼控制系统模型可表示为

$$\dot{\boldsymbol{x}}(t) = \boldsymbol{A}\boldsymbol{x}(t) + \boldsymbol{A}_d\boldsymbol{x}(t-d(t)) \tag{5-38}$$

式中，$\boldsymbol{A}=\begin{bmatrix}\boldsymbol{A}_0 & \boldsymbol{B}_0\boldsymbol{C}_c \\ 0 & \boldsymbol{A}_c\end{bmatrix}$，$\boldsymbol{A}_d=\begin{bmatrix}\boldsymbol{B}_0\boldsymbol{D}_c\boldsymbol{C}_0 & 0 \\ \boldsymbol{B}_c\boldsymbol{C}_0 & 0\end{bmatrix}$，$\boldsymbol{x}=\begin{bmatrix}\boldsymbol{x}_0 \\ \boldsymbol{x}_c\end{bmatrix}$。

由式(5 - 38)可知，当考虑通信时延后，UPFC 阻尼控制模型已转变为时滞控制系统模型。该新建模型实现了 SDC 设计方法从无时滞领域向有时滞领域的拓展。通过设计不同的 SDC 镇定信号和 SDC 参数，可使系统能容忍不同大小的通信时延，即可使系统具备不同的时滞稳定裕度。

5.3.3 广域控制信号选择和控制器参数确定

合理选择广域控制信号，可以提高 UPFC 辅助阻尼控制器对系统的阻尼效果，广域控制信号可采用发电机的转速、功角、线路功率或电流等。在一般情况下，SDC 的输入信号 $\boldsymbol{u}_c(t)$ 可以采用留数法选取，而辅助阻尼控制器 SDC 参数则通过补偿留数相位方法确定。

1. 反馈信号的选择原则

对于上述系统模型式(5 - 36)和式(5 - 37)中的输入信号 $\boldsymbol{u}_c(t)$ 和控制器参数可以根据系统特征值的变化和辅助阻尼控制器 SDC 的传递函数来确定。

含 UPFC 的开环系统的传递函数为

$$\boldsymbol{G}(s)=\frac{\boldsymbol{y}_0(s)}{\boldsymbol{u}_0(s)}=\boldsymbol{C}_0\,(s\boldsymbol{I}-\boldsymbol{A}_0)^{-1}\boldsymbol{B}_0 \tag{5-39}$$

设系统的特征值为 λ，通过特征方程 $|\lambda\boldsymbol{I}-\boldsymbol{A}_0|=0$ 可求解出矩阵 $\boldsymbol{A}_0$ 的特征值。对任一特征值 λ_i，满足下列条件：

$$\boldsymbol{A}_0\boldsymbol{r}_i=\lambda_i\boldsymbol{r}_i\quad(i=1,2,\cdots,n) \tag{5-40}$$

的非零向量 $\boldsymbol{r}_i$ 被称为矩阵 $\boldsymbol{A}_0$ 关于 λ_i 的右特征向量。

同样，满足下列条件：

$$\boldsymbol{l}_i^{\mathrm{T}}\boldsymbol{A}_0=\lambda_i\boldsymbol{l}_i^{\mathrm{T}}\quad(i=1,2,\cdots,n) \tag{5-41}$$

的非零向量 $\boldsymbol{l}_i$ 被称为矩阵 $\boldsymbol{A}$ 关于 λ_i 的左特征向量。

由式(5-40)和式(5-41)可得如下关系式：

$$\boldsymbol{A}_0\boldsymbol{r}=\boldsymbol{r}\boldsymbol{\Lambda} \tag{5-42}$$

$$\boldsymbol{l}^{\mathrm{T}}\boldsymbol{A}_0=\boldsymbol{\Lambda}\boldsymbol{l}^{\mathrm{T}} \tag{5-43}$$

$$\boldsymbol{r}^{-1}\boldsymbol{A}_0\boldsymbol{r}=\boldsymbol{\Lambda} \tag{5-44}$$

$$\boldsymbol{r}^{-1}=\boldsymbol{l}^{\mathrm{T}} \tag{5-45}$$

$$\boldsymbol{l}^{\mathrm{T}}\boldsymbol{r}=\boldsymbol{I} \tag{5-46}$$

式中，$\boldsymbol{\Lambda}=\mathrm{diag}\{\lambda_1,\lambda_2,\cdots,\lambda_n\}$ 是特征根组成的对角矩阵；$\boldsymbol{r}=[\boldsymbol{r}_1,\boldsymbol{r}_2,\cdots,\boldsymbol{r}_n]$ 为右特征向量矩阵；$\boldsymbol{l}=[\boldsymbol{l}_1,\boldsymbol{l}_2,\cdots,\boldsymbol{l}_n]$ 为左特征向量矩阵。

因此，左特征向量和右特征向量是正交的，可表示为

$$\boldsymbol{l}_i^{\mathrm{T}}\boldsymbol{r}_j=\begin{cases}0 & i\neq j\\ 1 & i=j\end{cases}\quad(i,j=1,2,\cdots,n) \tag{5-47}$$

令 $\boldsymbol{x}_0=\boldsymbol{r}\boldsymbol{z}$，可得新的系统状态变量 z，将其代入系统的状态方程式(5-34)和式(5-35)：

$$\dot{\boldsymbol{z}}=\boldsymbol{\Lambda}\boldsymbol{z}+\boldsymbol{B}'\boldsymbol{u}_0 \tag{5-48}$$

$$\boldsymbol{y}_0=\boldsymbol{C}'\boldsymbol{z} \tag{5-49}$$

式中，$\boldsymbol{B}'=\boldsymbol{r}^{-1}\boldsymbol{B}_0$，$\boldsymbol{C}'=\boldsymbol{C}_0\boldsymbol{r}$。

线性变换不会改变系统的特征值，因此可得：$z_i=z_i(0)\mathrm{e}^{\lambda_i t}$。如果变换后系统状态方程中的输入矩阵 $\boldsymbol{B}'$ 中第 i 行为 0，则表示输入信号对第 i 个模态 z_i 不能控，$\boldsymbol{B}'$ 为可控矩阵；如果变换后系统状态方程中的输出矩阵 $\boldsymbol{C}'$ 中第 i 列为 0，则表示输出信号对第 i 个模态 z_i 是不能观的，$\boldsymbol{C}'$ 是可观矩阵。

系统状态量 x_i 和模态 z_i 存在以下关系：

$$\begin{aligned}x_i&=\sum_{j=1}^{n}r_{ij}z_i(0)\mathrm{e}^{\lambda_i t}\\&=\sum_{j=1}^{n}r_{ij}z_i\end{aligned} \tag{5-50}$$

可以看出系统状态量 x_i 受到各模态变化的影响，右特征向量矩阵 $\boldsymbol{r}$ 中的 r_{ij} 表示第 j 个模态对 x_i 变化的影响大小。当 r_{ij} 为复数时，其幅值表示第 j 个模态对 x_i 幅值的影响，r_{ij} 的角度反映了第 j 个模态对 x_i 相位偏移的影响大小。当 $r_{ij}=0$ 时，表示系统状态量 x_i 对第 j 个模态不可控。

如果控制器采用的反馈控制量对系统的区间振荡模态不可控，那么即使改变控制器的参

数，也不能阻尼出现的低频振荡。如果选择的输出量对系统的振荡模态不可观，那么就不能通过它们的动态响应来监测系统的稳定情况。

因此，根据系统的能控性和能观性原理，UPFC 的附加阻尼控制器选择的输入信号应该使区间振荡模态对应的可观度最高，而 UPFC 在系统中的安装位置应该使区间振荡模态对应的可控度最高。

2. 辅助阻尼控制器参数设计方法

在电力系统受扰时，UPFC 执行附加稳定控制任务，通过辅助阻尼控制器 SDC 抑制低频振荡。含 UPFC 辅助阻尼控制器的电力系统，其闭环控制系统结构如图 5－4 所示。

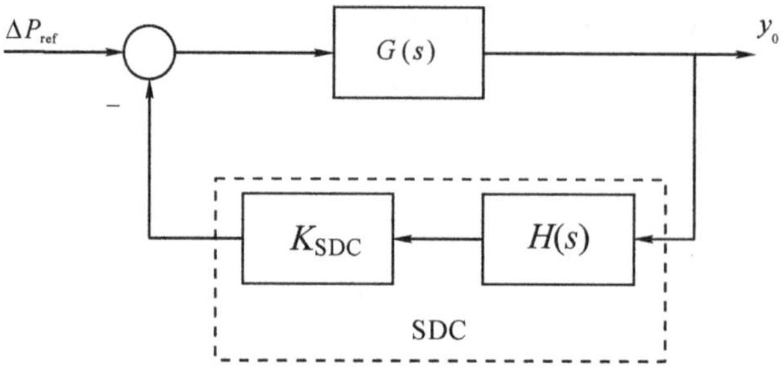

图 5－4 闭环控制系统框图

在图 5－4 中，$G(s)$是含 UPFC 的开环电力系统传递函数，K_{SDC}为辅助阻尼控制器的增益，辅助阻尼控制器 SDC 的传递函数为 $K_{SDC}H(s)$。

电力系统开环传递函数 $G(s)$用对角矩阵 $\boldsymbol{\Lambda}$ 和左右特征向量矩阵 $\boldsymbol{l}$ 和 $\boldsymbol{r}$ 可以表示为

$$\begin{aligned} \boldsymbol{G}(s) &= \boldsymbol{C}(s\boldsymbol{I}-\boldsymbol{A})^{-1}\boldsymbol{B} \\ &= \boldsymbol{Cr}(s\boldsymbol{I}-\boldsymbol{\Lambda})^{-1}\boldsymbol{l}^{\mathrm{T}}\boldsymbol{B} \\ &= \sum_{i=1}^{n}\frac{\boldsymbol{Cr}_i\boldsymbol{l}_i^{\mathrm{T}}\boldsymbol{B}}{s-\lambda_i} \\ &= \sum_{i=1}^{n}\frac{R_i}{s-\lambda_i} \end{aligned} \tag{5-51}$$

$$R_i = \lim_{s\to\lambda_i}(s-\lambda_i)G(s) \tag{5-52}$$

$$\mathrm{mo}_i = |\boldsymbol{Cr}_i| \tag{5-53}$$

$$\mathrm{mc}_i = |\boldsymbol{l}_i^{\mathrm{T}}\boldsymbol{B}| \tag{5-54}$$

$$|R_i| = |\boldsymbol{Cr}_i|\,|\boldsymbol{l}_i^{\mathrm{T}}\boldsymbol{B}| \tag{5-55}$$

式中，R_i 称为模式 i 的留数；mo_i 是能观性指标，反映系统输出对模式 i 的能观度；mc_i 是能控性指标，反映系统输入对模式 i 的能控度。

加入辅助阻尼控制器后，其闭环控制系统传递函数可以表示为

$$G_{sys}(s) = \frac{G(s)}{1+K_{SDC}G(s)H(s)} \tag{5-56}$$

传递函数极点即为特征方程的根，故有：

$$1+K_{SDC}G(s)H(s) = 1+K_{SDC}H(s)\sum_{i=1}^{n}\frac{R_i}{s-\lambda_i} = 0 \tag{5-57}$$

$$\Delta\lambda_i = \lambda_j - \lambda_i = \frac{K_{SDC} H(\lambda_j) R_i}{1 + K_{SDC} H(\lambda_j) \sum_{m=1, m\neq i}^{n} \frac{R_m}{\lambda_j - \lambda_m}} \tag{5-58}$$

当特征值 λ_i 的变化量 $\Delta\lambda_i$ 很小时，式(5－58)可以表示为 $\Delta\lambda_i = K_{SDC} R_i H(\lambda_i)$，特征值对 UPFC 附加阻尼控制器增益 K_{SDC} 的灵敏度可表示为

$$\frac{\partial\lambda_i}{\partial K_{SDC}} = R_i \frac{\partial(K_{SDC} H(\lambda_i))}{\partial K_{SDC}} = R_i H(\lambda_i) \tag{5-59}$$

$$\Delta\lambda_i = \Delta K_{SDC} R_i H(\lambda_i) \tag{5-60}$$

由式(5－60)可知，加入反馈控制器后第 i 个特征值发生了改变，留数 R_i 可以反映出对第 i 个模态的影响大小。通过加入辅助阻尼控制器，向系统提供正阻尼可以起到阻尼振荡，稳定系统的目的。

线性系统的稳定条件是系统特征方程对应的特征根都在复平面的左半平面，因此加入辅助阻尼控制器 SDC 后，$\Delta\lambda_i$ 应该使 λ_i 尽量向左半平面的负实轴方向移动。由式(5－60)可知，$\Delta\lambda_i$ 的移动方向是留数 R_i 的相位和控制器相位来决定，其相位关系如图 5－5 所示。

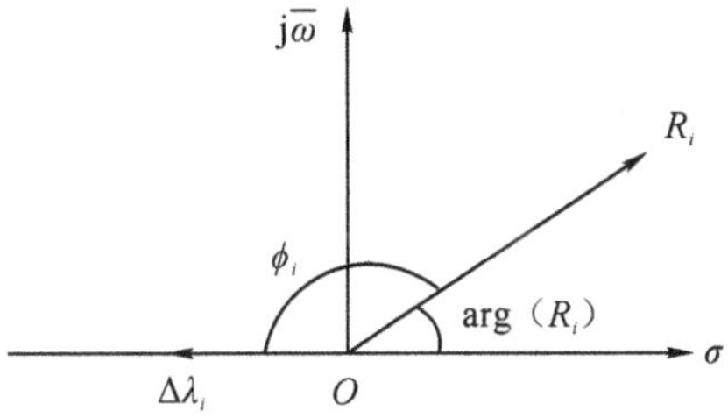

图 5－5 辅助阻尼控制器补偿相位和留数相位关系

因此在设计控制器时，为了使 $\Delta\lambda_i$ 向负实轴方向移动以增加系统阻尼，控制器的相位补偿角 ϕ_i 应满足：

$$\phi_i = \pi - \arg(R_i) \tag{5-61}$$

常用的辅助阻尼控制器的模型如图 5－6 所示，由放大环节、隔直环节和相位补偿环节等三个部分组成。

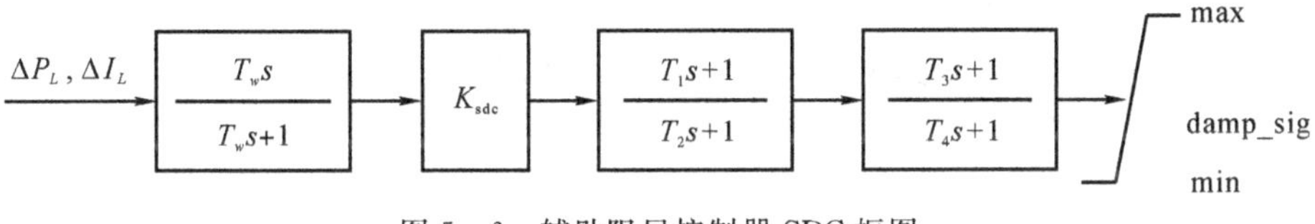

图 5－6 辅助阻尼控制器 SDC 框图

辅助阻尼控制器 SDC 的传递函数可以表示为

$$G_{SDC}(s) = K_{SDC} \frac{T_w s(1+T_1 s)(1+T_3 s)}{(1+T_w s)(1+T_2 s)(1+T_4 s)} \tag{5-62}$$

式中，K_{SDC} 为辅助阻尼控制器的增益；T_w 为隔直环节的时间常数；T_1、T_2、T_3 和 T_4 为相位补偿环节的时间常数。

由式(5－60)可知，放大环节中的控制器增益 K_{SDC} 大小会直接影响特征值变化量，因此也就会影响产生的阻尼大小。在一定范围内，控制器产生的阻尼会随增益 K_{SDC} 的增大而增加。

附加阻尼控制器中的隔直环节是采用高通滤波器来滤除直流信号的，滤波器的时间常数 T_w 取值范围是 1～20 s。对于区间低频振荡，T_w 一般取值为 10 s 可满足要求。SDC 中的相位补偿环节可由 n 个超前滞后单元组成，每个超前滞后单元可提供大约 60°的补偿相位，因此一般选用 2 个超前滞后单元进行相位补偿。在进行 SDC 设计时，T_1、T_2、T_3 和 T_4 的值可以分别由以下公式得到：

$$\alpha = \frac{1+\sin(\phi_i/n)}{1-\sin(\phi_i/n)} \tag{5-63}$$

$$T_2 = \frac{1}{2\pi f_i\sqrt{\alpha}} \tag{5-64}$$

$$T_1 = \alpha T_2 \tag{5-65}$$

$$T_3 = T_1 \tag{5-66}$$

$$T_4 = T_2 \tag{5-67}$$

式中，ϕ_i 是相位补偿角；f_i 是模式 i 的振荡频率；n 是 SDC 中包含的超前滞后单元的个数。

5.3.4 UPFC 控制模式的选择

当含 UPFC 的电力系统在稳态运行点运行时，由式(5-18)可知 U_{dc} 为常数。如图 5-7 所示，可将 UPFC 的并联支路电流 $\dot{I}_3$ 分解为与接入节点电压 $\dot{U}_a$ 同相的分量 $\dot{I}_p$ 和与 $\dot{U}_a$ 垂直的分量 $\dot{I}_q$，串联补偿电压 $\dot{U}_{pq}$ 分解为与线路电流 $\dot{I}_2$ 同相的分量 $\dot{U}_p$ 和与 $\dot{I}_2$ 垂直的分量 $\dot{U}_q$。

因此，$\dot{I}_3$ 和 $\dot{U}_{pq}$ 与各自分量的关系可表示为

$$\dot{I}_3 = (I_p + jI_q)\angle\varphi_a \tag{5-68}$$

$$\dot{U}_{pq} = (U_p + jU_q)\angle\theta_l \tag{5-69}$$

式中，θ_l 为线路电流 $\dot{I}_2$ 的相位。

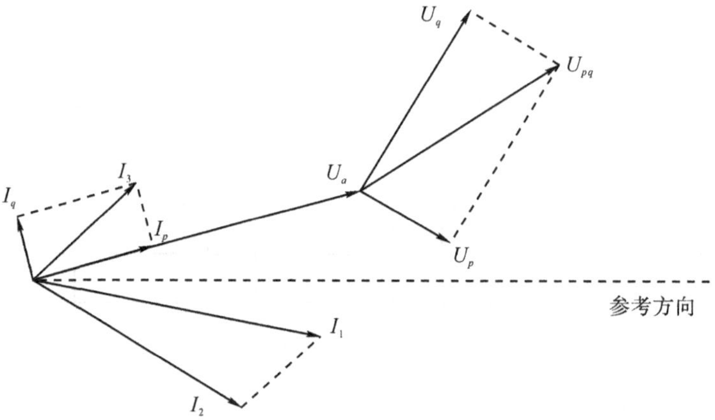

图 5-7 UPFC 稳态运行时的电压和电流向量图

对应的并联换流器侧的输入功率 S_{sh} 和串联换流器侧的输出功率 S_{se} 可分别表示为

$$S_{sh} = P_{sh} + jQ_{sh} = \dot{U}_a\dot{I}_3^* = U_aI_p + jU_aI_q \tag{5-70}$$

$$S_{se} = P_{se} + jQ_{se} = \dot{U}_{pq}\dot{I}_2^* = U_pI_2 + jU_qI_2 \tag{5-71}$$

$$P_{sh} = U_aI_p \tag{5-72}$$

$$Q_{sh} = U_aI_q \tag{5-73}$$

由上式可知，I_p 是并联支路电流的有功分量，作用是从交流系统侧吸收或者注入有功功率，调节 I_p 可以使换流器与系统的有功交换为零，维持 UPFC 直流侧电容两端电压 U_{dc} 的恒定；I_q 是并联支路电流的无功分量，作用是向系统提供并联无功补偿，同时通过调节 I_q 可以控制接入电压 U_a，维持节点 a 的电压稳定；U_p 和 U_q 则可以调节 UPFC 接入端电压 $\dot{U}_{pq}$ 的幅值和相位，进而实现输电线路的有功和无功功率控制、串联补偿控制以及节点 b 的电压调节等。由于系统处于稳态运行时，有式(5－18)的约束关系，因此可取 U_p、U_q 和 I_q 三个独立控制量作为开环电力系统中 UPFC 的控制信号。

由式(5－1)至式(5－5)可知，UPFC 的控制模式可通过并联和串联换流器的控制信号 m_1、m_2、θ_1 和 θ_2 来调整。如图 5－8 所示，电容电压 U_{dc} 控制是由并联换流器 $Conv_1$ 的触发角 θ_1 来实现的。如图 5－9 所示，节点电压 U_a 由并联换流器 $Conv_1$ 的控制信号 m_1 来进行控制。如图 5－10 所示，并联换流器 $Conv_2$ 的控制信号 m_2 和 θ_2 可以实现有功无功潮流控制、串联补偿控制和移相控制。

因此，通过调节辅助阻尼控制器 SDC 的输出可以间接调整 U_p、U_q、I_q 或直接调整 m_1、m_2、φ_1、φ_2，从而实现输电线路 a—b 的潮流控制、UPFC 接入点电压控制和阻尼控制等功能。

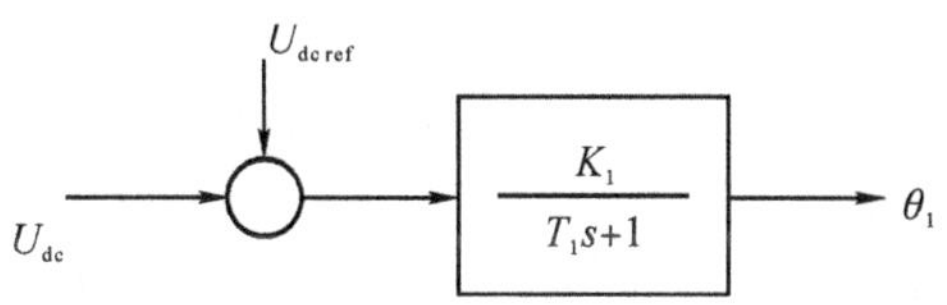

图 5－8　电容电压控制

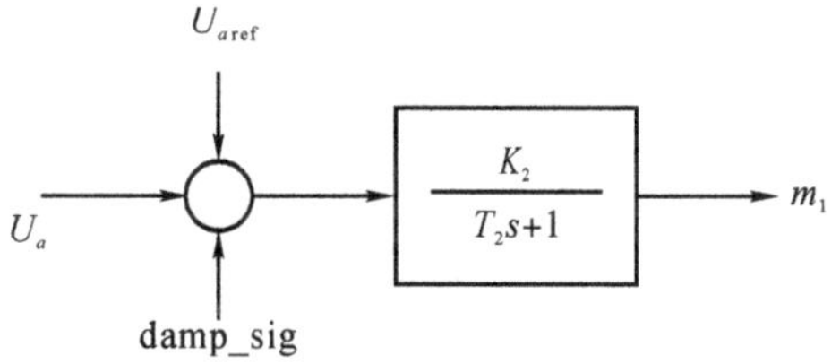

图 5－9　交流电压控制

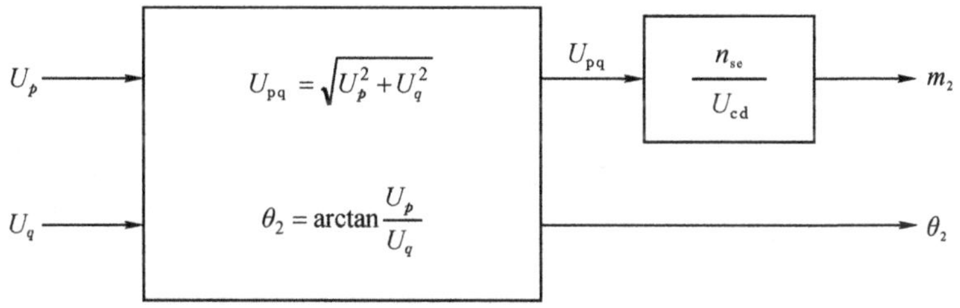

图 5－10　串联补偿控制

5.3.5　辅助阻尼控制器的设计过程

电力系统中的振荡可以分为局部振荡模式和区间振荡模式，局部振荡的频率一般为 1～2 Hz，区间振荡的频率为 0.1～0.7 Hz。当系统阻尼不足时，就会产生低频振荡。在不考虑通信时延的情形下，SDC 的设计目标是增大主导振荡模式的阻尼比，确保在要求的时间内平息区间低频振荡，使得区间低频振荡不波及电网其他区域。但是，在考虑通信时延的情形下，SDC 的设计目标除确保较大的阻尼比以外，还必须确保在要求的通信时延内系统仍能维持稳定，即确保系统具有足够大的时滞稳定裕度。

因此，辅助阻尼控制器 SDC 的设计主要包含两大部分：

(1)根据 UPFC 的时滞系统模型，通过模式理论对广域控制信号进行选择，用补偿留数相位法对 SDC 控制器的参数进行设计。

(2)计算系统的时滞稳定裕度，合理选择控制器参数使之能兼顾阻尼控制要求和时滞容忍度要求。时滞稳定裕度 τ 的大小可以根据时滞相关稳定条件通过线性矩阵不等式方便求解。

基于通信时延的 UPFC 阻尼控制器设计流程可描述如下：

(1)建立含 UPFC 的电力系统数学模型，其代数微分方程在稳态运行点线性化后可得到含 UPFC 的开环电力系统状态空间模型；建立含时滞环节和附加阻尼控制器 SDC 的闭环电力系统模型。

(2)系统中加入 SDC 的目的是阻尼低频振荡，低频振荡发生在 0.1～2 Hz，根据含 UPFC 的开环电力系统传递函数得到主导振荡模式。

(3)根据模式定理在多个候选信号中确定具有较大可观度的 SDC 镇定信号；通过留数相位补偿方法确定 SDC 相位补偿环节的参数。

(4)根据时滞相关稳定条件计算时滞稳定裕度 τ，并确定 SDC 增益 K_{sdc}、时滞稳定裕度 τ、阻尼比三者之间隐式影响规律。

(5)以权衡时滞稳定裕度和阻尼比为目标，得到能满足实际通信时延和阻尼性能要求的 SDC 控制器参数，并通过仿真进行验证。

5.3.6 分析与说明

为验证基于通信时延的 UPFC 阻尼控制设计方法的可行性，对含 UPFC 的两区四机互联系统进行了仿真研究。两区四机系统模型如图 5-11 所示，该系统存在两个局部振荡和一个区间振荡，根据模式理论，输电线路 7—8 的有功功率偏差 ΔP_{7-8} 和输电线路 6—7 的电流偏差 ΔI_{6-7} 均具有较大的模式可观度，可作为 SDC 的候选镇定信号。UPFC 安装在线路 8—9 上，

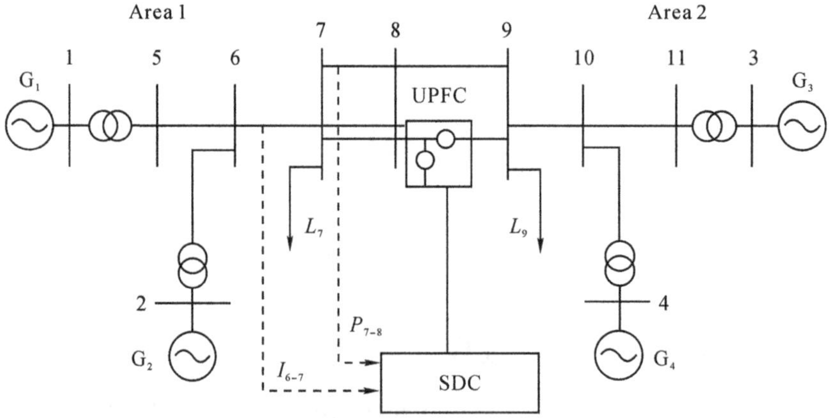

图 5-11 两区四机互联电力系统

串联补偿度为 30%，UPFC 采用 U_p 控制方式，UPFC 控制器中的时间常数 T_w 为 10 s。

两区四机系统模型中输电线路的电气参数如表 5-1 所示。

表 5-1　输电线路电气参数

起点	终点	电阻/Ω	电抗/Ω	对地电容/F
1	5	0	0.0167	0
2	6	0	0.0167	0
3	11	0	0.0167	0
4	10	0	0.0167	0
5	6	0.0025	0.025	0.04375
6	7	0.001	0.01	0.0175
7	8	0.011	0.11	0.1925
7	8	0.011	0.11	0.1925
8	9	0.011	0.11	0.1925
8	9	0.11	0	0
9	10	0.001	0.01	0.0175
11	10	0.0025	0.025	0.04375

为抑制局部低频振荡并便于分析 SDC 对区间低频振荡的抑制作用，发电机 G_1 和 G_3 安装以本地发电机转速为输入的电力系统稳定器 PSS_1 和 PSS_3，其传递函数模型如下：

$$f_{pss_i} = 20\frac{10s(1+0.05s)(1+3s)}{(1+10s)(1+0.02s)(1+5.4s)}, \quad (i=1,3) \tag{5-74}$$

根据引理 4.1 并通过 Matlab LMI Toolbox 进行计算，可得辅助阻尼控制器增益 K_{SDC}、时滞稳定裕度 τ、时滞变化率 μ 和阻尼比 ξ 之间的相互关系。表 5-2 和表 5-3 表示镇定信号分别取 ΔI_{6-7} 和 ΔP_{7-8} 时，时滞稳定裕度 τ 与辅助阻尼控制器增益 K_{SDC} 之间的关系。

表 5-2　镇定信号为 ΔI_{6-7} 时 τ 和 K_{SDC} 之间的关系

镇定信号	K_{SDC}	$\mu=0$	$\mu=0.1$	$\mu=0.3$
ΔI_{6-7}	0.5	0.3259	0.3171	0.2916
	0.6	0.2646	0.2520	0.2167
	0.7	0.2069	0.1927	0.1636
	0.8	0.1617	0.1497	0.1310
	0.9	0.1319	0.1132	0.0997
	1.0	0.1109	0.1042	0.0906

表 5-3 镇定信号为 ΔP_{7-8} 时 τ 和 K_{SDC} 之间的关系

镇定信号	K_{SDC}	$\mu=0$	$\mu=0.1$	$\mu=0.3$
ΔP_{7-8}	1.0	0.3553	0.3464	0.3175
	1.2	0.3011	0.2852	0.2589
	1.4	0.2467	0.2322	0.2005
	1.6	0.1965	0.1847	0.1610
	1.8	0.1613	0.1523	0.1348
	2.0	0.1372	0.1275	0.1160

由表 5-2 和表 5-3 可知，增益 K_{SDC} 的取值对时滞稳定裕度 τ 的影响较大。随着 K_{SDC} 的增大，时滞稳定裕度 τ 变小。而取相同增益 K_{SDC} 时，时滞变化率 μ 越大，则时滞稳定裕度 τ 越小。因此，要满足一定时滞稳定裕度的要求，需要合理选择 K_{SDC} 的大小。

表 5-4 和表 5-5 表示镇定信号分别取 ΔI_{6-7} 和 ΔP_{7-8} 时，辅助阻尼控制器增益 K_{SDC} 与系统阻尼比 ξ 之间的关系。由 5-4 和表 5-5 可知，随着增益 K_{SDC} 的增大，阻尼比 ξ 也随之增大但时滞稳定裕度 τ 减小；在 SDC 取相同增益 $K_{SDC}=1.0$ 时，输入信号取 ΔI_{6-7} 系统的阻尼比为 $\xi=0.2484$，大于输入信号取 ΔP_{7-8} 时系统的阻尼比 $\xi=0.2076$，但是输入信号取 ΔI_{6-7} 时能容忍的时滞稳定裕度仅为 $\tau=0.1109$ s，远小于输入信号取 ΔP_{7-8} 时的时滞稳定裕度 $\tau=0.3553$ s。因此，输入信号 ΔP_{7-8} 是 SDC 优先选择的镇定信号。并且由于 ΔP_{7-8} 比 ΔI_{6-7} 更接近 SDC 安装地点，因此 ΔP_{7-8} 通过广域测量系统所耗费的通信时延一般小于 ΔI_{6-7}。特别是当系统遭受扰动、大量信号通过广域测量系统传输可能导致通信拥塞时，ΔP_{7-8} 比 ΔI_{6-7} 更适合作为 SDC 优先选择的镇定信号。

表 5-4 镇定信号为 ΔI_{6-7} 时 K_{SDC} 和 ξ 之间的关系

镇定信号	K_{SDC}	ξ
ΔI_{6-7}	0.5	0.2107
	0.6	0.2206
	0.7	0.2291
	0.8	0.2364
	0.9	0.2428
	1.0	0.2484

表 5-5 镇定信号为 ΔP_{7-8} 时 K_{SDC} 和 ξ 之间的关系

镇定信号	K_{SDC}	ξ
ΔP_{7-8}	1.0	0.2076
	1.2	0.2176
	1.4	0.2261
	1.6	0.2335
	1.8	0.2400
	2.0	0.2457

在选定 ΔP_{7-8} 为 SDC 镇定信号的前提下，以权衡时滞稳定裕度和阻尼比为目标进行 SDC 优化设计时，可根据镇定信号最大通信时延来确定 SDC 增益和阻尼比大小。假设输入信号取 ΔP_{7-8} 时，最大通信时延即使在拥塞时也不超过 300 ms，那么由表 5-3 和表 5-5 可知最合理的 SDC 增益为 $K_{SDC}=1.2$。此时，辅助阻尼控制器 SDC 既可确保系统获得高达 $\xi=0.2176$ 的阻尼比，同时还可确保系统可以容忍高达 $\tau=0.3011$ s 的通信时延而不失稳。

为验证 UPFC 阻尼控制设计方法的正确性，选取 SDC 输入信号为 ΔP_{7-8}，控制器增益 K_{SDC} 为 1.2 且时滞变化率 $\mu=0$。假设系统在 1.0 s 时三相短路，50 ms 后故障消除，仿真结果如图 5-12 至图 5-16 所示。图中 ΔP 表示输电线路 8—9 有功潮流变化值，h 表示实际通信时延。

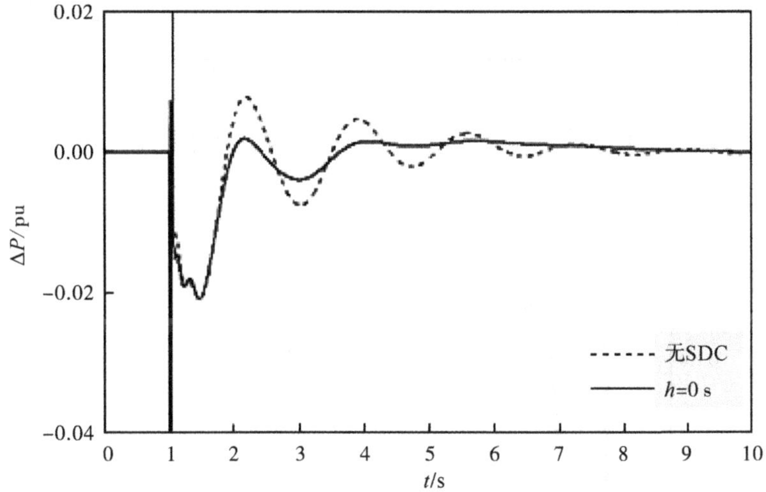

图 5-12　$h=0$s 时输电线路 8—9 有功潮流响应

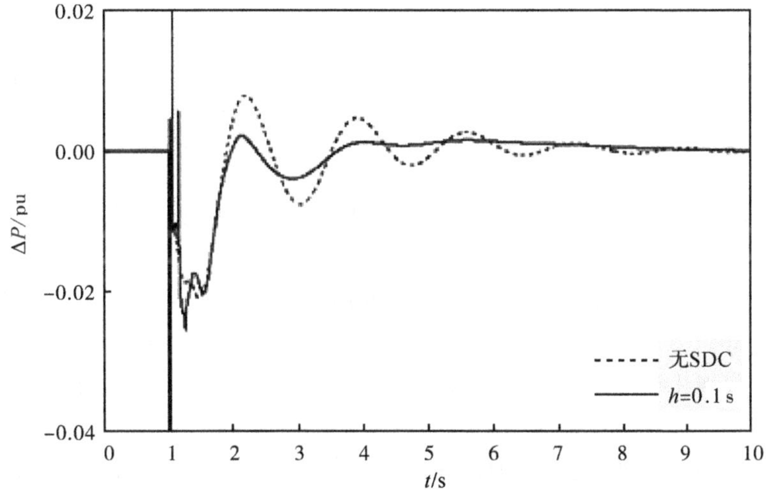

图 5-13　$h=0.1$ s 时输电线路 8—9 有功潮流响应

从图 5-12 可以看出，在不考虑通信时延即 $h=0$ 时，不安装辅助阻尼控制 SDC 则输电线路 8—9 的有功潮流难以在 10 s 内恢复稳定，但是有 SDC 时输电线路 8—9 的有功潮流能在约

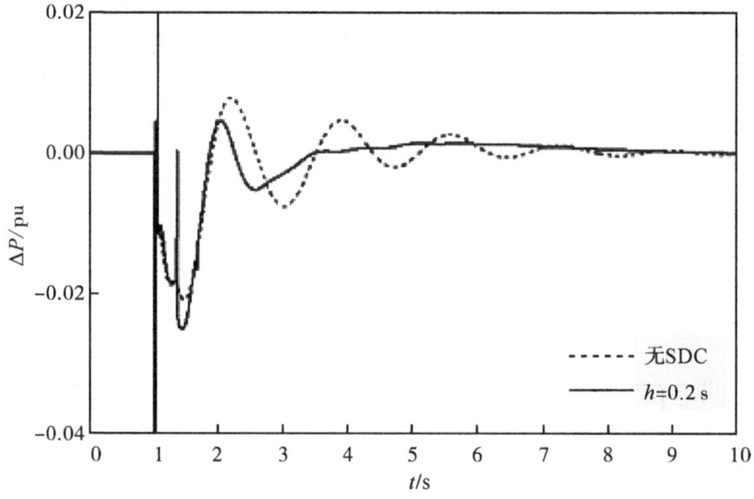

图 5-14 $h=0.2$ s时输电线路 8—9 有功潮流响应

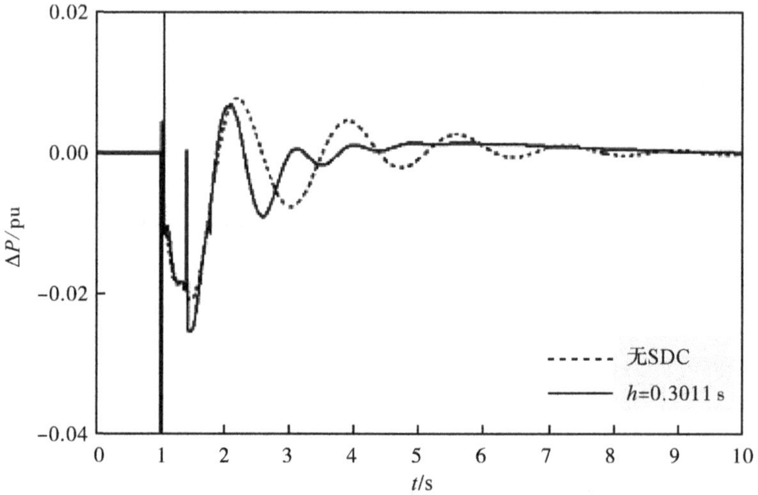

图 5-15 $h=0.3011$ s时输电线路 8—9 有功潮流响应

5 s 内稳定。因此，辅助阻尼控制器 SDC 显著增加了系统阻尼，验证了表 5-5 中当镇定信号为 ΔP_{7-8} 及增益 K_{SDC} 取 1.2 时阻尼比为 0.2176 的结果。

由图 5-13 至图 5-15 可知，随着通信时延 h 由 0 向 0.3011 s 增大，SDC 的阻尼性能逐渐变差。当 $h=0.3011$ s 时，SDC 仍能确保系统在 10 s 内稳定，这与表 5-3 中当镇定信号为 ΔP_{7-8} 及增益 K_{SDC} 取 1.2 时系统的时滞稳定裕度 τ 为 0.3011 s 一致，验证了本节所提方法的正确性和低保守性。由图 5-16 可知，当 $h=0.4$ s 时 SDC 已不能维持系统稳定，其阻尼作用因为过大的通信时延而失效，这是因为传输镇定信号 ΔP_{7-8} 的实际通信时延已远大于系统所能容忍的最大通信时延 $\tau=0.3011$ s。

为了比较取不同的辅助阻尼控制器增益 K_{SDC} 时，时滞对系统阻尼性能的影响。选取 SDC 的输入信号为 $\Delta I_{6\ 7}$，控制模式为 U_p，增益 K_{SDC} 分别取 0.5 和 1，时滞变化率 $\mu=0$。假设系统在 1.0 s 时三相短路，50 ms 后故障消除，仿真结果如图 5-17 至图 5-19 所示。图中 ΔP 表示

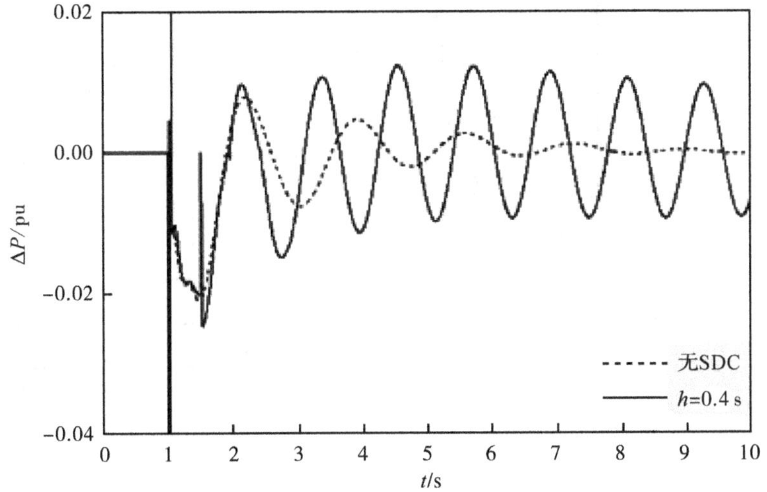

图 5-16 $h=0.4$ s时输电线路8—9有功潮流响应

输电线路8—9的有功潮流变化值，h表示实际通信时延。

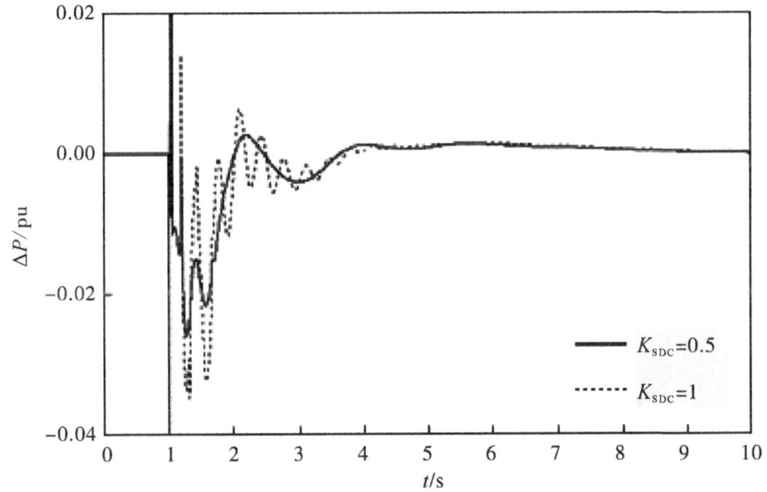

图 5-17 $h=0.1109$ s时输电线路8—9有功潮流响应

由图5-17至图5-19可知，当通信时延$h=0.1109$ s时，K_{SDC}分别取0.5和1都可以使系统稳定；通信时延为0.3259 s时，K_{SDC}取1系统会失稳，K_{SDC}取0.5系统仍可保持稳定，但阻尼性能变差，稳定时间需要8 s左右。通信时延为0.4 s时，K_{SDC}取0.5或1，系统中产生了区间振荡都变得不稳定。图5-17至图5-19也验证了表5-2中的计算结果，K_{SDC}取1时系统时滞稳定裕度为0.1109 s，K_{SDC}取0.5时系统时滞稳定裕度为0.3259 s，当通信时延超过系统的时滞稳定裕度，系统就会失稳。因此当$h=0.4$ s时，无论K_{SDC}取0.5还是1，系统均不稳定。辅助阻尼控制器增益K_{SDC}的变化，会很大程度地影响系统稳定性。采用较小的增益K_{SDC}，可以在阻尼性能变化不大的情况下，显著增加系统所能容忍的通信时延。

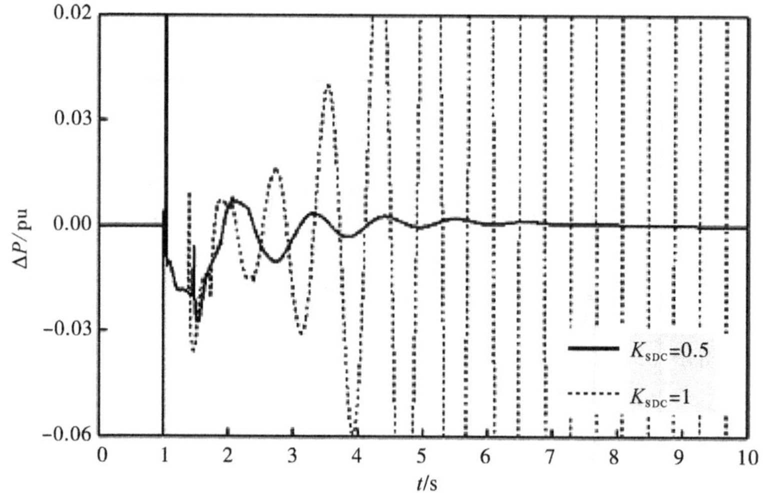

图 5－18　$h=0.3259$ s时输电线路 8—9 有功潮流响应

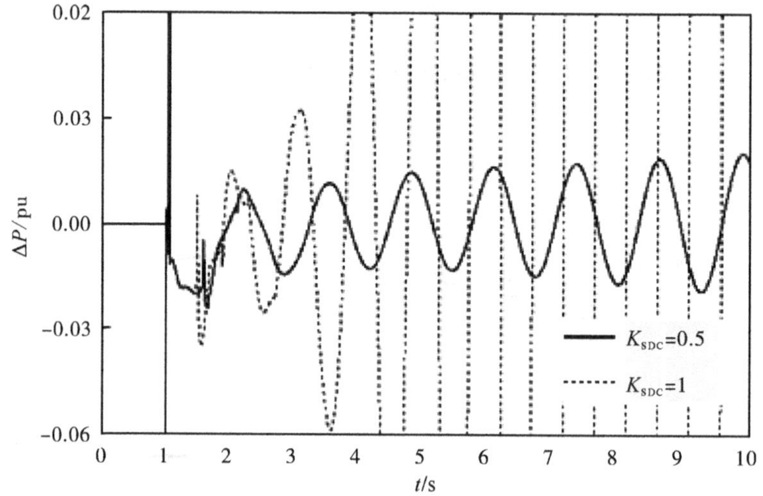

图 5－19　$h=0.4$ s时输电线路 8—9 有功潮流响应

5.3.7 主要结论

考虑通信时延研究 UPFC 阻尼控制问题具有重要的理论意义和应用价值。本节拓展了仅以提高阻尼性能为单一目标的传统 UPFC 阻尼控制器设计方法，在新建 UPFC 阻尼控制模型和时滞相关稳定条件的基础上，通过分析系统时滞稳定裕度与辅助阻尼控制器增益、阻尼控制器阻尼性能之间的关系，权衡时滞稳定裕度和阻尼比的影响进行辅助阻尼控制器优化设计，克服传统设计方法中 SDC 难以容忍较长通信时延的问题。仿真研究证实了通过该方法可以合理选择 SDC 镇定信号和 SDC 参数，使系统在具有较好阻尼性能的同时还能具备较大的时滞稳定裕度，满足了广域测量环境下阻尼控制的需要。

5.4　统一潮流控制器阻尼控制器约束优化控制策略

为提高 UPFC 阻尼振荡的能力，与主导振荡模式相关且具有最大可观性的信号应作为 SDC 最佳候选输入信号，这些信号可能来自本地也可能来自远端。广域测量系统为获取这些信号提供了技术上的可行性，但是信号传输所带来的时滞也增加了 SDC 设计的难度。这种困难体现在以下两方面：一是在计及信号传输时滞的情况下，UPFC 阻尼控制数学模型不再是线性控制系统而是时滞系统，需要采用时滞系统稳定性分析方法取代常规线性系统分析方法对其进行研究；二是对于时滞相关镇定问题，即使对于简单的状态反馈情形，目前暂无比较有效的控制器综合算法。因此有必要深入研究 SDC 镇定信号传输被延时情形下的 UPFC 阻尼控制策略设计问题。

解决上述问题的关键是采用低保守性的时滞系统稳定性分析方法及采用何种算法求解最优的 UPFC 阻尼控制策略。为此，本节提出兼顾阻尼比和时滞稳定裕度的 UPFC 阻尼控制器约束优化控制策略，并采用双层优化结构算法(two-layer optimization structure algorithm, TLOSA)求解此控制策略。该算法的内层采用 FWM 方法获取电力系统时滞相关稳定裕度，为外层优化算法的适应值评估提供基础数据。外层算法采用改进粒子群优化算法(particle swarm optimization, PSO)可以规避时滞相关控制器难以综合的问题，直接通过进化计算获取最优的 SDC 控制策略。

5.4.1　计及信号传输时滞的 UPFC 阻尼控制模型

计及信号传输时滞的 UPFC 阻尼控制模型包括开环电力系统、SDC 和时滞环节等三个部分，如图 5-20 所示。对于具有负阻尼或弱阻尼的开环电力系统，SDC 的设计目标是使含 UPFC 的开环电力系统主导特征值向复平面左侧移动。

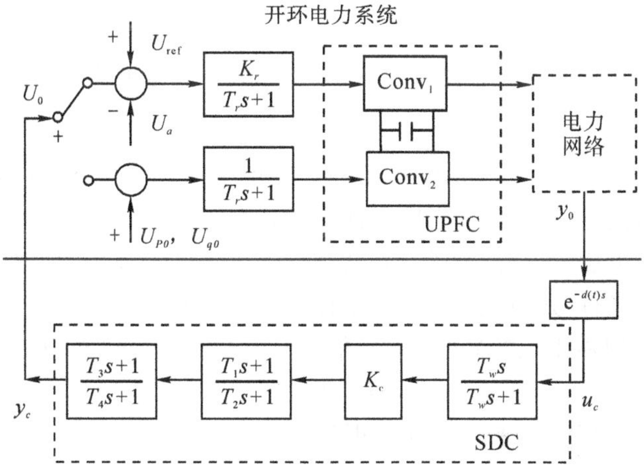

图 5-20　计及信号传输时滞的 UPFC 阻尼控制模型

考虑信号传输时滞的 UPFC 阻尼控制模型为

$$\dot{\boldsymbol{x}}(t)=\boldsymbol{A}\boldsymbol{x}(t)+\boldsymbol{A}_d\boldsymbol{x}(t-d(t)) \tag{5-75}$$

式中，$\boldsymbol{A}=\begin{pmatrix}\boldsymbol{A}_0 & \boldsymbol{B}_0\boldsymbol{C}_c\\ 0 & \boldsymbol{A}_c\end{pmatrix}$，$\boldsymbol{A}_d=\begin{pmatrix}\boldsymbol{B}_0\boldsymbol{D}_c\boldsymbol{C}_0 & 0\\ \boldsymbol{B}_c\boldsymbol{C}_0 & 0\end{pmatrix}$，$\boldsymbol{x}=\begin{pmatrix}x_0\\ x_c\end{pmatrix}$。

由式(5-75)可知，在考虑信号传输时滞的情况下，若 SDC 的输入信号和参数发生改变时，会引起 $\boldsymbol{A}$ 和 $\boldsymbol{A}_d$ 的变化，进而引起 τ 的变化。因此考虑信号传输时滞的 SDC 设计包含两层含义：一是在不计及信号传输时滞时阻尼比 ξ 尽可能的大，这可以通过传统的线性系统特征值分析方法实现；二是系统必须满足一定的时滞稳定裕度 τ，即信号传输达到一定时滞时系统仍能保持稳定，这需要对系统进行时滞相关稳定性分析。

5.4.2 基于双层优化结构的 UPFC 时滞阻尼控制策略求解算法

基于双层优化结构的 UPFC 时滞阻尼控制策略求解算法的主要特点如下所述。

1. 阻尼比和时滞稳定裕度的权衡

不考虑信号传输时滞时，传统的 SDC 设计目标一般仅考虑阻尼比；但在存在信号传输时滞时，SDC 的设计目标应该兼顾阻尼比和时滞稳定裕度。根据实际控制需要，我们可以要求系统满足预定阻尼比 ξ_0 的同时还应具有尽可能大的时滞稳定裕度。这可以保证在无信号传输时滞或时滞极小时，电力系统具有较好的阻尼性能；当发生因通信线路拥塞等原因导致信号传输时滞被延长时，电力系统仍可在一定时滞范围内保持稳定。因此，UPFC 时滞阻尼控制的目标可以描述如下：

$$\begin{aligned}&\max\tau\\ &\text{s.t.}\ \ \xi\geqslant\xi_0\end{aligned}\tag{5-76}$$

式(5-76)为约束优化问题，为便于 PSO 求解，采用罚函数法将式(5-76)转化为最小值无约束优化问题：

$$\min\begin{cases}\tau^{-1}+\lambda(\xi_0-\xi) & \xi<\xi_0\\ \tau^{-1} & \xi\geqslant\xi_0\end{cases}\tag{5-77}$$

其中 λ 为动态罚因子，在求解式(5-77)的初始阶段，采用较小的 λ 提高算法的搜索范围，后期逐步增大 λ 以增大对不可行解的惩罚力度，确保可行解在群体进化中的优先权。

2. 外层 PSO 算法

PSO 算法是 Eberhart 和 Kennedy 提出的一种用于求解优化问题的智能进化算法，已成功应用于电力变压器优化设计、电压暂降监测点优化配置、厂级负荷优化分配等，其基本思想：将待优化问题的每个可能解称为“粒子”，在初始化产生一群随机粒子即随机解后，粒子在搜索空间中以一定的速度飞行，并通过共享粒子个体飞行经验和群体飞行经验使整个种群向最优值进化。根据 UPFC 时滞阻尼控制的需要，将 SDC 待优化变量定义为空间中的粒子：

$$\boldsymbol{\pi}=[K_c,T_1,T_2,T_3,T_4,T_w]\tag{5-78}$$

在第 k 次飞行时，群体中第 i 个粒子的状态更新方程如下：

$$\boldsymbol{v}_{i,k+1}=\omega\boldsymbol{v}_{i,k}+c_1r_1(\boldsymbol{p}_{i,k}-\boldsymbol{\pi}_{i,k})+c_2r_2(\boldsymbol{g}_k-\boldsymbol{\pi}_{i,k})\tag{5-79}$$

$$\boldsymbol{\pi}_{i,k+1}=\boldsymbol{\pi}_{i,k}+\boldsymbol{v}_{i,k+1}\tag{5-80}$$

式中，$\boldsymbol{v}_{i,k}$是粒子当前速度；$\boldsymbol{v}_{i,k+1}$为更新后的粒子速度；$\boldsymbol{p}_{i,k}$为第 i 个粒子目前搜索到的最好位置；$\boldsymbol{g}_k$ 为群体目前搜索到的最好位置；$\boldsymbol{\pi}_{i,k}$为当前粒子的位置；$\boldsymbol{\pi}_{i,k+1}$为更新后的粒子位置；r_1 和 r_2 是[0,1]中的随机数；k 为迭代次数；c_1 和 c_2 为加速因子，取值为正常数；ω 为惯性权重

因子，用来协调与平衡算法的全局搜索和局部搜索能力；i 的最大值记为 i_{max}，表示种群规模。粒子通过式(5-79)来不断更新自身飞行的速度和方向，通过式(5-80)计算新位置的坐标，直到达到最大迭代次数 k_{max} 或满足其他终止条件时停止搜索。

3. 内层时滞稳定裕度求解算法

对于系统式(5-75)，时滞稳定裕度可以通过时滞相关或时滞无关稳定条件求取，其中时滞相关稳定条件由于保守性更低已成为主流的求解时滞稳定裕度的方法。本节采用具有极低保守性的自由权矩阵方法获得时滞相关稳定条件并据此设计内层时滞稳定裕度求解算法。

该时滞相关稳定条件描述如下：给定标量 $\tau>0$ 和 μ，如果存在 $\boldsymbol{H}_1=\boldsymbol{H}_1^{\mathrm{T}}>0$，$\boldsymbol{H}_2=\boldsymbol{H}_2^{\mathrm{T}}>0$，$\boldsymbol{H}_3=\boldsymbol{H}_3^{\mathrm{T}}>0$，$\boldsymbol{H}=\begin{pmatrix}\boldsymbol{H}_{11} & \boldsymbol{H}_{12}\\ \boldsymbol{H}_{21} & \boldsymbol{H}_{22}\end{pmatrix}\geqslant 0$，以及任意合适维数的矩阵 $\boldsymbol{N}_1$ 和 $\boldsymbol{N}_2$，使得如下 LMI 成立：

$$\boldsymbol{\Phi}=\begin{pmatrix}\boldsymbol{\Phi}_{11} & \boldsymbol{\Phi}_{12} & \tau\boldsymbol{A}^{\mathrm{T}}\boldsymbol{H}_3\\ \boldsymbol{\Phi}_{12}^{\mathrm{T}} & \boldsymbol{\Phi}_{22} & \tau\boldsymbol{A}_d^{\mathrm{T}}\boldsymbol{H}_3\\ \tau\boldsymbol{H}_3^{\mathrm{T}}\boldsymbol{A} & \tau\boldsymbol{H}_3^{\mathrm{T}}\boldsymbol{A}_d & -\tau\boldsymbol{H}_3\end{pmatrix}<0 \tag{5-81}$$

$$\boldsymbol{\Psi}=\begin{pmatrix}\boldsymbol{H}_{11} & \boldsymbol{H}_{12} & \boldsymbol{N}_1\\ \boldsymbol{H}_{12}^{\mathrm{T}} & \boldsymbol{H}_{22} & \boldsymbol{N}_2\\ \boldsymbol{N}_1^{\mathrm{T}} & \boldsymbol{N}_2^{\mathrm{T}} & \boldsymbol{H}_3\end{pmatrix}\geqslant 0 \tag{5-82}$$

则系统(5-75)是渐进稳定的。其中：

$$\boldsymbol{\Phi}_{11}=\boldsymbol{H}_1\boldsymbol{A}+\boldsymbol{A}^{\mathrm{T}}\boldsymbol{H}_1+\boldsymbol{N}_1+\boldsymbol{N}_1^{\mathrm{T}}+\boldsymbol{H}_2+\tau\boldsymbol{H}_{11}$$
$$\boldsymbol{\Phi}_{12}=\boldsymbol{H}_1\boldsymbol{A}_d-\boldsymbol{N}_1+\boldsymbol{N}_2^{\mathrm{T}}+\tau\boldsymbol{H}_{12}$$
$$\boldsymbol{\Phi}_{22}=-\boldsymbol{N}_2-\boldsymbol{N}_2^{\mathrm{T}}-(1-\mu)\boldsymbol{H}_2+\tau\boldsymbol{H}_{22}$$

根据上述时滞相关稳定条件，通过 MATLAB LMI Toolbox 的 feasp 求解器可以获得系统的时滞稳定裕度，但其求解过程是通过预设 τ 并检测待定矩阵的存在性而实现的，不利于进行 PSO 迭代求解。因此，根据 Schur 补，式(5-81)等价于：

$$\begin{pmatrix}\boldsymbol{\Phi}_{11}+\tau\boldsymbol{A}^{\mathrm{T}}\boldsymbol{H}_3\boldsymbol{A} & \boldsymbol{\Phi}_{12}+\tau\boldsymbol{A}^{\mathrm{T}}\boldsymbol{H}_3\boldsymbol{A}_d\\ \boldsymbol{\Phi}_{12}^{\mathrm{T}}+\tau\boldsymbol{A}_d^{\mathrm{T}}\boldsymbol{H}_3\boldsymbol{A} & \boldsymbol{\Phi}_{22}+\tau\boldsymbol{A}_d^{\mathrm{T}}\boldsymbol{H}_3\boldsymbol{A}_d\end{pmatrix}<0 \tag{5-83}$$

令 $\gamma=\tau^{-1}$，定理 1 转化为广义特征值最小化问题：

$$\begin{aligned}&\min\quad \gamma\\ &\mathrm{s.t.}\quad \boldsymbol{\Phi}_2<\gamma\boldsymbol{\Phi}_1,\boldsymbol{\Psi}\geqslant 0,\\ &\qquad\ \ \boldsymbol{H}_n>0(n=1,2,3),\boldsymbol{H}>0\end{aligned} \tag{5-84}$$

其中：

$$\boldsymbol{\Phi}_1=\begin{pmatrix}-\boldsymbol{\Phi}'_{11} & -\boldsymbol{\Phi}'_{12}\\ -\boldsymbol{\Phi}'^{T}_{12} & -\boldsymbol{\Phi}'_{22}\end{pmatrix}\quad \boldsymbol{\Phi}_2=\begin{pmatrix}\boldsymbol{H}_{11}+\boldsymbol{A}^{\mathrm{T}}\boldsymbol{H}_3\boldsymbol{A} & \boldsymbol{H}_{12}+\boldsymbol{A}^{\mathrm{T}}\boldsymbol{H}_3\boldsymbol{A}_d\\ \boldsymbol{H}_{12}^{\mathrm{T}}+\boldsymbol{A}_d^{\mathrm{T}}\boldsymbol{H}_3\boldsymbol{A} & \boldsymbol{H}_{22}+\boldsymbol{A}_d^{\mathrm{T}}\boldsymbol{H}_3\boldsymbol{A}_d\end{pmatrix}$$
$$\boldsymbol{\Phi}'_{11}=\boldsymbol{H}_1\boldsymbol{A}+\boldsymbol{A}^{\mathrm{T}}\boldsymbol{H}_1+\boldsymbol{N}_1+\boldsymbol{N}_1^{\mathrm{T}}+\boldsymbol{H}_2$$
$$\boldsymbol{\Phi}'_{12}=\boldsymbol{H}_1\boldsymbol{A}_d-\boldsymbol{N}_1+\boldsymbol{N}_2^{\mathrm{T}}$$
$$\boldsymbol{\Phi}'_{22}=-\boldsymbol{N}_2-\boldsymbol{N}_2^{\mathrm{T}}-(1-\mu)\boldsymbol{H}_2$$

根据式(5-84)，通过 MATLAB LMI Toolbox 的 gevp 求解器可获得系统的时滞稳定裕度。为提高算法计算速度，可以采用 Schur 算法、Hankel 算法、平衡截断算法等对含 UPFC 的开环电力系统先进行模型降阶得到与之等价的降阶系统，然后再与 SDC 模型式联立形成系统式(5-75)的模型。

4. 算法流程

应用双层优化结构算法 TLOSA 求解 UPFC 时滞阻尼控制策略的主要步骤如下：

(1)设置预定阻尼比 ξ_0、粒子最大迭代次数 k_{max} 和种群规模 i_{max} 的值。

(2)建立含 UPFC 的开环电力系统模型，通过 MATLAB Schmr 函数将全阶模型降阶为等价的低阶模型。通过幅频响应确定合适的低阶等价模型阶数。

(3)初始化种群，给每个粒子 π 随机赋予初始位置和初始速度，并确保初始种群中至少存在一个可行粒子。

(4)选择种群中第 i 个粒子并建立 SDC 状态空间模型，形成式(5-75)的时滞电力系统模型。

(5)计算阻尼比 ξ，根据式(5-84)计算最大时滞稳定裕度 τ。

(6)根据式(5-77)计算适应度值，更新第 i 个粒子目前搜索的最好位置 $\boldsymbol{p}_{i,k}$ 和种群目前搜索到的最好位置 $\boldsymbol{g}_k$。

(7)判断是否每个粒子都被选取到，若被选取的粒子数小于种群规模 i_{max} 则转到步骤(4)，否则转到步骤(8)。

(8)根据式(5-79)更新粒子位置 $\boldsymbol{\pi}_{i,k+1}$，根据式(5-80)更新粒子速度 $\boldsymbol{v}_{i,k+1}$。

(9)判断终止条件，若未达到最大迭代次数 k_{max} 则转到步骤(4)，否则转到步骤(10)。

(10)选取最优粒子，输出 SDC 设计参数。

5.4.3 分析与说明

为验证双层优化结构算法 TLOSA 在 UPFC 阻尼控制策略设计上的有效性，对含 UPFC 的两区四机系统进行了阻尼控制分析和仿真研究。UPFC 安装在区域 Area1 和 Area2 间的联络线 8—9 上，串联补偿度为 30%，K_r 为 75，T_r 为 0.005 s。该系统存在两个局部振荡和一个区间振荡。为抑制局部振荡，发电机 G_1 和 G_3 安装以本地发电机转速为输入的电力系统稳定器 PSS_1 和 PSS_3，其传递函数模型如下：

$$f_{pss_n} = 20\frac{10s}{1+10s}\left(\frac{1+0.05s}{1+0.02s}\right)\left(\frac{1+3.0s}{1+5.4s}\right),\ (n=1,3) \tag{5-85}$$

为抑制区间振荡模式，采用留数分析方法获得具有较大模式可观度的 SDC 输入信号为线路 7—8 的功率变化值 ΔP_{7-8}。UPFC 控制信号 u_0 分别为 U_p，U_q 和 I_q。UPFC 阻尼控制的目标：最大化时滞稳定裕度 τ 且阻尼比 $\xi>=\xi_0=0.2$。优化计算前，通过 Schur 函数对 49 阶的两区四机系统全阶模型进行降阶。图 5-21 给出了 SDC 输入信号为 ΔP_{7-8} 和 UPFC 控制信号为 I_q 时的全阶系统和降阶系统的频率响应图。从图 5-21 可以看出，降阶后的 7 阶系统在 0.1～2Hz 的频率范围内精确地包含了原系统的频率响应。

SDC 中的 T_w 预先设定为 10 s，T_3 和 T_4 分别等于 T_1 和 T_2，则 PSO 待优化变量减少为三个，即 K_c，T_1 和 T_2。PSO 算法中 c_1 和 c_2 为 2，i_{max} 为 15，k_{max} 为 200。

计算结果如表 5-6 所示，该表结果包含 U_p，U_q 和 I_q 三种 UPFC 控制模式。从表 5-6 可以看出，与 U_p 和 U_q 相比，I_q 可以获得相对较大的时滞稳定裕度。

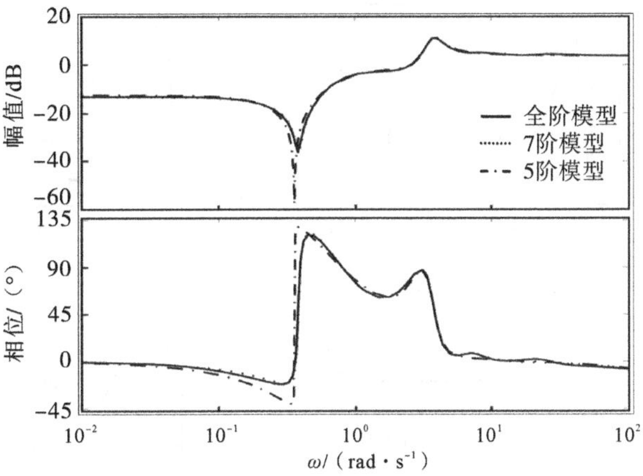

图 5-21 全阶系统和降阶系统的频率响应

表 5-6 $\mu=0$ 时最优 UPFC 阻尼控制策略

SDC 输入	u_0	K_c	T_1/s	T_2/s	τ/s
	U_p	1.0	0.2424	0.2969	0.3600
ΔP_{7-8}	U_q	1.0	0.1266	0.5771	0.4914
	I_q	0.8	0.1591	0.4603	0.5269

图 5-22 给出在 SDC 输入信号为 ΔP_{7-8}、UPFC 控制信号为 I_q 且 $\mu=0$ 的条件下 $\xi_0=(0.2, 0.25, 0.3)$时双层优化结构算法的计算过程。图 5-22 显示随着预定阻尼比的增大，系统所能获得的最大时滞稳定裕度降低。

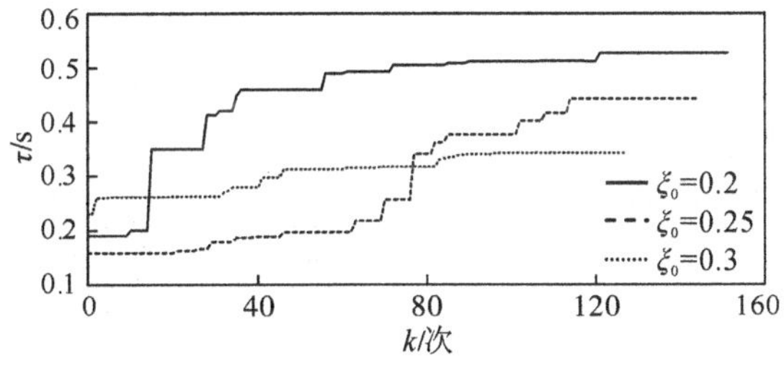

图 5-22 双层优化结构算法的计算过程

为验证双层优化结构算法结果的正确性，选取表 5-6 中最优的 UPFC 阻尼控制策略$(K_c, T_1, T_2)=(0.8, 0.1591, 0.4603)$进行仿真分析。仿真中开环电力系统采用 49 阶的全阶模型，信号传输时滞为常数时滞。实验中设定扰动模式为负荷 L_7 的有功变化 10%，仿真结果如图 5-23 所示。

图 5-23 中 ΔP 表示线路 8—9 有功潮流变化值，τ_0 表示 SDC 镇定信号在传输过程中的实际时滞。从图 5-23 可以看出，对于负荷扰动而言，在信号传输时滞为 0 时即 $\tau_0=0$ s 时，SDC 可使系统在 6 s 左右内稳定，这与有 SDC 时系统的阻尼比 ξ 为 0.2091 相符，并且该阻尼比大于优化目标中预定的阻尼比 $\xi_0=0.2$。随着 τ_0 由 0 逐步增大到 0.5269 s，SDC 仍可使系统维持稳定，但系统的稳定性随着时滞增大而逐渐降低，其中 τ_0 取值为 0.1～0.4 s 时，系统可

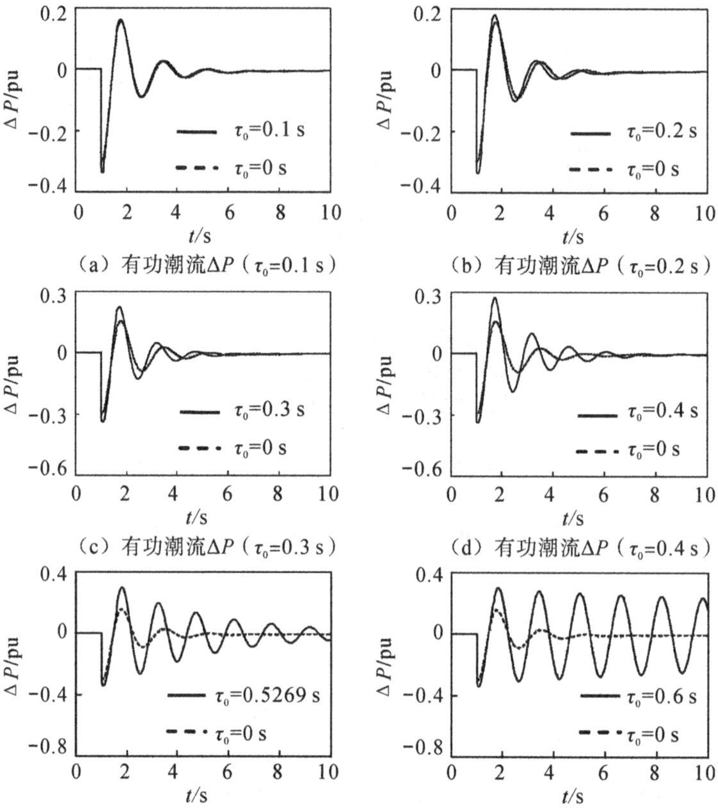

(a) 有功潮流ΔP（τ_0=0.1 s） (b) 有功潮流ΔP（τ_0=0.2 s）
(c) 有功潮流ΔP（τ_0=0.3 s） (d) 有功潮流ΔP（τ_0=0.4 s）
(e) 有功潮流ΔP（τ_0=0.5269 s） (f) 有功潮流ΔP（τ_0=0.6 s）

图 5-23 负荷变化时不同时滞下线路 8—9 有功潮流变化规律

在 10 s 之内趋于稳定；τ_0 取值为 0.5269 s 时，系统在 12 s 之内趋于稳定。当 τ_0 取值为 0.6 s 时也就是 τ_0 超过计算出的最大时滞稳定裕度 0.5269 s 时，SDC 已不能维持系统，系统失稳。

因此，上述仿真结果表明由本算法所得到的 UPFC 阻尼控制策略可以确保系统在达到 0.2以上阻尼比的同时，还可以使系统容忍高达 0.5269 s 的信号传输时滞。

5.4.4 主要结论

本节建立了一种计及信号传输时滞影响的 UPFC 阻尼控制模型，提出采用双层优化结构算法 TLOSA 设计 UPFC 阻尼控制策略。该算法的特点是：内层采用基于自由权矩阵的时滞相关稳定条件获取时滞稳定裕度，外层采用 PSO 算法获取 SDC 最优控制策略。双层优化结构算法 TLOSA 可以获得兼顾阻尼比和时滞稳定裕度的阻尼控制策略，并且内层算法中采用的 FWM 方法能确保该策略具有极低的保守性；可以规避时滞相关控制器难以综合的问题，直接通过外层算法中的 PSO 算法计算获取 SDC 最优控制策略。通过该算法设计的 SDC 可以确保电力系统在具有预定阻尼性能的同时还能容忍一定的信号传输时滞。仿真结果表明采用双层优化结构算法 TLOSA 所设计的 SDC 控制器兼顾了实际电力系统对时滞稳定裕度和阻尼比的要求，表现出较好的阻尼性能和时滞容忍度。

5.5 小 结

水电、抽水蓄能、光热发电、核电等具备低碳排放或零碳排放特征，火电运行特征与碳捕集利用与封存(CCUS)技术进步将使得火电在低碳电力系统中长期存在、逐步退减，这些机组均表现出交流同步运行机制。因此可以预见在未来相当一段长的时间内，低碳电力系统仍旧是以同步发电机为主体的电力系统。因此，区间振荡问题依然是低碳电力系统安全稳定运行的重大威胁。本章首先总结和综合分析了区间振荡产生机理和分析方法，评述了电气转矩解析法、频域法、特征值分析法等方法的特点，探讨了基于负阻尼机理的阻尼控制器设计问题，然后重点分析了广域信号传输时滞对互联电网区间振荡控制的影响及相应的时滞处理方法。

统一潮流控制器 UPFC 具有控制节点电压的幅值和相位、补偿线路参数、合理控制输电线路有功功率和无功功率的流动等功能，通过增加辅助阻尼控制器还能起到阻尼区间振荡的作用。针对 UPFC 辅助阻尼控制器在通信信号传输存在时延时对区间低频振荡抑制能力不足的问题，本章构建了考虑广域测量系统通信时延的 UPFC 阻尼控制时滞模型，根据 Lyapunov-Krasovskii 稳定性定理，研究并发现了辅助阻尼控制器参数、时滞稳定裕度、阻尼性能指标相互影响的规律，以此为基础，提出了考虑通信时延的 UPFC 阻尼控制器优化设计方法，使得所设计的 UPFC 阻尼控制器既有较好的区间低频振荡抑制能力，又能容忍一定通信时延，克服了传统设计方法中 UPFC 阻尼控制器难以容忍较长通信时延的问题。本章还研究和探讨了兼顾阻尼比和时滞稳定裕度的 UPFC 阻尼控制器约束优化问题，并给出了求解算法。

参考文献

[1]袁野，程林，孙元章. 广域阻尼控制的时滞影响分析及时滞补偿设计[J]. 电力系统自动化，2006,30(14):6－9.

[2]余贻鑫，李鹏. 大区电网弱互联对互联电网阻尼和动态稳定性的影响[J]. 中国电机工程学报，2005,25(11):6－11.

[3]ZHANG FANG,CHENG LIN,LI XIONG, et al. Application of a real-time data compression and adapted protocol technique for WAMS[J]. IEEE Transactions on Power Systems, 2015, 30(2): 653－662.

[4]杨东俊，丁坚勇，邵汉桥，等. 基于 WAMS 的负阻尼低频振荡与强迫功率振荡的特征判别[J]. 电力系统自动化，2013,37(13):57－62.

[5]DOTTA D,E SILVA A S,DECKER I C. Wide-area measurements-based two-level control design considering signal transmission delay[J]. IEEE Transactions on Power Systems, 2009, 24(1): 208－216.

[6]李婷，吴敏，何勇. 一种基于通信时延的统一潮流控制器阻尼控制优化设计新方法[J]. 电路与系统学报，2013,18(2):196－201.

[7]ZHANG FANG,LIN CHENG,GAO WENZHONG. Prediction based hierarchical compensation for delays in wide-area control systems[J]. IEEE Transactions on Smart Grid, 2018, 9(4):3897－3899.

[8]LI TING,YANG BO. A new unified power flow controller damping control design method based on free weight matrix mode transformation[J]. ActaTechnica, 2016, 61(2): 107-116.
[9]LIU MUYANG,DASSIOS IOANNIS,TZOUNAS GEORGIOS,et al. Stability analysis of power systems with inclusion of realistic-modeling WAMS delays[J]. IEEE Transactions on Power Systems, 2019, 34(1): 627-636.
[10]王锡凡,方万良,杜正春.现代电力系统分析[M].北京:科学出版社,2003.
[11]高磊,刘玉田,汤涌,等.基于多FACTS的网侧阻尼协调控制量化指标研究[J].中国电机工程学报,2014,34(31):5633-5641.
[12]张文亮,汤广福,查鲲鹏,等.先进电力电子技术在智能电网中的应用[J].中国电机工程学报,2010,30(4):1-7.
[13]高磊,刘玉田,汤涌,等.基于多FACTS的网侧协调阻尼控制机理研究[J].中国电机工程学报,2014,34(28):4913-4922.
[14]刘隽,李兴源,汤广福.SVC电压控制与阻尼调节间的相互作用机理[J].中国电机工程学报,2008,28(1):12-17.
[15]高磊,刘玉田,汤涌,等.提升系统阻尼的多STATCOM阻尼控制器协调控制研究[J].中国电机工程学报,2013,33(25):68-77.
[16]GEORGIOSTZOUNAS,MILANO FEDERICO. Delay-based decoupling of power system models for transient stability analysis[J]. IEEE Transactions on Power Systems, 2021, 36(1):464-473.
[17]GEORGIOSTZOUNAS,SIPAHI RIFAT,MILANO FEDERICO. Damping Power System Electromechanical Oscillations Using Time Delays[J]. IEEE Transactions on Circuits and Systems I: Regular Papers, 2021, 68(6):2725-2735.
[18]江全元,邹振宇,吴昊,等.基于相对增益矩阵原理的柔性交流输电系统控制器交互影响分析[J].中国电机工程学报,2005,25(11):23-28,78.
[19]王佳丽,唐飞,刘涤尘,等.分布式潮流控制器经济性评估方法与差异化规划研究[J].电网技术,2018,42(3):918-926.
[20]YE HUA,LIU KEHAN,MOU QIANYING,et al. Modeling and formulation of delayed cyber-physical power system for small-signal stability analysis and control[J]. IEEE Transactions on Power Systems, 2019, 34(3):2419-2432.
[21]ZHANG ANG,LIN CHENG,GAO WENZHONG,et al. Synchrophasors-based identification for subsynchronous oscillations in power systems[J]. IEEE Transactions on Smart Grid, 2019,10(2): 2224-2233.

灵活交流输电系统多目标时滞阻尼控制

第6章

6.1 引 言

随着社会和经济的快速发展，电力负荷不断增长，一次能源资源与负荷中心在地理上的分配不均衡对大范围电力资源优化配置提出了很高的要求，长距离大容量输电成为现代电力系统的基本特征。为了使长距离大容量输电具备灵活性和可调控性，美国学者高罗尼（Higorani）提出了灵活交流输电系统 FACTS 的概念，它将现代电力电子技术和自动控制技术结合起来，是一种装有大功率电力电子器件的交流输电系统。其通过调整 FACTS 装置的参数来改变交流电力系统的运行参数或者网络参数（如输电线路阻抗、母线电压和相角等），控制交流电力系统的动态行为，从而提高电力传输能力和稳定极限。在不改变电力系统网络结构的前提下，FACTS 技术可以很大程度地提高线路潮流和电压的可控性，减少互联电网的备用容量，从而提高电网运行的经济效益。

低碳电力系统的发展赋予了灵活交流输电系统更广泛的涵义。①从电源侧看，风电、光伏等新能源电源具备间歇性、随机性、波动性等特征，新能源电源占比逐步提高叠加新能源电源的随机波动性，电力系统运行的不确定性在增加，输电线路潮流大小甚至方向将会随之改变，这对 FACTS 的调控能力提出了新的要求；②从用电侧看，微电网、分布式电力系统、有源配电网、局部直流电网、光储充一体化电站等新型应用场景的出现使得负荷不再是刚性的、被动的，而是柔性的、主动的，负荷具有源荷双重特性，这种情况将导致输电网或配电网潮流出现双向流动，为应对新型应用场景中电力系统稳定运行问题，在输电网或配电网安装 FACTS 设备已成为一种趋势；③从电网侧看，低碳电力系统调度将由源随荷动转变为源荷互动，源网荷协调调度或源网荷储协调调度使得提高线路潮流和电压的可控性更加迫切；④从储能侧看，抽水蓄能和电化学储能是应对风电、光伏等新能源电源的波动性提出的，其实质上是确保新能源电源大幅波动时能为可靠供电提供备用功率，FACTS 设备可以在不改变电力系统网络结构的前提进行灵活输电，有助于在一定程度上减少低碳电力系统的备用容量，间接减少低碳电力系统储能投资。

FACTS 设备除了通过改变电力系统的运行参数或网络参数对线路潮流和电压进行控制以外，还可以通过增加辅助阻尼控制器实现区间振荡控制。抑制互联电网区间低频振荡对确保电力系统安全稳定运行至关重要。常规的电力系统稳定器 PSS 或广域阻尼控制器 WADC 通过作用于发电机的励磁系统来阻尼区间振荡，但存在多个控制器间耦合影响、协调设计复杂等困难。随着 FACTS 设备在电力系统安装数量的增加，利用 FACTS 的辅助阻尼控制功能阻尼区间振荡越来越受到重视。本章将以 FACTS 辅助阻尼控制器为研究对象，针对广域信号传输时滞可能导致阻尼控制器性能降低甚至失稳的难题，探讨和分析广域测量系统环境下考虑信号传输时滞影响的 FACTS 辅助阻尼控制器多目标设计问题，构建 FACTS 多目标时滞阻尼控制模型并寻求求解该问题的多目标优化 Pareto 解集的方法。

6.2 含 FACTS 设备的时滞电力系统建模

广域测量系统为有效抑制互联电网区间低频振荡提供了技术手段，但其量测信号传输时滞可能导致系统阻尼性能降低甚至失稳。已有研究表明过大的时滞将恶化控制器的阻尼性能甚至导致系统失稳。在考虑信号传输时滞影响后，FACTS 阻尼控制模型将转化为时滞系统模型，SDC 设计问题将转化为复杂的时滞系统镇定问题。本节针对广域测量环境下 FACTS 阻尼控制器设计问题，建立一种考虑信号传输时滞的含 FACTS 阻尼控制的系统模型，根据抑制区间振荡的实际需要提出了采用基于相角映射的多目标粒子群优化算法(phase angle reflection paticle swarm optimizationalgorithm，PAPSO)，以最大化阻尼比和时滞稳定裕度为目标的辅助阻尼控制器智能优化设计方法。PAPSO 算法以多目标粒子群优化算法为基础，采用二维 Sigma 领导策略实现粒子加速搜索并通过混沌变异操作避免算法早熟，可以得到多目标优化的 Pareto 解集。

除了在发电机上安装 PSS 以外，将 FACTS 装置安装在系统中发生低频振荡的联络线上，可以有效抑制低频振荡。常用的 FACTS 阻尼控制器模型包括放大、隔直和超前滞后三个环节，没有考虑信号传输时滞的影响因素。因此，建立含 FACTS 阻尼控制器的时滞系统模型是进行系统稳定性研究的基础。

1. FACTS 设备工作原理

在传统的电力系统中，可以调整的主要是发电机的有功和无功功率，而网络参数只能通过调整串联补偿和并联补偿的电容值来改变，如在系统中采用串联电容补偿来减少线路电抗，安装并联电容来控制节点电压。这些调整操作通常使用机械开关来完成，需要时间长且容易损坏，也不能频繁使用，达不到灵活调整输电网络参数的目的。因此，传统电力系统不能有效控制潮流分布，在长距离的有功传输中，出现的环路潮流会增大系统网损。由于不能快速灵活地控制输电网络，传统电力系统中大多数线路也很难达到热稳极限，而受网络结构、控制方式等诸多因素影响的同步稳定极限一般远小于热稳极限，系统输电能力不能得到充分利用。

FACTS 装置种类繁多，可广泛应用于电力系统中的发电、输电和配电等几个组成部分中，如图 6-1 所示。

在输电系统中使用的 FACTS 装置主要包括以下几种。

(1)静止无功发生器 SVC(static var compensator)通常由晶闸管控制的电抗器 TCR 和晶闸管投切的电容器 TSC 组成，通过变压器并入系统，原理结构如图 6-2 所示。其主要功能是对节点电压进行支持，对系统的无功功率进行连续调节。在进行稳定性分析时，SVC 可看成是并联在系统中的一个可变电纳，SVC 控制器决定其电纳值。SVC 中 TCR 的触发角 α，可以用来控制电感 L 接入系统的时间，以此来改变 SVC 的等值电抗，从而使母线电压可达到指定值。根据 TCR 的原理，α 范围为 $[\pi/2,\pi]$。当 $\alpha=\pi/2$ 的时候，相当于电抗器 TCR 并联在系统中；而 $\alpha=\pi$ 时，电抗器退出运行。

系统中，TCR 支路的等值基波电抗可表示为

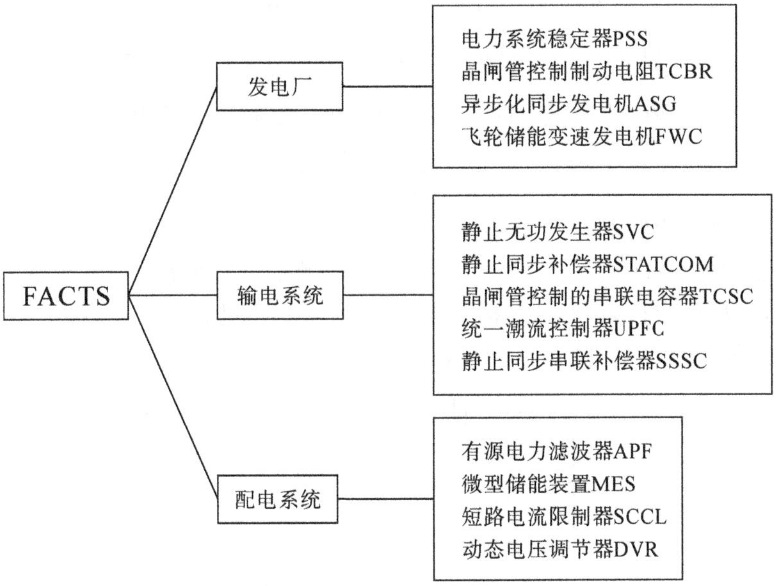

图 6-1 FACTS 设备在电力系统中的应用

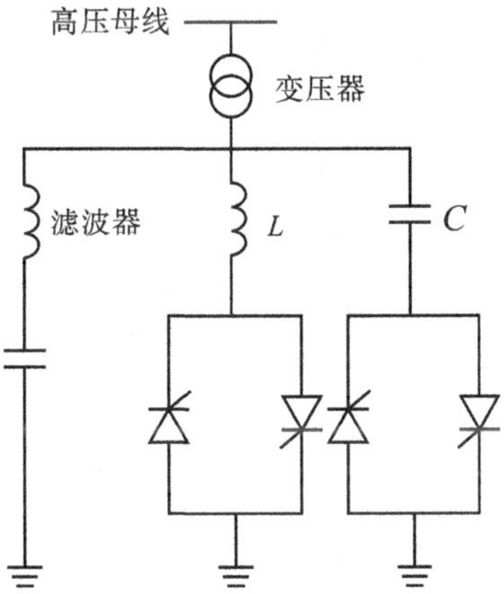

图 6-2　SVC 原理结构图

$$X_L = \frac{\pi\bar{\omega}L}{2\pi - 2\alpha + \sin 2\alpha},\quad \alpha \in (\pi/2, \pi) \tag{6-1}$$

式中，L 为电抗器电感；α 为 TCR 触发角。

因此，TCR 从系统中吸收的无功功率为

$$Q_L = \frac{U^2}{X_L} = \frac{2\pi - 2\alpha + \sin 2\alpha}{\pi\bar{\omega}L}U^2 \tag{6-2}$$

式中，U 为 SVC 的端电压。

除了 TCR 支路外，SVC 中可以含有多个 TSC 支路，总电容的大小等于接入的所有 TSC 支路电容之和。TSC 支路向系统注入的无功功率为

$$Q_C = \bar{\omega}CU^2 \tag{6-3}$$

式中，C 为电容器的电容。

由式(6－2)和式(6－3)可知,SVC向系统注入的无功功率为

$$Q_{SVC}=Q_C-Q_L=(\bar{\omega}C-\frac{2\pi-2\alpha+\sin2\alpha}{\pi\bar{\omega}L})U^2 \tag{6-4}$$

由式(6－4)可得SVC的等值电抗X_{SVC}与触发角α之间的关系为

$$X_{SVC}=\frac{\pi\bar{\omega}L}{2\pi-2\alpha+\sin2\alpha-\pi\bar{\omega}^2LC} \tag{6-5}$$

(2)晶闸管控制的串联电容器TCSC(thyristor controlled series capacitor),由一个固定电容和晶闸管控制的电抗TCR组成,通过调节TCR的触发角α可快速调整线路等值电抗,改善电网潮流分布,实现稳定控制,原理结构如图6－3所示。在进行稳定性分析时,TCSC可看成是串联在系统中的一个可变电抗,TCSC控制器决定其容抗值。

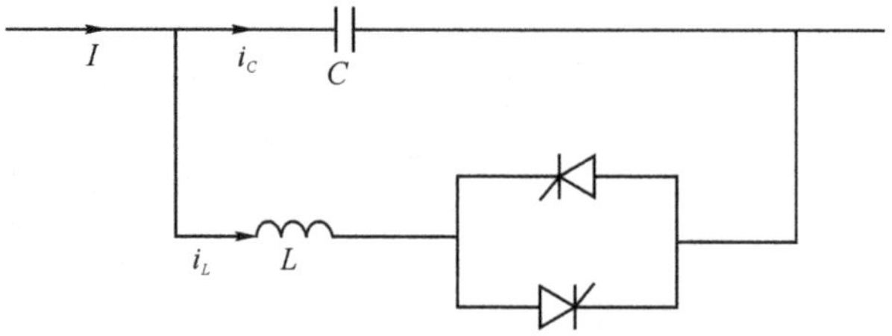

图6－3 TCSC原理结构图

通过TCSC的线路电流为正弦量,如下表示:

$$i=I_m\sin\bar{\omega}t \tag{6-6}$$

当电路处于稳定状态时,可得线路电流和支路电流间的关系:

$$i=i_L+i_C \tag{6-7}$$

$$i_c=LC\frac{d^2i_L}{dt^2} \tag{6-8}$$

根据式(6－6)、式(6－7)和式(6－8)有

$$i_L+LC\frac{d^2i_L}{dt^2}=I_m\sin\bar{\omega}t \tag{6-9}$$

TCSC的基波电抗X_{TCSC}与触发角α之间的关系可表示为

$$\begin{aligned}X_{TCSC}&=\frac{U_C}{I_m}\\&=-\frac{1}{\bar{\omega}C}\left\{1+\frac{2}{\pi}\frac{M^2}{M^2-1}\left[\frac{2\cos^2\theta}{M^2-1}(M\tan(M\theta)-\tan\theta)-\theta-\frac{\sin\theta}{2}\right]\right\}\end{aligned} \tag{6-10}$$

式中,U_C为电容电压基波分量的幅值;$\theta=\pi-\alpha$,$\alpha\in[\pi/2,\pi]$;$M=\frac{1}{\bar{\omega}\sqrt{LC}}$。

根据式(6－10)可知,调整触发角α可改变系统中的串联电抗X_{TCSC},从而达到将线路等值阻抗作为一个控制参数的目的。

(3)静止同步补偿器STATCOM(static synchronous compensator),由电压源型逆变器构成,通过连接电抗器或者变压器并入系统,控制逆变器的触发相位角,将电容器上的直流电压转换为交流输出电压,输出电压的幅值和相位可控,原理结构如图6－4所示。STATCOM主要功能是调整系统的无功功率,调节速度比SVC更快。在进行稳定性分析时,STATCOM可看成是并联在系统中的一个受控电流源,STATCOM控制器决定其幅值和相位。

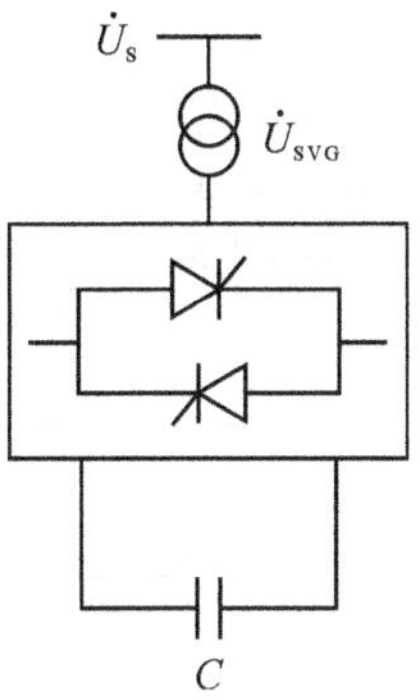

图 6-4　STATCOM 原理结构图

逆变器从系统中吸收的有功功率可表示为

$$P = [U_S U_{SVG} \sin(\delta + \alpha) - U_{SVG}^2 \sin\alpha] \frac{1}{\sqrt{R^2 + X^2}} \tag{6-11}$$

$$\alpha = \arctan \frac{R}{X} \tag{6-12}$$

$$U_{SVG} = K U_C \sin \frac{\theta}{2} \tag{6-13}$$

式中，U_{SVG} 为逆变器输出电压幅值；U_S 是交流系统母线电压幅值；δ 为逆变器输出电压 $\dot{U}_{SVG}$ 相位滞后交流系统母线电压 $\dot{U}_S$ 的角度；$R+\mathrm{j}X$ 是 STATCOM 的等效阻抗；U_C 是电容器的直流电压；θ 是 STATCOM 中控制变量；K 是与逆变器有关的常数。

STATCOM 送入系统中的无功功率可表示为

$$Q_{SVG} = [U_S U_{SVG} \cos(\delta - \alpha) - U_S^2 \sin\alpha] \frac{1}{\sqrt{R^2 + X^2}} \tag{6-14}$$

在稳态情况下式(6-11)中的 $P=0$，则 STATCOM 连接线路中的电压关系可表示为

$$U_{SVG} = U_S \frac{\sin(\delta + \alpha)}{\sin\alpha} \tag{6-15}$$

由式(6-14)和式(6-15)可得：

$$Q_{SVG} = \frac{U_S^2}{2R} \sin 2\delta \tag{6-16}$$

因此，调整角度 δ 可以调节 STATCOM 送入系统的无功功率，也可以对逆变器输出电压的幅值进行控制。

(4)静止同步串联补偿器 SSSC(static synchronous series compensator)，由基于门极可关断晶闸管 GTO 的电压型逆变器构成，将电压型逆变器经过变压器串联接入系统，可对系统进行无功补偿，原理结构如图 6-5 所示。

在进行稳定性分析时，SSSC 可看成是串联在系统中的一个电压源，SSSC 控制器决定其幅值和相位，SSSC 等值电路如图 6-6 所示。

显然，线路电压和电流有以下关系：

$$\dot{U}_b = \dot{U}_a + \dot{U}_{SSSC} \tag{6-17}$$

$$\dot{I} = \frac{\dot{U}_a + \dot{U}_{SSSC} - \dot{U}_c}{R + \mathrm{j}X} \tag{6-18}$$

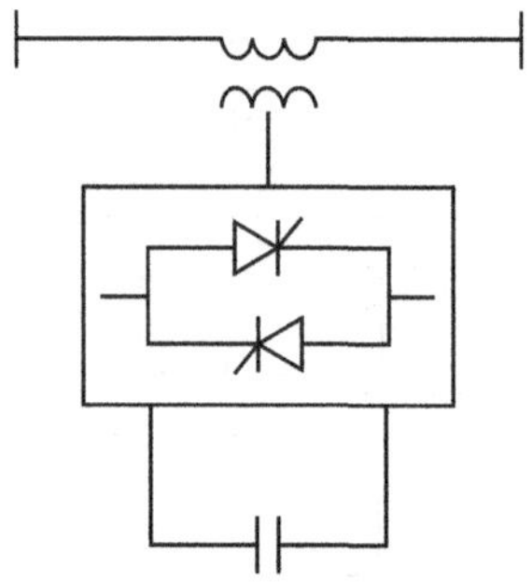

图 6－5　SSSC 原理结构图

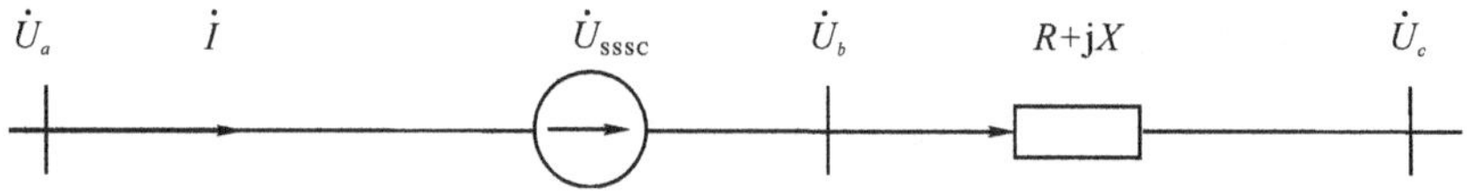

图 6－6　SSSC 等值电路图

式中，$\dot{U}_{SSSC}$为理想电压源的电压；$\dot{I}$ 是线路电流；$R+jX$ 是线路等效阻抗；$\dot{U}_a$、$\dot{U}_b$ 和 $\dot{U}_c$ 为节点电压。

因此根据式(6－17)和式(6－18)，SSSC 发出的有功功率和无功功率可以表示为

$$\begin{aligned}P_{SSSC}&=\mathrm{Re}(\dot{U}_{SSSC}\dot{I}^*)\\&=\frac{R}{R^2+X^2}U_{SSSC}^2+\frac{R}{R^2+X^2}U_{SSSC}[U_a\cos\delta-U_c\cos(\delta+\alpha)]-\\&\quad\frac{X}{R^2+X^2}U_{SSSC}[U_a\sin\delta-U_c\sin(\delta+\alpha)]\end{aligned}\tag{6-19}$$

$$\begin{aligned}Q_{SSSC}&=\mathrm{Im}(\dot{U}_{SSSC}\dot{I}^*)\\&=\frac{X}{R^2+X^2}U_{SSSC}^2+\frac{R}{R^2+X^2}U_{SSSC}[U_a\sin\delta-U_c\sin(\delta+\alpha)]+\\&\quad\frac{X}{R^2+X^2}U_{SSSC}[U_a\cos\delta-U_c\cos(\delta+\alpha)]\end{aligned}\tag{6-20}$$

式中，δ 是理想电压源电压 $\dot{U}_{SSSC}$超前节点电压 $\dot{U}_b$ 的角度；α 为节点电压 $\dot{U}_a$ 与节点电压 $\dot{U}_c$ 的相位差。

SSSC 串联接入系统，并提供一个可控电压，当 SSSC 只进行无功补偿时，$\dot{U}_{SSSC}$垂直于线路电流 $\dot{I}$。

(5)统一潮流控制器 UPFC，由一个并联换流器和一个串联换流器组成，两个换流器通过一个直流电容发生耦合。主要功能相当于 STATCOM 和 SSSC 的组合，是通过调节线路的有功和无功功率、补偿线路参数、调整节点电压，从而实现潮流控制。

根据 FACTS 装置与电力系统的连接方式可以将其分为串联型(如 TCSC、SSSC)、并联型(如 SVC、STACOM)和综合型(如 UPFC)。其中，SVC、TCSC 和 STATCOM 已经在实际工程中得到了广泛应用。这些 FACTS 装置在输电系统中主要功能可以分为两个方面：

(1)用来增加潮流控制能力和负载能力，提高电力系统中输电线路的输送容量以确保更接近热稳极限，达到传输更多功率的目的，同时可以减少发电机的热备用。

(2)阻尼电力系统低频振荡,通过增加辅助阻尼控制器和引入附加控制信号,可以提高系统里区间振荡模式的阻尼,抑制电力系统低频振荡。在 WAMS 环境下,利用广域信号作为附加控制信号可以提高系统阻尼,常用的广域控制信号有线路有功功率、发电机功角和线路电流等。附加控制信号的选择,辅助阻尼控制器的设计、FACTS 设备的选取和 FACTS 设备在系统中的安装地点都直接影响到抑制区间低频振荡的效果。

2. 含 FACTS 阻尼控制器的时滞电力系统模型

含 FACTS 装置的多机电力系统通常由 n 台发电机 Gen_i(含励磁系统和调速器)、电力网络、FACTS 设备、m 个负荷 $Load_j$ 等组成,如图 6-7 所示。不失一般性,设发电机 Gen_i 的状态变量 $\boldsymbol{x}_{gi}=[\delta_i,\omega_i,e'_{qi},e'_{di},e''_{qi},e''_{di}]$,用 6 阶微分方程描述该发电机动态行为如下:

$$\begin{aligned}
\dot{\delta}_i &= \omega_0(\omega_i-1)\\
\dot{\omega}_i &= (P_{mi}-P_{ei}-D_i\omega_i)/T_{Ji}\\
\dot{e}'_{qi} &= \left(e_{fqi}-\frac{x_{di}-x''_{di}}{x'_{di}-x''_{di}}e'_{qi}+\frac{x_{di}-x'_{di}}{x'_{di}-x''_{di}}e''_{qi}\right)/T'_{d0i}\\
\dot{e}'_{di} &= \left(-\frac{x_{qi}-x''_{qi}}{x'_{qi}-x''_{qi}}e'_{di}+\frac{x_{qi}-x'_{qi}}{x'_{qi}-x''_{qi}}e''_{di}\right)/T'_{q0i}\\
\dot{e}''_{qi} &= (e'_{qi}-e''_{qi}-(x'_{di}-x''_{di})i_{di})/T''_{d0i}\\
\dot{e}''_{di} &= (e'_{di}-e''_{di}+(x'_{qi}-x''_{qi})i_{qi})/T''_{q0i}
\end{aligned} \tag{6-21}$$

式中,δ_i 为发电机功角;ω_i 为发电机角速度;ω_0 为同步角频率;T_{Ji} 为发电机组惯性时间常数;P_{mi} 为原动机的机械输出功率;P_{ei} 为同步发电机的电磁功率;D_i 为风阻系数;e'_{qi},和 e''_{qi} 为交轴暂态电势和次暂态电势;e'_{di} 和 e''_{di} 为直轴暂态电势和次暂态电势;e_{fqi} 为励磁电势;x_{di} 和 x_{qi} 分别为交、直轴同步电抗;x'_{di} 和 x'_{qi} 分别为交、直轴暂态电抗;x''_{di} 和 x''_{qi} 分别为交、直轴次暂态电抗;T'_{d0i}、T'_{q0i}、T''_{d0i} 和 T''_{q0i} 为时间常数。

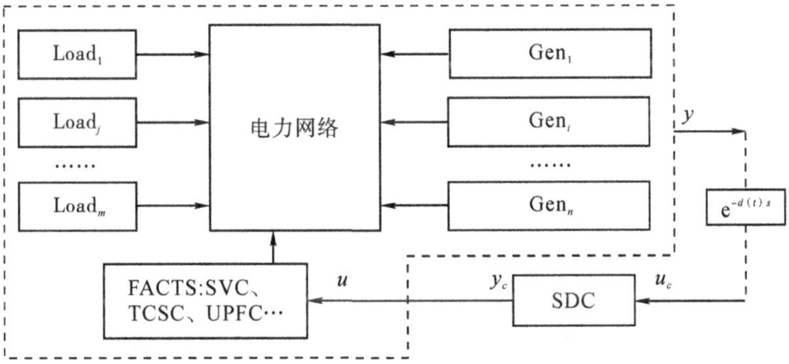

图 6-7　含 FACTS 阻尼控制的时滞电力系统

设 $\boldsymbol{x}_{fc}$ 为 FACTS 控制系统变量,$\boldsymbol{x}_{fs}$ 为触发角、等效阻抗等 FACTS 控制器的控制变量,V 和 θ 分别为 *FACTS* 安装点的母线电压幅值和相角,$\boldsymbol{u}_f$ 为母线电压参考值、线路潮流参考值等输入控制参数,P 和 Q 分别为 FACTS 向系统注入的有功和无功功率,则 FACTS 的通用模型为

$$\begin{aligned}
\dot{\boldsymbol{x}}_{fc} &= \boldsymbol{f}_c(\boldsymbol{x}_{fc},\boldsymbol{x}_{fs},V,\theta,\boldsymbol{u}_f)\\
\dot{\boldsymbol{x}}_{fs} &= \boldsymbol{f}_s(\boldsymbol{x}_{fc},\boldsymbol{x}_{fs},V,\theta)
\end{aligned}$$

$$\begin{aligned} P &= g_p(\boldsymbol{x}_{fc},\boldsymbol{x}_{fs},V,\theta) \\ Q &= g_q(\boldsymbol{x}_{fc},\boldsymbol{x}_{fs},V,\theta) \end{aligned} \tag{6-22}$$

将发电机模型式(6-21)和 FACTS 模型式(6-22)联立，考虑励磁系统、调速器、负荷等其他电力元件动态模型，得到开环电力系统非线性动态模型：

$$\begin{aligned} \dot{\boldsymbol{x}}(t) &= \boldsymbol{f}_x(\boldsymbol{x}(t),\boldsymbol{w}(t),\boldsymbol{u}(t)) \\ 0 &= \boldsymbol{g}(\boldsymbol{x}(t),\boldsymbol{w}(t),\boldsymbol{u}(t)) \\ \boldsymbol{y}(t) &= \boldsymbol{f}_y(\boldsymbol{x}(t),\boldsymbol{w}(t),\boldsymbol{u}(t)) \end{aligned} \tag{6-23}$$

其中，$\boldsymbol{x}$、$\boldsymbol{w}$、$\boldsymbol{u}$ 和 $\boldsymbol{y}$ 分别表示开环电力系统的状态变量、代数变量、输入变量和输出变量；$\boldsymbol{x}$ 至少由发电机状态变量 $\boldsymbol{x}_{gi}(i=1,\cdots,n)$、$\boldsymbol{x}_{fc}$、$\boldsymbol{x}_{fs}$、励磁系统和调速器的状态变量组成。将式(6-23)在稳态运行点线性化可得如下状态空间表达式：

$$\begin{aligned} \dot{\boldsymbol{x}}(t) &= \boldsymbol{A}\boldsymbol{x}(t)+\boldsymbol{B}\boldsymbol{u}(t) \\ \boldsymbol{y}(t) &= \boldsymbol{C}\boldsymbol{x}(t) \end{aligned} \tag{6-24}$$

其中，$\boldsymbol{A}$,$\boldsymbol{B}$ 和 $\boldsymbol{C}$ 分别表示开环电力系统的状态矩阵、输入矩阵和输出矩阵。

对系统的状态矩阵 $\boldsymbol{A}$ 进行特征值分析，可以得到该系统的特征值 λ_i 及相应的左特征向量 $\boldsymbol{l}_i$、右特征向量 $\boldsymbol{r}_i$ 和模式 i 的留数 $\boldsymbol{R}_i=\boldsymbol{C}\boldsymbol{r}_i\boldsymbol{l}_i^{\mathrm{T}}\boldsymbol{B}$。表征能控性的指标 $\boldsymbol{l}_i^{\mathrm{T}}\boldsymbol{B}$ 由 FACTS 设备的主功能预先决定，为提高 SDC 阻尼效果必须根据表征能观性的指标 $\boldsymbol{C}\boldsymbol{r}_i$ 选择镇定信号。对于区间振荡而言，具有较大能观度的 SDC 镇定信号通常采集于广域范围内的线路功率、线路电流或节点电压相位差等，其从量测点到控制点之间的传输必须经历一段时滞 $d(t)$，并且该时滞具有随机和时变特征。因此，广域测量环境下考虑信号传输时滞后，FACTS 辅助阻尼控制模型不再是无时滞系统而是时滞系统。设 SDC 状态空间模型为

$$\begin{aligned} \dot{\boldsymbol{x}}_c(t) &= \boldsymbol{A}_c\boldsymbol{x}_c(t)+\boldsymbol{B}_c\boldsymbol{u}_c(t) \\ \boldsymbol{y}_c(t) &= \boldsymbol{C}_c\boldsymbol{x}_c(t)+\boldsymbol{D}_c\boldsymbol{u}_c(t) \end{aligned} \tag{6-25}$$

式中，$\boldsymbol{x}_c$,$\boldsymbol{y}_c$ 和 $\boldsymbol{u}_c$ 分别表示 SDC 的状态变量、输入变量和输出变量；$\boldsymbol{A}_c$,$\boldsymbol{B}_c$,$\boldsymbol{C}_c$ 和 $\boldsymbol{D}_c$ 分别表示 SDC 的状态矩阵、输入矩阵、输出矩阵和传递矩阵。

由图 6-7 可知，为实现阻尼控制开环电力系统的输出信号 $\boldsymbol{y}$ 经过量测和传输时滞 $d(t)$后将作为 SDC 的输入信号 $\boldsymbol{u}_c$；SDC 的输出信号 $\boldsymbol{y}_c$ 经控制时滞（与传输时滞相比较小，可忽略）后将作为开环电力系统的输入信号 $\boldsymbol{u}$，因此有：

$$\begin{aligned} \boldsymbol{u}_c(t) &= \boldsymbol{y}(t-d(t)) \\ \boldsymbol{y}_c(t) &= \boldsymbol{u}(t) \end{aligned} \tag{6-26}$$

其中，$d(t)\leqslant\tau$ 且 $\dot{d}(t)\leqslant\mu$，τ 和 μ 分别为时滞稳定裕度和最大时滞变化率。根据式(6-24)、式(6-25)和式(6-26)，可得含 FACTS 阻尼控制的时滞电力系统模型如下：

$$\dot{\bar{\boldsymbol{x}}}(t) = \boldsymbol{A}'\bar{\boldsymbol{x}}(t)+\boldsymbol{A}_d\bar{\boldsymbol{x}}(t-d(t)) \tag{6-27}$$

式中，$\boldsymbol{A}'=\begin{pmatrix}\boldsymbol{A} & \boldsymbol{B}\boldsymbol{C}_c \\ 0 & \boldsymbol{A}_c\end{pmatrix}$，$\boldsymbol{A}_d=\begin{pmatrix}\boldsymbol{B}\boldsymbol{D}_c\boldsymbol{C} & 0 \\ \boldsymbol{B}_c\boldsymbol{C} & 0\end{pmatrix}$，$\bar{\boldsymbol{x}}=\begin{pmatrix}\boldsymbol{x} \\ \boldsymbol{x}_c\end{pmatrix}$。

6.3 FACTS阻尼控制器多目标协调控制策略

6.3.1 辅助阻尼控制器协调控制目标分析

判断一个线性系统是否稳定，可以根据其微分方程的特征方程根在复平面的位置来进行。如果特征值是实数，则对应于一个非振荡模态；如果特征值是一对共轭复数，则对应于一个振荡模态。设系统第 i 个振荡模式对应的特征值为 λ_i，则有：$\lambda_i=\sigma_i\pm j\bar{\omega}_i$。

如果特征根都在复平面的左半面，也就是特征根的实部为负即 $\sigma_i<0$，表示衰减模态，因此系统是稳定的。而特征根实部绝对值的大小，表征出衰减的速度，绝对值越大则衰减速度越快。如果有一个特征根实部为正即 $\sigma_i>0$，表示有增幅振荡，绝对值越大则模态增加越快，因此这个系统不稳定。在装有FACTS装置的电力系统中，附加阻尼控制器的目的是让振荡模式的特征根向复平面的左边移动，增加系统的阻尼。

特征值 λ_i 相应的振荡模态为 $e^{\sigma_i t}\sin(\bar{\omega}_i t+\theta)$，可知特征值的实数部分 σ_i 描述了系统对振荡的阻尼效果，虚数部分的 $\bar{\omega}_i$ 可反映出振荡的频率。当 $\bar{\omega}_i=0$ 时，λ_i 对应的是非振荡模态。

区间振荡模式对应的阻尼比为

$$\xi_i=-\frac{\sigma_i}{\sqrt{\sigma_i^2+\bar{\omega}_i^2}} \tag{6-28}$$

当 $\xi_i=1$ 和 $\xi_i>1$ 时，系统为临界阻尼系统和过阻尼系统，系统稳定不发生振荡；当 $0<\xi_i<1$ 时，系统为欠阻尼系统，ξ_i 越小则振荡越强烈，过渡过程时间越长。显然，阻尼比 ξ_i 决定了系统的振荡幅值的衰减率以及衰减特性，ξ_i 越大系统的振荡幅值衰减越快。

判断系统的稳定性，通常根据系统方程的特征根在复平面的位置来进行，但在对电网中出现的低频振荡现象进行分析时，可以发现当系统的特征根都在复平面的左半面时，也有可能发生低频振荡，因此这时需要进一步考查阻尼比 ξ_i 的大小。只有当 ξ_i 大于某个设定值的时候（如：$\xi_i>10\%$），才能保证系统具有足够的稳定性。为了有效抑制低频振荡，加入附加阻尼控制器，这时系统第 i 个振荡模式对应的阻尼比 ξ_i 取值范围如图6-8所示。

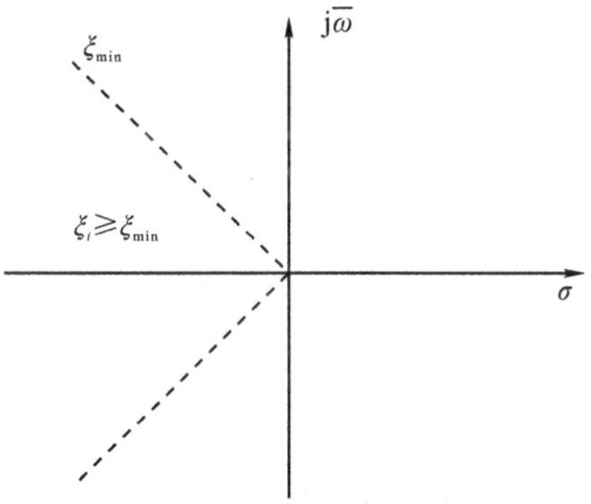

图6-8 阻尼比在复平面的取值范围

不考虑信号传输时滞时，传统的SDC设计仅要求阻尼性能指标如阻尼比 ξ 最大就可以有效抑制低频振荡。考虑信号传输时滞后，SDC设计除要求常规阻尼性能指标最大外，还必须确保电力系统能容忍一定的时延且越大越好，即满足下述两个基本要求：

(1)具有较大的阻尼比 ξ；

(2)具有较大的时滞稳定裕度 τ。

因此，FACTS阻尼控制器设计问题可描述为一个复杂的多目标优化设计问题，优化目标如下：

$$\max\ \{\xi(\Theta),\tau(\Theta)\} \tag{6-29}$$

其中，Θ 为一组可行的 SDC 参数配置。当 Θ 取值变化时将导致式(6-27)的系数矩阵 $\boldsymbol{A}'$ 和 $\boldsymbol{A}_d$ 发生改变，进而导致系统的阻尼比 $\boldsymbol{\xi}$ 和时滞稳定裕度 $\boldsymbol{\tau}$ 的变化。

式(6-29)中的时滞稳定裕度 τ 可以通过时滞相关或时滞无关稳定条件求取，其中时滞相关稳定条件由于保守性更低已成为求解时滞稳定裕度的主流方法。本节采用自由权矩阵时滞相关稳定条件求取时滞稳定裕度 τ。

6.3.2 多目标协调优化方法

研究多目标优化理论和方法有着重要的工程应用价值，如兼顾发电燃料成本和 NO_x 排放控制的电力系统优化调度、考虑节能减排目标和配料成本的钢铁烧结配料优化、铅锌烧结过程中烧结矿产量和质量指标控制等。由于各目标之间相互制约，多目标优化问题一般不存在使各优化目标均为最优的解，但是存在一个称之为 Pareto 最优解集的非劣解集合。衡量多目标优化问题求解方法的性能包括两方面：一是要尽可能快、尽可能多地求解到 Pareto 最优解，二是要使求得的解在 Pareto 最优解集中均匀分布。进化计算通过种群间协同机制可以实现并行计算，并能在一次进化中同时得到多个解，非常适合求解多目标优化问题。

1. 适用于单目标求解的 PSO 算法

由 Kennedy 和 Eberhart 提出的粒子群优化算法(particle swarm optimization，PSO)具有并行计算、收敛速度快、易于编程实现等特点，是一种非常有效的优化工具。以标准 PSO 为基础，根据特定问题设计各种改进的 PSO 算法已在诸多领域取得成功应用。

PSO 算法将待优化问题的每个可能解视作“粒子”，且该粒子具有位置和速度两个属性。该算法的寻优过程是：首先通过初始化操作产生一群随机粒子即随机解，然后通过种群内粒子间信息共享规则更新粒子的速度和位置，指导粒子在搜索空间中以一定的速度向更优的目标飞行。在第 k 次飞行时，种群中第 i 个粒子的状态更新方程如下：

$$v_{i,k+1}=\omega v_{i,k}+c_1r_1(p_{i,k}-x_{i,k})+c_2r_2(g_k-x_{i,k}) \tag{6-30}$$

$$x_{i,k+1}=x_{i,k}+v_{i,k+1} \tag{6-31}$$

其中，$v_{i,k}$是粒子当前速度；$v_{i,k+1}$为更新后的粒子速度；$p_{i,k}$为第 i 个粒子目前搜索到的最好位置；g_k 为种群目前搜索到的最好位置；$x_{i,k}$为当前粒子的位置；$x_{i,k+1}$为更新后的粒子位置；r_1 和 r_2 是[0,1]中的随机数；c_1 和 c_2 为加速因子；ω 为惯性权重因子。ω 取不同值时可以调整 PSO 算法的全局搜索和局部搜索能力。

对于第 i 个粒子在第 k 次迭代中，速度 $v_{i,k+1}$和位置 $x_{i,k+1}$的更新过程如图 6-9 和图 6-10 所示。

由式(6-30)和式(6-31)可知，PSO 算法能搜索到最优值的根本原因是该算法通过共享粒子个体飞行经验 $p_{i,k}$和群体飞行经验 g_k 使整个种群向最优值进化。这是一种单向信息共

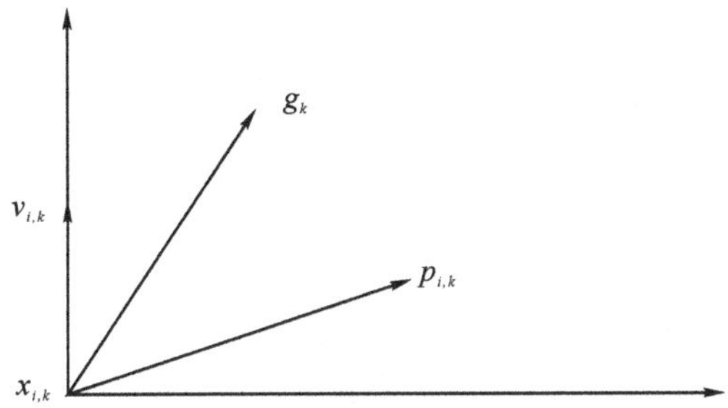

图 6-9 粒子速度和位置更新前状态

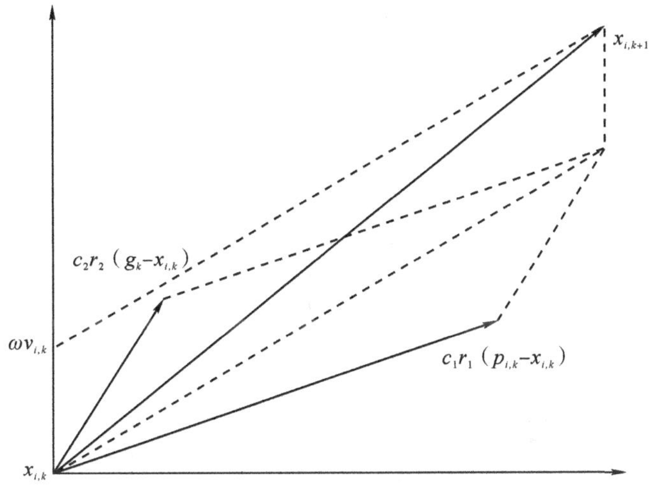

图 6-10 粒子速度和位置更新过程

享机制，由于群体飞行经验 g_k 对整个种群是唯一的，种群中的其他粒子将向单一更优目标飞行，因此 PSO 算法在求解单目标优化问题时是十分高效的。粒子群优化算法实现流程如图 6-11所示。

根据 PSO 算法搜寻最优值的过程可以看出，标准 PSO 算法并不能直接用于求解多目标优化问题。Eberhart 通过与遗传算法比较对此给出了原因：遗传算法是通过染色体双向共享信息引导种群向最优区域进化；标准 PSO 通过个体经验和群体经验单向共享信息引导粒子向最优值进化，因此在求解单目标问题时有较高效率，但求解多目标优化问题时却不能找到 Pareto 解集。为此，Eberhart 提出了两种改进方法：第一种方法是使用动态邻域，即根据第一个优化目标计算当前粒子与其他粒子的距离确定动态邻域，根据第二个目标选择邻域内粒子作为群体的领导粒子，但这种方法只能处理双目标优化问题；第二种方法是引入扩展内存（extended memory）来存储 Pareto 最优解，并将其作为群体的领导粒子，与第一种方法相比可显著减少计算时间。与第二种方法类似，容器（repository）和档案（archive）的思想被引入 PSO，用于解决多目标优化中个体或群体领导粒子的产生、存储、更新、选择的问题。

除了根据动态邻域概念和档案策略进行算法改进外，有学者试图将 PSO 算法与遗传算法、差分算法等其他优化算法相结合来求解多目标优化问题。还有学者尝试结合待优化问题的特点来改进 PSO 算法，求解配电网规划、电网运行和最优潮流等多目标优化问题。但是这

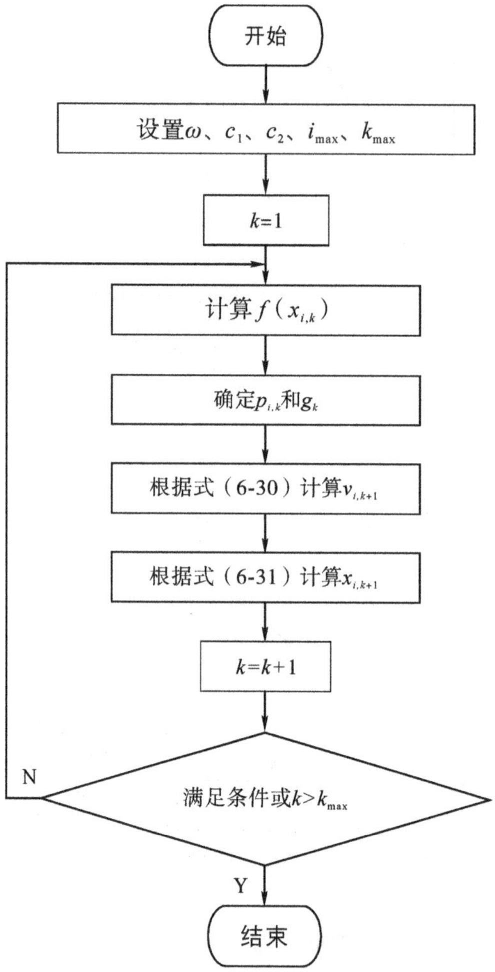

图 6－11　粒子群优化算法实现流程

些算法均没有考虑粒子空间分布和粒子演化过程的特征，在求解实际工程中的复杂多目标优化问题时，仍然存在求解效率不高或 Pareto 最优解多样性不足等问题。

2. 多目标优化算法 PAPSO 信息共享机制设计

对于多目标优化问题，由于 Pareto 最优解往往不是唯一的，基于单一飞行目标的 PSO 算法已不能直接用于求解 Pareto 最优解集。因此必须根据多目标优化问题的特点，对标准 PSO 算法信息共享机制进行重新设计使之能够直接高效求解多目标优化问题的 Pareto 最优解集。

多目标优化问题可以描述如下：

$$\begin{gathered}\min f(\boldsymbol{x}) = [f_1(\boldsymbol{x}), f_2(\boldsymbol{x}), \cdots, f_m(\boldsymbol{x})], \\ \boldsymbol{x} = (x^1, x^2, \cdots, x^d) \\ y_n(\boldsymbol{x}) \leqslant 0\end{gathered} \tag{6-32}$$

其中，$f(\boldsymbol{x}) \subset R^m$ 为含 m 个优化子目标的目标函数；$\boldsymbol{x}$ 为 d 维决策变量；$y_n(\boldsymbol{x})$为含 n 个约束的不等式组。

定义解 $\boldsymbol{x}_1$ Pareto 支配 $\boldsymbol{x}_2$ 如下：

$$\boldsymbol{x}_1 \prec \boldsymbol{x}_2 \Leftrightarrow f_1(\boldsymbol{x}_1) < f_1(\boldsymbol{x}_2), f_2(\boldsymbol{x}_1) < f_2(\boldsymbol{x}_2), \cdots, f_m(\boldsymbol{x}_1) < f_m(\boldsymbol{x}_2) \tag{6-33}$$

可知,Pareto 最优解集 X 为

$$\boldsymbol{X} = \{\boldsymbol{x} \mid ! \exists \boldsymbol{x}_i \prec \boldsymbol{x}\} \tag{6-34}$$

将 PSO 算法中粒子的状态映射为相角矢量$\boldsymbol{\psi}$,该矢量可以通过初始位置 $\boldsymbol{\psi}$ 和方向 $\Delta\boldsymbol{\psi}$ 唯一确定。对于第 i 粒子,下式成立:

$$\boldsymbol{x}_{i,k} = 0.5[\boldsymbol{x}^{\max}(1+\sin(\boldsymbol{\psi}_{i,k})) + \boldsymbol{x}^{\min}(1-\sin(\boldsymbol{\psi}_{i,k}))] \tag{6-35}$$

其中,$\boldsymbol{x}^{\max}$和 $\boldsymbol{x}^{\min}$分别为决策变量 $\boldsymbol{x}$ 的最大值和最小值,$\boldsymbol{\psi}_{i,k}$为第 k 次迭代时第 i 个粒子的相角。

相角矢量更新方程如下:

$$\Delta\boldsymbol{\psi}_{i,k+1} = \omega\Delta\boldsymbol{\psi}_{i,k} + c_1 r_1(\boldsymbol{p}_{i,k}^{\psi} - \boldsymbol{\psi}_{i,k}) + c_2 r_2(\boldsymbol{g}_{i,k}^{\psi} - \boldsymbol{\psi}_{i,k}) \tag{6-36}$$

$$\boldsymbol{\psi}_{i,k+1} = \boldsymbol{\psi}_{i,k} + \Delta\boldsymbol{\psi}_{i,k+1} \tag{6-37}$$

$$f_j'(\boldsymbol{\psi}_{i,k}) = \frac{f_j(\boldsymbol{\psi}_{i,k}) - f_j^{\min}}{f_j^{\max} - f_j^{\min}}, \quad (j = 1,2,\cdots,m). \tag{6-38}$$

其中,$\Delta\boldsymbol{\psi}_{i,k}$为第 k 迭代时第 i 个粒子的相角增量;$\boldsymbol{p}_{i,k}^{\psi}$和 $\boldsymbol{g}_{i,k}^{\psi}$分别为相角矢量坐标下第 i 个粒子和种群目前搜索到的最好位置;$f_j'(\boldsymbol{\psi}_{i,k})$为相角矢量坐标下第 j 个子目标函数。

相角粒子群算法 PAPSO 的寻优过程具备以下特征:

(1)决策变量 $\boldsymbol{\psi}_{i,k}$各维分量的取值均为$[-\pi/2, \pi/2]$,决策变量构成的解空间为 d 维对称空间;

(2)目标函数的各个子目标函数 $f_j'(\boldsymbol{\psi}_{i,k})$的取值为$[0,1]$,目标函数空间为 m 维对称空间;

(3)相对标准 PSO 而言,PAPSO 在解空间上初始化时具有均等的概率,在目标函数空间上搜索过程更加紧凑和快速;

(4)粒子不再向种群中单个更优目标 $\boldsymbol{g}_k$ 飞行,而是向种群的 Pareto 最优解和非劣解 $\boldsymbol{g}_{i,k}^{\psi}$飞行,使得 PAPSO 算法具有多目标寻优能力。

3. PAPSO 多样性保持策略

为求解多目标优化问题,$\boldsymbol{p}_{i,k}^{\psi}$和 $\boldsymbol{g}_{i,k}^{\psi}$是决定 PAPSO 算法能否找到 Pareto 最优解集的关键。本算法采用共享池存储在计算过程中产生的 Pareto 最优解集和非劣解集信息,粒子从共享池中根据一定策略选择领导粒子 $\boldsymbol{g}_{i,k}^{\psi}$以指导下一次飞行。共享池的大小、共享池中解的多样性、领导粒子更新策略等对 PAPSO 算法影响较大。

定义解 $\boldsymbol{\psi}_i$ 关联支配 $\boldsymbol{\psi}_l$ 如下:

$$\boldsymbol{\psi}_i \lhd \boldsymbol{\psi}_l \Leftrightarrow (\boldsymbol{\psi}_i \prec \boldsymbol{\psi}_l) \cup (\boldsymbol{\psi}_i \sim \boldsymbol{\psi}_l) \tag{6-39}$$

$$\begin{aligned} \boldsymbol{\psi}_i \sim \boldsymbol{\psi}_l &\Leftrightarrow \boldsymbol{\psi}_l \sim \boldsymbol{\psi}_i \\ &\Leftrightarrow \exists j, \left| f_j'(\boldsymbol{\psi}_i) - f_j'(\boldsymbol{\psi}_l) \right| < \varepsilon_j \end{aligned} \tag{6-40}$$

$$\varepsilon_j = (\varepsilon_j^{\max} - \varepsilon_j^{\min}) \frac{k_{\max} - k}{k_{\max}} + \varepsilon_j^{\min} \tag{6-41}$$

其中,ε_j 为自适应关联支配系数;$\varepsilon_j^{\min}$ 为自适应关联支配系数最小值;$\varepsilon_j^{\max}$ 为自适应关联支配系数最大值。

当 $\varepsilon_j=0$ 时,关联支配关系退化为支配关系,共享池中的粒子变得过于紧密;当 ε_j 取值过大,关联支配关系变强,共享池中的粒子变得过于稀疏。在 PAPSO 算法的初始阶段 ε_j 取最大值,使得粒子可以在关联支配集的较大邻域范围内搜索 Pareto 最优解;在 PAPSO 算法的最后阶段 ε_j 取最小值,确保粒子在 Pareto 最优解集的较小邻域范围内搜索 Pareto 最优解。对于优化子目标数 $m>2$ 的多目标优化问题,$\varepsilon_j^{\min}$ 和 $\varepsilon_j^{\max}$ 的经验取值为[0.1,0.3],并且随着 m 的增加,$\varepsilon_j^{\min}$ 和 $\varepsilon_j^{\max}$ 的取值相对增大。

在第 k 次迭代中,共享池中两个粒子 $\boldsymbol{\psi}_{i,k}$ 和 $\boldsymbol{\psi}_{l,k}$ 之间的距离 ∂ 定义如下:

$$\partial(i,l)=\sqrt{\sum_{j=1}^{m}\left(f_j'(\boldsymbol{\psi}_{i,k})-f_j'(\boldsymbol{\psi}_{l,k})\right)^2} \tag{6-42}$$

定义相似度函数 ρ 如下:

$$\rho(i,l)=\begin{cases}1-\dfrac{\partial(i,l)}{\partial_0}, & \partial(i,l)\leqslant\partial_0\\ 0, & \partial(i,l)>\partial_0\end{cases} \tag{6-43}$$

$$\rho(i)=\sum_{l=1,l\neq i}^{s}\rho(i,l) \tag{6-44}$$

其中,∂_0 为预定的相似度阈值;s 为共享池中粒子的个数。

PAPSO 算法中,共享池中粒子的更新方式如下:

(1)对共享池和迭代产生的新粒子进行联合排序,首先根据关联支配关系 $\boldsymbol{\psi}_i \lhd \boldsymbol{\psi}_l$ 进行非劣排序,其次根据相似度函数 ρ 进行逆序排序。

(2)将具有更好的关联支配关系和相似度的新粒子替换共享池中的粒子,这种更新方式可以确保共享池中粒子的领导性和多样性。

共享池的大小 s 可以根据计算复杂度和计算精度确定。对于适应值函数计算时间较长的多目标优化问题,可以选择较小的种群规模和较大的共享池以提高算法计算速度。

为进一步提高粒子搜索速度,每个粒子选择共享池中 Sigma 值最接近的粒子作为 $\boldsymbol{g}_{i,k}^{\psi}$。二维目标空间 Sigma 值定义如下:

$$\sigma=\frac{f_1'^2(\boldsymbol{\psi}_i)-f_2'^2(\boldsymbol{\psi}_i)}{f_1'^2(\boldsymbol{\psi}_i)+f_2'^2(\boldsymbol{\psi}_i)} \tag{6-45}$$

三维目标空间 Sigma 值定义如下:

$$\sigma=\begin{pmatrix}f_1'^2(\boldsymbol{\psi}_i)-f_2'^2(\boldsymbol{\psi}_i)\\ f_2'^2(\boldsymbol{\psi}_i)-f_3'^2(\boldsymbol{\psi}_i)\\ f_3'^2(\boldsymbol{\psi}_i)-f_1'^2(\boldsymbol{\psi}_i)\end{pmatrix}\left[f_1'^2(\boldsymbol{\psi}_i)+f_2'^2(\boldsymbol{\psi}_i)+f_3'^2(\boldsymbol{\psi}_i)\right]^{-1} \tag{6-46}$$

采用 Sigma 值作为领导粒子的选择策略,本质上是使在一定扇形区域内的粒子以相同的斜角飞行,直至飞到 Pareto 最优解集或目标函数空间的边界。Sigma 加速技术使得 PAPSO 算法具有更快的速度,可以确保其他粒子以极快的速度飞向 Pareto 前沿。

PSO 的典型特点是搜索速度快,但是对于进化算法而言,过快的搜索速度可能会导致算法早熟。为此,本节引入混沌思想对种群中的粒子进行混沌寻优,利用混沌遍历的规律性及不重复性把混沌寻优得到的更优位置替换种群中的粒子。本节采用 Logistic 动力方程产生混沌序列:

$$\theta^{(t+1)}=\alpha\theta^{(t)}(1-\theta^{(t)}),\quad (t=0,1,\cdots,T-1) \tag{6-47}$$

式中,T 为混沌迭代次数,α 为控制参数,当 $\alpha=4$ 时,由初值 $\theta^{(0)}\in(0,1)$ 就可以迭代出一个确定的混沌序列 $\theta^{(1)},\theta^{(2)},\cdots,\theta^{(T)}$。由 Logistic 动力方程构造混沌序列,具有结构简单、计算量小

的优点。

将 $\boldsymbol{\psi}_i$ 的各维展开如下：

$$\boldsymbol{\psi}_i=(\psi_{i1},\psi_{i2},\cdots,\psi_{id}) \tag{6-48}$$

则 $\boldsymbol{\psi}_i$ 的混沌序列 $\boldsymbol{\psi}_i^{(t)}$ 描述如下：

$$\theta^{(0)}=0.5+\frac{1}{\pi}\psi_{id} \tag{6-49}$$

$$\psi_{id}^{(t)}=\pi\theta^{(t)}-\frac{\pi}{2} \tag{6-50}$$

$$\boldsymbol{\psi}_i^{(t)}=(\psi_{i1}^{(t)},\psi_{i2}^{(t)},\cdots,\psi_{id}^{(t)}) \tag{6-51}$$

若 $\theta^{(0)}$ 取值为(0.25,0.5, 0.75)，则设 $\theta^{(0)}=\theta^{(0)}+\text{random}(0,0.1)$，通过附加随机扰动可使 $\theta^{(0)}$ 跳出小周期点或不动点重新进入混沌。上述混沌序列替换本质上是通过混沌扰动使粒子跳出局部最优，从而避免算法早熟，有助于提高算法的收敛速度和精度。

当 PAPSO 算法中第 i 个粒子 $\boldsymbol{\psi}_i$ 在给定的迭代次数 Δk 中搜索到的 Pareto 最优解或非劣解的变化小于一给定目标函数变化范围 Δf，将触发混沌变异，即：

$$\| f'(\boldsymbol{\psi}_{i,k+\Delta k})-f'(\boldsymbol{\psi}_{i,k})\| \leqslant \Delta f \tag{6-52}$$

4. PAPSO 算法流程

通过改进的多目标粒子群算法得到 Pareto 解集后，如何从解集中选择合适的 SDC 对决策者是一个难题。因此，可采用模糊集技术将 Pareto 解集中每个解赋予不同的权重并以一定次序输出，为决策者提供决策支持。

对于 SDC 设计目标，可定义如下模糊集：

$$\eta_\xi(\boldsymbol{\Theta}_i)=\begin{cases}0 & \xi(\boldsymbol{\Theta}_i)\leqslant\gamma_\xi\\ \dfrac{\xi(\boldsymbol{\Theta}_i)-\gamma_\xi}{\rho_\xi-\gamma_\xi} & \gamma_\xi<\xi(\boldsymbol{\Theta}_i)<\rho_\xi\\ 1 & \xi(\boldsymbol{\Theta}_i)\geqslant\rho_\xi\end{cases} \tag{6-53}$$

$$\eta_\tau(\boldsymbol{\Theta}_i)=\begin{cases}0 & \tau(\boldsymbol{\Theta}_i)\leqslant\gamma_\tau\\ \dfrac{\tau(\boldsymbol{\Theta}_i)-\gamma_\tau}{\rho_\tau-\gamma_\tau} & \gamma_\tau<\tau(\boldsymbol{\Theta}_i)<\rho_\tau\\ 1 & \tau(\boldsymbol{\Theta}_i)\geqslant\rho_\tau\end{cases} \tag{6-54}$$

其中，γ_ξ 和 ρ_ξ 为阻尼比的阈值；γ_τ 和 ρ_τ 为时滞稳定裕度的阈值。$\boldsymbol{\Theta}_i$ 为第 i 个粒子对应的一组可行的 SDC 参数。

$\boldsymbol{\Theta}_i$ 的决策权重 η_i 计算如下：

$$\eta_i(\boldsymbol{\Theta}_i)=\frac{\eta_\xi(\boldsymbol{\Theta}_i)+\eta_\tau(\boldsymbol{\Theta}_i)}{\sum_{i=1}^{s}(\eta_\xi(\boldsymbol{\Theta}_i)+\eta_\tau(\boldsymbol{\Theta}_i))} \tag{6-55}$$

其中，s 为共享池中 Pareto 解的个数；调节上述阈值为 $\boldsymbol{\Theta}_i$ 赋予不同的决策权重 η_i。最后，根据 η_i 将 Pareto 解集排序后输出，为决策提供参考。

综上所述，PAPSO 算法的具体计算流程如下。

(1)将决策变量 $\boldsymbol{x}$ 通过相角映射转变为 $\boldsymbol{\psi}$ 变量；将定义在 $\boldsymbol{x}\in R^d$ 空间上的目标函数 $f(\boldsymbol{x})\subset R^m$ 映射为定义在 $\boldsymbol{\psi}\in\left[-\frac{\pi}{2},\frac{\pi}{2}\right]^d$ 空间上的目标函数 $f'(\boldsymbol{\psi})\subset[0,1]^m$。

(2)初始化 PAPSO 算法的参数,包括:种群大小 $i_{\max}$、共享池大小 s、最大迭代次数 $k_{\max}$、c_1、c_2、相似度阈值∂_0、$k=0$、$i=0$、惯性权重的最大值 $\omega_{\max}$ 和最小值 $\omega_{\min}$ 等;初始化种群并产生共享池初值。

(3)开始迭代计算 $k=k+1$。

(4)开始遍历种群中的粒子 $i=i+1$。

(5)根据 Sigma 方法从共享池中选择 σ 相近的粒子作为当前粒子的 $\boldsymbol{g}^{\psi}_{i,k}$;根据 $\omega=(\omega_{\max}-\omega_{\min})(k_{\max}-k)/k_{\max}+\omega_{\min}$ 确定粒子的自适应惯性权重。

(6)更新当前粒子的相角 $\boldsymbol{\psi}_{i,k}$ 和相角增量 $\Delta\boldsymbol{\psi}_{i,k}$。

(7)对种群中部分粒子实施混沌变异。

(8)若找到新的 Pareto 支配的粒子 $\boldsymbol{\psi}_{i,k}$,则更新当前粒子的 $\boldsymbol{p}^{\psi}_{i,k}$。

(9)根据关联支配关系和相似度函数更新共享池;若 $i<i_{\max}$,则返回(4)。

(10)若 $k<k_{\max}$,则返回(3),否则输出当前粒子或(和)共享池中的粒子作为 PAPSO 算法所能求得的 Pareto 解集。

(11)根据式(6-53)、式(6-54)和式(6-55)计算共享池中每个粒子对应的决策权重,并根据其大小输出有序 Pareto 解集。

基于相角映射的粒子群优化算法 PAPSO 在求解多目标优化问题中,PSO 中的粒子被视作具有位置和方向的相角矢量,并且该相角矢量的位置在各个子优化目标函数中具有均等的上界和下界。确保了相角位置初始化时空间分布的等概率性和搜索过程的紧凑性,客观上加快了算法的搜索速度。同时,算法中设计的粒子飞行信息共享机制和粒子混沌变异操作,使得 PAPSO 算法可以快速搜索到 Pareto 前沿。

5. PAPSO 算法性能测试

为验证 PAPSO 算法的性能,选择如下两个标准多目标优化函数 F_1 和 F_2 进行性能测试。

$$\begin{aligned} &\min f(\boldsymbol{x}) = [f_1(\boldsymbol{x}), f_2(\boldsymbol{x})] \\ &\text{s.t. } f_2(\boldsymbol{x}) = y_1(x_2,\cdots,x_d)\,y_2(f_1(\boldsymbol{x}), y_1(x_2,\cdots,x_d)). \end{aligned} \tag{6-56}$$

函数 F_1 中的 f_1、y_1 和 y_2 分别为

$$\begin{aligned} f_1(x_1) &= x_1 \\ y_1 &= 1+9\sum_{j=2}^{d} x_j/(d-1) \\ y_2(f_1,y_1) &= 1-\sqrt{f_1/y_1}-(f_1/y_1)\sin(10\pi f_1) \end{aligned} \tag{6-57}$$

F_2 中的 f_1、y_1 和 y_2 分别为

$$\begin{aligned} f_1(x_1) &= x_1 \\ y_1 &= 1+10(d-1)+\sum_{j=2}^{d}(x_j^2-10\cos(4\pi x_j)) \\ y_2(f_1,y_1) &= -\sqrt{f_1/y_1} \end{aligned} \tag{6-58}$$

其中,函数 F_1 的维数 $d=30$,$x_1,\cdots,x_d\in[0,1]$,由于在 y_2 中存在 $\sin(10\pi f_1)$ 项,因此 F_1 的 Pareto 前沿是不连续的;F_2 的维数 $d=10$,$x_1\in[0,1]$,$x_2,\cdots,x_d\in[-5,5]$,函数 F_2 共有 21^9 个 Pareto 前沿,其中只有 1 个全局最优 Pareto 前沿,其余为局部最优 Pareto 前沿。函数 F_1 和 F_2 中 Pareto 前沿的不连续性和多局部极值的特点客观上增加了多目标优化算法寻优的难度。

为评估多目标优化算法的性能，定义收敛度指标 $\hbar$ 和均匀度指标 λ 表示如下：

$$\hbar = \frac{1}{s}\sum_{i=1, x_i' \in X'}^{s} \min\{ \| f(\boldsymbol{x}_i') - f(\boldsymbol{x}) \| ; \boldsymbol{x} \in \boldsymbol{X}\} \tag{6-59}$$

$$\lambda = \left[l_0 + l_s + \sum_{i=1}^{s-1} | l_i - \bar{l} | \right] / [l_0 + l_s + (s-1) l_i] \tag{6-60}$$

$$l_i = \| f(\boldsymbol{x}_i') - f(\boldsymbol{x}_{i+1}') \|, \quad (i = 1, \cdots, s-1)$$

$$\bar{l} = \sum_{i=1}^{s-1} l_i / (s-1)$$

其中，$\boldsymbol{X}'$ 为多目标优化算法的解集，$\boldsymbol{x}_i'$ 为 $\boldsymbol{X}'$ 中的第 i 个解；l_i 表示第 i 个和第 $i+1$ 个解之间的距离，l_0 和 l_s 分别表示第 1 个解和第 s 个解与 Pareto 前沿两端边界解之间的距离，$\bar{l}$ 表示 $\boldsymbol{X}'$ 中解之间的平均距离，上述距离均是在目标函数空间上度量的。$\hbar=0$ 表明 $\boldsymbol{x}'_i$ 全部为 Pareto 最优解。当 l_0 和 l_s 分别为 0 且 $l_i=\bar{l}$ 时，多目标优化算法的解集具有最好的均匀分布形态。

计算中 PAPSO 算法的种群规模为 50，共享池大小为 100，最大迭代次数为 200，运行 30 次，计算结果的收敛度指标和均匀度指标见表 6-1 和表 6-2。为比较 PAPSO 算法的性能，表 6-1 和表 6-2 还列出了分别采用 NSGA-II、SPEA 和 MOPSO 算法求解 F_1 和 F_2 时计算结果的统计指标。NSGA-II 和 SPEA 算法的种群规模和迭代次数均为 100 和 250；MOPSO 算法的种群规模和迭代次数为 50 和 500。NSGA-II(R) 和 NSGA-II(B) 分别表示实数编码和二进制编码的 NSGA-II 算法。

表 6-1 算法收敛度指标比较

算法	$\hbar$ 均值		$\hbar$ 方差	
	F_1	F_2	F_1	F_2
NSGA-II(R)	0.11450	0.513053	0.00794	0.11846
NSGA-II(B)	0.043411	3.227636	0.000042	7.30763
SPEA	0.047517	7.340299	0.000047	6.572516
MOPSO	0.00418	7.37429	0.00000	5.48286
PAPSO	0.00971	1.91341	0.00000	2.47601

表 6-2 算法均匀度指标比较

算法	λ 均值		λ 方差	
	F_1	F_2	F_1	F_2
NSGA-II(R)	0.73854	0.702612	0.019706	0.064648
NSGA-II(B)	0.575606	0.479475	0.005078	0.009841
SPEA	0.672938	0.798463	0.003587	0.014616
MOPSO	0.83195	0.96194	0.00892	0.00114
PAPSO	0.61041	0.73234	0.00183	0.05542

由表 6-1 可知，PAPSO 算法在求解 F_1 时收敛度指标整体上优于 NSGA-II 和 SPEA，在求解 F_2 时收敛度指标整体上优于 NSGA-II(B)、SPEA 和 MOPSO，这表明 PAPSO 算法由于

采用了共享池共享粒子间寻优信息因而具备较大的概率找到 Pareto 最优解,并且对于多局部极值优化问题具有较好的跳出局部极值的能力。由表 6-2 可知,PAPSO 算法在求解 F_1 和 F_2 时均匀度指标均值优于 SPEA 和 MOPSO,但部分差于 NSGA-II;均匀度指标方差与 NSGA-II、SPEA 和 MOPSO 大体接近。这是由遗传算法和 PSO 算法信息共享机制本质上不同决定的。

遗传算法中的染色体可以实现极为细微的最优值调整,所以 NSGA-II(B)算法可能产生最好的均匀度指标;而 PSO 算法的粒子飞行受历史速度、最优目标等影响较大,尽管可以采用各种措施提高算法均匀度,但也很难达到 NSGA-II(B)算法那么优的指标。但是,在 PAPSO 算法中通过对混沌变异触发条件式(6-52)的参数 Δk 和 Δf 进行合理设置,可以极大地减少由混沌序列迭代产生的计算开销,能用相对较少的适应值函数评价次数获得较好的优化结果。

图 6-12 至图 6-15 给出了 PAPSO 算法在求解函数 F_1 时不同迭代次数下粒子在目标函数空间的分布情况。

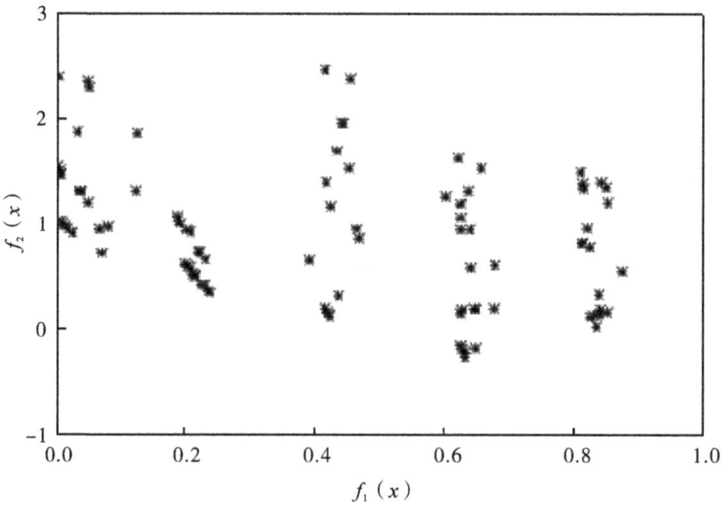

图 6-12 迭代次数 $k=50$ 时 PAPSO 算法求解函数 F_1 解的分布

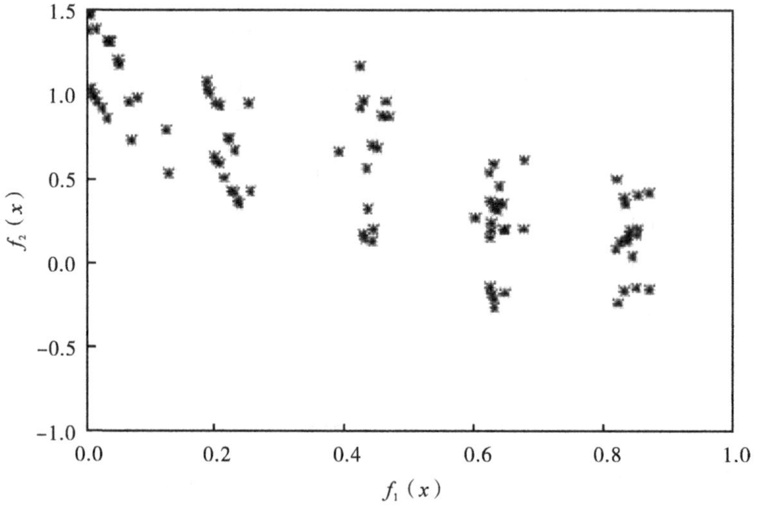

图 6-13 迭代次数 $k=100$ 时 PAPSO 算法求解函数 F_1 解的分布

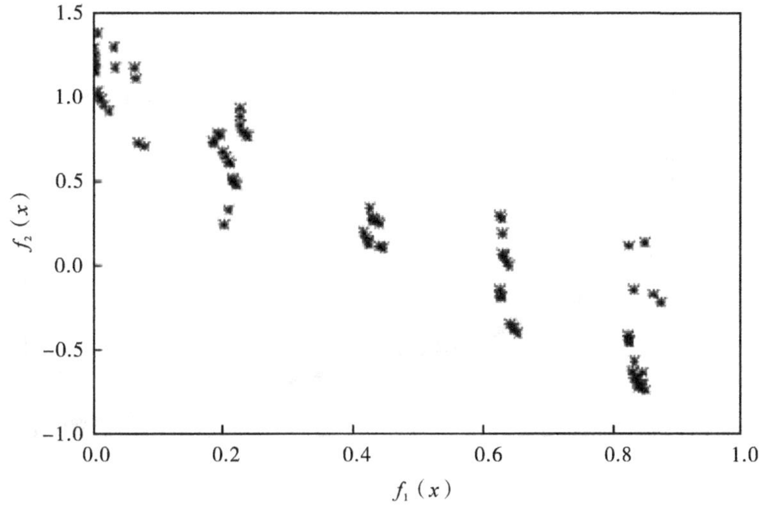

图 6-14　迭代次数 $k=150$ 时 PAPSO 算法求解函数 F_1 解的分布

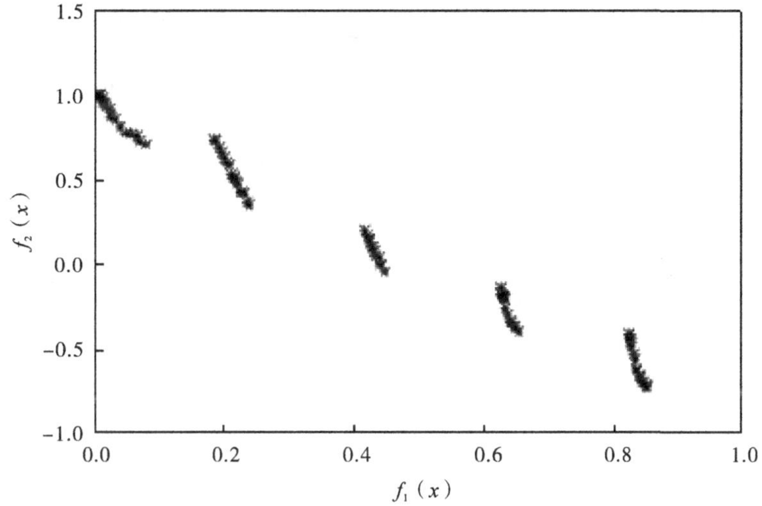

图 6-15　迭代次数 $k=200$ 时 PAPSO 算法求解 F_1 解的分布

图 6-12 至图 6-15 表明 PAPSO 算法在不到 200 次的迭代次数内已经搜索到 Pareto 前沿，具备快速求解多目标优化问题的能力。

图 6-16 为 PAPSO 算法在求解 F_2 时的计算结果，并与 SPEA 算法进行了比较。从图 6-16可以看出，PAPSO 算法所求的 Pareto 解集和 SPEA 算法得出的结果相比保持了更好的均匀度和多样性，因此用 PAPSO 算法可以获得比 SPEA 算法更好的优化结果。

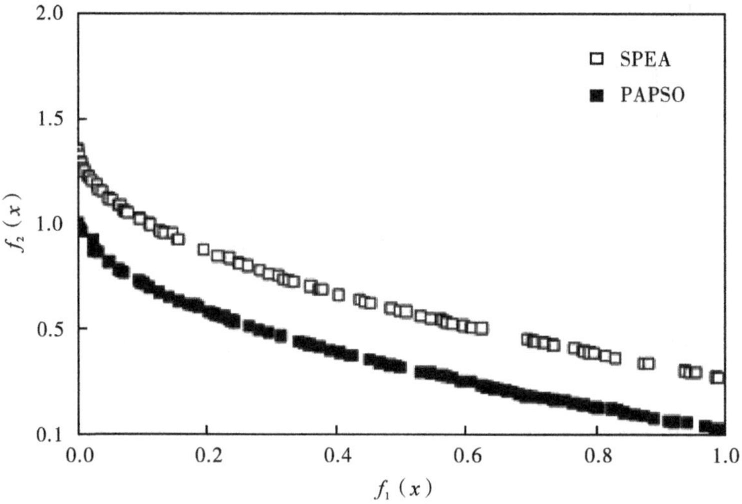

图 6-16 函数 F_2 的多目标优化结果

6.3.3 多目标协调的 FACTS 辅助阻尼控制器时滞控制设计方法

FACTS 辅助阻尼控制器多目标协调设计的过程，主要包括系统模型建立和使用多目标优化算法 PAPSO 进行求解等几个部分。

(1)建立含 FACTS 设备的电力系统数学模型，在稳态点线性化后得到含 FACTS 设备的开环电力系统状态空间模型。

(2)使用多目标优化算法 PAPSO 求解符合条件的 SDC 参数，建立辅助阻尼控制器模型。

(3)建立考虑时滞影响的闭环电力系统模型，计算区间振荡模式阻尼比和时滞稳定裕度。

(4)根据 PAPSO 算法中的信息共享和多样性保持策略，更新共享池中符合要求的解，最后按照其决策权重有序输出。

因此，基于 PAPSO 优化算法的辅助阻尼控制器 SDC 多目标问题求解流程可描述如下。

(1)算法参数初始化，设置最大迭代次数 $k_{\max}$，种群规模 $i_{\max}$，共享池大小 s，学习因子 c_1 和 c_2，SDC 参数取值范围等。

(2)建立含 FACTS 设备的开环电力系统模型式(6-23)。

(3)将式(6-23)在稳态运行点线性化后得到状态空间模型式(6-24)。

(4)随机初始化种群，每个粒子 $\boldsymbol{\Theta}_i$ 对应一种可能的 SDC 参数配置。

(5)$k=1, i=1$。

(6)根据第 k 次迭代中的第 i 个粒子 $\boldsymbol{\Theta}_{i,k}$ 建立 SDC 模型式(6-25)。

(7)根据系统模型式(6-24)和 SDC 模型式(6-25)建立时滞电力系统模型式(6-27)。

(8)根据第 i 个粒子所对应的时滞电力系统模型式(6-27)计算区间振荡模式阻尼比 ξ 和时滞电力系统的时滞稳定裕度 τ。

(9)根据 Pareto 关联支配关系更新第 i 个粒子的个体极值；根据 Sigma 领导策略式(6-45)在共享池中选择 Sigma 值最接近的粒子作为第 i 个粒子的群体极值。

(10)更新第 i 个粒子的速度和位置。

(11)根据式(6-52)将符合条件的粒子进行混沌变异操作。

(12)$i=i+1$,若 $i<i_{max}$则返回(6),否则转入(13)。

(13)按照 Pareto 支配关系优先、非劣解支配关系次之的排序规则更新共享池。

(14)$k=k+1$,若 $k<k_{max}$则返回(6),否则转入(15)。

(15)根据式(6-53)至式(6-55)计算共享池中每个粒子对应的决策权重,并根据其大小输出有序 Pareto 解集。

6.3.4　分析与说明

将 PAPSO 算法应用于电力系统广域阻尼控制中的多目标优化问题,可实现辅助阻尼控制器参数的优化设计,为验证该方法的有效性,本节采用两区四机系统进行仿真实验。在广域测量环境下,设计基于统一潮流控制器 UPFC 的辅助阻尼控制器 SDC 应满足双重目标,既要能以更大的阻尼比 ξ 抑制主导振荡模式 $\sigma+j\bar{\omega}$,又能具备更大的时滞稳定裕度,使得 SDC 镇定信号即使被延迟一小段时间仍能使电力系统维持稳定。

电力系统中常用的 SDC 数学模型可表示如下:

$$G_{SDC}(s)=K_{SDC}\frac{T_w s}{1+T_w s}\frac{1+T_1 s}{1+T_2 s}\frac{1+T_3 s}{1+T_4 s} \tag{6-61}$$

其中,K_{SDC}为附加阻尼控制器的增益;T_w 为隔直环节的时间常数;T_1、T_2、T_3 和 T_4 为相位补偿环节的时间常数。

考虑信号传输时滞的 UPFC 阻尼控制模型包括开环电力系统、SDC 和时滞环节等三个部分,在平衡点展开后,可化为下述时滞电力系统模型:

$$\dot{\bar{x}}(t)=\boldsymbol{A}'\bar{\boldsymbol{x}}(t)+\boldsymbol{A}_d\bar{\boldsymbol{x}}(t-d(t)) \tag{6-62}$$

其中,$\bar{\boldsymbol{x}}$ 为系统状态;$d(t)$为时滞。调节 SDC 的增益 K_{SDC}、隔直 T_w和超前滞后 T_1,T_2,T_3 和 T_4 等参数将影响电力系统的阻尼性能 ξ 和时滞稳定裕度 τ。

因此,SDC 的设计目标为

$$\max\xi=-\frac{\sigma}{\sqrt{\sigma^2+\bar{\omega}^2}} \tag{6-63}$$
$$\max\tau$$

其中,ξ 为闭环系统关键特征根阻尼比,时滞稳定裕度 τ 根据引理 4.1 进行计算。

根据 PAPSO 算法,SDC 中待优化的变量为

$$\boldsymbol{\Theta}=(K_{SDC},T_w,T_1,T_2,T_3,T_4) \tag{6-64}$$
$$\begin{aligned}s.t.\quad & K_{SDC}^{min}\leqslant K_{SDC}\leqslant K_{SDC}^{max}\\ & T_w^{min}\leqslant T_w\leqslant T_w^{max}\\ & T_1^{min}\leqslant T_1\leqslant T_1^{max}\\ & T_2^{min}\leqslant T_2\leqslant T_2^{max}\\ & T_3^{min}\leqslant T_3\leqslant T_3^{max}\\ & T_4^{min}\leqslant T_4\leqslant T_4^{max}\end{aligned}$$

其中,$K_{SDC}^{min}=0.1$,$K_{SDC}^{max}=1$,$T_1^{min}=0.01$,$T_1^{max}=1$,$T_2^{min}=0.01$,$T_2^{max}=1$,$T_3^{min}=0.01$,$T_3^{max}=1$,$T_4^{min}=0.01$,$T_4^{max}=1$,$T_w^{min}=5$,$T_w^{max}=10$。

通过相角映射且根据 SDC 设计经验有 $T_3=T_1$,$T_4=T_2$,$T_w\in[5,10]$,则 PAPSO 算法待优化的变量 ψ 简化为

$$\boldsymbol{\psi} = (\psi_{K_{SDC}}, \psi_{T_1}, \psi_{T_2}) \tag{6-65}$$

其中，$\boldsymbol{\psi}$ 的 3 个分量与 $\boldsymbol{x}$ 第 1、3、4 个分量的关系由式(6-35)给出。

设开环电力系统为 KUNDUR 的两区四机系统，UPFC 安装于两个区域的联络线上。SDC 输入信号为线路 7—8 的有功功率偏差 ΔP_{7-8} 和线路 6—7 的电流偏差 ΔI_{6-7}。UPFC 分别采用 U_p、U_q 和 I_q 三种控制方式可实现线路有功、无功潮流控制和 UPFC 输入端电压控制。PAPSO 算法种群规模为 25，迭代次数为 100，共享池大小为 50，ω_{max} 和 ω_{min} 分别为 0.9 和 0.4，$K_{SDC} \in [0.1, 1]$，$T_1, T_2 \in [0.01, 1]$，$T_w = 10$。由于 τ 的计算十分耗时，因此 PAPSO 算法采用较小种群规模以减少 τ 的计算次数。同时，PAPSO 算法采用较大的共享池以保留较多的 Pareto 最优解和非劣解。

针对 UPFC 三种控制方式及 SDC 两种输入方式，采用 PAPSO 算法可以得到满足式(6-63)的不同 SDC 参数。图 6-17 给出了 UPFC 采用 I_q 控制方式且 SDC 输入信号为 ΔP_{7-8} 时 PAPSO 算法和 SPEA 算法的计算结果。由图 6-17 可知，阻尼比 ξ 和时滞稳定裕度 τ 为互相制约的指标，当 SDC 参数(K_{sdc}, T_1, T_2)使阻尼比 ξ 增大时会减少系统所能承受的输入信号传输延时。

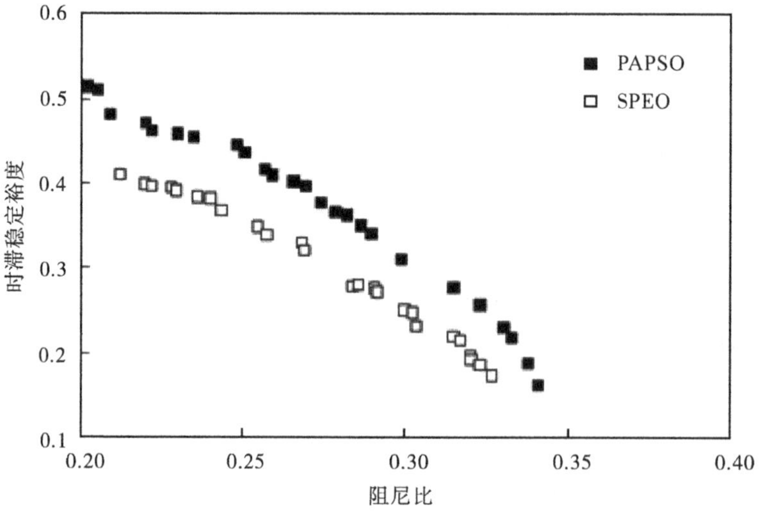

图 6-17　UPFC 辅助阻尼控制多目标优化结果

由于在通信线路阻塞时 SDC 输入信号传输时滞可高达 500 ms，因此选取 PAPSO 算法的计算结果(ξ_1, τ_1)=(0.2018, 0.5134)和 SPEA 算法所获得的计算结果(ξ_2, τ_2)=(0.2121, 0.4095)两组数据进行仿真分析。(ξ_1, τ_1)是用 PAPSO 算法求出的阻尼比和最大时滞稳定裕度，(ξ_2, τ_2)是用 SPEA 算法求出的阻尼比和最大时滞稳定裕度。设置扰动模式为联络线在 1.0 s 时三相短路，50 ms 后线路重新合闸成功。在不同的实际通信时延 h 影响下，联络线有功功率 ΔP 响应曲线如图 6-18 至图 6-23 所示。

由图 6-18 至图 6-21 可知，在信号传输时滞 h 不大于 0.4059 s 时，通过 PAPSO 算法和 SPEA 算法得到的 SDC 控制器都能使 ΔP 稳定。显然，根据 PAPSO 算法所求的控制器参数设计的辅助阻尼控制器 SDC 可以更好地阻尼区间振荡，系统的稳定时间大概在 6 s 左右。而用 SPEA 算法所求的优化结果来进行 SDC 设计，尽管其时滞稳定裕度 τ_2=0.4059 s，但是当信号传输时滞 h=0.3 s 时，系统已不能在 10 s 内稳定了。由图 6-22 可知，当信号传输时滞 h

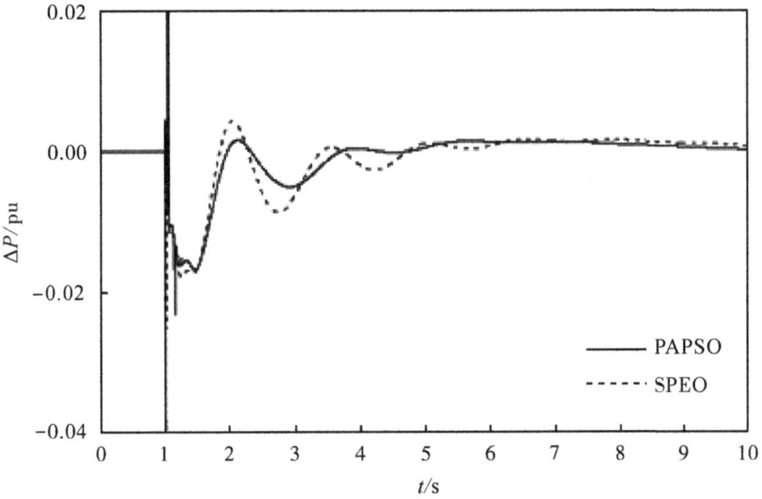

图 6-18　h=0.1 s 时联络线 8—9 有功功率响应

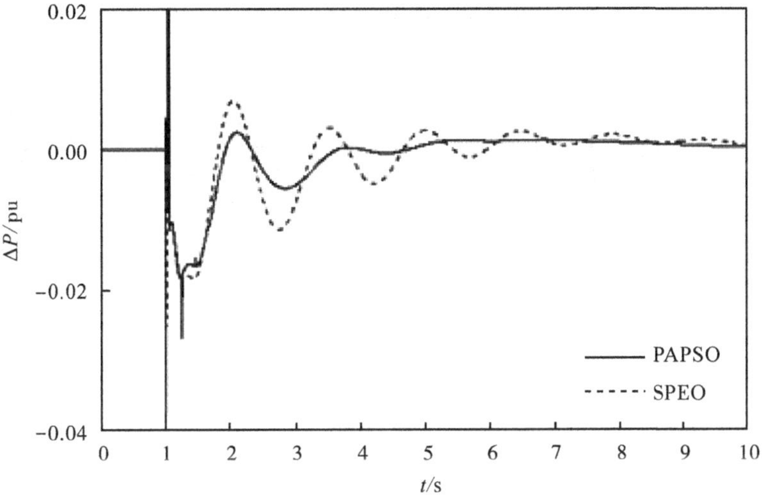

图 6-19　h=0.2 s 时联络线 8—9 有功功率响应

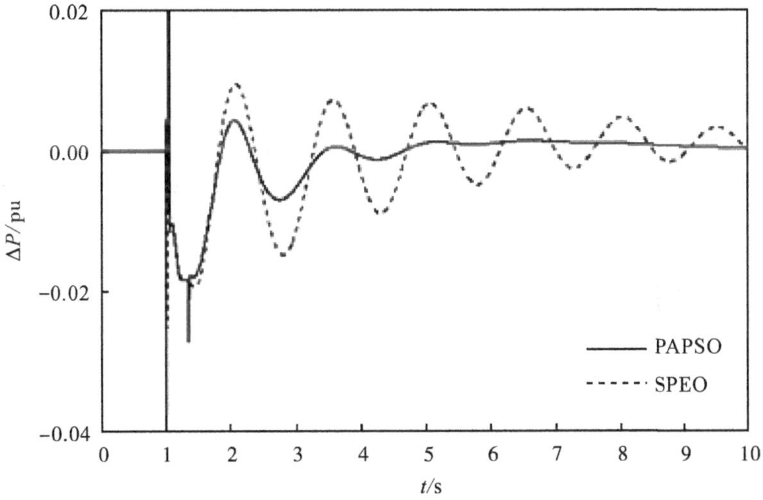

图 6-20　h=0.3 s 时联络线 8—9 有功功率响应

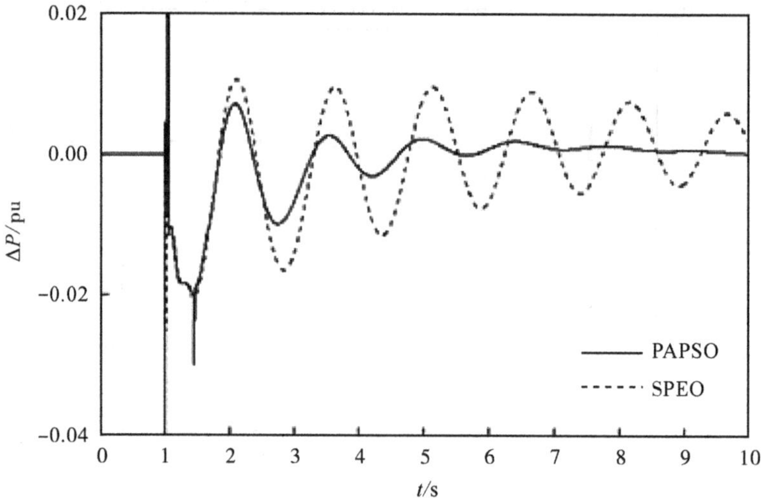

图 6-21 h=0.4059 s时联络线 8—9 有功功率响应

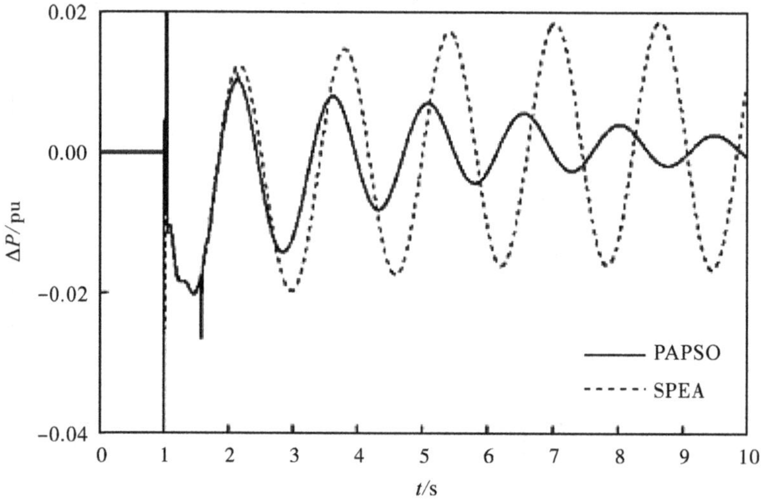

图 6-22 h=0.5134 s时联络线 8—9 有功功率响应

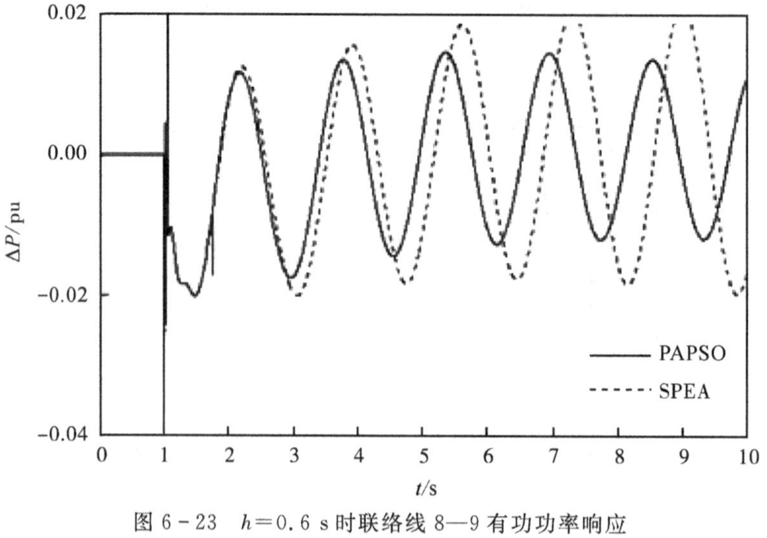

图 6-23 h=0.6 s时联络线 8—9 有功功率响应

达到 0.5134 s 时，由于 $\tau_2<h\leqslant\tau_1$，因此通过 SPEA 算法得到的 SDC 控制器已不能维持 ΔP 的稳定，但根据 PAPSO 算法得到的 SDC 控制器仍然可以使系统在略多于 10 s 的时间内稳定。由图 6-23 可知，当信号传输时滞 h 为 0.6 s 时由于 $h>\tau_1$，系统失去稳定。

6.3.5　主要结论

本节通过建立含 FACTS 的时滞电力系统模型实现了传统无时滞 SDC 设计方法向有时滞 SDC 设计方法的拓展和延伸，为广域测量环境下考虑信号传输时滞的 FACTS 阻尼控制器设计提供了一条新思路。同时，为了解决时滞环境下 SDC 多目标优化设计问题，提出了一种基于相角映射的改进多目标粒子群优化算法 PAPSO，该算法将标准 PSO 算法的位置映射为相角，实现了粒子在解空间上仅依赖于归一化多目标函数的快速搜索；采用共享池信息交换和混沌变异策略增加了算法计算结果的多样性，避免了算法的早熟问题。标准测试函数的数值实验结果表明，PAPSO 算法能快速逼近 Pareto 前沿并能保持解的高度多样性。

以含 FACTS 的时滞电力系统模型为基础，兼顾阻尼比和时滞稳定裕度最大化的 SDC 设计方法，仅通过在可行 SDC 解空间进行智能搜索就能获得满足预期目标的最优 SDC 解集。广域阻尼控制多目标优化算例的仿真结果表明采用该方法所设计的 SDC 控制器能表现出较好的阻尼性能并能容忍较大的信号传输时滞。同时，与其他算法相比 PAPSO 算法可以取得更优的解，但是 PAPSO 算法为保持种群多样性采用的各种改进策略也增加了计算开销。因此，在求解复杂的实际工程多目标优化问题时，进一步提高 PAPSO 算法计算效率和计算结果的均匀度，值得进一步研究。

6.4　FACTS 阻尼控制器群智能优化改进设计

本节针对广域测量环境下时滞电力系统镇定控制器设计这一难题，建立了计及信号传输时滞的 FACTS 阻尼控制模型，根据抑制区间振荡的实际需要提出了以最大化阻尼比和时滞稳定裕度为目标的基于改进多目标粒子群优化算法(multi-objective particle swarm optimization，MOPSO)的 SDC 设计方法(IMOPSO-SDC)，通过在 SDC 可行解空间内进行全局搜索从而获得满足目标要求的 SDC 参数，规避了时滞相关镇定现有控制器综合算法的不足。以 UPFC 阻尼控制器设计为例，在两区四机互联电力系统上对该方法进行了验证和仿真研究。

6.4.1　计及时滞影响的阻尼控制器改进设计

广域测量系统为有效抑制互联电网区间低频振荡提供了技术手段，但其量测信号传输时滞可能导致系统阻尼性能降低甚至失稳。本节针对广域测量环境下灵活交流输电系统(FACTS)阻尼控制器设计问题，建立了一种计及信号传输时滞的 FACTS 阻尼控制模型，并提出了以最大化阻尼比和时滞稳定裕度为目标的辅助阻尼控制器智能优化改进设计方法，该方法以多目标粒子群优化算法为基础，采用二维 Sigma 领导策略实现粒子加速搜索并通过混沌变异操作避免算法早熟，得到了基于模糊集的有序 Pareto 解集，克服了时滞相关镇定现有控制器综合算法仅能获得次优解的不足。两区四机互联电力系统算例表明利用该方法获得的 FACTS 阻尼控制器既能有效阻尼区间低频振荡，又能容忍一定的信号传输时滞。

含 FACTS 阻尼控制的时滞电力系统模型为式(6-27)所示。不计及信号传输时滞时，传统的 SDC 设计仅要求阻尼性能指标如阻尼比 ξ 最大就可以有效抑制低频振荡。计及信号传输时滞后，SDC 设计除要求常规阻尼性能指标最大外，还必须确保电力系统能容忍一定的时延，即满足下述两个基本要求：①具有较大的阻尼比 ξ；②具有较大的时滞稳定裕度 τ。因此，FACTS 阻尼控制器设计问题仍然描述为一个复杂的多目标优化设计问题：

$$\max\ \{\xi(\boldsymbol{\pi}),\tau(\boldsymbol{\pi})\} \tag{6-66}$$

式中，ξ 为区间振荡模式对应的阻尼比；$\boldsymbol{\pi}$ 为一组可行的 SDC 参数配置，当 $\boldsymbol{\pi}$ 取值变化时将导致式(6-27)中系数矩阵 $\boldsymbol{A}'$ 和 A_d 发生改变，进而导致 ξ 和 τ 的变化。

对于式(6-66)的多目标优化问题，本质上是时滞相关镇定问题。但是对于该问题，即使是简单的状态反馈情形，目前也暂无比较有效的控制器综合算法。因此，本节以多目标粒子群优化算法(MOPSO)为基础，提出了一种基于改进 MOPSO 的 SDC 设计方法(IMOPSO-SDC)，并在加速技术、重叠粒子分离和 Pareto 解集决策等方面进行改进设计，通过粒子在 SDC 可行解空间全局搜索的方式获得满足式(6-66)优化目标的 SDC 参数。

SDC 改进设计方法(IMOPSO-SDC)特征描述如下：

1. 算法加速技术

IMOPSO-SDC 算法采用 MOPSO 算法的共享池(Repository)技术存储种群当前搜索到的 Pareto 最优解和非劣解，为粒子后续飞行提供经验指导，并通过以下两种方式提高计算速度。

(1)为提高定理 4.1 中 LMI 计算效率，采用 Schur 降阶方法对开环电力系统式(6-24)进行降阶操作。将式(6-24)表示为频域形式：

$$\boldsymbol{G}(s)=\begin{bmatrix}\boldsymbol{A} & \boldsymbol{B}\\ \boldsymbol{C} & \boldsymbol{0}\end{bmatrix} \tag{6-67}$$

经 Schur 降阶得到

$$\boldsymbol{G}_k(s)=\begin{bmatrix}\boldsymbol{A}_k & \boldsymbol{B}_k\\ \boldsymbol{C}_k & \boldsymbol{D}_k\end{bmatrix} \tag{6-68}$$

误差满足：

$$\|\boldsymbol{G}_k^{-1}(s)[\boldsymbol{G}(s)-\boldsymbol{G}_k(s)]\|_\infty \leqslant 2\sum_{i=k+1}^{n}\frac{\sigma_i}{1-\sigma_i} \tag{6-69}$$

式中，σ_i 为 $\boldsymbol{G}(s)$ 的全通相位矩阵的第 i 个 Hankel 奇异值。

$\boldsymbol{G}_k(s)$ 取代 $\boldsymbol{G}(s)$ 后，时滞电力系统式(6-27)的阶数将大大降低，从而能减少 IMOPSO-SDC 算法为进行适应值评估所需的时滞稳定裕度 τ 的计算时间。

(2)在 d 维目标搜索空间中，第 i 个粒子的当前位置可表示为 $\boldsymbol{\pi}_i=(\pi_{i,1},\pi_{i,2},\cdots,\pi_{i,d})$，为使种群中粒子根据各自经验值有目的进行搜索，每个粒子选择共享池中 Sigma 值最接近的粒子作为其领导粒子。种群中第 i 个粒子的二维 Sigma 值定义如下：

$$\mathrm{Sigma}(\boldsymbol{\pi}_i)=\frac{\xi'^2(\boldsymbol{\pi}_i)-\tau'^2(\boldsymbol{\pi}_i)}{\xi'^2(\boldsymbol{\pi}_i)+\tau'^2(\boldsymbol{\pi}_i)} \tag{6-70}$$

$$\xi'(\boldsymbol{\pi}_i)=\frac{\xi(\boldsymbol{\pi}_i)-\xi_{\min}}{\xi_{\min}+\xi_{\max}},\tau'(\boldsymbol{\pi}_i)=\frac{\tau(\boldsymbol{\pi}_i)-\tau_{\min}}{\tau_{\min}+\tau_{\max}} \tag{6-71}$$

式中，$\xi_{\max}$ 和 $\xi_{\min}$ 为阻尼比的预期上下界；$\tau_{\max}$ 和 $\tau_{\min}$ 为时滞稳定裕度的预期上下界。

采用 Sigma 值作为领导粒子的选择策略，本质上是使在一定扇形区域内的粒子以相同的斜角飞行，直至飞到 Pareto 最优解集或目标函数空间的边界。Sigma 加速技术可以确保粒子以极快的速度飞向 Pareto 前沿，从而提高 IMOPSO-SDC 算法的寻优效率。

2. 基于混沌变异的重叠粒子分离技术

为保持种群多样性，避免算法早熟，IMOPSO-SDC 算法在粒子进化过程中引入混沌变异操作。当两个粒子间的欧拉距离小于某一阈值时，利用混沌遍历的规律性及不重复性把混沌寻优的结果替换其中一个粒子，从而将即将重叠的粒子进行分离。混沌变异分两步进行。

(1)通过 Logistic 映射产生的混沌序列。

$$\vartheta_{n+1} = \alpha\vartheta_n(1-\vartheta_n),\quad (n=0,1,2,\cdots) \tag{6-72}$$

式中，α 为控制参数，当 $\alpha\in[3.57,4]$时系统处于混沌区域；ϑ_n 为混沌变量。确定 α 后由任意初值 $\vartheta_0\in[0,1]$即可迭代出一个确定的混沌序列 $\vartheta_1,\vartheta_2,\vartheta_3,\cdots$。

(2)在第 k 次迭代中采用自适应策略修改第 i 个粒子第 d 维的 SDC 参数值。

$$\boldsymbol{\pi}_{i,d} = \boldsymbol{\pi}^*_{i,d} + \frac{\beta(k_{\max}-k+1)\vartheta_n}{k_{\max}}\boldsymbol{\pi}^*_{i,d} \tag{6-73}$$

式中，$\boldsymbol{\pi}^*_{i,d}$为当前最优解；β 为邻域半径；$k_{\max}$为最大迭代次数。

采用自适应策略可以确保在迭代进化过程中当前最优解变化量随迭代次数 k 的增加而减小。在搜索前期，较大的当前最优解变化量可跳出局部极值点便于快速找到较好的搜索区域。在搜索后期，较小的当前最优解变化量可以在较好值附近进行高精度搜索。

3. 基于模糊集的有序 Pareto 解集

求得 Pareto 解集后，如何从解集中选择合适的 SDC 对决策者是一个难题。IMOPSO-SDC 算法采用模糊集技术将 Pareto 解集中每个解赋予不同的权重并以一定次序输出，为决策者提供决策支持。定义如下模糊集。

$$\eta_\xi(\boldsymbol{\pi}_i) = \begin{cases} 0 & \xi(\boldsymbol{\pi}_i)\leqslant\gamma_\xi \\ \dfrac{\xi(\boldsymbol{\pi}_i)-\gamma_\xi}{\rho_\xi-\gamma_\xi} & \gamma_\xi<\xi(\pi_i)<\rho_\xi \\ 1 & \xi(\boldsymbol{\pi}_i)\geqslant\rho_\xi \end{cases} \tag{6-74}$$

$$\eta_\tau(\boldsymbol{\pi}_i) = \begin{cases} 0 & \tau(\boldsymbol{\pi}_i)\leqslant\gamma_\tau \\ \dfrac{\tau(\boldsymbol{\pi}_i)-\gamma_\tau}{\rho_\tau-\gamma_\tau} & \gamma_\tau<\tau(\boldsymbol{\pi}_i)<\rho_\tau \\ 1 & \tau(\boldsymbol{\pi}_i)\geqslant\rho_\tau \end{cases} \tag{6-75}$$

式中，γ_ξ 和 ρ_ξ 为阻尼比的阈值；γ_τ 和 ρ_τ 为时滞稳定裕度的阈值。

$\boldsymbol{\pi}_i$ 的决策权重 η_i 计算如下

$$\eta_i(\boldsymbol{\pi}_i) = \frac{\eta_\xi(\boldsymbol{\pi}_i)+\eta_\tau(\boldsymbol{\pi}_i)}{\sum_{i=1}^{l}(\eta_\xi(\boldsymbol{\pi}_i)+\eta_\tau(\boldsymbol{\pi}_i))} \tag{6-76}$$

式中，l 为共享池中 Pareto 解的个数。

调节式(6-74)和式(6-75)中的阈值为 $\boldsymbol{\pi}_i$ 赋予不同的决策权重 η_i。IMOPSO-SDC 算法根据 η_i 将 Pareto 解集排序后输出，为决策提供参考。

6.4.2　阻尼控制器改进设计的计算方法

根据上述阻尼控制器改进设计，可以得到相应的计算方法。IMOPSO -SDC 算法计算流程如下。

(1)算法参数初始化，设置最大迭代次数 k_{max}，种群规模 i_{max}，共享池大小 l，学习因子 c_1 和 c_2，SDC 参数取值范围，阻尼比阈值 γ_ξ 和 ρ_ξ，时滞稳定裕度阈值 γ_τ 和 ρ_τ 等。

(2)建立含 FACTS 设备但不含 SDC 的开环电力系统模型式(6-23)。

(3)将式(6-23)在稳态运行点线性化后得到全阶模型式(6-24)。

(4)采用 Schur 降阶方法得到与全阶模型式(6-24)等价的低阶模型式(6-68)。

(5)随机初始化种群，每个粒子 $\boldsymbol{\pi}_i$ 对应一种可能的 SDC 参数配置。

(6)$k=1$，$i=1$。

(7)根据第 k 次迭代中的第 i 个粒子 $\boldsymbol{\pi}_i^k$ 建立 SDC 模型式(6-25)。

(8)根据低阶模型式(6-68)和 SDC 模型式(6-25)建立时滞电力系统模型式(6-27)。

(9)根据时滞电力系统模型式(6-27)计算区间振荡模式阻尼比 ξ_i。

(10)根据定理 4.1 计算时滞电力系统模型式(6-27)的时滞稳定裕度 τ_i。

(11)根据 Pareto 支配关系更新第 i 个粒子的个体极值 $\boldsymbol{p}_i^k$；根据 Sigma 领导策略式(6-70)在共享池中选择 Sigma 值最接近的粒子作为第 i 个粒子的群体极值 $\boldsymbol{g}_i^k$。

(12)根据式(6-77)和式(6-78)分别更新第 i 个粒子的速度 $\boldsymbol{v}_i^{k+1}$ 和位置 $\boldsymbol{\pi}_i^{k+1}$。

$$\boldsymbol{v}_i^{k+1} = \omega \boldsymbol{v}_i^k + c_1 r_1 (\boldsymbol{p}_i^k - \boldsymbol{\pi}_i^k) + c_2 r_2 (\boldsymbol{g}_i^k - \boldsymbol{\pi}_i^k) \tag{6-77}$$

$$\boldsymbol{\pi}_i^{k+1} = \boldsymbol{\pi}_i^k + \boldsymbol{v}_i^{k+1} \tag{6-78}$$

(13)根据式(6-73)对种群中适应度值即将重叠的粒子进行混沌变异操作。

(14)$i=i+1$，若 $i<i_{max}$ 则返回(7)，否则转入(15)。

(15)按照 Pareto 支配关系优先、非劣解支配关系次之的排序规则更新共享池。

(16)$k=k+1$，若 $k<k_{max}$ 则返回(7)，否则转入(17)。

(17)根据式(6-74)至式(6-76)计算共享池中每个粒子对应的决策权重，并根据其大小输出有序 Pareto 解集。

6.4.3 分析与说明

为验证 IMOPSO-SDC 算法在 FACTS 阻尼控制器设计中的有效性，对含 UPFC 这一典型 FACTS 设备的两区四机电力系统进行 SDC 设计和仿真研究。UPFC 安装于输电线路 8—9 上，UPFC 串联补偿度为 30%；UPFC 控制器增益 K_r 和时间常数 T_r 分别为 75 和 0.005 s。对该系统进行特征值分析可知该系统存在两个局部振荡和一个区间振荡。为抑制局部振荡，发电机 Gen_1 和 Gen_3 安装以本地发电机转速为输入的电力系统稳定器 PSS_1 和 PSS_3，其传递函数模型如下：

$$G_{pss}(s) = 20\,\frac{10s}{1+10s}\left(\frac{1+0.05s}{1+0.02s}\right)\left(\frac{1+3.0s}{1+5.4s}\right) \tag{6-79}$$

为抑制区间振荡，需要设计合适的基于 UPFC 的 SDC。如图 6-24 所示，SDC 包括增益(K_c)、隔直(T_w)和超前滞后(T_1、T_2、T_3、T_4)等三个环节。为提高阻尼控制效果，可根据模式分析选取具有较大模式可观度的信号线路 7—8 的功率变化值 ΔP_{7-8} 作为 SDC 的镇定信号。

经计算开环电力系统线性化后的全阶系统模型为 49 阶。图 6-25 给出了 Schur 降阶前后全阶系统和降阶系统的频率响应。该图表明降阶后的 5 阶模型与全阶模型的频率响应曲线相差较大，而降阶后的 7 阶系统在 0.1～2 Hz 的频率范围内精确地包含了原系统的频率响应，

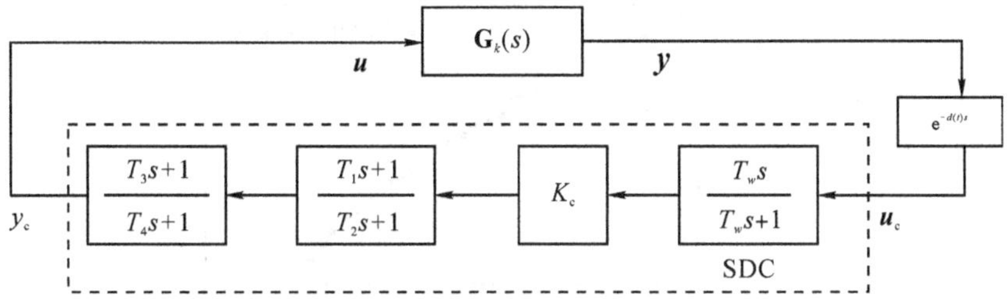

图 6-24　SDC 控制模型框图

因此图 6-24 中的 $G_k(s)$ 可用 7 阶降阶模型替代。

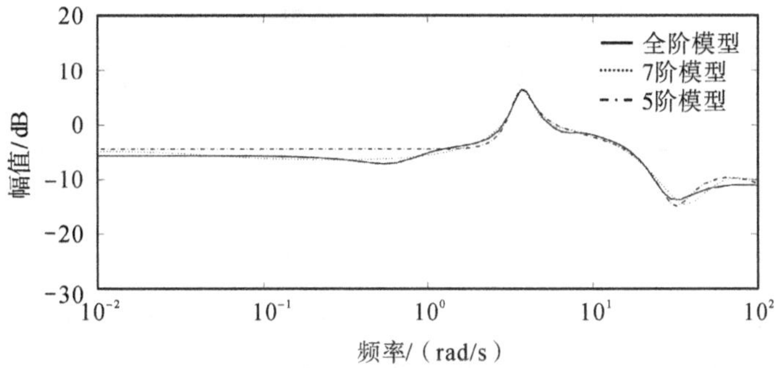

图 6-25　全阶系统和降阶系统的频率响应

为简化计算，SDC 隔直环节参数 T_w 为 10 s；超前滞后环节参数 T_1、T_2 分别等于 T_3、T_4。IMOPSO-SDC 算法中待优化的 SDC 参数从 6 个减少为 3 个，即 $\boldsymbol{\pi}=(K_c, T_1, T_2)$。IMOPSO-SDC 算法中其他参数取值见表 6-3。

表 6-3　IMOPSO-SDC 算法参数取值

种群规模 i_{max}	最大迭代次数 k_{max}	共享池大小 l	学习因子 c_1	学习因子 c_2	超前滞后参数 T_1/s	超前滞后参数 T_2/s
20	200	30	1.49445	1.49445	(0,1)	(0,1)

分别采用 MOPSO 和 IMOPSO-SDC 算法，经计算得到 UPFC 辅助阻尼控制多目标优化结果，如图 6-26 所示。该图表明在 SDC 设计中 ξ 和 τ 这两个优化目标是相互制约的，使 ξ 最大化的 SDC 会降低系统的时滞稳定性，而使系统具有较大 τ 的 SDC 却难以提供较大的阻尼。因此，应根据 UPFC 阻尼控制实际需要从 Pareto 前沿中选取满足 ξ 和 τ 协调控制目标的 SDC 控制策略作为设计结果。图 6-26 还表明，IMOPSO-SDC 方法在 Pareto 解的质量和多样性上能取得比 MOPSO 更好的计算结果。

假设在实际控制中要求 SDC 能提供大于 0.24 的阻尼比且需确保系统能容忍最高达 150 ms的信号传输时延，即要求 $\xi>0.24$ 且 $\tau>0.15$ s，根据基于模糊集的决策权重排序可得满足该条件的最优 SDC 控制策略为表 6-4 中控制策略①。为进行比较分析，表 6-4 还列出了能提供最大时滞($\tau=0.4895$ s)的 SDC 控制策略②。

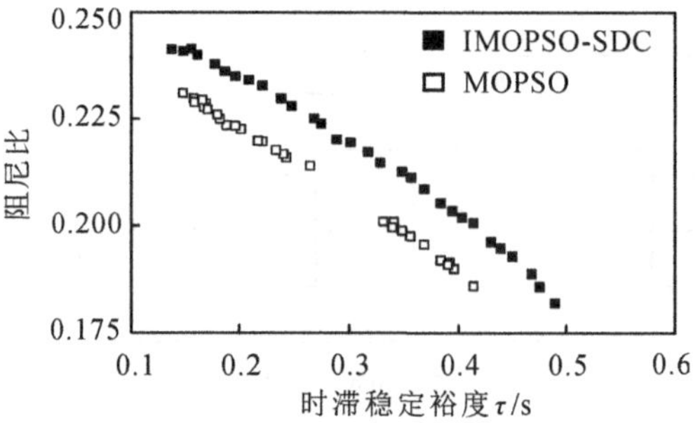

图 6-26 UPFC 辅助阻尼控制多目标优化结果

表 6-4 UPFC 辅助阻尼控制器控制策略

控制策略	增益 K_c	超前滞后参数 T_1/s	超前滞后参数 T_2/s	时滞稳定裕度 τ/s	阻尼比 ξ
①	1.854	0.2439	0.2950	0.1558	0.2414
②	0.60	0.2448	0.2973	0.4895	0.1820

为验证计算结果的正确性，选取表 6-4 中 SDC 控制策略①$(K_c, T_1, T_2)=(1.854, 0.2439, 0.2950)$进行仿真分析。仿真中开环电力系统采用非线性模型，信号传输时滞为常数。实验中设定扰动模式为：1.0 s 时线路 7—8 发生三相短路，50 ms 后故障消除。设 ΔP 表示含 UPFC 的线路 8—9 有功潮流变化值，τ_0 表示 SDC 镇定信号在传输过程中的实际时滞，仿真结果如图 6-27 所示。由该图可知，在系统发生三相短路时，若信号传输时滞为 0 s 即 $\tau_0=0$ s 时，SDC 可使系统在 6 s 左右内稳定，而无 SDC 时系统在 10 s 内难以稳定。若信号传输时滞 τ_0 为 0.15 s 时，SDC 仍可使系统维持稳定，这与表 6-4 中 IMOPSO-SDC 方法的求解结果时滞稳定裕度 $\tau=0.1558$ s 是相符的，即 $\tau_0=0.15\text{ s}<\tau=0.1558$ s 可以确保系统在遭受扰动时仍维持稳定。

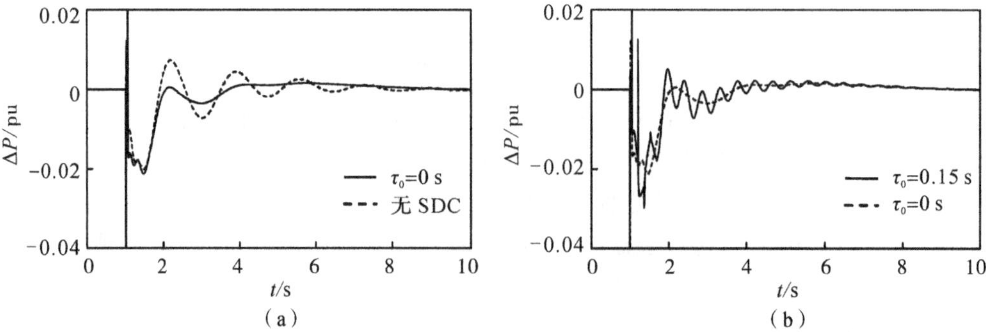

图 6-27 三相短路扰动时 SDC 控制策略①的仿真结果

假设由于实际控制需要，要求系统能容忍的时滞从 150 ms 提高到 480 ms 即 $\tau_0=0.48$ s，则表 6-4 中 SDC 控制策略②$(K_c, T_1, T_2)=(0.60, 0.2448, 0.2973)$可以满足要求，仿真结果如图 6-28 所示。该图表明在系统发生三相短路时，即使实际信号传输时滞 τ_0 高达 0.48 s，采用控制策略②的 SDC 仍可使系统维持稳定，这是因为实际信号传输时滞小于系统的时滞稳

定裕度即 $\tau_0 = 0.48\ \mathrm{s} < \tau = 0.4895\ \mathrm{s}$。图 6-28 和表 6-4 还表明时滞稳定裕度的增加是以降低阻尼比为代价的。

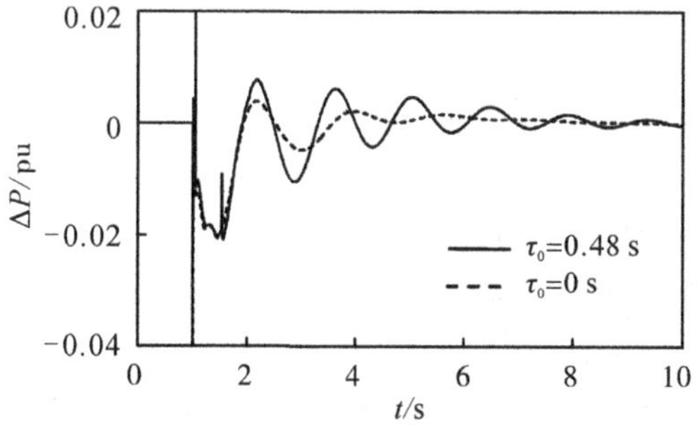

图 6-28　三相短路扰动时 SDC 控制策略②的仿真结果

上述仿真结果表明由 IMOPSO-SDC 方法所得到的 UPFC 辅助阻尼控制器控制策略可以实现阻尼比 ξ 和时滞稳定裕度 τ 的协调优化，确保系统既有较好的阻尼性能，又有较大的时滞稳定裕度。

6.4.4　主要结论

本节通过建立含 FACTS 的时滞电力系统模型实现了传统无时滞 SDC 设计方法向有时滞 SDC 设计方法的拓展和延伸，为广域测量环境下考虑信号传输时滞的 FACTS 阻尼控制器设计提供了一条新思路。基于上述新建模型，提出了一种兼顾阻尼比和时滞稳定裕度最大化的基于粒子群优化算法的 IMOPSO-SDC 方法，解决了时滞环境下 SDC 多目标优化设计问题。该方法通过在可行的 SDC 参数解空间进行智能搜索就能获得满足预期目标的最优 SDC 解集。仿真结果表明采用该方法所设计的 SDC 控制器能表现出较好的阻尼性能并能容忍较大的信号传输时滞。

6.5　小结

在广域环境下，设计的辅助阻尼控制器既要有尽可能大的阻尼比抑制低频振荡，又要使系统有较大的时滞稳定裕度以保证在出现一定的信号传输时滞时，系统也能维持稳定。FACTS 阻尼控制器设计中需要同时满足时滞稳定裕度和阻尼性能指标的要求，这决定了 FACTS 时滞阻尼控制属于多目标优化问题，FACTS 时滞阻尼控制的计算结果不再是一个解，而是 Pareto 解集。进化计算通过种群间协同机制在一次进化中可同时得到多个解，非常适合求解多目标优化问题。为得到 FACTS 阻尼控制器的最优参数，本章首先提出一种基于相角映射的多目标粒子群优化算法 PAPSO，该算法采用基于强支配排序和相似度排序的共享池更新策略，提高解的多样性，采用 Sigma 领导策略和混沌变异操作，平衡算法的快速搜索能力和全局寻优能力，可有效求解时滞电力系统广域阻尼控制多目标优化问题。

接着，本章针对广域测量环境下 FACTS 阻尼控制器设计问题，建立了含时滞的灵活交流输电系统阻尼控制模型，在此基础上系统研究并提出了以最大化阻尼比和时滞稳定裕度为目标、基于粒子群优化算法的辅助阻尼控制器多目标协调设计方法。通过该方法可获得一组满足 SDC 设计目标的 Pareto 解集，实现 FACTS 辅助阻尼控制器参数的优化设计。仿真实验表明利用该方法获得的 FACTS 阻尼控制器既能有效阻尼区间低频振荡，又能容忍一定的信号传输时滞。这些研究成果实现了传统无时滞 SDC 设计方法向有时滞 SDC 设计方法的拓展和延伸，为广域测量环境下考虑信号传输时滞的 FACTS 阻尼控制器设计提供了一条新思路。

参考文献

[1]GHAHREMANIESMAEIL, KAMWA INNOCENT. Optimal placement of multiple-type FACTS devices to maximize power system loadability using a generic graphical user interface[J]. IEEE Transactions on Power Systems, 2013, 28(2): 764－778.

[2]任必兴，杜文娟，王海风，等. UPFC 与同步机轴系的强动态相互作用机理及影响评估[J]. 中国电机工程学报，2020，40(4)：1117－1129.

[3]李顺，唐飞，刘涤尘，等. 分布式潮流控制器提升最大输电能力期望和供电可靠性的效能研究[J]. 电网技术，2018，42(05)：1573－1580.

[4]HAQUE M H. Evaluation of first swing stability of a large power system with various FACTS devices[J]. IEEE Transactions on Power Systems, 2008, 23(3): 1144－1151.

[5]常勇，徐政. SVC 广域辅助控制阻尼区域间低频振荡[J]. 电工技术学报，2006，21(12)：40－46.

[6]刘隽，李兴源，汤广福. SVC 电压控制与阻尼调节间的相互作用机理[J]. 中国电机工程学报，2008，28(1)：12－17.

[7]刘黎明，康勇，陈坚，等. 统一潮流控制器控制策略的研究与实现[J]. 中国电机工程学报，2006，26(10)：114－119.

[8]阎博，汪可友. UPFC 状态反馈精确线性化潮流控制策略[J]. 中国电机工程学报，2012，(19)：42－48.

[9]PADIYAR K R, SAIKUMAR H V. Investigations on strong resonance in multimachine power systems with STATCOM supplementary modulation controller[J]. IEEE Transactions on Power Systems, 2006, 21(2): 754－762.

[10]贺静波，李立涅，陈辉祥，等. 基于广域信息的电力系统阻尼控制器反馈信号选择[J]. 电力系统自动化，2007，31(9)：6－10.

[11]罗珂，刘玉田，叶华. 计及时滞影响的广域附加阻尼控制[J]. 电工技术学报，2010，25(11)：136－141.

[12]李婷，吴敏，何勇. 计及广域测量系统时滞影响的灵活交流输电系统阻尼控制器多目标设计[J]. 电工技术学报，2014，29(8)：227－234.

[13]韩英铎，王仲鸿，陈淮金. 电力系统最优分散协调控制[M]. 北京：清华大学出版社，1997.

[14]MOSTAFASAHRAEI-ARDAKANI, KORY W HEDMAN. A fast LP approach for enhanced utilization of variable impedance based FACTS devices[J]. IEEE Transactions on Power Systems, 2016, 31(3): 2204－2213.

[15]李顺，唐飞，刘涤尘，等. 分布式潮流控制器提升最大输电能力期望和供电可靠性的效能研究[J]. 电网技术，2018，42(5)：1573－1579.

[16]高磊,褚晓杰,汤涌,等. 电力系统多 FACTS 交互作用与协调控制综述[J]. 电网技术,2016(12):3749-3755.

[17]李顺,唐飞,廖清芬,等. 基于多指标效能分析的分布式潮流控制器选址定容优化策略[J]. 电力系统自动化,2017(17):60-65,86.

[18]赵渊,杨晓嵩,谢开贵. UPFC 对电网可靠性的灵敏度分析及优化配置[J]. 电力系统自动化,2012(1):55-60.

[19]李立,鲁宗相,邱阿瑞. 基于新负荷削减模型的 UPFC 优化配置[J]. 电力系统自动化,2010(13):6-10,15.

[20]YUAN ZHIHUI, SJOERD W H DE HAAN, JAN BRAHAM FERREIRA, et al. A FACTS Device: Distributed Power-Flow Controller (DPFC)[J]. IEEE Transactions on Power Electronics, 2010,25(10):2564-2572.

[21]A KUMAR VERMA, SRIVIDYA A, DEKA B C. Impact of a FACTS controller on reliability of composite power generation and transmission system[J]. Electric Power Systems Research,2004,72(2):125-130.

[22]MHASKAR U P, KULKARNI A M. Power oscillation damping using FACTS devices: modal controllability, observability in local signals, and location of transfer function zeros[J]. IEEE Transactions on Power Systems, 2006, 21(1):285-294.

[23]DASH P K, MISHRA S, PANDA G. Damping multimodal power system oscillation using a hybrid fuzzy controller for series connected FACTS devices[J]. IEEE Transactions on Power Systems, 2000, 15(4):1360-1366.

第7章 失步振荡的机理分析

7.1 引言

随着交流电网互联、电网规模增大，以及新能源接入，电力系统的安全稳定运行面临着新的问题和挑战。失步解列作为系统第三道防线的重要组成部分，对防止电网崩溃和大面积停电事故具有重要意义。研究表明，在系统失步过程中，失步振荡中心作为系统的电压最低点，具有线路有功周期性过零、势能最大、两侧无功总体向中心注入以及两侧母线电压相角差在0～360°周期性连续变化等电气量特性。随着电力系统运行工况的复杂化，严重故障后失步中心的变化表现出在大区互联电网之间迁移的趋势。当前对失步中心的机理和规律方面的研究主要集中在下面两个方面。

(1)基于等值两机系统的振荡中心机理推导和规律识别。有学者推导了等值两机系统中振荡中心位置系数，提出电压幅值与相角的变化是振荡中心迁移的原因；指出系统阻抗角不等可导致振荡中心迁移；并进一步提出了电势幅值不等、系统阻抗不均情形下的振荡中心迁移规律。有学者提出基于母线电压相角差与频差的复合判据来定位失步振荡中心；通过 $u\cos\varphi$ 识别系统电压最低点，但相角在0度和360度附近存在误判，因此还提出了振荡中心迁移速率与 $u\cos\varphi$ 相结合的复合判据。还有学者提出了基于电压频率的失步振荡中心定位方法。但上述研究主要针对理想两群等值模型，多群失稳模式下振荡中心在非同调群之间的迁移规律更加复杂；且上述基于振荡特征量的失步中心定位判据存在时滞问题，难以在振荡周期的最佳时刻实施解列。

(2)基于等值三机系统的多频振荡机理与振荡中心迁移规律研究。有学者根据线路两侧电压频率播送方向相反指出多频系统中失步振荡中心迁移的现象；提出多频振荡场景下系统阻抗决定了振荡中心分布范围，同时分析了机组不同调对振荡中心的影响；推导了三机等值系统振荡中心的迁移规律，并对传统失步判据在多频振荡情形下的适用性进行研究；将多机系统的暂态能量分解为群间暂态能量和群内暂态能量，并以此提出了一种多频场景下的失稳模式划分方法。

根据以上分析可知，对于多频振荡下失步振荡中心的迁移规律，现有的研究成果还不够深入，尤其对失步振荡中心迁移轨迹缺乏更加详细的研究和论述。由于风电资源与用电负荷的地理差异，风电传输具有远距离集中外送的特点，加之风电出力随机性强、大规模风电接入电网后系统惯性降低，电力系统的安全稳定运行面临严峻挑战。在系统发生失步振荡时，具备不同故障穿越能力的风电机组将呈现不同的运行方式，进而影响系统振荡模式与失步解列装置的动作情况。随着双馈风力发电机(doubly fed induction generator, DFIG)装机容量持续增加，电力系统失稳后双馈风机的故障行为将进一步影响系统失稳模式及解列断面的选址。因此掌握系统失步场景下风电机组的运行特性及其对失步振荡中心迁移的影响规律，对大电网的紧急控制具有重要意义。

本章将深入研究失步振荡的机理，探讨风电对失步振荡中心的影响机理，这对风电占比逐步提升的低碳电力系统具有理论指导意义和应用价值；还将深入研究多频失步场景下失步振荡中心的电气量特性，重点分析和研究失步振荡中心电压频率演变规律；最后还分析了多频失步振荡场景下失步中心所在线路电压频率特性。本章关于失步振荡机理的研究为后续章节中失步振荡解列判据和解列控制的研究奠定了基础。

7.2　风电对失步振荡中心的影响机理

现有的失步振荡中心机理研究主要在传统电力系统中展开。由于双馈风机变流器的快速响应特性及其不同的控制策略，其动态特性比同步机更为迅速而复杂，风机接入后失步中心的迁移规律需要进一步研究。目前新能源并网场景下失步振荡中心的迁移规律还处于初步研究阶段。现有研究多采用在实际系统中进行时域仿真的分析方法，未进行深层次的机理分析。因此，如何在现有传统交流电网振荡中心研究基础上，继续深入研究大规模风电接入对系统振荡的影响机理，具有重要的现实意义和实际价值。

7.2.1　系统失步场景下 DFIG 故障行为分析

目前对 DFIG 暂态过程的特性分析多集中在电压跌落场景中。本节首先从双馈风机的基本模型入手，推导 DFIG 在系统失步情形下的定子磁链、转子电压表达式，进而得出系统失步情形下 DFIG 的外特性表达式，综合分析 DFIG 的故障行为。

1. 系统失步场景下 DFIG 定子磁链分析

定转子绕组参考正方向采用电动机惯例，以下所有公式均建立在 dq 同步旋转坐标系下，双馈风力发电机的动态模型为

$$\begin{cases} \boldsymbol{v}_s = R_s\boldsymbol{i}_s + \dfrac{\mathrm{d}\psi_s}{\mathrm{d}t} + \mathrm{j}\omega_s\psi_s \\ \boldsymbol{v}_r = R_r\boldsymbol{i}_r + \dfrac{\mathrm{d}\psi_r}{\mathrm{d}t} + \mathrm{j}s\omega_s\psi_r \end{cases} \tag{7-1}$$

其中，$\boldsymbol{v}_s$，$\boldsymbol{v}_r$ 为定转子电压矢量；$\boldsymbol{i}_s$，$\boldsymbol{i}_r$ 为定转子电流矢量；ψ_s、ψ_r 为定转子磁链，R_s、R_r 为定转子电阻；ω_s 为定子电压角频率；s 为转差率。

定转子磁链与定转子电流之间满足如下关系：

$$\begin{cases} \psi_s = L_s\boldsymbol{i}_s + L_m\boldsymbol{i}_r \\ \psi_r = L_m\boldsymbol{i}_s + L_r\boldsymbol{i}_r \end{cases} \tag{7-2}$$

其中，L_s、L_r 为定转子电感；L_m 为励磁电感。

首先在转子开路的情形下分析 DFIG 定子磁链的变化规律，由于 $i_r=0$，式(7-1)中第一项可改写为

$$\boldsymbol{v}_s = (\frac{1}{\tau_s} + \mathrm{j}\omega_s)\psi_s + \frac{\mathrm{d}\psi_s}{\mathrm{d}t} \tag{7-3}$$

其中，$\tau_s = L_s/R_s$。

由 DFIG 构成的风电场接入等值两机系统模型如图 7-1 所示。

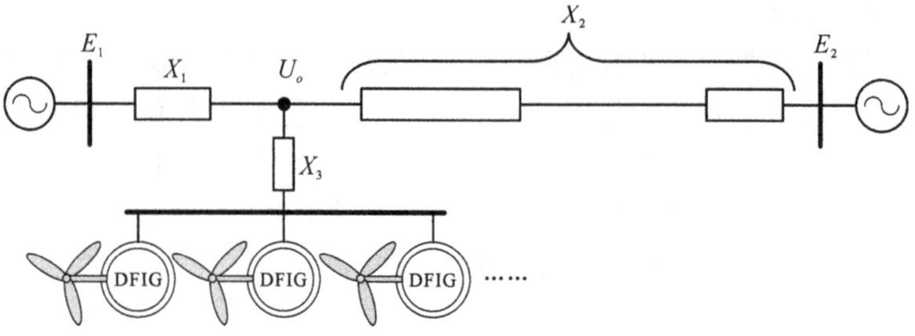

图 7-1 风电场接入等值两机系统示意图

在如图 7-1 所示的系统中，仅考虑失步过程，根据向量法可以得到 DFIG 并网前 PCC (point of common coupling)点电压 U_o 的表达式为

$$U_o = \frac{E_2}{X_1 + X_2}\sqrt{k_1^2 X_2^2 + X_1^2 + 2k_1 X_1 X_2 \cos(\Delta\omega t)} \tag{7-4}$$

其中，E_1，E_2 为理想等值两机电动势幅值；$k_1 = E_1/E_2$ 为两端电压幅值比；X_1 为 G_1 内电势到 PCC 点电压之间的电抗；X_2 为 PCC 点电压到 G_2 内电势之间的电抗；$\Delta\omega$ 为 G_1、G_2 的电压频率差。

令 $k_1 \to 1^-$（认为 E_1 略小于 E_2），$E_2 = 1$，$X_1 = 0.1$，$\Delta\omega = 3$ Hz，由式(7-4)得到系统失步时 PCC 点电压的变化曲线如图 7-2 所示。由图可知，风机接入端电压 U_o 在最大值与最小值之间发生周期性变化，且风机接入点越靠近线路中点，其振荡越剧烈。

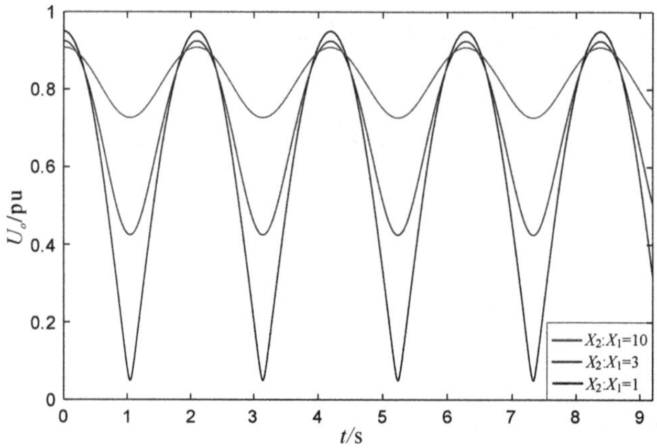

图 7-2 系统失步场景下 PCC 点电压变化曲线(彩图见附录)

由 PCC 点电压计算 DFIG 定子磁链，令 $k_1 = 1$，$1/\tau_s = 0$，定子端电压 $v_s \approx U_o$，将式(7-4)代入式(7-3)解微分方程，以 $X_1 : X_2 = 1$ 的最严重情形分析定子磁链变化：

$$\psi_s = E_2 \frac{2\Delta\omega \sin\left(\frac{1}{2}\Delta\omega t\right) + \mathrm{j}4\omega_s \cos\left(\frac{1}{2}\Delta\omega t\right)}{\Delta\omega^2 - 4\omega_s^2} + C\mathrm{e}^{-\mathrm{j}\omega_s t} \tag{7-5}$$

其中，C 由磁链初始值决定。

DFIG 正常运行时，定子磁链幅值恒定并与 dq 坐标系保持相对静止；系统失步后，由式(7-5)知定子磁链由两部分构成，一部分由磁链初始值决定，在 dq 坐标系中以 ω_s 反向旋转，在常规的故障分析中习惯称该部分磁链为自由分量 ψ_{sn}，但不同于三相短路的瞬时故障，在系统失步时该部分磁链一直存在且不会衰减；另一部分磁链由风机并网点电压 U_o决定，在 dq 坐标中以 0.5 倍 $\Delta\omega$ 速率按照椭圆轨迹旋转，称为强制分量 ψ_{sf}。

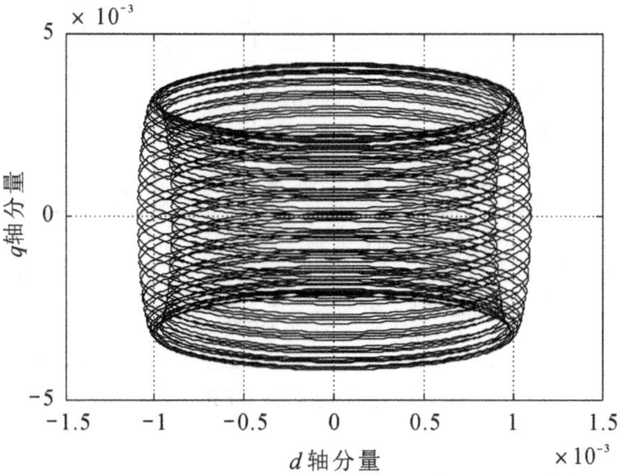

图 7-3 dq 坐标系下 DFIG 定子磁链变化曲线

图 7-3 所示为 DFIG 定子磁链在 dq 坐标下的变化曲线，其中 $E_2=1$，$\omega_s=50$ Hz，$\Delta\omega=3$ Hz。由图可知，定子磁链曲线由强制分量的椭圆轨迹与自由磁链的圆轨迹构成，其曲线在两种轨迹之间交替变化。

2. 系统失步场景下 DFIG 电流控制环分析

下面通过 DFIG 定子磁链分析系统失步振荡对转子电流控制环的影响。转子电流控制环是通过调节转子电压进而使转子电流跟踪系统指令值的一种控制环路。将式(7-1)，式(7-2)和式(7-5)联立，考虑转子电流的影响，得到失步过程中的转子电压表达式为

$$\boldsymbol{v}_r=\left\{\frac{E_2L_m}{L_s}\left\{\frac{[(\Delta\omega^2-4\omega_s^2)+4\omega_s\omega_m]}{\Delta\omega^2-4\omega_s^2}\cos\left(\frac{1}{2}\Delta\omega t\right)-\right.\right.$$
$$\left.\left.\mathrm{j}\omega_m\left[Ce^{-\mathrm{j}\omega_s t}+\frac{2\Delta\omega\sin\left(\frac{1}{2}\Delta\omega t\right)}{\Delta\omega^2-4\omega_s^2}\right]\right\}+\left(R_r+\sigma L_r\frac{\mathrm{d}}{\mathrm{d}t}\right)\vec{\boldsymbol{i}}_r \tag{7-6}$$

其中，σ 是漏磁系数，$\sigma=1-L_m{}^2/L_sL_r$。

在坐标定向控制下，正常运行时 $\psi_q=0$，转子电流控制环中的扰动项只存在由机端电压感应产生的稳态定子磁链；而在失步过程中，由式(7-6)可以得到 DFIG 转子电流的控制框图如图 7-4 所示。

由图 7-4 可以看出，由于定子磁链强制分量 ψ_{sf} 不再与电网同步，且幅值发生周期性变化，将在转子中感应出频率为 0.5 倍 $\Delta\omega$、幅值变化的交流电势；自由分量 ψ_{sf} 相对定子静止，在转子中感应出电网频率的电动势，且相比三相短路故障该电动势不会衰减，易造成转子侧变换器过饱和；转子中将感应出附加电流，转子变换器难以控制转子电流跟踪指令值，电压振荡严重时过电流将导致漏电感饱和。

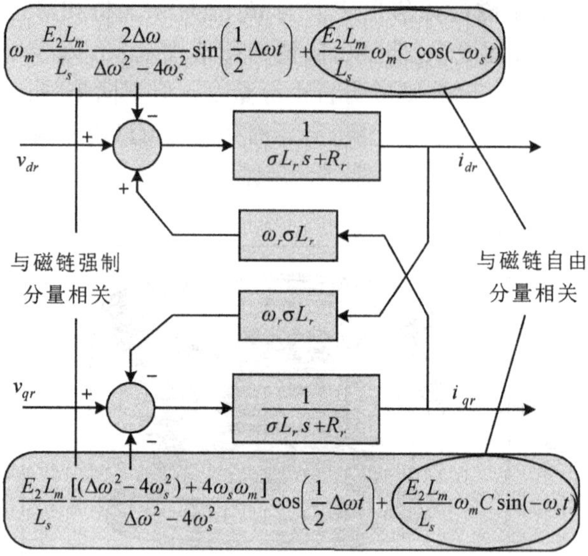

图 7-4　系统失步振荡场景下 DFIG 电流环控制框图

3. 系统失步场景下 DFIG 外特性分析

首先构造 DFIG 等效内电势与等效机端电压，建立 DFIG 的等效功角。由于 ψ_s 由机端电压决定，$\boldsymbol{i}_r$ 受控制环影响，可将转子电流引入定子电压，即将式(7-2)代入式(7-1)得：

$$\boldsymbol{v}_s - R_s\boldsymbol{i}_s = \mathrm{j}\omega_s L_s\boldsymbol{i}_s + \mathrm{j}\omega_s L_m\boldsymbol{i}_r + \mathrm{d}\,\frac{\psi_s}{\mathrm{d}t} \tag{7-7}$$

令 DFIG 等效电势 E'、等效机端电压 $\boldsymbol{v}_s{}'$ 与等效电抗 X' 为

$$\begin{cases} \boldsymbol{v}_s' = \boldsymbol{v}_s - R_s\boldsymbol{i}_s = \mathrm{j}\omega_s\psi_s + \mathrm{d}\,\dfrac{\psi_s}{\mathrm{d}t} \\ X' = \omega_s L_s \\ E' = \mathrm{j}\omega_s L_m\boldsymbol{i}_r + \mathrm{d}\,\dfrac{\psi_s}{\mathrm{d}t} \end{cases} \tag{7-8}$$

令 δ' 为等效电势 E' 与等效机端电压 $\boldsymbol{v}_s'$ 的相角差，即 DFIG 的等效功角，其可通过观测定子磁链与转子电流并经式(7-8)计算得到。δ' 具备同步功角特性，在系统失稳后，DFIG 等效功角 δ' 迅速摆开。根据式(7-8)，可以得到 DFIG 的有功、无功输出表达式为

$$\begin{cases} P_e = (1-s)\,\dfrac{E'\boldsymbol{v}_s'}{X'}\sin\delta' \\ Q_e = \dfrac{E'^2}{X'} - \dfrac{E'\boldsymbol{v}_s'}{X'}\cos\delta' \end{cases} \tag{7-9}$$

风电机组在暂态过程中的外特性可表示为经过一负电阻 r 与一负电抗 x 接地，如图 7-5 所示。

由图 7-5 知，DFIG 电气特性导纳 $G=1/r+1/\mathrm{j}x$，电阻 r 与电抗 x 反映了 DFIG 的有功、无功功率输出值。根据式(7-8)与式(7-9)可以求得电阻 r 与电抗 x 的表达式为

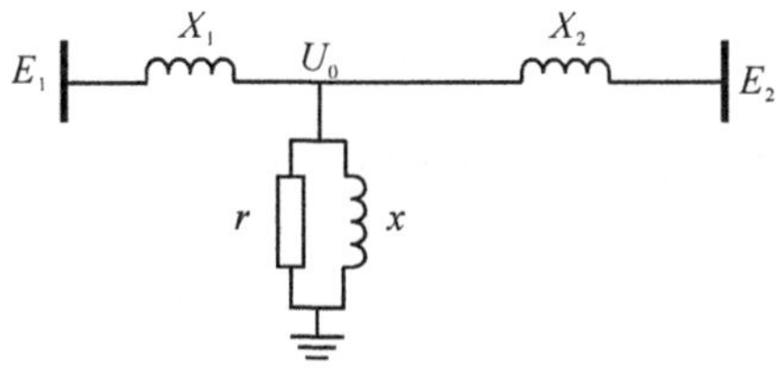

图 7-5　DFIG 集中接入两机系统简化电路

$$\begin{cases} r = -\dfrac{v'^2_s}{P_e} = -\dfrac{1}{(1-s)} \cdot \dfrac{X'}{h\sin\delta'} \\ x = -\dfrac{v'^2_s}{Q_e} = -\dfrac{X'}{h^2 - h\cos\delta'} \end{cases} \tag{7-10}$$

其中，h 近似取标量，表示为

$$h = \left|\frac{E'}{\boldsymbol{v}'_s}\right| = \left|\frac{\mathrm{j}\omega_s L_m \boldsymbol{i}_r + \mathrm{d}\dfrac{\psi_s}{\mathrm{d}t}}{\mathrm{j}\omega_s \psi_s + \mathrm{d}\dfrac{\psi_s}{\mathrm{d}t}}\right| \tag{7-11}$$

由式(7-11)可知，h 的分母项为定子端电压 $\boldsymbol{v}_s$，分子项由定子磁链 ψ_s 和转子电流 $\boldsymbol{i}_r$ 决定，由上述分析可知，$\boldsymbol{v}_s$ 与 ψ_s 均由系统振荡时 PCC 点的电压决定，因此 DFIG 对 h 值的影响主要通过转子电流 $\boldsymbol{i}_r$ 的变化反映。

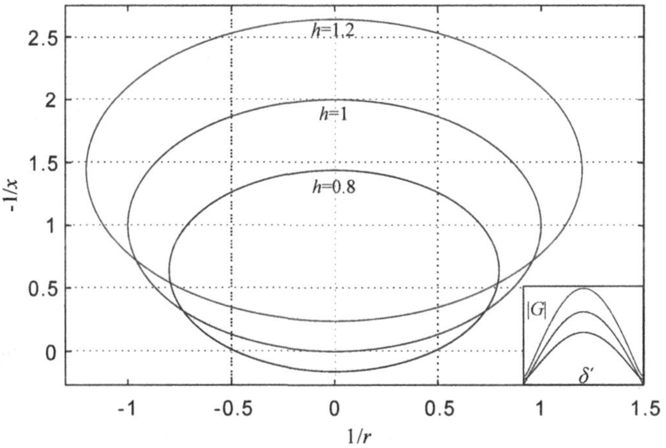

图 7-6　DFIG 电气特性导纳在复平面中的变化曲线(彩图见附录)

分析式(7-10)可知，当 DFIG 等效功角 δ' 在 $0\sim2\pi$ 变化时，DFIG 电气特性导纳 G 在复平面的轨迹满足椭圆方程。忽略转差 s，令 $X'=1$，图 7-6 对比了 $h=0.8$、1、1.2 三种情形下特性导纳 G 的变化曲线，导纳模值 $|G|$ 的变化在右下角给出，由图 7-6 可得到如下结论。

(1)δ' 摆开过程中，r 呈正负交替变化，即 DFIG 随系统振荡而发出/吸收有功；

(2)当 $h\geqslant1$ 时，DFIG 仅发出无功，当 $h<1$ 时，DFIG 开始交替发出/吸收无功。

(3)δ' 在 $0\sim2\pi$ 变化时，导纳模值 $|G|$ 由 $G_{\min}$ 单调增加至 $G_{\max}$ 后，最终单调减小至 $G_{\min}$；h 值越大，对应转子电流 i_r 越大，相同 δ' 值对应的导纳模值 $|G|$ 越大。

7.2.2 振荡中心与失步中心变化特征分析

振荡中心是指系统失步振荡时电压振荡最激烈的点，对于每一个失步周期，振荡中心点电压降低至零一次，成为失步振荡中心，即失步振荡中心是振荡中心集合的一个子集。本节将通过 DFIG 在系统失步时的故障行为分析其对振荡中心和失步振荡中心迁移的影响。

1. 振荡中心迁移规律

在如图 7-1 所示的系统中，根据节点电压法可以得到 DFIG 并网后 PCC 点电压 U_o 的表达式为

$$\begin{cases} U_o = E_2\sqrt{m^2+n^2}\sin(\omega_2 t+\varphi) \\ m = \mathrm{j}X_{\Sigma}\left[\dfrac{k_1}{\mathrm{j}X_1}\cos(\Delta\omega t)+\dfrac{1}{\mathrm{j}X_2}\right] \\ n = \mathrm{j}X_{\Sigma}\dfrac{k_1}{\mathrm{j}X_1}\sin(\Delta\omega t) \\ \tan\varphi = \dfrac{n}{m} \\ \dfrac{1}{\mathrm{j}X_{\Sigma}} = \dfrac{1}{\mathrm{j}X_1}+\dfrac{1}{\mathrm{j}X_2}+G \end{cases} \tag{7-12}$$

其中，$G=1/r+1/\mathrm{j}x$；ω_2 为 G_2 的电压频率；φ 为 U_o 的电压相角。为简化分析，不考虑阻抗不均的影响，G 在计算时取

$$G=\frac{1}{r}+\frac{1}{\mathrm{j}x}\approx-\frac{|G|}{\mathrm{j}} \tag{7-13}$$

根据两机系统线路上振荡中心位置表达式，可得到 DFIG 接入时振荡中心在 PCC 点与 G_2 之间线路 X_2 上迁移的位移函数为

$$\rho=\frac{m^2+n^2-m}{m^2+n^2-2m+1} \tag{7-14}$$

其中，当 $\rho=0$ 时，表示振荡中心位于 PCC 点；$\rho=1$ 时，表示振荡中心位于 G_2 内部。

DFIG 对振荡中心位移函数的影响通过电气特性导纳 G 反映，令 $k_1\to1^-$，$X_1=0.1$，$X_2=0.3$，以 $\Delta\omega t$ 为 x 轴，ρ 为 y 轴，振荡中心位移函数在一个失步周期内的变化曲线如图 7-7 所示。

场景 1：图 7-7 中 $|G|\to0$ 对应振荡中心在无风机接入的传统两机系统线路上迁移的场景，由于 $E_1<U_o<E_2$，在一个失步周期中振荡中心由 PCC 点出发向 G_2 方向迁移至最大距离后返回至 PCC 点。

场景 2：$|G|=4$、7、10 分别对应 DFIG 不同功率输出的场景，由图 7-7 知，DFIG 电气特性导纳 $|G|$ 影响了系统的潮流分布，对比 $|G|\to0$，振荡中心迁移方向反向：由 G_2 朝 PCC 点方向迁移，最终返回 G_2；同时 $|G|$ 的不同取值对应振荡中心不同的迁移范围。

DFIG 在故障时的等效功角 δ' 具有快变性，其变化速率大于同步机功角，在电力系统的一个失步周期中，δ' 将变化多个周期，由图 7-6 知 DFIG 特性导纳模值 $|G|$ 将在 $G_{\min}$ 与 $G_{\max}$ 之间反复变化。因此振荡中心实际的迁移模式将在场景 1、2 中迅速转换，即 DFIG 接入后振荡中心将在 $\rho\in[0,1]$ 的整条线路上迁移，振荡中心的迁移范围增加。

场景 3：$|G|\to\infty$ 等效于在 PCC 点发生三相短路，此时振荡中心始终位于 PCC 点，振荡中

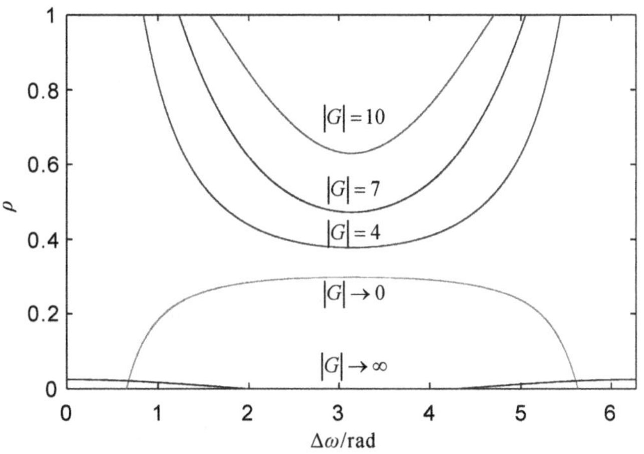

图 7-7 DFIG 接入场景下振荡中心位移函数变化曲线(彩图见附录)

心位移函数与图 7-7 中 $\rho\approx0$ 对应的曲线相符。

2. 失步振荡中心迁移规律

下面进一步推导 DFIG 接入场景下失步中心的迁移规律。线路两端电压相角达到 180°是失步中心出现的充要条件，U_o 与 E_2 的相角差为 $\omega_2 t+\varphi-\omega_2 t=\varphi$，即令：

$$\varphi=\arctan\left(\frac{n}{m}\right)=\pi \tag{7-15}$$

该方程等效为

$$\begin{cases} n=\mathrm{j}X_{\Sigma}\dfrac{k_1}{\mathrm{j}X_1}\sin(\Delta\omega t)=0 \\ m=\mathrm{j}X_{\Sigma}\left[\dfrac{k_1}{\mathrm{j}X_1}\cos(\Delta\omega t)+\dfrac{1}{\mathrm{j}X_2}\right]<0 \end{cases} \tag{7-16}$$

解方程得到 $\Delta\omega t=(2n+1)\pi$，$(n=0,\pm1,\pm2,\cdots)$。将式(7-16)代入式(7-14)得到失步振荡中心的位移函数为

$$\rho=\frac{\dfrac{1}{\mathrm{j}X_2}-\dfrac{k_1}{\mathrm{j}X_1}}{-\dfrac{1+k_1}{\mathrm{j}X_1}-G}\approx\frac{\dfrac{1}{\mathrm{j}X_2}-\dfrac{k_1}{\mathrm{j}X_1}}{-\dfrac{1+k_1}{\mathrm{j}X_1}+\dfrac{|G|}{\mathrm{j}}} \tag{7-17}$$

分析式(7-17)可知，当 $|G|=G_{\min}$ 时，失步振荡中心位移函数 ρ 达到极小值 $\rho_{\min}$；当 $|G|=G_{\max}$ 时，$\rho=\rho_{\max}$。由于失步振荡中心在一个失步周期中仅出现一次，因此实际场景中失步振荡中心位移函数介于 $\rho_{\min}$ 与 $\rho_{\max}$ 之间，其值由失步振荡中心出现时 $|G|$ 的取值(即等效功角 δ')决定。

为直观地反映 DFIG 对失步中心位移函数 ρ 的影响，令 $k_1=1$，$X_1=0.1$，$X_2=0.3$，以等效功角 $\delta'\in[0,\ 6\pi]$ 为 x 轴，ρ 为 y 轴，失步中心位移函数的取值分布如图 7-8 所示。图 7-8 对比了 $h=0.8$、1、1.2 与 DFIG 未并网四种场景下 ρ 的分布规律，每一个失步周期中失步振荡中心位移函数仅取上述分布中的一个值。对比传统等值两机系统的失稳场景，DFIG 接入后，ρ 的分布值整体上升，即失步中心位移函数的实际取值增大，失步中心向远离 PCC 点方向迁移，且失步中心的分布范围增加；DFIG 转子电流在暂态过程的骤增导致 h 值的增加，将进一步扩大失步中心的分布范围。

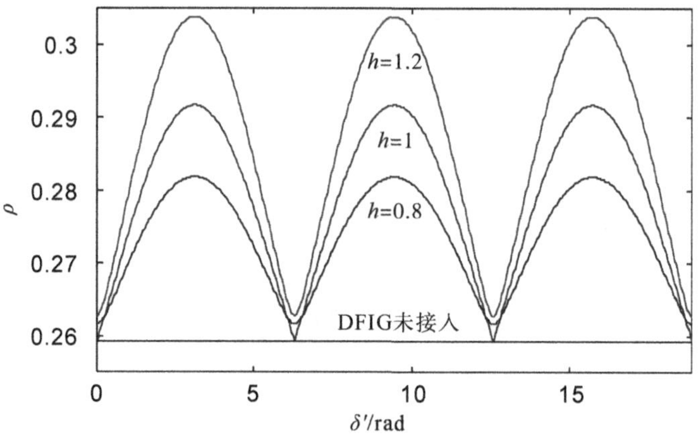

图 7-8 失步振荡中心位移函数分布曲线(彩图见附录)

3. 失步振荡中心迁移的场景分析

上面分析了一般情形下 DFIG 接入对失步振荡中心迁移的影响规律，由上面分析可知，系统失步振荡将导致 DFIG 转子回路产生过电流，此时 DFIG 将根据其运行状况采用不同的保护措施，下面在特定场景下分析失步中心的迁移规律。

(1)去磁控制。当故障发生在 DFIG 远端，PCC 点电压在国家低电压穿越标准轮廓线以上，在转子回路中注入与定子磁链相反的电流以减小转子磁链，进而降低转子电压与转子电流。由图 7-8 可知，此时失步中心迁移范围将减小。

(2)撬棒投入。当故障发生在 DFIG 近端，PCC 点电压在国家低电压穿越标准轮廓线以上，但所需去磁电流超过装置容限，则采用转子回路经 crowbar 装置短接的措施，闭锁转子变换器。此时转子上将流过大电流，导致失步中心迁移范围增加。

(3)风机脱网。当 DFIG 近端发生严重故障，PCC 点电压低于低电压穿越标准轮廓线，风机允许脱网。该场景等效于 DFIG 特性导纳模值 $|G|\to 0$，亦等效于无风机接入的等值两机系统发生失步振荡，由图 7-7、图 7-8 可知，振荡中心迁移范围缩小，失步中心位置基本固定。

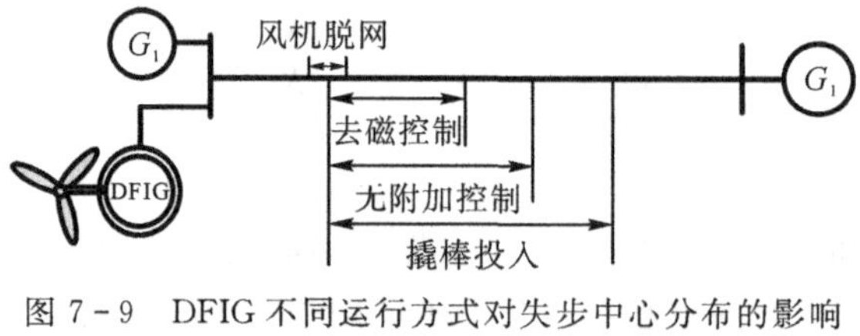

图 7-9 DFIG 不同运行方式对失步中心分布的影响

图 7-9 比较了系统失步场景下风机无附加措施、引入去磁控制、crowbar 电路投入和风机脱网四种运行方式对失步中心分布的影响。

7.2.3 分析与说明

1. DFIG 接入两机系统仿真

基于 PSS/E 仿真软件，搭建图 7-1 所示的风电场接入单端送电系统模型。其中，G_1 采用隐极机次暂态模型，记及励磁机与调速器，额定容量 $S=120$ MVA。G_2 采用经典模型，系统容

量远大于 G_1，变压器电抗 0.1，双回输电线路总电抗 0.2（以 100 MW 基准容量进行折算），风电场容量为 100.5 MVA（67 台 1.5 MW 双馈风机），经由两级变压器升压后连接至 PCC 点，双馈机组采用恒定电压控制方式。为模拟系统发生严重故障的情形，1 s 时传输线路末端发生三相接地短路，0.8 s 后故障切除，系统失稳。

系统失步振荡过程中双馈风电场的电气特性导纳 G 在复平面的轨迹如图 7-10 所示，其轨迹基本呈椭圆形，与图 7-6 的理论分析相符。由图 7-10 进一步可知，风电场在每一个失步周期中交替发出/吸收有功/无功，并且发出的无功明显大于其吸收的无功。

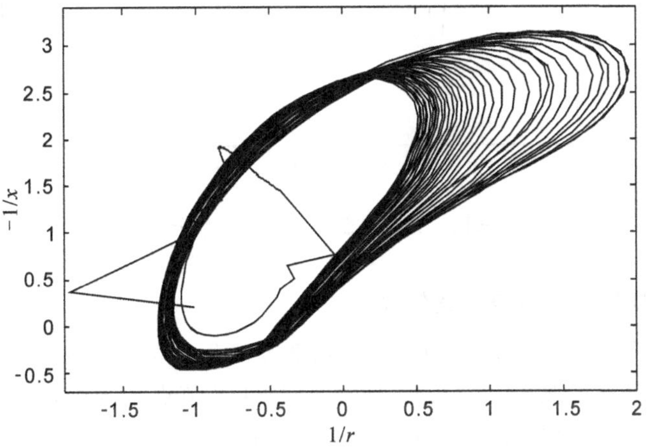

图 7-10　系统失步场景下风电场外特性曲线

振荡中心在 PCC 点到 G_2 线路上的迁移曲线如图 7-11 所示。风电场接入后，其特性导纳使振荡中心位移函数由[0, ρ_{max}]变为[0, 1]（如图中虚线圈出部分所示），使振荡中心由原来在靠近 PCC 点的某一范围内迁移变为在整条联络线上迁移，与图 7-7 的理论分析相符。

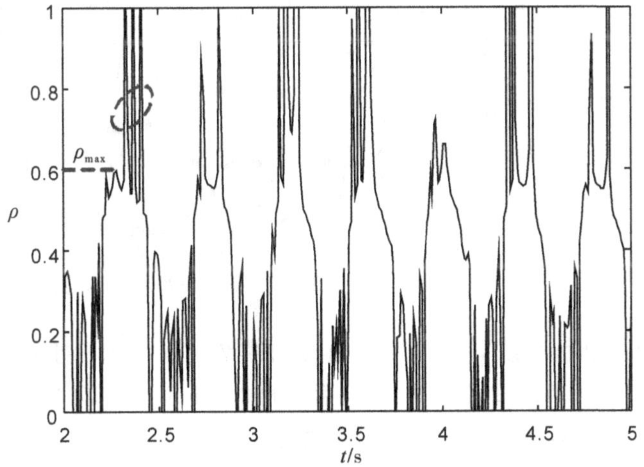

图 7-11　振荡中心位移函数变化曲线

图 7-12 对比了双馈风电场接入与未接入两种情形下失步中心位移函数 ρ 的分布曲线。风电场接入后 ρ 的分布值整体提高，即每一个失步周期中失步中心可能的迁移距离增加，并向远离 PCC 点方向迁移。该结果与图 7-8 的理论分析基本相符，由于仿真中 G_1 电压幅值发生

变化，k_1 不为常量，ρ 的分布曲线较图 7－8 的理想情形波动更加剧烈。

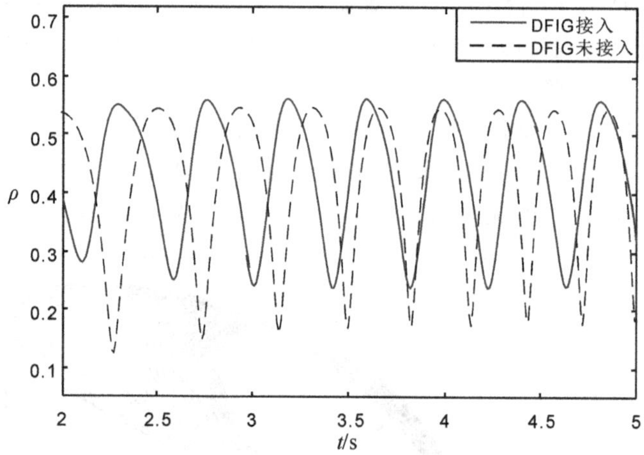

图 7－12　失步振荡中心位移函数分布曲线

2. DFIG 接入 IEEE118 节点系统仿真

图 7－13 至图 7－16 对比了 IEEE118 节点系统在有无双馈风电场接入情形下，相同故障后系统内同步机的分群情况与失步断面分布。IEEE118 节点系统中，同步机均为经典 2 阶模型，无励磁机与调速器，0.1 s 在线路 38～30 上靠近母线 38 处发生三相短路故障，0.8 s 后故障清除。

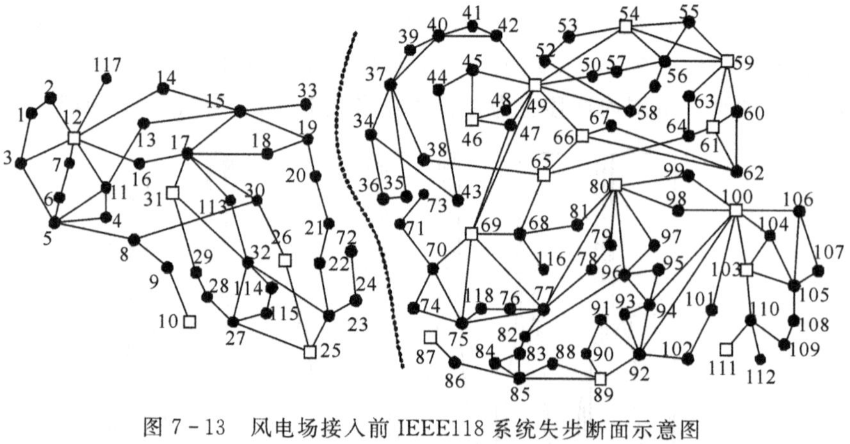

图 7－13　风电场接入前 IEEE118 系统失步断面示意图

无双馈风电场接入时，系统同步机功角曲线如图 7－14 所示。由图可知，系统分为两机群：前向机群 Group1{10，12，25，26，31}与后向机群 Group2{46，49，54，59，61，65，66，69，80，87，89，100，103，111}。运用电压频率法定位失步振荡中心，整个系统的失步中心构成了图 7－13 所示的失步解列断面。

在节点 44、68、77 分别并入风电场，每个风电场包含 134 台 1.5 MW 双馈风机，并经由两级变压器并入节点，双馈机组采用恒定电压控制方式，系统风电渗透率为 13.5%。相同地点、相同故障与故障持续时间下，系统同步机组的功角曲线如图 7－16 所示。由图可知，系统失稳模式变为：前向机群 Group1{10，25，26}与后向机群 Group2{12，31，46，49，54，59，61，

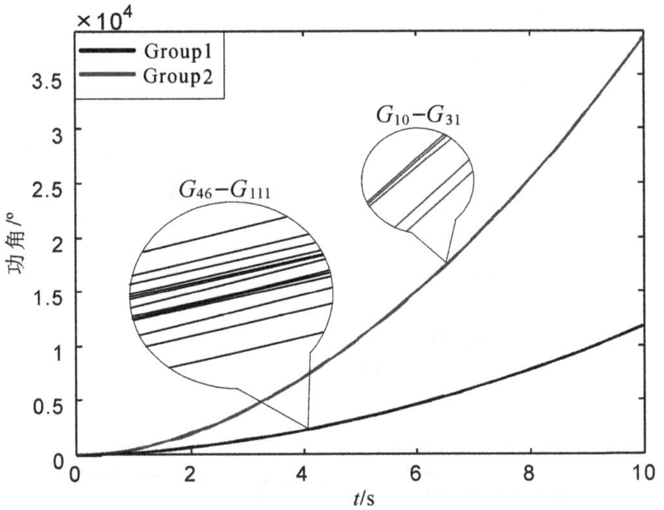

图 7-14 风电场接入前 IEEE118 系统功角摇摆曲线(彩图见附录)

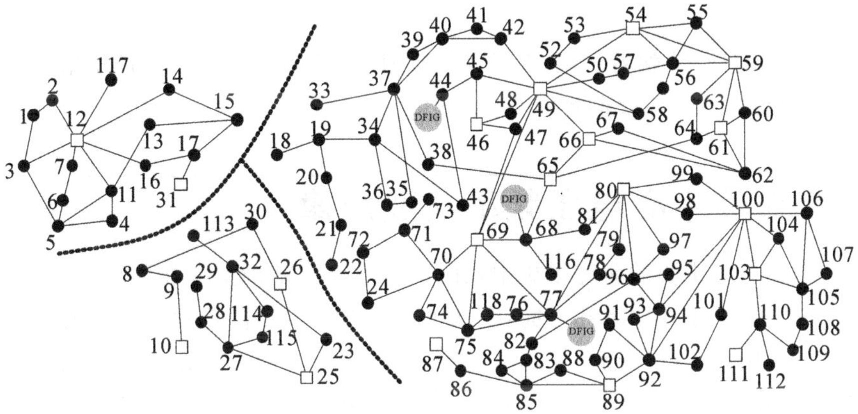

图 7-15 风电场接入后 IEEE118 系统失步断面示意图

65, 66, 69, 80, 87, 89, 100, 103, 111}。失步振荡中心所构成的失步解列断面如图 7-15 所示,对比两种情形下的失步断面分布,可以看出双馈风电场的接入增加了失步中心的分布范围,同时失步振荡中心整体向远离风电场方向迁移。

7.2.4 主要结论

本节基于 DFIG 接入两机系统模型,详细分析了系统失步振荡对 DFIG 定子磁链与转子电流的影响,据此得到了 DFIG 电气特性导纳变化规律,根据 DFIG 特性导纳推导了双馈风机接入后振荡中心与失步中心位移函数,得到如下结论:

(1)系统失步场景下 DFIG 定子磁链的自由分量不会衰减、强制分量以低速相对 dq 坐标系按椭圆轨迹旋转,转子变换器中将产生过电压与过电流。DFIG 电气特性导纳在复平面的轨迹满足椭圆方程。

(2)DFIG 接入场景下振荡中心将由在线路某一范围内迁移变为在整条线路上迁移;失步

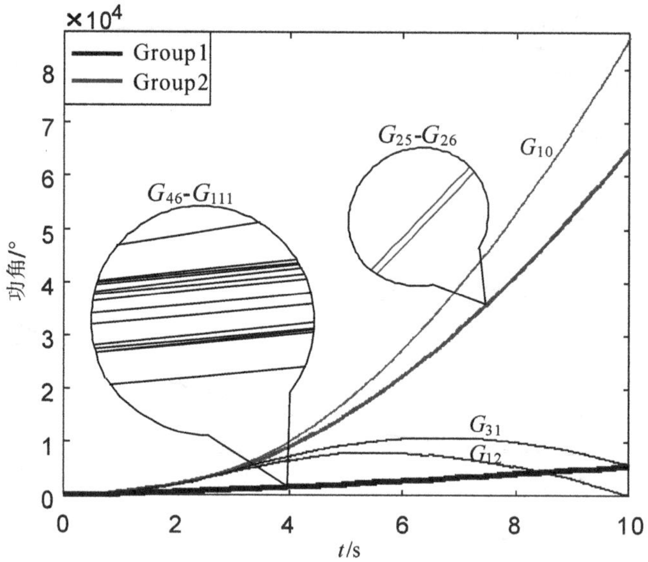

图 7-16　风电场接入后系统功角摇摆曲线(彩图见附录)

振荡中心分布范围增加,并朝着远离 PCC 点方向迁移;投入 crowbar 保护将增加失步中心的迁移范围;切除风电场与去磁控制将减小失步中心迁移范围。

7.3　失步振荡中心电压频率演变规律

目前国内对于失步中心的研究多集中在两群等效模型基础上。在两群等效模型中,对于失步中心的研究主要集中在以下几方面:①基于线路电压量测信息对失步中心进行研究。有学者研究发现失步中心处电压连续变化且过零,还有学者研究发现在失步周期内轨迹逐级穿越不同区域,依据这些现象提出了不同的失步中心识别方法,但这些方法应用于工程中时,虽可以识别失步中心出现时刻,但却难以判定失步中心具体位置。②基于线路中有功功率量测信息对失步中心进行研究。有学者基于失步断面有功周期性过零现象对失步中心进行研究,分别提出阻抗轨迹法与阻抗角法,但非失步中心线路也会出现有功过零现象,易造成装置误判。此外上述研究均基于两群等效模型,当系统中的关键节点发生严重故障且未及时采取有效控制措施时,电力系统极有可能由两群失稳模式迅速过渡到多群失稳模式,失步中心易在大区电网之间往返迁移,传统基于两群模型对于失步中心的研究已难以应对现如今复杂的失稳场景。现在已有学者开始着手研究多频场景下失步中心的电气特性。有学者构建了多群失步模型并在该模型中对失步中心的特性进行了分析与讨论。但在研究失步中心特性时,该文献是在将多频失稳模型等效为多个两频失稳模型的基础上进行分析,其等效为两频失稳模式的假设合理性存疑,未从机理上直接对三机系统进行失步中心的深入研究。

传统基于两机模型的研究难以应对失步中心发生迁移的场景,而国内外又鲜见关于多频场景下失步中心迁移现象的研究。因此亟需对多频场景下失步中心的电气特性进行研究并提出行之有效的失步中心定位方法。鉴于此,本节直接以三机等效模型为切入点,深入开展多频场景下失步中心电气特性的研究,并对失步中心迁移的现象进行了分析。

7.3.1　多频失步振荡模型的建立与求解

图 7-17 所示为三机系统模型接线图，u_1、u_2、u_3 为三个独立电源电压瞬时值，分别为

$$\begin{cases} u_1 = E_1\sin\omega_1 t \\ u_2 = E_2\sin\omega_2 t \\ u_3 = E_3\sin\omega_3 t \end{cases} \tag{7-18}$$

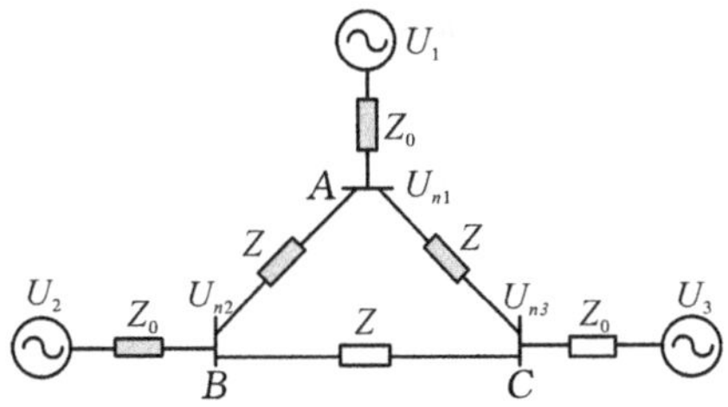

图 7-17　三机系统接线图

为简化计算，不妨将三个电源之间联络线线路阻抗均设为 Z 且全线阻抗均匀，与系统阻抗角相同，并不计频率可变范围内阻抗的变化；各个发电机机端阻抗均设为 Z_0。考察线路 AB 上任一点 D，其到 A 处的阻抗为 Z_{AD}。定义 $c=Z_{AD}/Z$，为 D 的位置系数。

接下来计算各个电源在 D 处产生的电压，并利用叠加法则汇总得到 D 处实际电压。首先仅保留电源 1，其余电源接地置零，利用节点电压法可得

$$\begin{cases} \dfrac{u_1-u_{n11}}{Z_0} = \dfrac{u_{n11}-u_{n21}}{Z} + \dfrac{u_{n11}-u_{n31}}{Z} \\ \dfrac{u_{n11}-u_{n21}}{Z} = \dfrac{u_{n21}}{Z_0} + \dfrac{u_{n21}-u_{n31}}{Z} \\ \dfrac{u_{n11}-u_{n31}}{Z} + \dfrac{u_{n21}-u_{n31}}{Z} = \dfrac{u_{n31}}{Z_0} \end{cases} \tag{7-19}$$

求解式(7-19)可得 $u_{n11}=\dfrac{u_1(Z+Z_0)}{Z+3Z_0}$，$u_{n21}=\dfrac{u_1 Z_0}{Z+3Z_0}$，$u_{n31}=\dfrac{u_1 Z_0}{Z+3Z_0}$。

则在电源 1 单独作用下 D 处电压为

$$\begin{aligned} u_{D1} &= (1-c)(u_{n11}-u_{n21}) + u_{n21} \\ &= \frac{u_1(Z-cZ+Z_0)}{Z+3Z_0} \end{aligned} \tag{7-20.a}$$

对电源 2、3 做类似处理，可得电源 2 和电源 3 分别单独作用时在 D 处产生的电压依次为

$$\begin{aligned} u_{D2} &= (1-c)(u_{n12}-u_{n22}) + u_{n22} \\ &= \frac{u_2(cZ+Z_0)}{Z+3Z_0} \end{aligned} \tag{7-20.b}$$

$$\begin{aligned} u_{D3} &= (1-c)(u_{n13}-u_{n23}) + u_{n23} \\ &= \frac{u_3 Z_0}{Z+3Z_0} \end{aligned} \tag{7-20.c}$$

所以当三个电源同时作用时，D 处电压为三个电源独立作用时产生电压的叠加，即

$$u_D = u_{D1} + u_{D2} + u_{D3}$$

$$
\begin{aligned}
&= \frac{u_1(Z-cZ+Z_0)}{Z+3Z_0}+\frac{u_2(cZ+Z_0)}{Z+3Z_0}+\frac{u_3 Z_0}{Z+3Z_0} \\
&= \frac{(Z-cZ+Z_0)}{Z+3Z_0}E_1\sin\omega_1 t+\frac{(cZ+Z_0)}{Z+3Z_0}E_2\sin\omega_2 t+\frac{Z_0}{Z+3Z_0}E_3\sin\omega_3 t
\end{aligned}
\tag{7-21}
$$

令 $k_2=\dfrac{E_2}{E_1}$，$k_3=\dfrac{E_3}{E_1}$，$\Delta\omega_2=\omega_2-\omega_1$，$\Delta\omega_3=\omega_3-\omega_1$。并记

$$m(t)=k_2(cZ+Z_0)\sin\Delta\omega_2 t+k_3 Z_0\sin\Delta\omega_3 t \tag{7-22}$$

$$n(t)=(1-c)Z+Z_0+k_2(cZ+Z_0)\cos\Delta\omega_2 t+k_3 Z_0\cos\Delta\omega_3 t \tag{7-23}$$

所以可以得到 D 处电压表达式为

$$u_{\mathrm{D}}=U_D\sin(\omega_1 t+\alpha)=U_D\sin\beta \tag{7-24}$$

由式(7-22)、式(7-23)可知 $U_D=\dfrac{E_1}{Z+3Z_0}\sqrt{m^2(t)+n^2(t)}$，$\alpha=\arctan\dfrac{m(t)}{n(t)}$。

故 D 处电压频率为 $\omega_D=\dfrac{\mathrm{d}\beta}{\mathrm{d}t}=\omega_1+\dfrac{\mathrm{d}\alpha}{\mathrm{d}t}$。

对于 ω_{D}，记

$$
\begin{aligned}
\varphi(t)=\frac{\mathrm{d}\alpha}{\mathrm{d}t}&=\frac{1}{1+\left(\dfrac{m(t)}{n(t)}\right)^2}\cdot\frac{m'(t)n(t)-m(t)n'(t)}{n^2(t)} \\
&=\frac{m'(t)n(t)-m(t)n'(t)}{m^2(t)+n^2(t)}
\end{aligned}
\tag{7-25}
$$

由式(7-22)、式(7-23)可知，式(7-25)中的 $m'(t)$ 与 $n'(t)$ 的表达式分别为

$$
\begin{aligned}
\mathrm{m}'(t)&=\frac{\mathrm{d}m(t)}{\mathrm{d}t} \\
&=k_2(cZ+Z_0)\cdot\Delta\omega_2\cdot\cos\Delta\omega_2 t+k_3 Z_0\cdot\Delta\omega_3\cdot\cos\Delta\omega_3 t
\end{aligned}
\tag{7-26}
$$

$$
\begin{aligned}
n'(t)&=\frac{\mathrm{d}n(t)}{\mathrm{d}t} \\
&=-k_2(cZ+Z_0)\cdot\Delta\omega_2\cdot\sin\Delta\omega_2 t-k_3 Z_0\cdot\Delta\omega_3\cdot\sin\Delta\omega_3 t
\end{aligned}
\tag{7-27}
$$

因此 D 处电压频率可表示为

$$\omega_D=\omega_1+\varphi(t) \tag{7-28}$$

在式(7-28)中，ω_1 为系统频率，在中国恒为 50 Hz，因此引起 D 处电压频率变化的主要因素为 $\varphi(t)$，在接下来的分析中使用 $\varphi(t)$ 来表征 D 处电压频率的增量变化以简化分析。由式(7-28)，并结合式(7-22)、式(7-23)可知，系统线路上某处的瞬时电压频率随时间发生变化，其值由所处的位置，三个等效电源的幅值比以及频差所决定。

7.3.2 多频失步振荡电压频率规律研究

在一个失步周期中，线路上每一时刻电压最小值对应的位置称为该时刻的振荡中心，随着观察时间的不同，线路电压最低点对应的线路位置也会不同，即振荡中心会在线路上不断迁移。而当线路上某一位置的电压最小值达到零值时，则称该位置为失步中心。利用上述推导公式，研究线路上电压幅值与频率的变化规律。首先考察三个等效电源幅值相同的情况，即 $k_2=k_3=1$。

为了更加直观地分析式(7-23)的频率增量变化规律，改变 D 处位置，使得 c 的取值在

0～1变化，观察 U_D 随时间的变化并记录最小值为零所对应的 c 值。经计算可得，当 $c=0.46$ 时，U_D 最小值可以达到零值，此时 U_D 波形如图 7-18 所示，可见最小值为零。

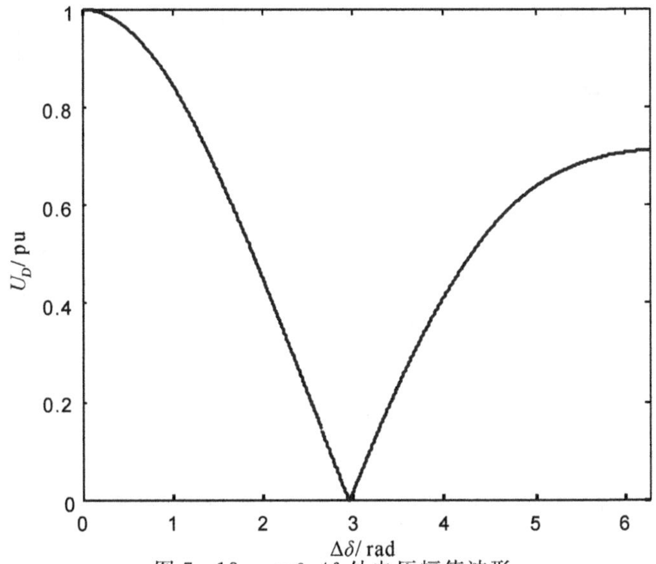

图 7-18　$c=0.46$ 处电压幅值波形

图 7-19 所示为线路中不同位置电压频率增量(即 $\varphi(t)$)的波形。观察图 7-19 可知，当失步中心位于 $c=0.46$ 处时，失步中心两侧的点(如图 7-19 中 $c=0.4$ 和 $c=0.5$ 曲线所示)频率播送方向相反，且两者频率增量曲线之间不存在交点；失步中心同侧的点(如图中 7-19 中 $c=0.3$和 $c=0.4$ 所示)频率播送方向相同，且失步中心同侧点的频率增量曲线之间存在交点。此外，也可以发现，距离失步中心越近的点，其电压频率增量曲线的振幅越大，振荡越发激烈；距离失步中心越远的点，其电压频率增量曲线的振幅越小，振荡更加趋于平缓。

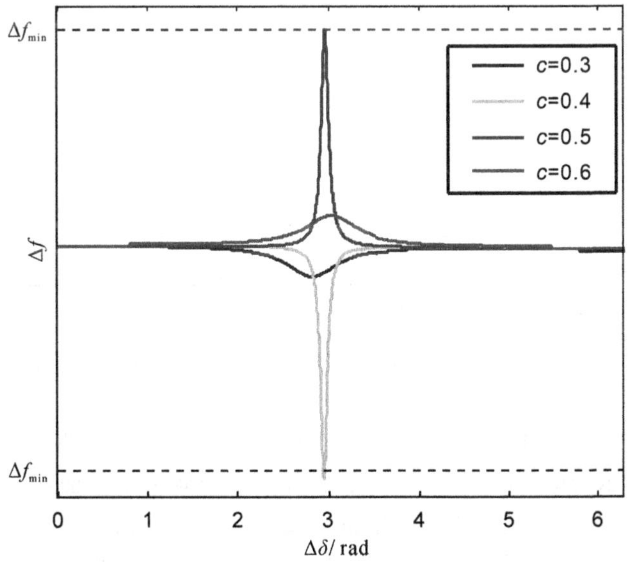

图 7-19　线路不同位置处电压频率增量波形(彩图见附录)

上述情况为三个等效电源电压幅值相等的运行工况，当三个等效电源电压幅值不等（$k_2=1.1, k_3=1.2$），所得计算结果如图 7-20 和图 7-21 所示。

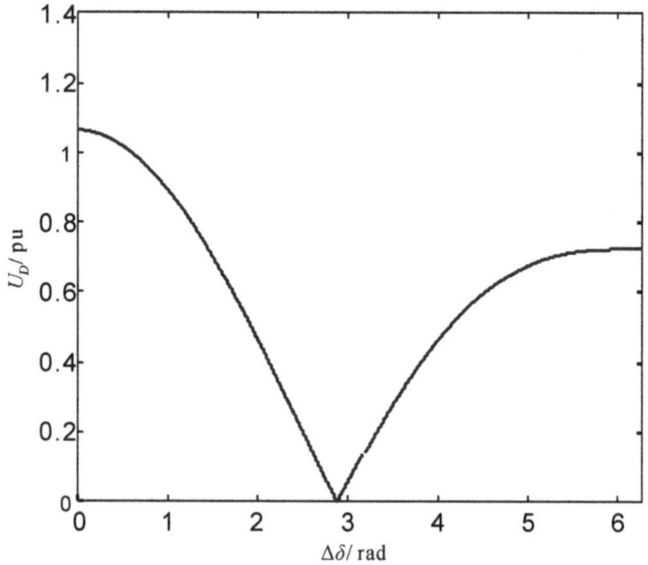

图 7-20　$c=0.41$ 处电压幅值波形

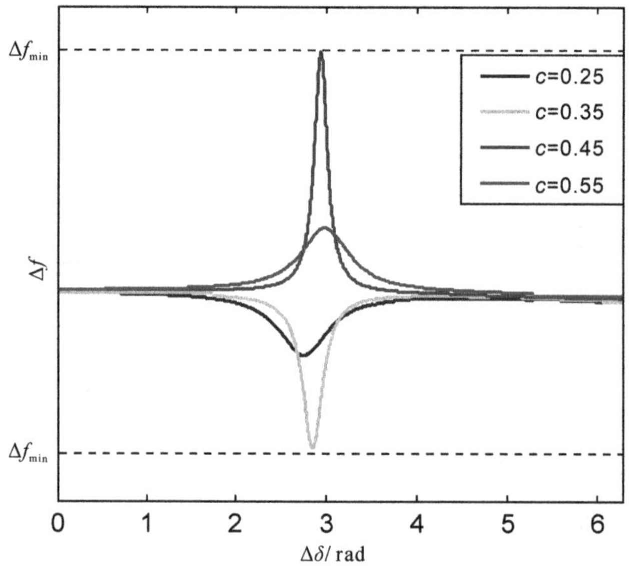

图 7-21　电压幅值不等时线路不同位置处电压频率波形（彩图见附录）

经计算可得，$c=0.41$ 处电压最小值为零，如图 7-20 所示，说明此时失步中心位于 $c=0.41$处。图 7-21 所示为电压幅值不等时，线路各点电压频率增量曲线。对图 7-21 分析同样可得，在失步中心两侧的点其电压频率增量曲线的播送方向相反，且曲线之间无交点；在失步中心同侧的点其电压频率增量波形波动趋势相同，且其波形曲线之间有交点。综上，可以得到多频失步振荡场景下失步中心所在线路电压频率的变化规律，即：存在失步中心的线路上，失步中心两侧点的电压频率波形具有相反的变化趋势，曲线之间没有交点；而在失步中心同侧位置的点其电压频率波形则具有相同的变化趋势，波形曲线之间存在交点。

7.3.3　分析与说明

1. WSCC 3 机 9 节点系统仿真

WSCC 3 机 9 节点系统接线图如图 7-22 所示。在某运行方式下，全网总有功发电为 3.19641(标幺值，基准值为 100 MW，下同)，总有功负荷为 3.15。母线 GEN3-230 与母线 STNB-230 间线路首端 1%处于 0 s 发生三相接地短路故障，为便于观察现象，考虑实际系统中可能出现的保护装置拒动情况，设置 0.4 s 时故障消失，系统失稳。得到的 WSCC 系统相对功角曲线，如图 7-23 所示。

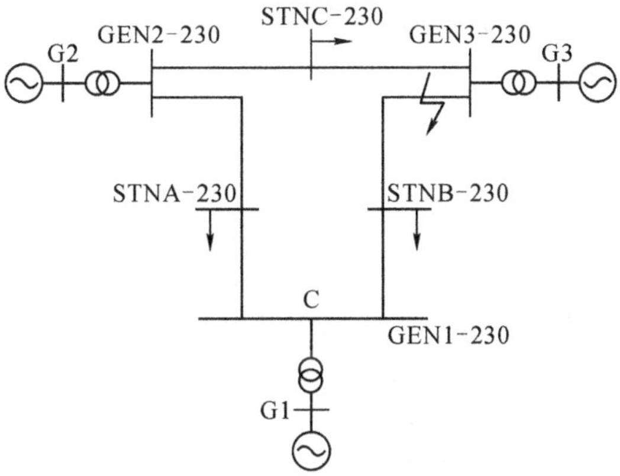

图 7-22　WSCC 3 机 9 节点系统接线图

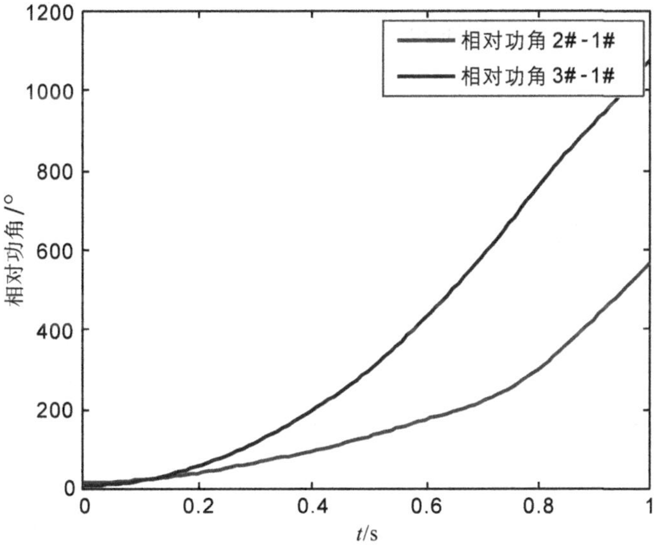

图 7-23　系统相对功角曲线(彩图见附录)

由图 7-23 可知，以 1# 发电机为参考机，2# 发电机和 3# 发电机分别相对 1# 发电机摆开，分为三个机群，在故障发生后系统失稳。进一步观测系统中所有线路两端母线的电压相角差波形，发现线路 GEN2 - 230/STNA - 230（记为 L_1）的波形始终呈 360°周期性平滑变化；在线路 GEN2 - 230/STNC - 230（记为 L_2）以及线路 GEN3 - 230/STNB - 230（记为 L_3）中有部分时间内两侧母线电压相角之差呈现 360°周期性平滑变化，其余时间则只在较小范围内发生变动，如图 7 - 24 所示。

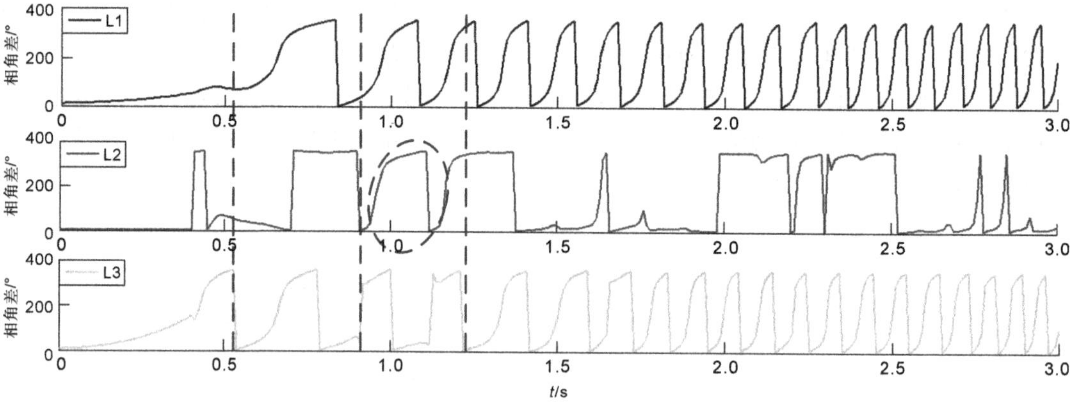

图 7 - 24 出现失步中心线路两侧母线电压相角差变化曲线

由图 7 - 24 可以看到，在 0.54～0.84 s 的时间内，L_1 与 L_3 上电压相角波形呈现 360°周期性平滑变化，证明此时失步中心位于这两条线路上；0.84～1.22 s 的时间内，L_3 上电压波形不再呈平滑变化，而 L_2 上出现 360°周期性平滑变化，如图 7 - 24 中红色圈出部分所示，证明此时失步中心发生迁移；1.22 s 之后，波形再次发生变化，失步中心再次由 L_2 迁移回到 L_3。

图 7 - 25 所示为出现失步中心的这三条线路其两端母线的电压频率随时间变化的波形曲线。在图中由上至下依次为线路 L_1，L_2 以及 L_3 两侧母线电压频率波形，其中 GEN2 - 230，STNA - 230 为线路 L_1 两端母线；GEN2 - 230，STNC - 230 为线路 L_2 两端母线；GEN3 - 230，

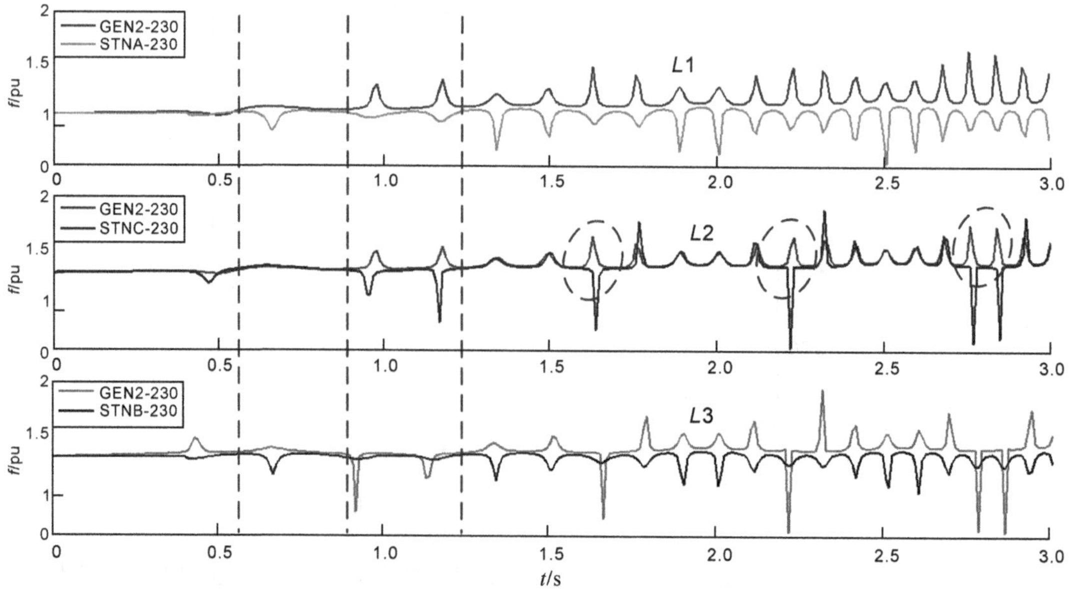

图 7 - 25 出现失步中心线路两侧母线电压频率波形（彩图见附录）

STNB－230 为线路 L_3 两端母线。

由图 7－25 可知，在 0.54～0.84 s 内，线路 L_1 与 l_3 的两侧母线电压频率播送方向相反，一侧母线的电压频率波形上凸时，另一侧电压频率波形则会下凹，由前述分析可知此时失步中心位于这两条线路。而在 0.84～1.22 s 内，L_3 两侧母线电压频率波形波动趋势变为相同、同增同减，表明在此时间段内该线路上不再存在失步中心；而线路 L_2 两侧母线的电压频率则呈现出相反的波动趋势，说明此时失步中心发生迁移，由线路 L_3 迁移至线路 L_2 上。在 1.22 s 之后，可以看到失步中心再次发生迁移，由线路 L_2 迁移回到线路 L_3。并且在失步多频振荡场景中，线路两侧母线的电压频率可以由 WAMS 实时进行测量，即使失步中心在某条线路上出现时间极短，基于失步中心的电压频率特性也可准确觉察失步中心的出现，故可以看到在图 7－25中后半部分，实际上在某些很短的时间内 L_2 上也存在失步中心，如图 7－25 中红色虚线圈出部分所示，而这一现象仅依靠线路两侧母线电压相角差特性是难以觉察的。

由上述分析，可绘出多频失步振荡场景中，WSCC 系统失步中心随时间迁移变化的示意图，如图 7－26 所示，系统结构图内虚曲线所示为失步断面。

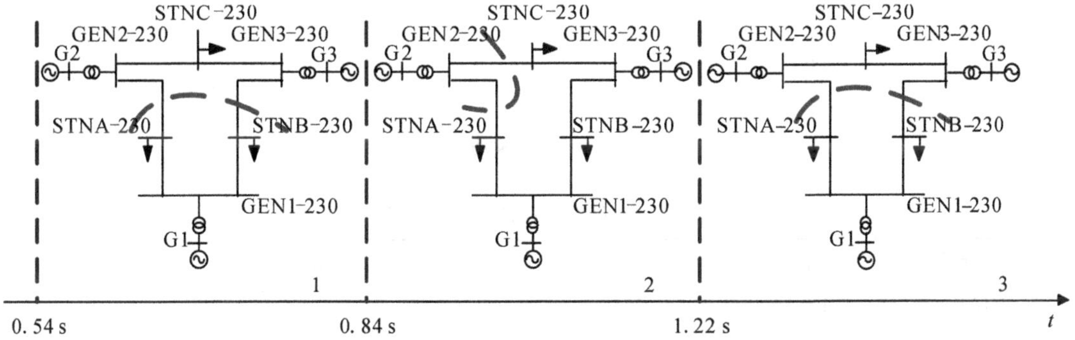

图 7－26　WSCC 系统失步中心迁移示意图

2. 某实际区域电网多频失步振荡算例

如图 7－27 所示，为某实际区域电网的网架结构图，图中所标字母为各个站点的名称简写，红色线路为省间联络线，黑色线路为省内线路。在 2014 年某运行方式下基于 PSASP 进行

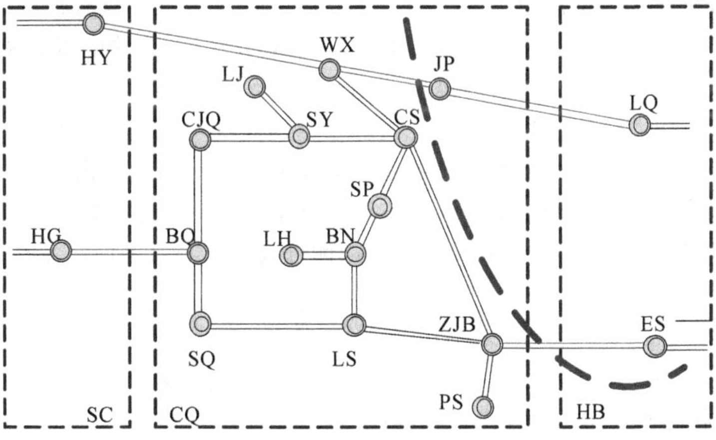

图 7－27　某实际电网结构图（彩图见附录）

仿真,CQ 区域总有功发电为 8769 MW,总有功负荷为 10009.165 MW。为考虑严重故障情况下的多频失步振荡场景,该区域电网故障设置情况如表 7-1 所示。仿真可得故障后 CQ 区域内发电机功角曲线如图 7-28 所示。

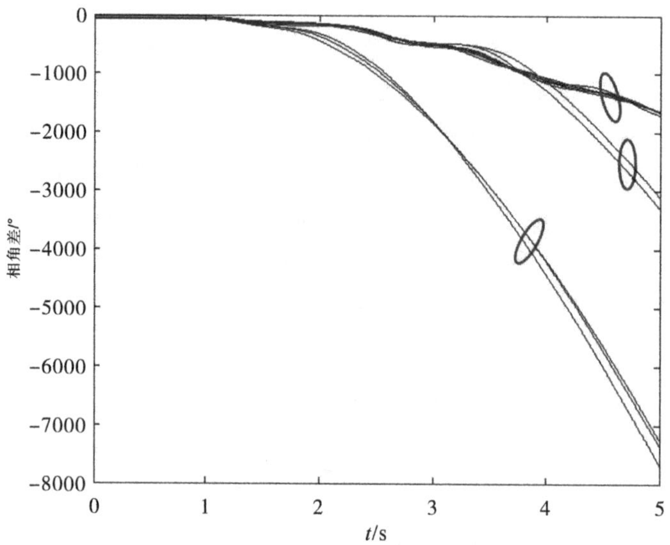

图 7-28 CQ 区域功角曲线

表 7-1 区域电网故障设置情况

I 侧母线	J 侧母线	故障位置	故障类别	起始时间/s	结束时间/s
YBN 500—2	YLS 500—5	50%	三相接地	1.00	1.20
YZJB	YCS 500—1	50%	三相接地	1.00	1.20
YZJB 500—1	YLS	50%	三相接地	1.00	1.35

观测 CQ 区域内各线路两端母线的电压频率波形可发现,只有线路 WX-JP 以及线路 ZJB-ES 的两侧母线的电压频率的波形呈现出相反的波动趋势:当线路一端母线电压的频率波形上凸时,另一端母线电压的频率波形则会下凹。结合第二节分析可知只有这两条线路上存在失步中心。图 7-29 中上图所示为 WX-JP 线路两侧母线 WX 与 JP 的电压频率波形;下图所示为 ZJB-ES 线路两侧母线 ZJB 与 ES 的电压频率波形。

由此,可以绘制出多频失步振荡场景下该区域电网的失步断面,如图 7-27 中虚线所示。综上可知,在实际大电网中发生多频失步振荡时,具有与 WSCC 系统内相同的规律特性,即:失步中心所在线路,其两端母线的电压频率波形具有相反波动趋势,当一侧母线电压频率的波形上凸时,另一侧的电压频率波形则会下凹,且两侧母线电压频率的曲线无交点。

7.3.4 主要结论

随着电网规模的增大,运行方式的增多,现有的在两群等效假设下所得的失步中心相关特性已难以应对日益复杂多样的失稳模式。因此,本节在现有成果的基础上,研究多频失步振荡场景下电压频率特性与失步中心的规律,完成了以下工作:

(1)推导多频失步振荡场景下线路任一点处电压幅值与频率公式。建立三机等效模型,并

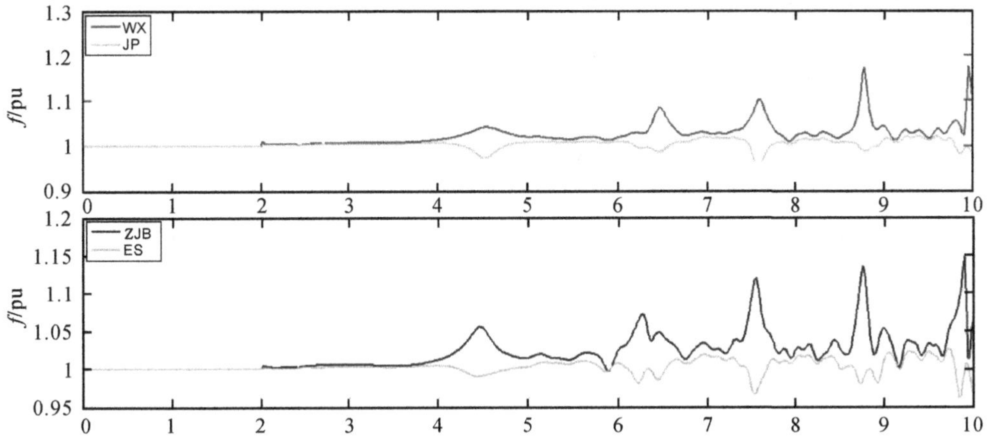

图 7－29　出现失步中心线路两侧母线电压相角差变化曲线

在该模型中详尽推导线路上任一点处的电压幅值与频率表达式，WSCC 系统与某实际区域电网仿真验证所得表达式正确。

（2）得到了多频失步振荡场景下失步中心所在线路电压频率特性。在所得电压幅值与频率解析表达式的基础上，发现了多频失步振荡场景下失步中心所具有的规律，即：失步中心所在线路，其两侧母线电压频率具有不同的波动趋势。当一侧母线电压频率波形上扬时，另一侧母线的电压频率波形则会下降，且两侧母线电压频率曲线无交点，并以此规律为基础提出了适用于多频失稳场景的失步中心定位方法。

（3）WAMS 系统在电力系统的应用日益广泛，为母线电压频率的在线监测提供了硬件保障，为基于频率量测信息的失步中心定位方法的践行提供了数据基础。而 WSCC 系统与某实际区域电网的仿真结果进一步验证了基于频率特性所得失步中心变化规律的正确性与有效性。

7.4　基于电压相角轨迹的多频系统失步振荡中心定位

复杂电网在严重故障后振荡模式变化迅速，失步振荡中心可能在不同区域联络线之间迁移，给失步解列地点和时间的选择带来严重挑战，因此掌握失步振荡中心迁移规律，尤其是其迁移轨迹的规律，对大电网的安全稳定运行和紧急控制策略具有重要意义。鉴于此，本节首先基于等值三机系统推导了振荡中心位置系数表达式，分析获得振荡中心在多频系统中的迁移规律。然后推导出失步振荡中心出现的充要条件，并且实现实时跟踪电压相角轨迹以预判失步中心出现的位置，为解列装置的正确动作提供保障。最后，在 IEEE 三机九节点与 118 节点中验证了所提方法的正确性和有效性。

7.4.1　振荡中心迁移规律

1. 多频振荡下振荡中心迁移规律

实际多机互联系统在多频振荡情形下通常可以简化为图 7－30(a)所示的标准三机系统，图 7－30(a)通过星三角形变换可等值为图 7－30(b)所示的 Y 型三机系统。令 $X_1'=X_1+X_0$，

$X_2'=X_2+X_0$，$X_3'=X_3+X_0$，$k_1=E_1/E_O$，$k_2=E_2/E_O$，$k_3=E_3/E_O$，通过节点电压法，得到 O 点电压为

$$\begin{cases} E_O = E_i\sqrt{m_i^2+n_i^2}\sin(\delta_i+\varphi_i),i=1,2,3 \\ m_i = X_\Sigma\left[\frac{k_1}{X_1'}\cos(\delta_1-\delta_i)+\frac{k_2}{X_2'}\cos(\delta_2-\delta_i)+\frac{k_3}{X_3'}\cos(\delta_3-\delta_i)\right] \\ n_i = X_\Sigma\left[\frac{k_1}{X_1'}\sin(\delta_1-\delta_i)+\frac{k_2}{X_2'}\sin(\delta_2-\delta_i)+\frac{k_3}{X_3'}\sin(\delta_3-\delta_i)\right] \\ \tan\varphi_i = \frac{n_i}{m_i} \\ \frac{1}{X_\Sigma} = \frac{1}{X_1'}+\frac{1}{X_2'}+\frac{1}{X_3'} \end{cases} \tag{7-29}$$

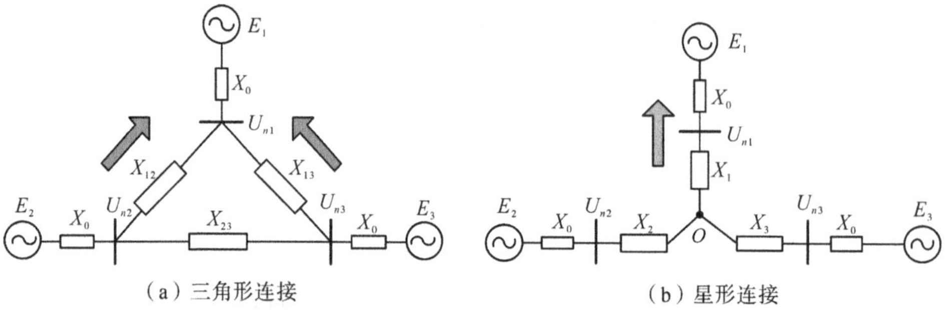

图 7-30　等值三机互联系统的连接方式

点 O 的电压根据所研究线路的不同，可在式(7-29)中分别令 $i=1$、2、3 来进行表示。通过星形-三角形变换，振荡中心在原系统中相邻两条线路上迁移等价为其在 Y 型系统中一条线路上的迁移，如图 7-30 中箭头所示。因此可分别研究 E_1-E_O、E_2-E_O、E_3-E_O 线路上的振荡中心迁移规律，最后按阻抗比例关系确定原系统振荡中心位置。

考虑任意线路 E_i-E_O 上一点 $D_i(i=1,2,3)$，该线路总阻抗为 Z_i，D_i 到 O 点的阻抗为 Z_{Di}，D_i 点电压幅值为

$$U_{Di} = E_O\sqrt{[1-c_i+c_ik_i\cos(\delta_{iO})]^2+[c_ik_i\sin(\delta_{iO})]^2} \tag{7-30}$$

其中，$c_i=Z_{Di}/Z_i$，为点 D 的位置系数，$k_i=E_i/E_O$，为电源 i 与点 O 的电压幅值比，δ_{iO} 为电源 i 与点 O 的电压相角差。

振荡中心为线路中电压最低点，将 U_{Di} 对位置系数 c_i 求偏导数，可得到 D_i 点电压幅值对位置系数 c_i 的变化率为

$$\frac{\partial U_{Di}}{\partial c_i} = \frac{E_O[2c_i+2c_ik_i^2+(2k_i-4c_ik_i)\cos(\delta_{iO})-2]}{2\sqrt{[c_ik_i\cos(\delta_{iO})-c_i+1]^2+c_i^2k_i^2\sin^2(\delta_{iO})}} \tag{7-31}$$

令 U_{Di} 对 c_i 的偏导数为 0，则对应位置系数 c_i 处的节点在该时刻的电压幅值最小，进而可以得到振荡中心位置系数 c_i 关于电压幅值比 k_i 与电压相角差 δ_{iO} 的表达式为

$$c_i = \frac{1-k_i\cos(\delta_{iO})}{k_i^2-2k_i\cos(\delta_{iO})+1} \tag{7-32}$$

根据式(7-29)可知，k_i、δ_{iO} 分别满足：

$$\begin{cases} k_i = \dfrac{E_i}{E_i\sqrt{m_i^2+n_i^2}} = \dfrac{1}{\sqrt{m_i^2+n_i^2}} \\ \cos(\delta_{io}) = \cos(-\phi_i) = \dfrac{m_i}{\sqrt{m_i^2+n_i^2}} \end{cases} \tag{7-33}$$

将式(7-33)代入式(7-32)中可得到振荡中心位置系数关于 m_i、n_i 的表达式为

$$c_i = \begin{cases} \dfrac{m_i^2+n_i^2-m_i}{1-2m_i+m_i^2+n_i^2} & ,m_i < m_i^2+n_i^2 \\ 0 & ,m_i > m_i^2+n_i^2 \end{cases} \tag{7-34}$$

其中，$c_i \in [0,1]$。$c_i=0$ 对应振荡中心位于 O 点，$c_i=1$ 对应振荡中心位于电源 i。

在系统失步过程中，电源电压幅值一般在 0.9～1.1 变化，为简化分析，令 $E_1=E_2=E_3=1$，则有 $k_i<1$，每一个失步周期中，E_i-E_O 线路上的振荡中心由点 O 出发，向电源 i 方向迁移。

以线路 E_1-E_O 中的振荡中心迁移为例(线路 E_2-E_O 与线路 E_3-E_O 的分析方法相同)，将 $i=1$ 代入式(7-29)与式(7-32)，设 $X_1'/X_2'/X_3'=10:5:4$，以 $\delta_2-\delta_1\in[-\pi,\pi]$为 x 轴，$\delta_3-\delta_1\in[-\pi,\pi]$为 y 轴，$c_1\in[0,1]$为 z 轴，绘制出三机系统电压相角为任意值时，E_1-E_O 线路上振荡中心位置系数分布情况，如图 7-31 所示。由图可知，振荡中心位置系数分布图关于平面 $\delta_2-\delta_1=\delta_3-\delta_1$ 对称，当 $\delta_2=\delta_3$ 时，c_1 达到最大值 $c_{1\max}$，即振荡中心迁移至距离点 O 最远处；当 $\delta_2\neq\delta_3$ 时，c_1 处于$[0,c_{1\max}]$中，同时$|\delta_2-\delta_3|$越大，c_1 越小，即随着机组 2 与机组 3 同调性的降低，振荡中心的迁移范围逐渐减小。

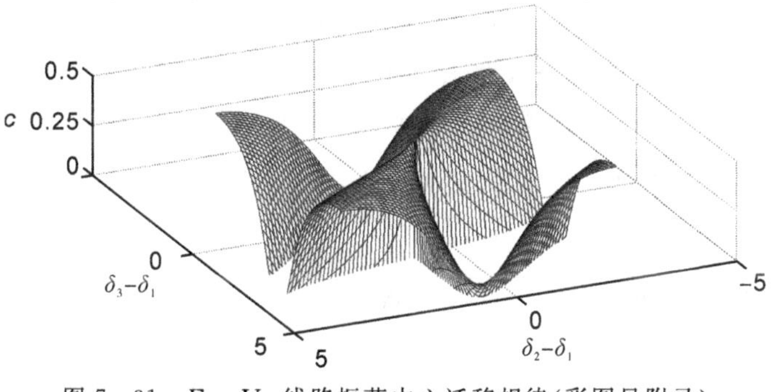

图 7-31　E_1-U_O 线路振荡中心迁移规律(彩图见附录)

2. 多频振荡下失步振荡中心迁移规律

两端电源电压相角差达到 180°时，振荡中心电压降至零，成为失步振荡中心的充要条件，即 $\delta_{iO}=\pi$。根据该思想，可以求取失步振荡中心存在的条件为

$$\begin{cases} \tan(\delta_{io}) = -\dfrac{n_i}{m_i} = 0 \\ \cos(\delta_{io}) = \dfrac{m_i}{\sqrt{m_i^2+n_i^2}} < 0 \end{cases} \tag{7-35}$$

将式(7-29)代入式(7-35)，并将 $i=1$ 代入，求得 E_1-E_O 线路之间出现失步振荡中心的条件为

$$\begin{cases} n_1 = X_\Sigma\left[\dfrac{1}{X_2'}\sin(\delta_2-\delta_1)+\dfrac{1}{X_3'}\sin(\delta_3-\delta_1)\right]=0 \\ m_1 = X_\Sigma\left[\dfrac{1}{X_1'}+\dfrac{1}{X_2'}\cos(\delta_2-\delta_1)+\dfrac{1}{X_3'}\cos(\delta_3-\delta_1)\right]<0 \end{cases} \tag{7-36}$$

为直观地探讨满足式(7-36)的电压相角 $\delta_2-\delta_1$、$\delta_3-\delta_1$ 的取值，并考虑 $X_2'>X_3'$ 和 $X_2'<X_3'$ 两种情况。分别设 $X_1':X_2':X_3'=10:5:4$、$X_1':X_2':X_3'=10:4:5$，以 $\delta_2-\delta_1$ 为 x 轴，$\delta_3-\delta_1$ 为 y 轴，绘制满足式(7-36)的电压相角轨迹如图 7-32 所示。

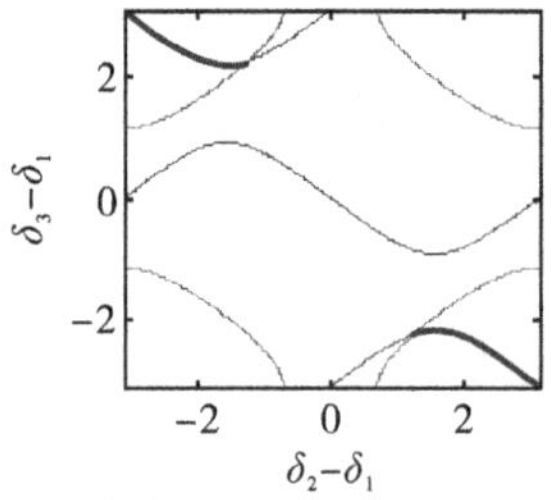

(a) $X_1:X_2:X_3$=10∶5∶4

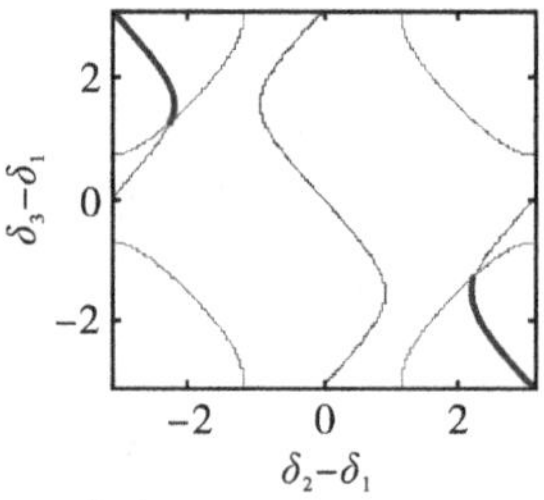

(b) $X_1:X_2:X_3$=10∶4∶5

图 7-32　电压相角轨迹示意图(彩图见附录)

图 7-32 中，黑色曲线为满足 $n_1=0$ 的电压相角轨迹，蓝色曲线与坐标轴四个角所围成的区域为满足 $m_1<0$ 的电压相角平面，同时满足 $n_1=0$ 与 $m_1<0$ 的电压相角轨迹为图中红色曲线，即红色曲线对应的 $\delta_2-\delta_1$、$\delta_3-\delta_1$ 为使 E_1-E_O 所在线路出现失步振荡中心的充要条件。因此当且仅当相角轨迹($\delta_2-\delta_1$，$\delta_3-\delta_1$)与红色曲线相交时，失步振荡中心出现在线路E_1-E_O上，对应于原△连接系统中相邻两条线路 E_1-E_2、E_1-E_3 出现失步振荡中心。

下面探讨失步振荡中心的迁移规律。将 $n_i=0$，$m_i<0$ 代入式(7-34)中，得到系统多频振荡情形下的失步振荡中心位置系数为

$$c_i=\frac{m_i}{m_i-1} \tag{7-37}$$

由式(7-37)可知，c_i 随 m_i 的增加单调递减。将 $i=1$ 代入式(7-37)中，当 $m_1=0$ 时，c_1 达到最小值 0，此时 $\delta_2-\delta_1$、$\delta_3-\delta_1$ 满足 $n_1=0$ 且 $m_1=0$，对应图 7-32 中蓝色曲线与黑色曲线的交点；当 m_1 达到最小值时，有 $\cos(\delta_2-\delta_1)=\cos(\delta_3-\delta_1)=-1$，$\delta_2-\delta_1=\delta_3-\delta_1=\pm\pi$，此时 $c_1=c_{1\max}$。因此系统发生多频振荡时，失步振荡中心位置不再固定不变，其变化范围为$[0,c_{1\max}]$。将 $m_1<0$，$n_1=0$ 代入 c_1，解得：

$$\begin{aligned} c_1 &= \frac{m_1}{m_1-1} \\ &= \frac{X_\Sigma\left\{\dfrac{1}{X_1'}+\dfrac{1}{X_2'}\cos(\delta_2-\delta_1)+\dfrac{1}{X_3'}\cos\left[\arcsin\left(-\dfrac{X_3'}{X_2'}\sin(\delta_2-\delta_1)\right)\right]\right\}}{X_\Sigma\left\{\dfrac{1}{X_1'}+\dfrac{1}{X_2'}\cos(\delta_2-\delta_1)+\dfrac{1}{X_3'}\cos\left[\arcsin\left(-\dfrac{X_3'}{X_2'}\sin(\delta_2-\delta_1)\right)\right]\right\}-1} \end{aligned} \tag{7-38}$$

由式(7-38)可知，失步振荡中心位置系数 c_1 为 $\delta_2-\delta_1$ 的单值函数，即 E_1-E_O 线路上失步中心的具体位置可通过测量电压相角 δ_2、δ_1 的值并由式(7-38)直接计算得到。

将 $X_1':X_2':X_3'=10:5:4$ 代入 c_1，以 $\delta_2-\delta_1\in[-\pi,\pi]$为 x 轴，c_1 为 y 轴，失步振荡中心位置系数关于 $\delta_2-\delta_1$ 的变化曲线如图 7-33 所示。由图可知，失步振荡中心位置系数可以为$[0,c_{1\max}]$中的任何值，且失步振荡中心仅在 $\delta_2-\delta_1\in[-\pi,-\delta_c]\cup[\delta_c,\pi]$的范围内出现，而

在其他情况下 $c_1=0$，此时失步中心位于 O 点；c_1 在$[-\pi,-\delta_c]$范围单调递减，在$[\delta_c,\pi]$范围单调递增，在 $\delta_2-\delta_1=\pm\pi$ 取到极大值。

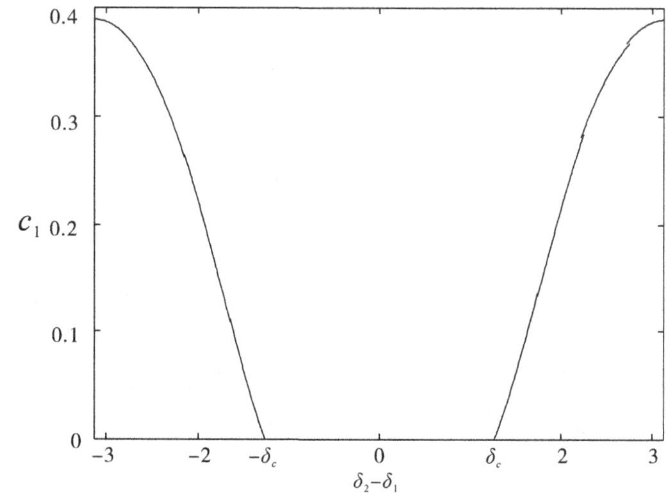

图 7-33 失步振荡中心位置系数变化示意图

7.4.2 失步振荡中心定位与预警策略

以 E_1-E_O 线路为例，根据上述所述失步振荡中心出现时，$\delta_2-\delta_1$ 与 $\delta_3-\delta_1$ 所满足的约束条件，通过 WAMS 实时采集系统电压相角值，观察 $\delta_2-\delta_1$ 与 $\delta_3-\delta_1$ 在轨迹平面中的变化情况，当相角轨迹与图 7-32 中红色曲线相交时，表明该线路上出现了失步振荡中心。根据该时刻下采集的 $\delta_2-\delta_1$，代入式(7-38)中，即可计算出失步振荡中心所在具体位置。该定位策略只需采集各时刻下系统发电机端电压相角，线路阻抗在振荡过程中不发生变化，可离线获得，在精度要求较高的情形下，还可获取失步振荡中心出现时刻的发电机端电压幅值。

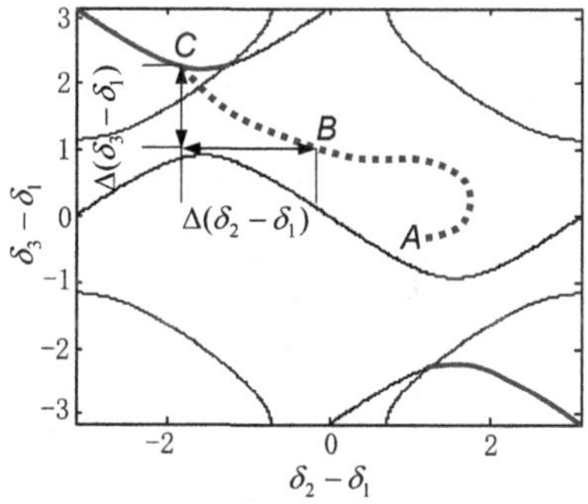

图 7-34 失步振荡中心预警策略示意图(彩图见附录)

基于上述理论，提出一种失步振荡中心预警策略，如图 7-34 所示，假设故障发生后一时刻，相角轨迹初始点 A 坐标为$(\delta_{2A}-\delta_{1A},\delta_{3A}-\delta_{1A})$，随着系统失稳，三台机组的电压相角不断变化，相角轨迹到达点 $B(\delta_{2B}-\delta_{1B},\delta_{3B}-\delta_{1B})$，逐渐逼近红色曲线所表示的失步振荡中心区域，$C(\delta_{2C}-\delta_{1C},\delta_{3C}-\delta_{1C})$为红色曲线上任意一点，设定预警时间 t_s，当点 $B(\delta_{2B}-\delta_{1B},\delta_{3B}-\delta_{1B})$及点 B 处三台等值机的电压频率 ω_1、ω_2、ω_3 满足如下条件：

$$\begin{cases}\delta_{2C}-\delta_{1C}=(\delta_{2B}-\delta_{1B})+(\omega_2-\omega_1)t_s\\ \delta_{3C}-\delta_{1C}=(\delta_{3B}-\delta_{1B})+(\omega_3-\omega_1)t_s\end{cases} \tag{7-39}$$

其中，$\delta_{2C}-\delta_{1C}$，$\delta_{3C}-\delta_{1C}$ 满足

$$n_1=0, m_1\leqslant 0 \tag{7-40}$$

失步中心预警时间整定为

$$t_s=t_c+t_i \tag{7-41}$$

其中，t_c 为预判到失步振荡中心到保护动作出口的时间，t_i 为上一级解列指令下达给下一级，到解列装置激活需要的时间。由于激活时间 t_s 一般为毫秒级，因此认为 B 点到 C 点过程中三台等值机的电压频率恒定。失步振荡中心预警策略的步骤为

(1)当式(7-39)满足时，在 B 点处预判出失步振荡中心出现时的电压相角，即点 $C(\delta_{2C}-\delta_{1C}, \delta_{3C}-\delta_{1C})$。

(2)将 C 点对应电压相角 $\delta_{2C}-\delta_{1C}$ 代入式(7-38)计算出失步振荡中心出现的位置，并将该位置对应线路解列装置激活，其他线路解列装置闭锁。

(3)当监测到 C 点对应线路中出现失步振荡中心，选择失步周期内的最佳动作时刻实施解列操作。

(4)若监测到失步振荡中心转移或消失，或 $\delta_2-\delta_1$ 与 $\delta_3-\delta_1$ 对应相角轨迹远离图 7-34 中红色曲线，则迅速闭锁相应的解列装置。

本节所提失步振荡中心预警策略兼顾协调性与选择性，可以提前预判失步振荡中心出现的时刻与地点，人为选择失步周期内的最佳时刻进行解列操作。失步解列的动作流程图如图 7-35 所示。

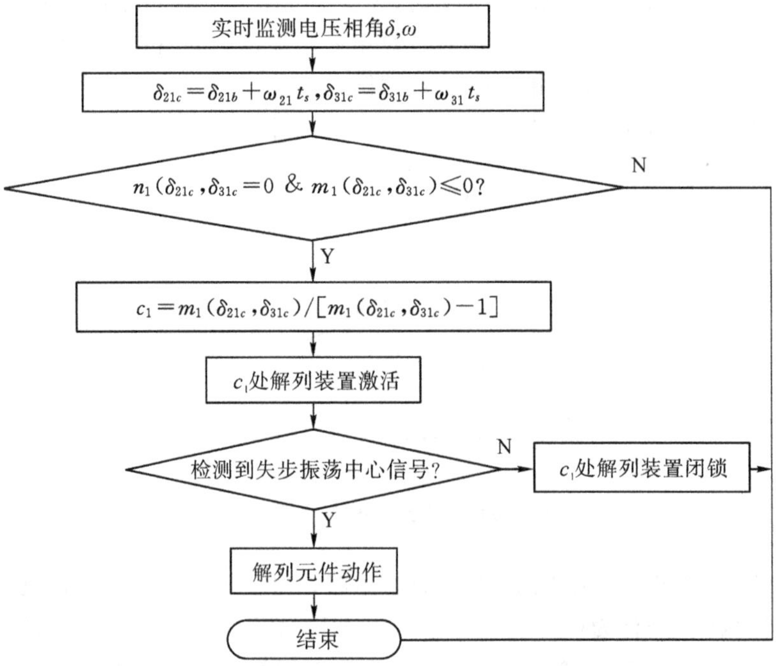

图 7-35 失步解列方案动作流程

7.4.3 分析与说明

1. 三机九节点仿真分析

在 PSS/E 仿真平台上搭建 IEEE 三机九节点模型，发电机 G_1 采用凸极机次暂态模型，发电机 G_2、G_3 采用隐极机次暂态模型，如图 7-36 所示。线路 3—6 靠近母线 3 测于 0 s 发生三相短路故障，为模拟系统失稳发生振荡的情形，0.8 s 时故障消失。

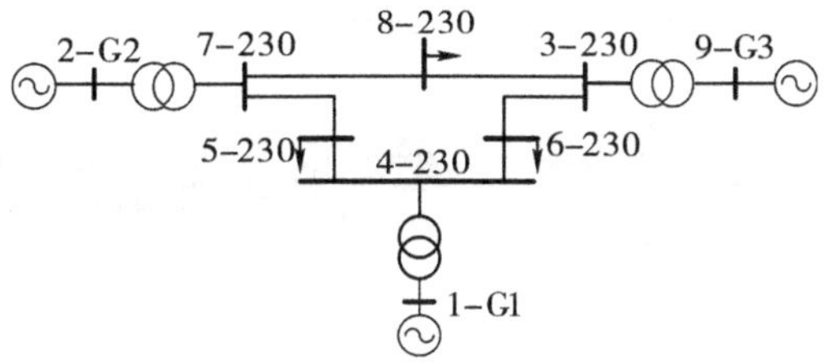

图 7-36 三机九节点系统

图 7-37(a)所示为三台发电机组功角曲线，图 7-37(b)分别为母线 3、4、7 电压频率随时间变化的波形。由图可知，在 1.5～4.5 s，线路 4—7、4—3 两侧母线电压频率播送方向相反，表明失步振荡中心位于线路 4—7 与 4—3 所构成的等效 E_1-E_O 支路上。在 4.5～5.5 s 时间内，线路 4—7、7—3 两侧母线电压频率播送方向相反，表明失步振荡中心位于 4—7、7—3 构成的等效 E_2-E_O 支路上。

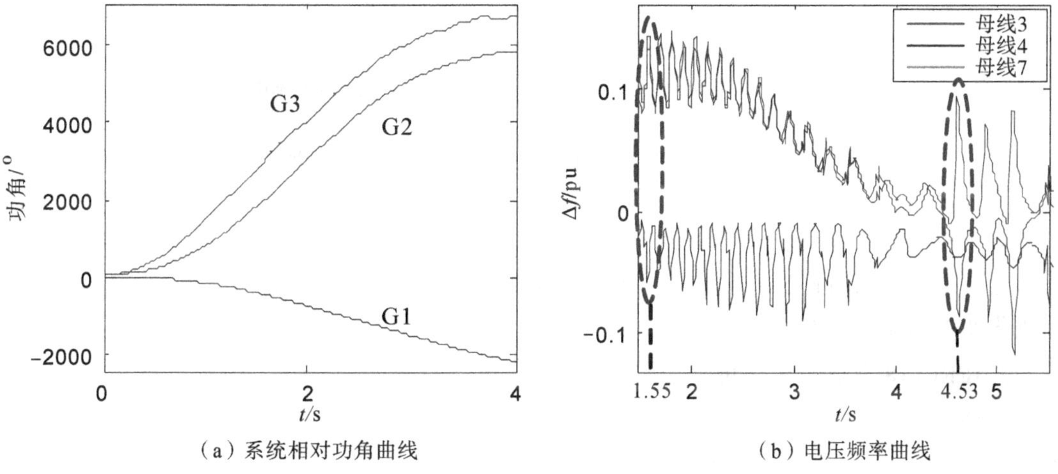

(a) 系统相对功角曲线　　(b) 电压频率曲线

图 7-37 系统功角曲线及母线电压频率波形

图 7-38 所示为等效线路 $E_1—E_0$、$E_2—E_0$、$E_3—E_0$ 的电压相角轨迹平面，等效线路 $E_1—E_O$、$E_2—E_O$、$E_3—E_O$ 的等值阻抗分别为 $X_1'=0.0828$、$X_2'=0.0674$、$X_3'=0.0767$，参数是以 100MVA 为基准的标幺值。其中，蓝色圆点构成的轨迹为系统振荡过程中对应的电压相角轨迹。在 1.5～4.5 s，$E_1—E_O$ 线路对应的电压相角轨迹与红色曲线相交，表明失步振荡中心位于等效线路 $E_1—E_O$ 上，而 $E_2—E_O$、$E_3—E_O$ 线路对应的电压相角轨迹未与红色曲线相交，表明失步振荡中心不存在于这两条线路上。

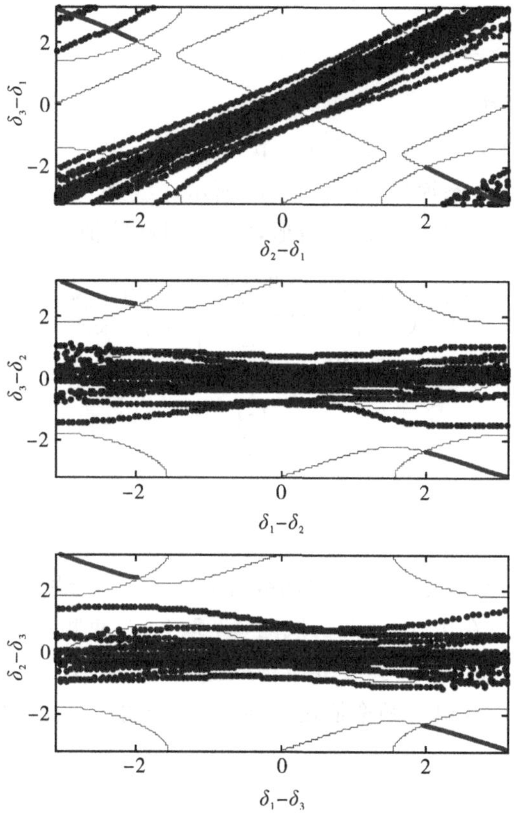

图 7-38　1.5～4.5 s 三条线路的电压相角轨迹(彩图见附录)

在 4.5～5.5 s,失步振荡中心由 E_1—E_O 线路迁移到 E_2—E_O 所在线路,由图 7-39 可知,E_2—E_O 线路对应的电压相角轨迹与红色曲线相交,而 E_1—E_O 与 E_3—E_O 线路对应的电压相角轨迹未与红色曲线相交。

通过电压相角轨迹的失步振荡中心检测结果与电压频率现象相符,验证了电压相角轨迹判别失步振荡中心的有效性。

2. IEEE118 节点仿真分析

在图 7-40 所示的 IEEE118 节点系统中,发电机均采用经典 2 阶模型,线路 38—30 靠近节点 38 侧发生三相接地短路故障,1s 后故障清除,系统发生失步振荡,系统 19 台发电机的功角曲线如图 7-41(a)所示。可以看到,故障发生后系统分为三群:Group1{12}, Group2{10,25,26,31}, Group3{46, 49, 54, 59, 61, 65, 66, 69, 80, 87, 89, 100, 103, 111}。

分别选取 Group1 中机组 12、Group2 中机组 25 和 Group3 中机组 69 所在节点作为参考节点,得到节点 12、25、69 的电压频率曲线,如图 7-41(b)所示。由图可知,节点 69 的电压频率与节点 12、25 的电压频率播送方向相反,且电压频率曲线不相交,即失步振荡中心位于 Group3 与 Group1、Group3 与 Group2 之间的断面处。

根据本节失步中心预警策略,将 IEEE118 系统等值成为简单三机互联系统,再通过 PSS/E 计算得到系统三角形连接等值阻抗以及星形连接等值阻抗,如表 7-2 所示。

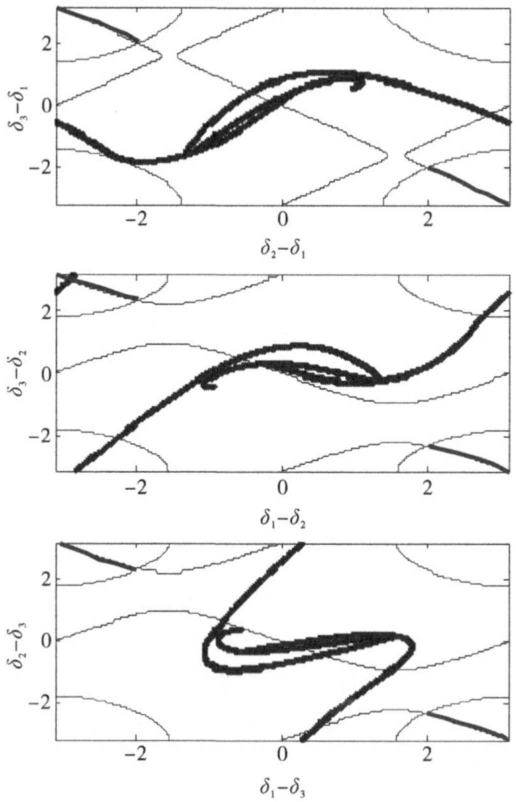

图 7-39　4.5～5.5 s 三条线路的电压相角轨迹(彩图见附录)

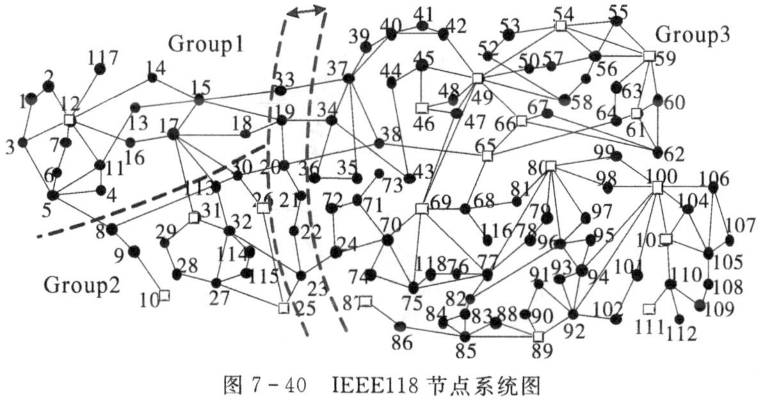

图 7-40　IEEE118 节点系统图

表 7-2　星形和三角形连接系统等值阻抗

X_{-}	$X_{12\text{-}69}$	$X_{25\text{-}69}$	$X_{12\text{-}O}$	$X_{25\text{-}O}$	$X_{69\text{-}O}$
0.143	0.232	0.2	0.058	0.05	0.081

根据系统星形连接等值阻抗以及参考节点电压相角绘制的电压相角轨迹如图 7-42 所示。由图可知,在整个仿真过程中,仅有 $E_{69}-E_O$ 对应线路的电压相角轨迹与红色曲线相交,表明节点 69 与节点 12、25 相连线路上存在失步振荡中心,即失步振荡中心位于 Group3 与

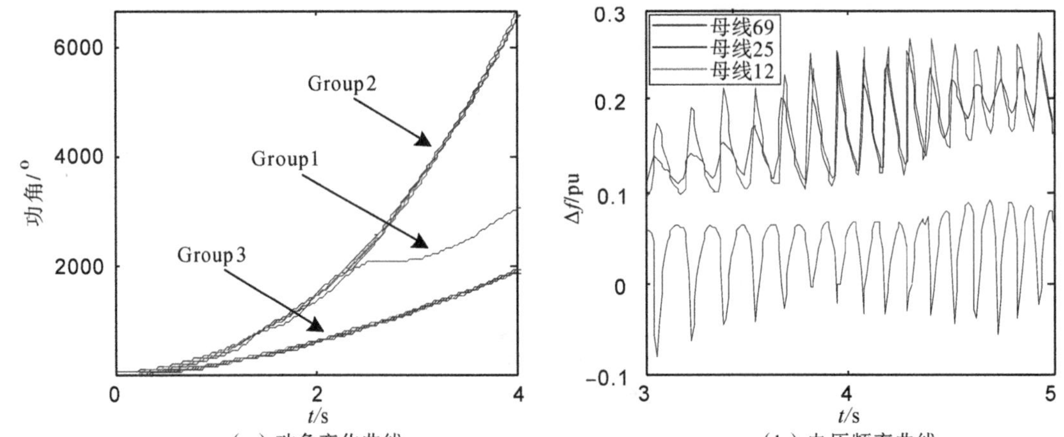

(a) 功角变化曲线 (b) 电压频率曲线

图 7-41 IEEE118 系统功角及频率变化曲线(彩图见附录)

Group1、Group2 之间的断面处,与电压频率判据的结果相符。同时,将电压相角轨迹与红色曲线交点处的电压相角值 $\delta_{12\text{-}69}$、$\delta_{25\text{-}69}$ 与 $X_{12\text{-}O}$、$X_{25\text{-}O}$、$X_{69\text{-}O}$ 代入式(7-38)中,即可得到失步振荡中心的精确位置 c。由于该振荡中心位置系数基于等值星形网络计算求得,因此还需按阻抗比例关系转换为等值三角形网络后,以节点 69 为源节点,节点 12、25 为汇节点,遍历所有前向通路,每一条前向通路中,距离汇节点线路阻抗与整条前向通路阻抗之比等于失步中心位置系数 c 的点为该前向通路上的失步中心。最终计算得到的原系统失步中心位置如图 7-40 中红色虚线所示。由于图 7-42 中电压相角轨迹与红色曲线相交于不同位置,因此失步中心实际上在失步断面附近进行局部动态迁移。

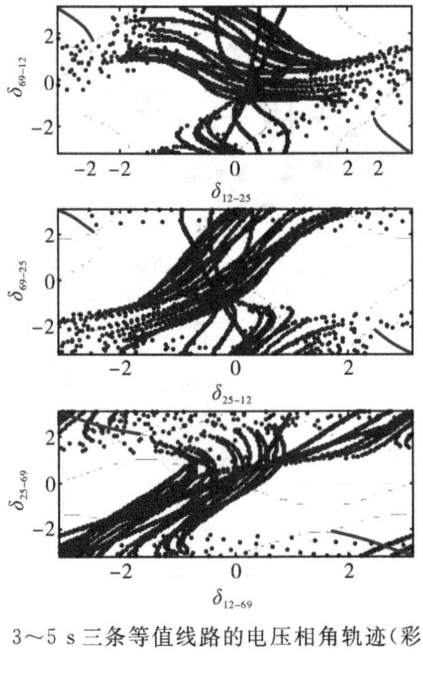

图 7-42 3~5 s 三条等值线路的电压相角轨迹(彩图见附录)

3. 预警策略仿真案例

以 IEEE 3 机 9 节点系统为例，分析图 7 - 38 中 E_1—E_O 线路与图 7 - 39 中 E_2—E_O 线路失步中心预判过程。图 7 - 43 为 E_1—E_O 电压相角平面 1.5～1.538 s 时段的电压相角轨迹，此时其接近红色曲线，轨迹速率 $\omega_2-\omega_1=30.77°/s$、$\omega_3-\omega_1=40.51°/s$，经计算，相角轨迹 5 ms 后与红色曲线相交，失步中心出现时刻为 1.543 s。

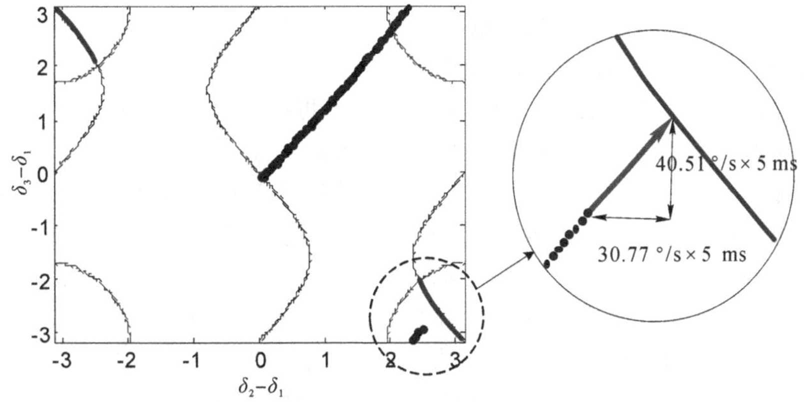

图 7 - 43　1.5～1.538s 时段 E_1—E_O 电压相角轨迹（彩图见附录）

图 7 - 44 为 E_2—E_O 电压相角平面 1.5～4.52 s 时段的电压相角轨迹，其首次接近红色曲线，即失步中心即将从 E_1—E_O 线路迁移到 E_2—E_O 线路，轨迹速率 $\omega_1-\omega_2=56.35°/s$、$\omega_3-\omega_2=59.15°/s$，经计算，5 ms 后相角轨迹与红色曲线相交，失步中心出现在线路 E_2—E_O 的时刻为 4.525 s。

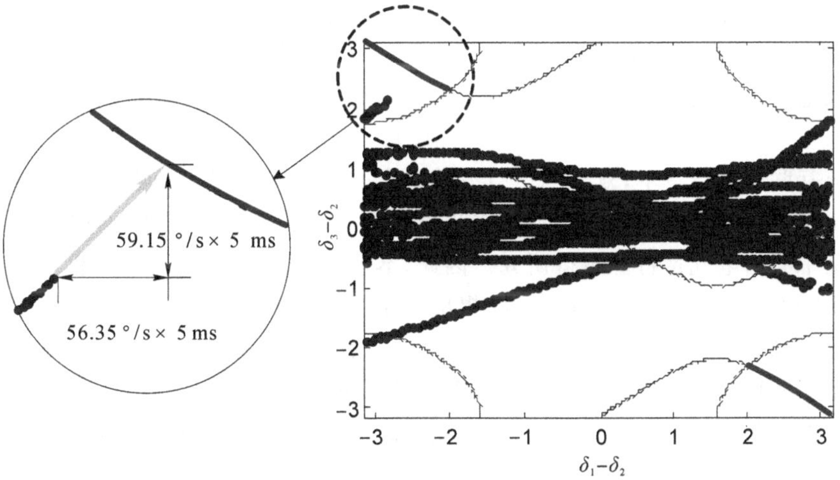

图 7 - 44　1.5～4.52s 时段 E_2—E_O 线路电压相角轨迹（彩图见附录）

失步中心在 E_1—E_O 线路上出现并首次迁移至 E_2—E_O 线路的时刻对应于图 7 - 37(b) 中红色曲线标明的电压频率峰值时刻，两个峰值出现的时间与预测结果基本相符，验证了本节预警方法的有效性。

7.4.4 主要结论

本节通过推导等值三机系统的振荡中心位置表达式，研究了多频振荡场景下失步振荡中心出现的充要条件及其迁移规律，提出了一种多频系统失步振荡中心预警策略。所得结论如下：

(1)多频失步振荡过程中，振荡中心的位置系数与系统阻抗、等值三机电压幅值和相角有关，当其余两机电压相角与本线路机组电压相角差相等时，本线路振荡中心迁移距离最大。等值机组的同调程度与振荡中心的迁移距离成正比。

(2)失步振荡中心位置系数在系统多频振荡时不再固定不变，介于 0 和最大迁移距离之间，且仅在其余两机电压相角与本线路机组电压相角差值为 180 度时达到最大值。

(3)失步振荡中心出现的充要条件可以描绘成等值三机电压相角在相角平面中所满足的约束条件，当电压相角轨迹接近失步中心所在区域时，根据当前电压相角与频率预判失步振荡中心出现位置与时刻，为解列装置的实时动作提供保障。

(4)在实际电网发生故障过程中，首先确定非同调群的参考节点，将大电网等值为互联三节点系统。根据电压相角与等值阻抗确定失步中心位置系数后，将等值阻抗还原为系统实际阻抗，从而确定实际系统中失步中心的位置，实现在大电网中迅速搜索解列断面。

7.5 小 结

随着双馈风力发电机(doubly fed induction generator, DFIG)装机容量持续增加，电力系统失稳后双馈风机的故障行为将进一步影响系统失稳模式及解列断面的选址。本章针对风电对系统失步振荡的影响问题，推导了系统失步场景下 DFIG 定子磁链、转子电压与外特性表达式，指出 DFIG 外特性曲线近似满足椭圆方程，进一步推导了风机接入下振荡中心与失步振荡中心位移函数，理论表明振荡中心的迁移范围扩大至整条输电线路，失步中心分布范围增加、且向远离风电场方向迁移，据此阐述了 DFIG 不同故障穿越措施对失步振荡中心迁移的影响程度。

交直流互联电网背景下，复杂的运行方式和多变的故障形式导致系统失稳模式不再局限于两群失稳。现有基于等值两机模型的失步振荡中心定位方法受到严重挑战，多频失步场景下失步振荡中心的电气量特性亟待研究。因此，本章基于理论分析，针对等值三机系统失步振荡中心频率特性进行了较为深入的研究，提出了相应的失步振荡中心定位方法。首先，构建并求解三机等效系统的失步模型，并推导系统内任一点处电压幅值、频率等电气量的解析表达式；然后，基于所得解析表达式详细分析了多频场景下失步振荡中心电气特性：位于失步中心异侧的站点电压频率播送方向相反，且电压频率曲线间无交点；位于失步中心同侧的站点电压频率播送方向一致，且电压频率曲线间存在交点；最后，WSCC 系统与某实际区域电网仿真验证所得结论的正确性。

电力系统受到大扰动后面临多群失稳问题，多频失步振荡场景下的失步中心迁移规律亟待研究。本章推导了三机等值系统振荡中心位置表达式，分析了振荡中心的迁移规律，进而得到多频振荡下失步振荡中心出现的充要条件，并将其描绘成等值三机电压相角轨迹在相角平面中所满足的约束条件，提出一种失步中心预警策略。该策略依据电压相角轨迹接近约束条件时等值机的电压相角与频率,预判失步中心出现的地点与时刻,提前激活解列装置,使其在失步周期的最佳时刻动作。

参考文献

[1]汤涌. 电力系统安全稳定综合防御体系框架[J]. 电网技术,2012,36(8):1-5.

[2]刘福锁,方勇杰,李威,等. 阻抗不均导致振荡中心迁移的规律[J]. 电网技术,2014,38(1):193-198.

[3]薛禹胜. 时空协调的大停电防御框架(一)从孤立防线到综合防御[J]. 电力系统自动化,2006(1):8-16, 5.

[4]薛禹胜. 时空协调的大停电防御框架(二)广域信息,在线量化分析和自适应优化控制[J]. 电力系统自动化,2006(2):1-10.

[5]薛禹胜. 时空协调的大停电防御框架(三)各道防线内部的优化和不同防线之间的协调[J]. 电力系统自动化,2006, 30(3): 1-10,106.

[6]汤涌,王英涛,田芳,等. 大电网安全分析、预警及控制系统的研发[J]. 电网技术,2012,36(7):2-11.

[7]郑超,汤涌,马世英,等. 振荡中心联络线大扰动轨迹特征及紧急控制策略[J]. 中国电机工程学报, 2014, 34(7): 1079-1087.

[8]岑炳成,唐飞,廖清芬,等. 应用功角空间降维变换的相轨迹判别系统暂态稳定性[J],中国电机工程学报,2015,35(11):2726-2734.

[9]高鹏,王建全,甘德强,等. 电力系统失步解列综述[J]. 电力系统自动化,2005,20(19):90-96.

[10]张保会,张毅刚,刘海涛. 基于本地量的振荡解列装置原理研究[J]. 中国电机工程学报,2001,21(12):67-72.

[11]梁伟强,唐飞,刘福锁,等. 基于节点相关度可靠解列的网架结构优化研究[J],中国电机工程学报,2020,40(3):731-742.

[12]ABBASKETABI, FINI M H. An underfrequency load shedding scheme for hybrid and multiarea power systems[J]. IEEE Transactions on Smart Grid,2015,6(1):82-91.

[13]GEEGANAGE J, ANNAKKAGE U D, WEEKES T, et al. Application of energy-based power system features for dynamic security assessment[J]. IEEE Transactions on Power Systems, 2015, 30(4):1957-1965.

[14]LI SHUN,TANG FEI,SHAO YOUGUO,et al. Adaptive under-frequency load shedding scheme in system integrated with high wind power penetration: Impacts and improvements[J]. Energies, 2017, 10(9): 1331.

[15]HE MIAO,ZHANG JUNSHAN,VITTAL V. Robust online dynamic security assessment using adaptive ensemble decision-tree learning[J]. IEEE Transactions on Power Systems,2013, 28(4):4089-4098.

[16]LIU CHENGXI,TANG FEI,CLAUS LETH BAK. An accurate online dynamic security assessment scheme based on random forest[J]. Energies, 2018, 11(7): 1914.

[17]刘福锁,方勇杰,吴雪莲,等.失步振荡下瞬时频率特性及振荡中心定位方法[J].中国电机工程学报,2016,36(4):986-992.

[18]刘福锁,方勇杰,李威,等.多频振荡下的失步振荡中心变化规律及其定位[J].电力系统自动化,2014,38(20):68-73.

[19]DING LEI,MA ZHENBIN,WALL PETER,et al. Graph spectra based controlled islanding for low inertia power systems[J]. IEEE Transactions on Power Delivery, 2017, 32(1):302-309.

[20]侯俊贤,韩民晓,汤涌,等.机电暂态仿真中振荡中心的识别方法及应用[J].中国电机工程学报,2013,33(25):61-67.

[21]石立宝,史中英,姚良忠,等.现代电力系统连锁性大停电事故机理研究综述[J].电网技术,2010,34(3):48-53.

[22]张丽英,叶廷路,辛耀中,等.大规模风电接入电网的相关问题及措施[J].中国电机工程学报,2010,30(25):1-9.

[23]薛禹胜.运动稳定性量化理论[M].南京:江苏科学技术出版社,1999.

失步振荡的解列判据

第8章

8.1 引　言

失步解列作为系统第三道防线的重要组成部分，对防止电网崩溃和大面积停电事故具有重要意义。当前，失步解列装置以捕捉失步振荡中心作为核心判别手段，因此对失步解列判据的研究成为学者们研究的热点。在系统失步过程中，失步振荡中心作为系统的电压最低点，具有线路有功周期性过零、势能最大、两侧无功总体向中心注入以及两侧母线电压相角差在0～360°周期性连续变化等电气量特性。针对失步振荡中心的应用，国外学者和研究机构主要围绕失步继电器、失步预测与判别和距离继电器闭锁等方面展开，但前提条件都是电网结构本身并不复杂，失稳模式单一，并未考虑失步振荡中心出现动态迁移的情况。

国内实际的失步解列装置以系统失步后失步中心所在支路电气量的变化规律为依据定位失步中心并衍生出不同的失步解列判据。按照失步振荡中心是否发生迁移，现有的判据在适应度上存在不同程度的问题。

(1)当系统振荡模式比较单一，振荡中心不发生迁移。$u\cos\varphi$ 判据反映电压最低点，通过 $u\cos\varphi$ 轨迹在失步周期内逐级穿越7个区域捕捉失步振荡中心，可以准确地识别失步中心出现的时刻，但是难以判定失步中心的具体位置；相位角判据依据失步时相角的变化规律，虽然能够明确失步中心的方向，但无法获知失步中心的详细位置；视在阻抗轨迹判据和阻抗角判据都是依据失步断面有功周期性过零原理，但非失步中心线路也会出现有功过零现象，容易造成装置误判；无功功率积分判据通过对失步周期内的联络线两侧的无功进行积分计算判别失步中心，但受限于积分起点难以选择及积分周期不易确定，缺乏实用性。因此实际失步解列装置大都采取复合判据以达到更好的可靠性。

(2)失步中心因系统振荡模式等原因在多个断面间快速动态迁移。大量仿真及实际运行事故分析研究表明，大区互联电网失步后，上述判据的适应性进一步降低。如：$u\cos\varphi$ 判据由于轨迹缺乏完整性，具体表现为轨迹仅仅穿越较少的区域无法达到动作门限，造成拒动作；视在阻抗轨迹判据和阻抗角判据对出现的多个有功周期过零点频繁记录并启动，易造成误判。即便采用复合判据也无法从根本上解决这些固有问题，失步中心的迁移行为对失步解列装置的正常动作带来巨大挑战，可能造成严重后果。因此，为了实时准确识别与定位失步中心，较好地应对失步中心的动态迁移，是目前亟待解决的新问题。

本章以失步振荡的解列判据为研究对象，重点研究和讨论了基于母线电压频率的失步振荡解列判据和基于实测受扰轨迹考虑量测误差的失步解列判据。

8.2 基于母线电压频率的失步振荡解列判据

通过频率特性研究失步中心的识别与定位是一种新的尝试。有学者提出了基于频率特征的失步中心定位方法和相关判据。但是,研究并不深入,存在的问题主要包括:①电流的瞬时频率不易测量,导致方法的实际应用较为困难;②电网失步后,系统两侧频率不再一致,利用画相量图进行求解的方法需要进一步讨论与研究;③经过公式推导得出的电压频率曲线极值被固定为系统两侧等值电势的频率,与实际情况并不相符。因此,上述通过频率特性对失步中心的研究需要进一步深入。

鉴于此,本节首先基于等值两机系统进行了详细的理论推导与求解,得到了失步中心与非失步中心的瞬时电压频率解析表达式,讨论了极值的分布,并具体分析了电网失步时失步中心与非失步中心在不同电压幅值比情况下的电压频率特性,进而得出了失步中心迁移典型场景下的电压频率变化规律,最后,提出了基于母线电压频率的失步解列判据,并在 CEPRI-36 系统和某实际区域互联电网算例中验证了判据的正确性与有效性。

8.2.1 失步振荡时电压频率变化规律

电网发生失步时,表现为两机群等值功角逐渐摆开,在多机群失稳中,也可视为首先出现两群失稳或多次两群相继失稳,电压、电流持续振荡,两侧频率不再一致。因此,可通过建立等值两机模型,深刻讨论系统失步振荡过程中的失步振荡中心变化规律。

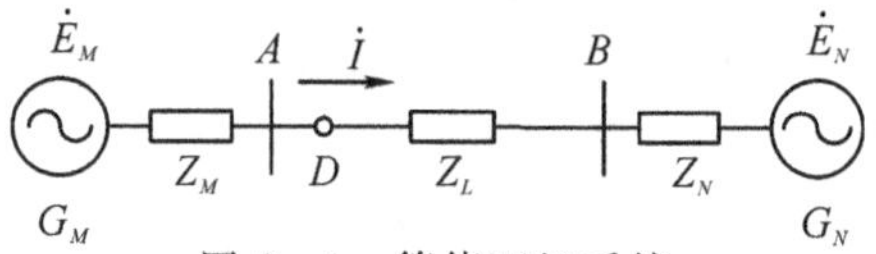

图 8-1 等值两机系统

如图 8-1 所示为等值两机系统模型,两侧发电机分别用等值电势 $\dot{E}_M$ 和 $\dot{E}_N$ 表示,假设联络线 AB 全线均匀,并与系统阻抗角相同,不计频率可变范围内的阻抗变化。线路上任一点 D 到母线 B 的阻抗为 Z_{DB},记 $c=(Z_{DB}+Z_N)/Z_\Sigma(0<c<1)$,表示点 D 的位置系数。

考虑实际情况,失步后电网的瞬时电流频率不易获得,因此,本节重点研究系统失步时的电压频率特性,各参量均采用瞬时值表示:

$$\begin{cases} e_M = E_M\sin(\omega_M t) \\ e_N = E_N\sin(\omega_N t) \\ u_D = U_D\sin(\omega_D t) \end{cases} \tag{8-1}$$

式中:ω_M 和 ω_N 分别是系统两侧等值电势的瞬时频率;u_D、U_D 和 ω_D 分别为点 D 的电压瞬时值、峰值与瞬时频率。

不妨设 A、B 分别为系统送、受端,任一时刻:

$$\begin{aligned} u_D &= e_N + c(e_M - e_N) \\ &= E_N\sin(\omega_N t) + c(E_M\sin(\omega_M t) - E_N\sin(\omega_N t)) \\ &= E_N\sin(\omega_N t) + c(E_M\sin((\Delta\omega + \omega_N)t) - E_N\sin(\omega_N t)) \\ &= E_N\sqrt{(1 - c + ck_e\cos(\Delta\omega t))^2 + (ck_e\sin(\Delta\omega t))^2}\sin(\omega_N t + \alpha) \end{aligned} \tag{8-2}$$

式中：$\Delta\omega=\omega_M-\omega_N$，为系统两侧频差；$k_e=E_M/E_N$，为两侧电势幅值比；参数

$$\alpha=\operatorname{atan}\frac{ck_e\sin(\Delta\omega t)}{1-c+ck_e\cos(\Delta\omega t)}。$$

因此，点 D 的电压峰值为

$$U_D=E_N\sqrt{(1-c+ck_e\cos(\Delta\omega t))^2+(ck_e\sin(\Delta\omega t))^2} \tag{8-3}$$

在一个失步周期中，U_D 每一时刻的极小值对应位置称作振荡中心，当 $t=k\pi/\Delta\omega$(k 为奇数)时，U_D 在 $c=1/(1+k_e)$ 处取得最小值 0，该特殊的振荡中心即为失步中心。

令 $\beta=\omega_N t+\alpha$，对比式(8-1)可知，点 D 的瞬时电压频率可利用式(8-4)进行求解。

$$\omega_D=\frac{\mathrm{d}\beta}{\mathrm{d}t}=\omega_N+\frac{\mathrm{d}\alpha}{\mathrm{d}t}=\omega_N+\frac{c(1-c)k_e\cos(\Delta\omega t)+c^2k_e^2}{(1-c)^2+2c(1-c)k_e\cos(\Delta\omega t)+c^2k_e^2}\Delta\omega \tag{8-4}$$

由式(8-4)可知，系统联络线某处的瞬时电压频率随时间变化，其值由所处位置、两侧电压幅值比和系统两侧频差决定。

为了便于理论分析，认为系统两侧频率在失步的较短时间内恒定，即 $\Delta\omega$ 为常数，研究表明该简化并不影响电压频率的变化规律。

令 $\varphi(t)=\dfrac{c(1-c)k_e\cos(\Delta\omega t)+c^2k_e^2}{(1-c)^2+2c(1-c)k_e\cos(\Delta\omega t)+c^2k_e^2}$，则电压频率可表示为

$$\omega_D=\omega_N+\varphi(t)\Delta\omega \tag{8-5}$$

取 $\varphi(t)$ 对时间 t 的导数，即

$$\varphi'(t)=\frac{c(1-c)k_e(c^2k_e^2-(1-c)^2)\sin(\Delta\omega t)}{((1-c)^2+2c(1-c)k_e\cos(\Delta\omega t)+c^2k_e^2)^2}\Delta\omega \tag{8-6}$$

$\varphi'(t)=0$ 可得，$c=1/(1+k_e)$ 或 $t=k\pi/\Delta\omega$(k 为整数)，因此，ω_D 达到极值情况如下。

(1)当 $c=1/(1+k_e)$ 时，即点 D 为失步中心，带入式(8-5)得

$$\omega_D=(\omega_M+\omega_N)/2=\omega_{av} \tag{8-7}$$

式中：ω_{av} 为系统两侧的平均电压频率。

(2)当 $1/(1+k_e)<c<1$ 时

考虑 $t=\dfrac{k\pi}{\Delta\omega}$，$\omega_D$ 取得极值，表达式为

$$\omega_D=\omega_N+\frac{(-1)^k(1-c)+ck_e}{(1-c)^2+(-1)^k2c(1-c)k_e+c^2k_e^2}ck_e\Delta\omega \tag{8-8}$$

式中：当 k 为偶数时，即 $k=2n$(n 为整数)，此时 ω_D 取得极小值；当 k 为奇数时，即 $k=2n+1$(n 为整数)，ω_D 取得极大值；

(3)当 $0<c<1/(1+k_e)$ 时

同样考虑 $t=\dfrac{k\pi}{\Delta\omega}$，$\omega_D$ 取得极值，表达式为

$$\omega_D=\omega_N+\frac{(1)^k(1-c)+ck_e}{(1-c)^2+(-1)^k2c(1-c)k_e+c^2k_e^2}ck_e\Delta\omega \tag{8-9}$$

式中：当 k 为偶数时，即 $k=2n$(n 为整数)，此时 ω_D 取得极大值；当 k 为奇数时，即 $k=2n+1$(n 为整数)，ω_D 取得极小值。

依据上述理论分析，系统失步过程中，在不同的电压幅值比情况下，线路上失步中心与其他任取位置的电压频率变化如图 8-2(a)、(b)、(c)所示。

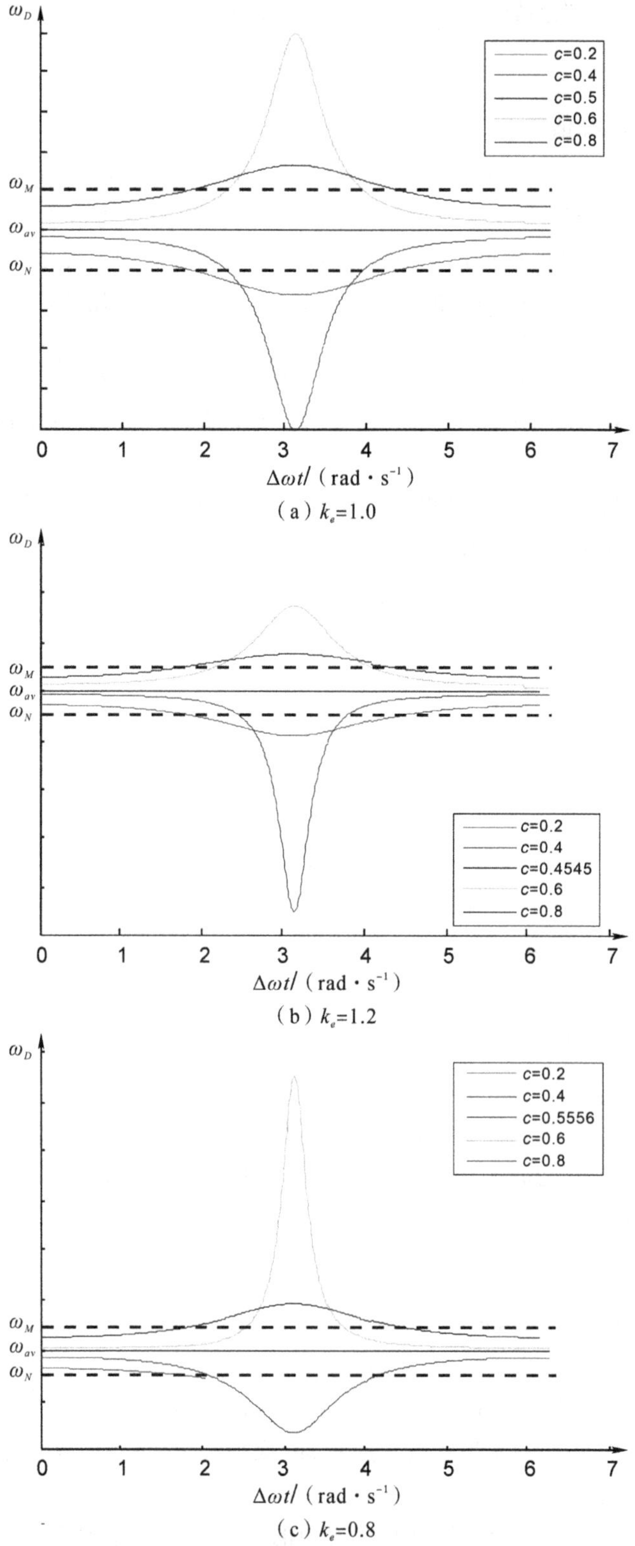

图 8－2　不同幅值比下各位置的电压频率曲线(彩图见附录)

根据图 8-2 分析不同电压幅值比下线路各点的电压频率特性。当两侧电压幅值相等时，失步中心落在线路中点；当两侧电压幅值不等时，分别取 $k_e=1.2$ 和 0.8，失步中心对应位置系数计算可得 $c=0.4545$ 和 0.5556，故失步中心此时位于靠近电压幅值较小的一侧。由图 8-2 可以看出，失步中心的电压频率始终等于系统两侧的平均电压频率；一个失步周期内，失步中心同侧各点的电压频率随时间作相似的连续变化，曲线存在交点，并且经计算，同侧各点电压频率的平均频率与该侧系统频率相同；而失步中心两侧的电压频率变化相反且曲线并不相交；越靠近失步中心的点，电压频率的振荡越剧烈，振幅越大，反之越远离失步中心的点，其电压频率的振荡越平缓，振幅越小。

8.2.2 失步中心迁移场景下电压频率特性分析

在实际的多机系统中，电网的失步中心有时不一定落在一两条联络线上，而是落在一个断面上。定义可以把电网分为两个独立子网的断面为可解列断面。研究表明，受电网故障形式、振荡模式、故障切除时间等因素影响，失步中心会在不同的断面间动态迁移。如图 8-3 所示为多机系统中失步中心迁移的典型场景，虚线为失步中心所在断面，$G_i(i=1,2,3)$ 表示等值机，$a\sim f$ 分别是各条支路两侧的母线。

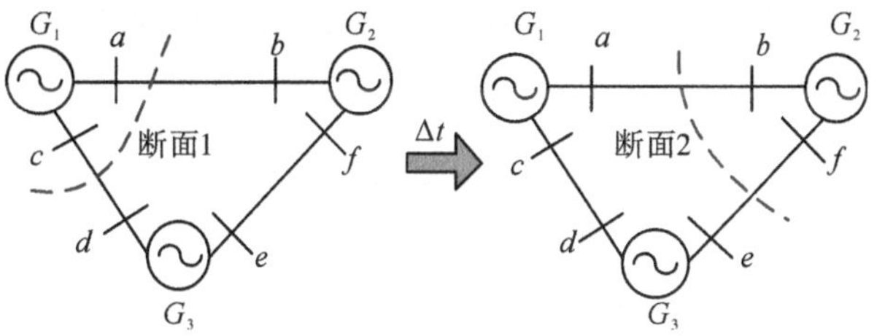

图 8-3 失步中心迁移的典型场景

失步后，G_1 单独为一同调群，G_2 和 G_3 构成另一同调群，t_0 时，振荡模式发生了改变，G_1 和 G_3 构成一同调群，G_2 单独为一同调群。各支路两侧母线的电压频率变化见图 8-4。

依据前文对失步振荡时电压频率特性的分析，t_0 之前，失步中心位于由支路 ab 和 cd 构成的断面 1；t_0 时，母线 c 频率下降并反向，与母线 d 频率曲线相交，呈现相似的变化规律，同时，母线 f 频率下降并反向，开始与母线 e 频率变化相反，此时，失步中心迁移至断面 2。因此，电网实际故障时，虽然引起失步中心迁移的原因复杂多变，但失步中心迁移时的电压频率始终满足如下规律：失步中心迁移前所在支路的一侧频率开始与另一侧频率具有相似的变化，而当前失步中心所在支路一侧频率曲线开始与另一侧频率变化趋势相反。

8.2.3 基于母线电压频率的解列判据

取计算步长为 t_{step}，定义 t 时刻，某支路 L1－2 两侧母线电压频差为 $A_{u12,t}=\omega_{u1,t}-\omega_{u2,t}$，频差增量为 $B_{u12,t}=|A_{u12,t+t_{step}}|-|A_{u12,t}|$，母线电压频率增量为 $C_{ui,t}=\omega_{ui,t+t_{step}}-\omega_{ui,t}(i=1,2)$。

由前文的分析可知，失步中心两侧电压频率在一个失步周期内具有两个特点：

(1)电压频率轨迹变化相反；

(2)频差的绝对值先增大后减小，存在极大值。

假设失步中心位于支路 L1－2 上，$B_{u12,t}$ 和 $C_{u1,t}\cdot C_{u2,t}$ 的变化分别如图 8-5 和图 8-6 所

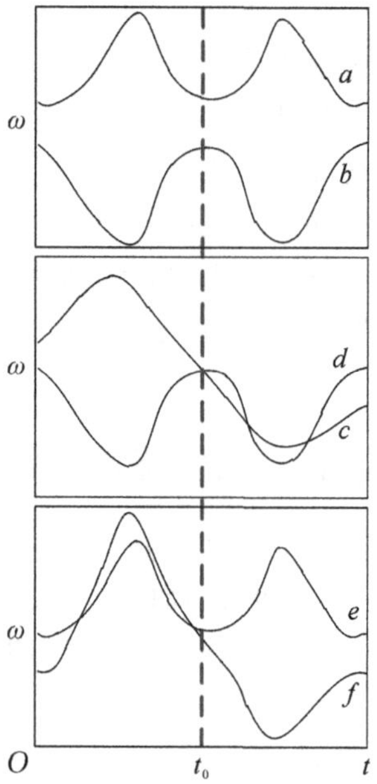

图 8-4 失步中心迁移时两侧母线的电压频率

示。

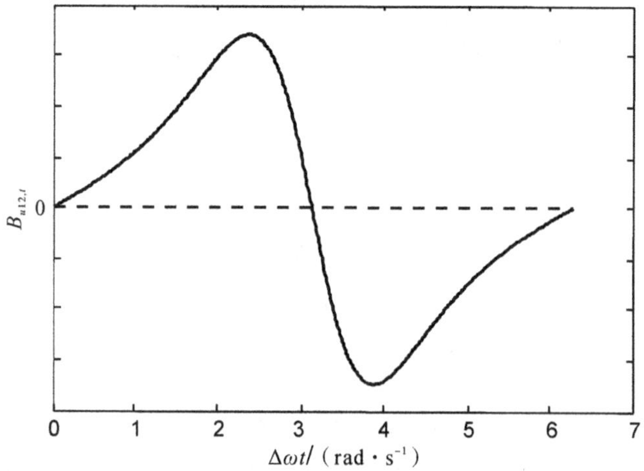

图 8-5 支路 L1—2 两侧母线电压频差增量

从图 8-5 可以看出，频差增量 $B_{u12,t}$ 在一个失步周期内从正数穿越到负数，存在一次过零点，该时刻对应于两侧母线电压频差的极大值，反映了失步中心两侧母线电压的频差先减小后增大的特点；图 8-6 说明两侧母线电压频率增量的乘积保持非正，反映了失步中心两侧母线电压的频率轨迹相反的特点。因此，只有同时满足上述两个条件才能够准确捕捉失步中心，形成的判据表达式为

$$B_{u12,t} > 0 \tag{8-10}$$

$$C_{u1,t} \cdot C_{u2,t} \leqslant 0 \tag{8-11}$$

$$B_{u12,t} \cdot B_{u12,t+t_{step}} < 0 \tag{8-12}$$

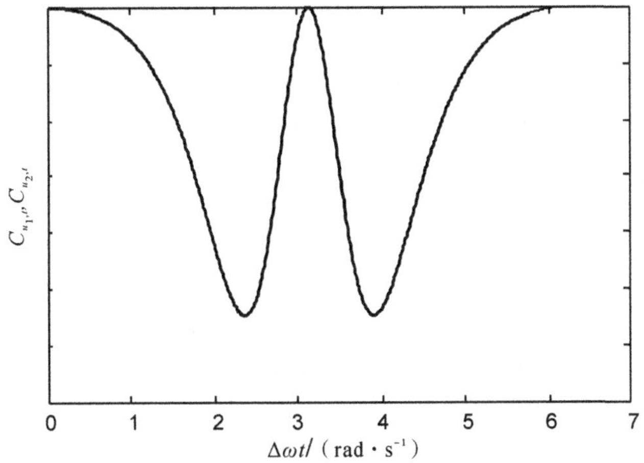

图 8-6　支路 L1—2 两侧母线电压频率增量的乘积

一旦失步中心发生迁移，失步中心两侧电压频差会出现反向，迁移判据的表达式为

$$A_{u12,t} \cdot A_{u12,t+t_{step}} < 0 \tag{8-13}$$

实时监测所有支路两侧母线的电压频率，同时满足式(8-10)和式(8-11)为启动判据，即当监测到 $B_{u12,t}>0$ 且 $C_{u1,t} \cdot C_{u2,t} \leqslant 0$ 时，判据开始定位失步中心。当同时满足式(8-10)、式(8-11)、式(8-12)时，则判定失步中心位于该条支路上，从而实现在半个失步周期内定位失步中心。若失步中心支路构成的断面为可解列断面时，根据实际情况确定时间节点，发出解列命令，实施解列操作；否则，继续监测，直到可解列断面的出现，若监测期间经计算满足式(8-13)，则说明失步中心发生迁移，需要对失步中心进行再次定位。

8.2.4　分析与说明

1. CEPRI-36 系统算例

基于电力系统分析综合程序(PSASP)进行仿真计算，采用中国电科院 CEPRI-36 标准系统。在某运行方式下，全网发电机组出力共计 26.78(标幺值，基准值取 100MW)，负荷为 25.69，频率基准值为 50 Hz，计算步长为 0.01 s。

支路 L19—30 在 0 s 时发生三相短路接地故障，0.2 s 时故障切除，发电机的相对功角曲线如图 8-7 所示(以 G_1 为参考机)。

图 8-7 反映了发电机 G_2—G_8 与 G_1 的相对功角，1.37 s 左右 G_7 和 G_8 开始相对剩余机组失稳。监测所有支路两侧母线电压相角差，根据失步中心两侧母线电压相角差在 0～360°范围内变化，并且在 180°连续，发现仅有支路 L19—30 和 L33—34 符合该特征，分别如图 8-8(a)和(b)所示。

由图 8-8 可知，故障切除后，失步中心位于支路 L19—30 和 L33—34 上，且仿真时间段内未发生迁移，监测这两条支路两侧母线电压频率，分别如图 8-9(a)和(b)所示。图 8-9 表明支路 L19—30 和 L33—34 两侧电压频率轨迹变化相反并且频差的绝对值先增大后减小，存在极大值，符合失步中心的电压频率特征。

依据所提判据，给出失稳后部分时间节点支路 L19—30 和 L33—34 两侧母线电压频差和母线电压频率增量，如表 8-1 所示。

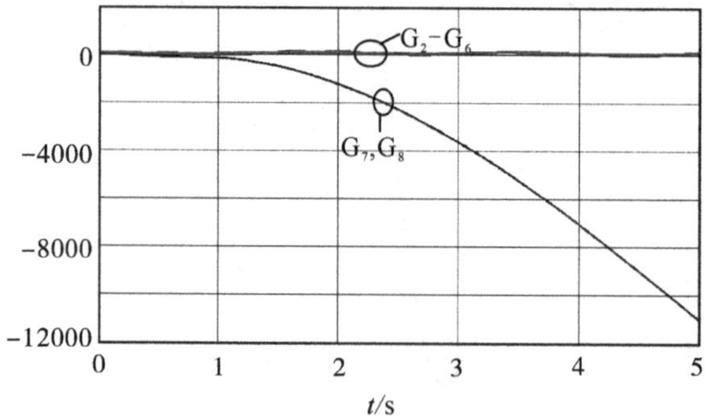

图 8-7　CEPRI—36 系统发电机相对功角

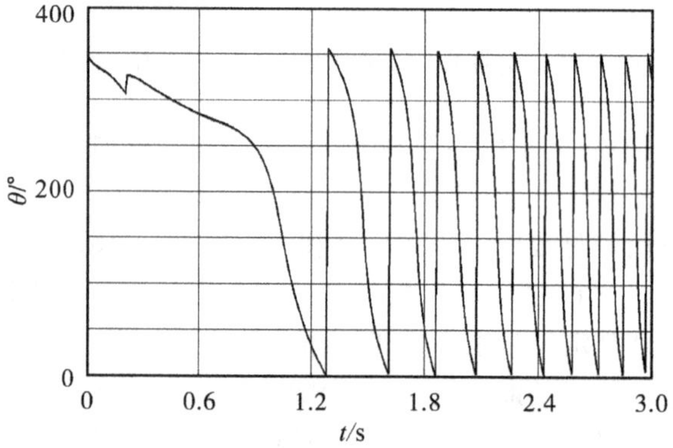

（a）支路L19-30

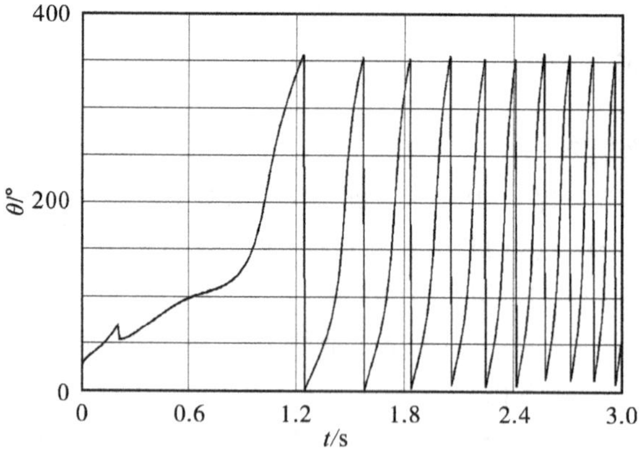

（b）支路L33-34

图 8-8　支路两侧母线电压相角差

从表 8-1 可以看出，针对支路 L19—30，1.44 s 时，同时满足式(8-12)和式(8-13)，此时，判据启动，在 1.49 s 时，同时满足式(8-12)、式(8-12)、式(8-14)，表示两侧母线频率变化趋势相反，两侧频差的绝对值在 1.50 s 时达到极值，因此，满足频率判据，在半个失步周期内判定出失步中心位于支路 L19—30 上。同理分析可知，失步中心此时也位于 L33—34 上。由于 L19—30 和 L33—34 构成可解列断面，那么解列装置动作，实施解列操作。任选事后某条支路，监测其支路有功功率，如图 8-10 所示。

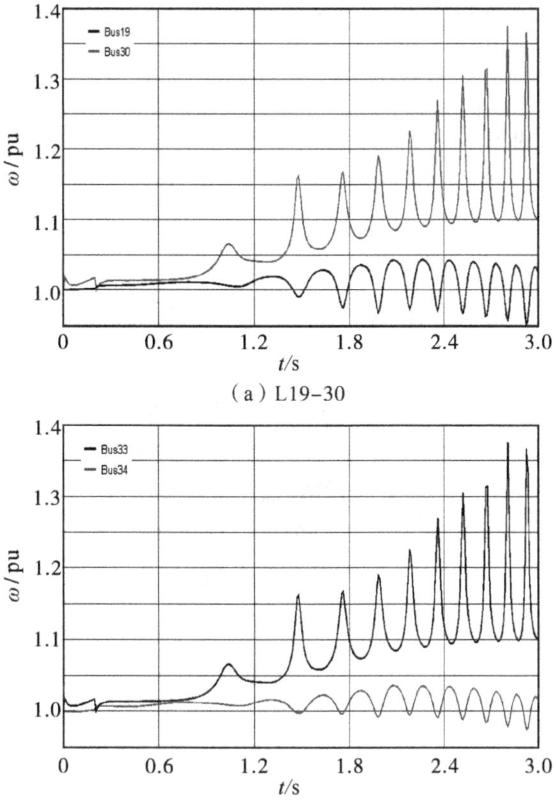

(a) L19-30

(b) L33-34

图 8-9　支路两侧母线电压频率

表 8-1　支路 L19—30 和 L33—34 两侧母线电压频差和母线电压频率增量

t/s			1.44	1.45	1.46	1.47	1.48	1.49	1.50
支路	L19—30	$C_{u1,t}(\times10^{-3})$	−0.62	−1.29	−2.25	−3.30	−3.89	−2.74	0.73
		$C_{u2,t}(\times10^{-3})$	1.74	2.55	4.2	8.47	19.49	26.06	−22.07
		$C_{u1,t}\cdot C_{u2,t}$	<0	<0	<0	<0	<0	<0	<0
		$B_{u12,t}(\times10^{-3})$	2.36	3.84	6.45	11.77	23.38	28.80	−22.80
			>0	>0	>0	>0	>0	>0	<0
	L33—34	$C_{u1,t}(\times10^{-3})$	1.74	2.56	4.20	8.48	19.53	26.07	−22.16
		$C_{u2,t}(\times10^{-3})$	−0.70	−1.18	−1.73	−2.14	−2.09	−1.25	0.34
		$C_{u1,t}\cdot C_{u2,t}$	<0	<0	<0	<0	<0	<0	<0
		$B_{u12,t}(\times10^{-3})$	2.44	3.74	5.93	10.62	21.62	27.32	−22.50
			>0	>0	>0	>0	>0	>0	<0

图 8-10 反映了事后支路有功功率恢复平稳变化，从而证明了解列的有效性。

2. 实际电网算例

如图 8-11 所示为某实际区域互联电网 500kV 网架结构示意图，该电网共包含六个区域

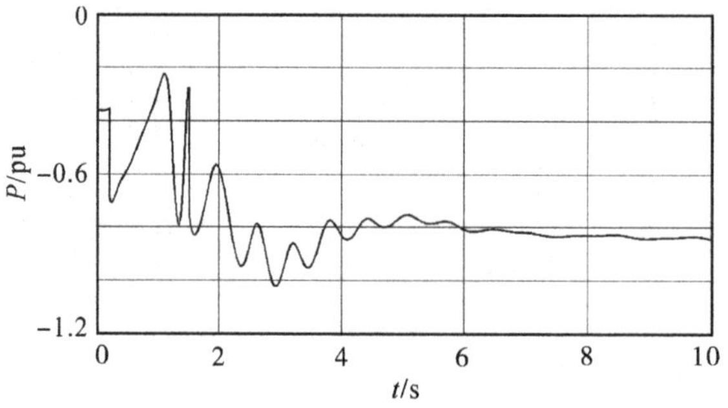

图 8-10 解列后支路有功

电网，其中，HB 区、HUN 区、HN 区和 JX 区称作主网区域。SC 区、CQ 区和 HB 区之间是两回线构成的双通道，三个区域分别有 148 台、20 台和 87 台发电机，某运行方式下，SC 区向 CQ 区送电 4578MW，CQ 区向 HB 区送电 2044MW。

0 s 时，SC 区支路 L JS－SZ 上发生三相短路接地故障，0.19 s 时故障切除，发电机的相对功角曲线如图 8-12 所示（以 HB 区 DJ 机组为参考机）。

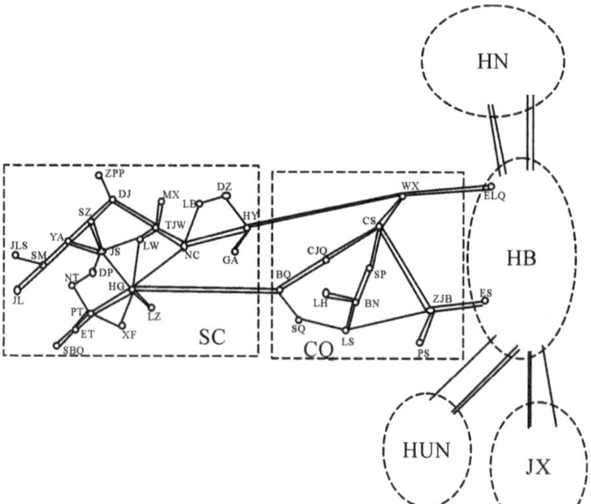

图 8-11 某实际区域互联电网 500kV 网架结构图

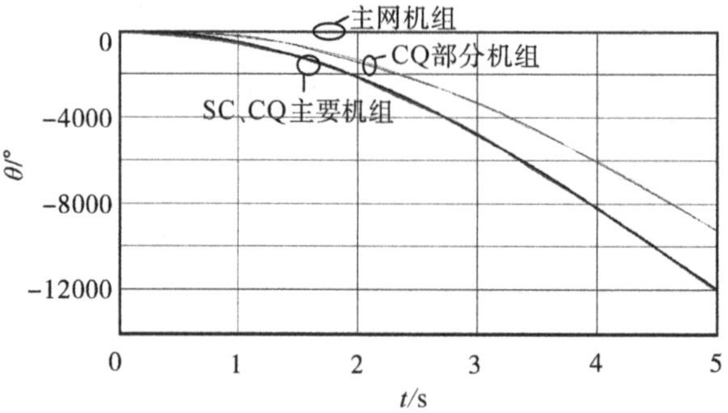

图 8-12 互联电网发电机相对功角

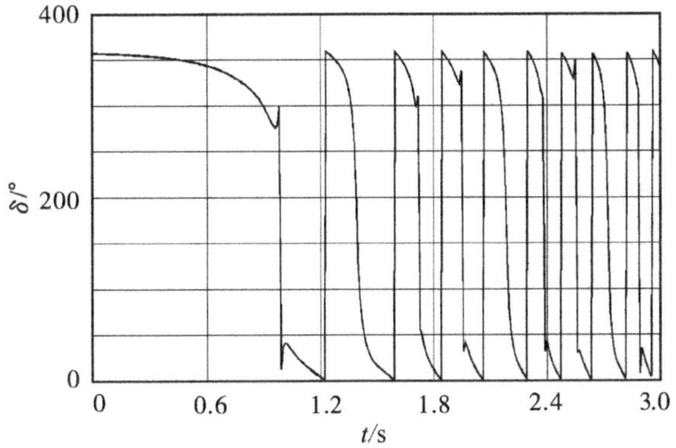

(a) L ZJB-LS

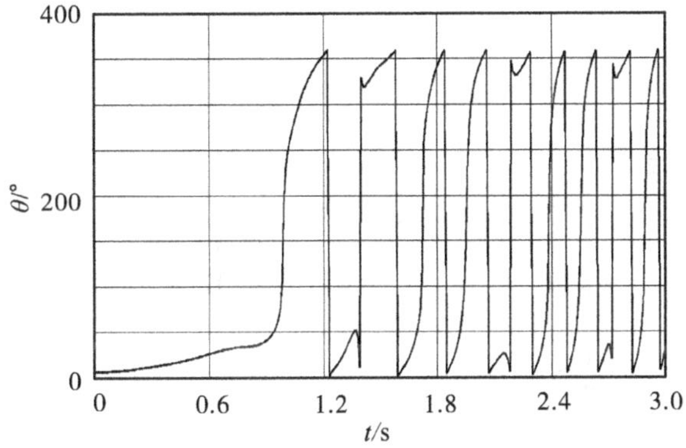

(b) L ZJB-ES

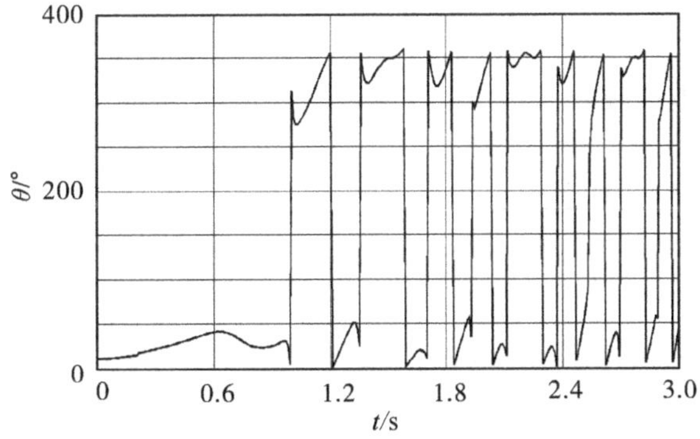

(c) L WX-LQ

图 8-13　支路两侧母线电压相角差

根据图 8-12，1.21 s 左右 SC 区、CQ 区主要机组和主网区域机组功角摆开，失去稳定。CQ 区部分机组同调性的改变导致全网振荡模式的变化，从而引起失步中心的迁移。CQ 区支路 L ZJB-LS，CQ 区与 HB 区联络线 L ZJB-ES 和 L WX-LQ 的母线两侧电压相角差分别如图 8-13(a)、(b)、(c)所示。

由图 8-13 可知，系统失步后，失步中心在支路 L ZJB-LS 和 L ZJB-ES 上快速来回迁移，而支路 L WX-LQ 在 2.55 s 左右才出现失步中心。监测上述支路两侧母线电压频率见图 8-14(a)、(b)。

图 8-14(a)中，支路两侧母线电压频率的变化趋势反映了失步中心在支路 L ZJB-LS 和 L ZJB-ES 上不断快速迁移，与图 8-14 相符。利用所提新判据，受限于篇幅，给出部分时间节点

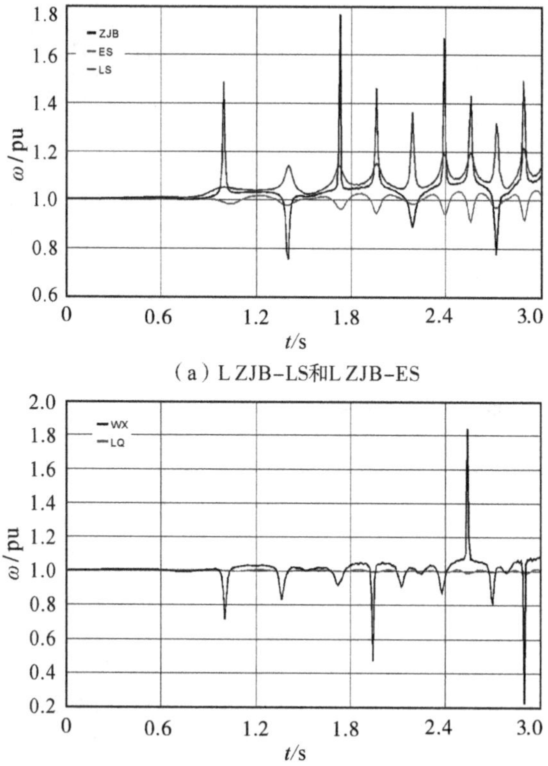

(a) L ZJB-LS和L ZJB-ES

(b) L WX-LQ

图 8-14　支路两侧母线电压频率

时，上述支路两侧母线电压频差和母线电压频率增量，用于说明失步中心的定位情况，如表 8-2 所示。

根据表 8-2，在 1.95 s 时支路 L ZJB-ES 同时满足式(8-12)至式(8-14)，而支路 L ZJB-LS 不满足式(8-14)，因此，失步中心位于支路 L ZJB-ES，但是失步中心支路并不构成可解列断面，因此，需要继续监测。2.15 s 时支路 L ZJB-ES 满足式(8-15)，失步中心在支路 L ZJB-ES 上发生迁移，需要重新定位失步中心。2.18 s 时支路 L ZJB-LS 同时满足式(8-12)至式(8-14)，失步中心从支路 L ZJB-ES 迁移到了支路 L ZJB-LS，但失步中心所在支路仍不能构成可解列断面。2.38 s 时支路 L ZJB-LS 满足式(8-15)，失步中心在支路 L ZJB-LS 上发生迁移，需要再次对失步中心进行定位。直到 2.55 s，失步中心同时位于支路 L ZJB-ES 和支路 L WX-LQ 上，失步中心支路构成可解列断面，根据实际情况确定时间节点，发出解列命令，实施解列操作。图 8-15 所示为解列后主网某支路的有功曲线，表明了解列的有效性。

表 8－2　支路 L ZJB-LS 和 L ZJB-ES 两侧母线频差和单侧母线频率增量

t/s			1.95	1.96	2.15	2.16	2.18	2.19	2.38	2.39	2.55	2.56
支路	L ZJB-LS	$C_{u1,t}$	0.24	−0.26	−0.02	−0.03	−0.03	0.04	0.53	−0.42	0.13	−0.25
		$C_{u2,t}$	0.01	−0.01	0.01	0.04	0.13	−0.17	0.02	−0.02	0.01	−0.02
		$C_{u1,t}\cdot C_{u2,t}$	>0	>0	<0	<0	<0	<0	>0	>0	>0	>0
		$B_{u12,t}$	0.26	−0.15	0.03	0.07	0.16	−0.21	0.43	−0.40	0.11	−0.22
			>0	<0	>0	>0	>0	<0	>0	<0	>0	<0
		$A_{u12,t}$	0.08	0.31	−0.06	−0.09	−0.32	−0.47	−0.04	0.47	0.11	0.23
	L ZJB-ES	$C_{u1,t}$	0.24	−0.26	−0.02	−0.03	−0.03	0.04	0.53	−0.42	0.13	−0.25
		$C_{u2,t}$	−0.01	0.01	−0.005	−0.01	−0.002	0.003	−0.02	−0.004	−0.01	0.03
		$C_{u1,t}\cdot C_{u2,t}$	<0	<0	>0	>0	>0	>0	<0	>0	<0	<0
		$B_{u12,t}$	0.25	−0.27	0.01	0.02	0.02	−0.02	0.58	−0.43	0.14	−0.28
		$A_{u12,t}$	>0	<0	>0	>0	>0	<0	>0	<0	>0	<0
			0.27	0.52	0.01	−0.01	−0.07	−0.10	0.17	0.72	0.38	0.52
	L WX-LQ	$C_{u1,t}$	0.005	−0.005	0.02	0.02	−0.01	0.001	0.05	0.05	−0.33	−0.03
		$C_{u2,t}$	0.001	0.002	0.001	0.001	0.001	0.001	−0.001	−0.001	0.01	0.03
		$C_{u1,t}\cdot C_{u2,t}$	>0	<0	>0	>0	<0	>0	<0	<0	<0	<0
		$B_{u12,t}$	0.01	−0.01	−0.01	0.02	−0.01	0.01	−0.05	−0.07	0.41	−0.40
			>0	<0	<0	>0	<0	>0	<0	<0	>0	<0

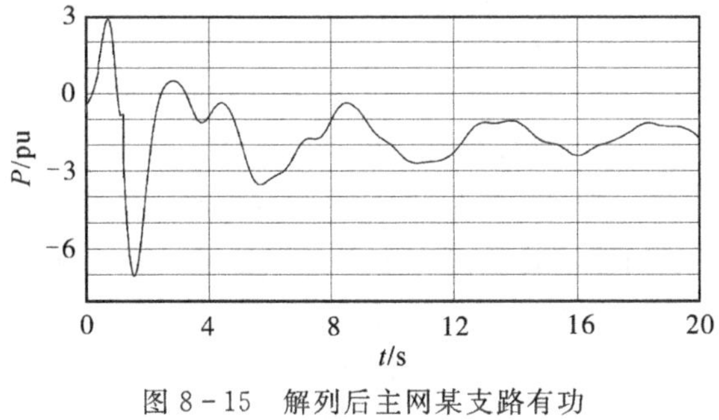

图 8－15　解列后主网某支路有功

8.2.5　主要结论

本节具体分析了电网失步时失步中心与非失步中心在不同电压幅值比情况下的频率特性，进而得出了失步中心迁移典型场景下的电压频率变化规律，在此基础上提出了基于母线电压频率的失步解列判据，得到如下结论。

(1)在电网失步过程中，失步中心与非失步中心的瞬时电压频率与该点所处位置、系统两侧等值电势的频差以及幅值比相关。失步中心两侧电压频率轨迹变化相反，一个失步周期内，频差的绝对值先增大后减小，存在极大值；同侧电压频率轨迹相似且曲线有交点。

(2)失步中心迁移场景下,失步中心两侧母线电压频差过零,出现反向,且满足规律:失步中心迁移前所在支路的一侧母线频率开始与另一侧母线频率进行相似的变化,而当前失步中心所在支路一侧母线频率曲线开始与另一侧母线频率呈相反的变化趋势。

(3)提出了基于母线电压频率的失步解列判据,实现较简单,判据可以适应失步中心的迁移,且不受电网结构和运行方式的限制,在半个失步周期内可实现失步中心的定位,并且针对失步中心不迁移与快速动态迁移两种典型场景进行仿真计算,结果验证了判据的正确性与有效性。

8.3 基于实测受扰轨迹考虑量测误差的失步解列判据

我国长距离、大容量互联电网的发展,使得区域资源供需平衡问题得到了缓解,带来了巨大的社会和经济效益。与此同时,新能源发电的大规模接入,电网的复杂程度提高,局部扰动引发连锁故障的可能性增加。“失步解列”是电力系统安全稳定的最后一道防线,其作用是阻挡严重故障在电网的恶性蔓延,避免事故的进一步扩大。当前两道防线不正确动作或者故障的严重程度超出了前两道防线的防御范围时,电力系统将失去稳定。解列控制措施在电力系统失去稳定的情况下启动,启动过早可能导致误解列,启动过晚可能错过解列的最佳时机,使得故障进一步扩大。失步解列判据作为失步解列控制措施启动的重要依据,其快速性和准确性一直是学者们关注的重点。

目前对解列判据的研究按照判别时机可划分为三类:故障发生后故障清除前;故障清除后失步发生前;失步发生后。这里所说的失步是指任意两台发电机的相对功角大于 180 度。

(1)故障发生后故障清除前。有学者提出“在线预测 - 实时匹配”的方法,其关键是构建故障集及其对应的解列方案。该方案需建立在大量仿真的基础上,且对仿真工具要求较高。因此,故障发生后故障清除前这一时段的判据响应速度快,决策时间早,但准确性有待提高。

(2)故障清除后失步发生前。有学者提出了基于动态鞍点的失步解列判据,能够快速识别系统稳定性。但是该判据依赖于分群,分群错误或者不准确都会影响稳定性判别的快速性,甚至会造成误判。还有学者提出基于转速差-功角差的判据来判断系统是否失稳,但仍无法避免分群可能带来的不确定性。有学者还通过二维 1 阶微分方程来描述多机系统的运动过程,提出判断功角稳定的指标。该方法不需要分群,但其快速性有待进一步考证。还有学者将多机系统进行功角空间降维变换,根据相轨迹上相点的特征来判别系统的稳定性。但该判据很难排除因噪声等干扰信号造成误判的可能。综上,故障清除后失步发生前这一时段可采集的轨迹信息丰富,进行解列判据研究具有重要意义。但是上述方法仍然不够深入,需要进一步研究。

(3)失步发生后。该时段常用的判据主要有三种:阻抗型失步解列判据、基于 $u\cos\varphi$ 的失步解列判据以及视在阻抗角解列判据。这三种解列判据都是通过间接反映两侧系统功角的摆开程度来判断系统失步的,能够准确掌握系统的失步信息,广泛应用于工程实际中。但这三种判据是以离线计算、事先整定和配合、就地控制为特征,没有结合广域信息,不利于全局的协调控制,且失步发生后再进行解列可能错过最佳的解列时机。

上述三类判据,第一类判据决策时间短,但准确性有待提高;第三类判据对系统运行状态掌握准确,但以离线整定为特征,不利于全局的协调控制;第二类判据从故障清除后失步发生前轨迹信息入手,可采集的信息丰富,在该时段进行失步解列判据的研究具有重要意义。

相量测量装置(phasor measurement unit, PMU)的广泛使用,为失步解列判据的研究提供了新的思路。本节基于PMU实测数据,根据降维映射将多机系统的运动信息映射到一维(扩展)相平面上,并证明了该映射具有保稳性。对故障切除后失步发生前一维(扩展)相平面上受扰轨迹的运动信息进行深入挖掘,为克服量测误差产生的误判问题,采用最小二乘法对 $\mathrm{d}v/\mathrm{d}R-R$ 曲线进行拟合。基于 $v-R$ 及 $\mathrm{d}v/\mathrm{d}R-R$ 受扰轨迹提出了一种快速、准确的失步解列判据。最后,在新英格兰10机39节点系统中证明了该判据可以有效地防止误判,另外通过与动态鞍点失步解列判据以及 $u\cos\varphi$ 失步解列判据进行对比分析,验证了该判据的快速性。

8.3.1 多机系统降维映射

1. 降维映射的基本定义

n 台发电机多机系统,其发电机转子运动方程可表示为

$$\begin{cases}\dfrac{\mathrm{d}\delta_i}{\mathrm{d}t}=\omega_i\\[2mm]\dfrac{\mathrm{d}\omega_i}{\mathrm{d}t}=\dfrac{\omega_N}{M_i}(P_{\mathrm{m}i}-P_{\mathrm{e}i})\end{cases}\quad i=1,2,\cdots,n \tag{8-14}$$

式中:δ_i 为第 i 台发电机的功角;ω_i 为第 i 台发电机的角速度偏差;ω_N 为稳态时发电机的角速度;M_i 为第 i 台发电机的惯量时间常数;$P_{\mathrm{m}i}$ 和 $P_{\mathrm{e}i}$ 为第 i 台发电机的机械功率和电磁功率。

系统惯量中心(center of inertia, COI)的动态方程能够有效反映系统的整体动态稳定态势[18]。一个 n 机系统,其COI的等值转子角 δ_{COI} 为各转子角的加权平均值,COI等值角速度 ω_{COI} 为各转子角速度的加权平均值,P_{COI} 为COI的加速功率。

$$\begin{cases}\delta_{\mathrm{COI}}=\dfrac{1}{M_{\mathrm{T}}}\displaystyle\sum_{i=1}^{n}M_i\delta_i\\[2mm]\omega_{\mathrm{COI}}=\dfrac{1}{M_{\mathrm{T}}}\displaystyle\sum_{i=1}^{n}M_i\omega_i\\[2mm]P_{\mathrm{COI}}=\displaystyle\sum_{i=1}^{n}(P_{\mathrm{m}i}-P_{\mathrm{e}i})\end{cases} \tag{8-15}$$

该 n 机系统相对于COI的发电机转子运动方程为

$$\begin{cases}\dfrac{\mathrm{d}\theta_i}{\mathrm{d}t}=\tilde{\omega}_i\\[2mm]\dfrac{\mathrm{d}\tilde{\omega}_i}{\mathrm{d}t}=\dfrac{\omega_N}{M_i}(P_{\mathrm{m}i}-P_{\mathrm{e}i})-\dfrac{\omega_N}{M_{\mathrm{T}}}P_{\mathrm{COI}}\end{cases}\quad i=1,2,\cdots,n \tag{8-16}$$

式中:$\begin{cases}\theta_i=\delta_i-\delta_{\mathrm{COI}}\\ \tilde{\omega}_i=\omega_i-\omega_{\mathrm{COI}}\\ M_{\mathrm{T}}=\sum_{i=1}^{n}M_i\end{cases}$,$\theta_i$ 和 $\tilde{\omega}_i$ 分别为第 i 台发电机相对于COI的功角和角速度。

系统的角半径以及其对时间 t 的1阶和2阶导数为

$$R=\sqrt{\sum_{i=1}^{n}\theta_i^2} \tag{8-17}$$

$$v=\frac{\mathrm{d}R}{\mathrm{d}t}=\left[\sum_{i=1}^{n}(\theta_i\tilde{\omega}_i)\right]/R=\sum_{i=1}^{n}\frac{\theta_i}{R}\tilde{\omega}_i \tag{8-18}$$

$$a=\frac{\mathrm{d}v}{\mathrm{d}t}=\frac{\sum_{i=1}^{n}\left(\tilde{\omega}_i^2+\theta_i\frac{\mathrm{d}\tilde{\omega}_i}{\mathrm{d}t}\right)-v^2}{R} \tag{8-19}$$

下文将 v 统称为角速度，a 统称为角加速度。

2. 映射的物理意义和保稳性

将各发电机相对于 COI 的功角($\theta_1,\theta_2\cdots,\theta_n$)映射到以 COI 为原点的 n 维坐标系中，如图 8-16(a)所示。以三机系统为例，如图 8-16(b)所示，其中发电机相对于 COI 的功角对应的相点在三维坐标系中的运动轨迹用 Tr 来表示。O 点为 COI 构成的坐标原点，点 $A(\theta_1,\theta_2,\theta_3)$ 表示 t 时刻相点的运动位置。$R=\sqrt{\theta_1^2+\theta_2^2+\theta_3^2}$表示系统的角半径，描述系统发电机功角的摆开程度。式(8-18)和式(8-19)的 v 和 a 表示相点沿着 OA 方向的角速度和角加速度。

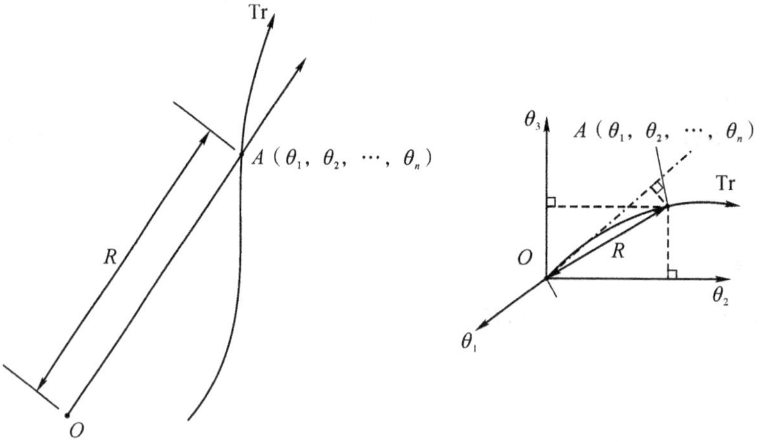

(a) n维坐标系下　　(b) 三维直角坐标系下

图 8-16　相点的运动轨迹和角半径

下面对式(8-17)变换的保稳性进行证明。

(1)原系统失稳，则 R 趋于无穷大；原系统稳定，则 R 的值有界。证明如下：

$$\theta_{\max}\leqslant R=\sqrt{\theta_1^2+\theta_2^2+\theta_3^2,\cdots,\theta_n^2}\leqslant\sqrt{n}\theta_{\max} \tag{8-20}$$

当系统受到大的扰动发生失步时，至少有一台发电机相对于 COI 趋于无穷，即 $\theta_{\max}\to\infty$，根据式(8-20)中 $R\geqslant\theta_{\max}$得 R 趋于无穷大。因此原系统失稳，通过降维映射后的 R 值趋于无穷大。当系统在受到扰动之后各发电机保持同步时，各台发电机相对于 COI 的功角有界，即 $\theta_{\max}<\varepsilon$，根据式(8-20)可得 $R\leqslant\sqrt{n}\theta_{\max}<\sqrt{n}\varepsilon$。故原系统稳定，则 R 的值有界。

(2)若 R 趋近于无穷大，原系统失稳；R 的值有界，原系统稳定。证明如下：

当 $R\to\infty$时，根据式(8-20)可得 $\theta_{\max}\geqslant\frac{R}{\sqrt{n}}$，故 $\theta_{\max}$趋近于无穷大，原系统失稳。当 $R<\varepsilon$，假设原系统失稳，由上述证明过程(1)得 $R\to\infty$，与已知条件相矛盾，因此 R 的值有界时，原系

统稳定。

综上可知，该映射为保稳映射，可以通过研究一维空间相点受扰轨迹的变化趋势来表征原多机系统的稳定性。

8.3.2　失步解列判据

当系统发生失步时，应在保证准确性的前提下尽快启动解列控制措施以避免对电网造成更大的冲击。通过 PMU 采集数据，采用式(8-17)至式(8-19)对发电机的暂态运行信息进行降维映射，得到 $v-R$ 轨迹。由式(8-17)可知，$R>0$ 恒成立，故 $v-R$ 轨迹只存在于相平面的第一、第四象限。相点在同方向上的运动定义为摆次，以故障清除时刻 t_0 为起始时刻，正向摆次即奇数摆次位于相平面的第一象限，反向摆次即偶数摆次位于相平面的第四象限。当 $v<0$ 时，R 减小，表明系统进入回摆状态，系统不会发生失步。因此，失步只会在第一象限发生，以下只需对 $v-R$ 相平面第一象限的轨迹特性进行分析。下面对稳定和失稳轨迹特征分别进行分析和证明。

1. 稳定轨迹特征及证明

图 8-17 表示系统稳定时的受扰轨迹曲线，以前三摆为例。故障切除后前三个摆次的 $v-R$ 轨迹曲线如图 8-17 (a)所示。由以上分析可知，只需对第一象限的轨迹进行分析，即第一摆和第三摆。令 $k=\mathrm{d}v/\mathrm{d}R$，表示 $v-R$ 曲线的斜率，做出 $k-R$ 轨迹曲线。图 8-17 (b)和(c)分别表示第一摆和第三摆的 $k-R$ 轨迹曲线。以故障消失时刻为起始时刻，若在一个摆次内 $k-R$ 曲线一直下降并趋于负无穷，则 $v-R$ 受扰轨迹从第一象限穿入第四象限，与 R 轴正交发生回摆，表明该摆次稳定。

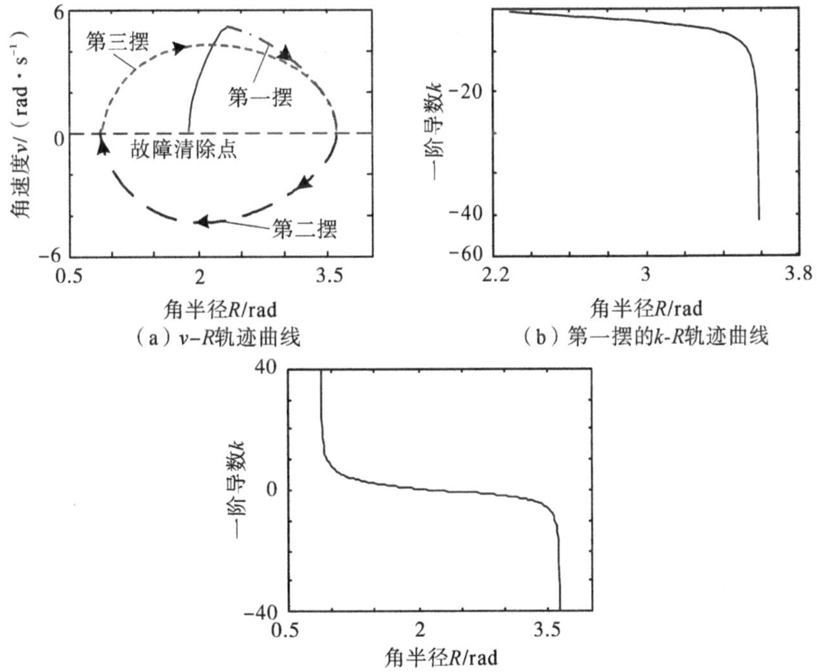

（a）v-R轨迹曲线　（b）第一摆的k-R轨迹曲线

（c）第三摆的k-R轨迹曲线

图 8-17　稳定的轨迹曲线(彩图见附录)

下面将对稳定轨迹的这一特征进行证明：

当 k - R 轨迹曲线一直下降，即

$$k(t) < k(t-1) \tag{8-21}$$

$$k = \frac{\mathrm{d}v}{\mathrm{d}R} = \frac{\mathrm{d}v}{\mathrm{d}t} \cdot \frac{\mathrm{d}t}{\mathrm{d}R} = \frac{a}{v} \tag{8-22}$$

结合式(8-21)、式(8-22)得

$$\frac{a}{v}(t) < \frac{a}{v}(t-1) \tag{8-23}$$

故障切除后，在不平衡力的作用下第一摆直接进入减速阶段，第三摆先加速，加速度越来越慢最终进入减速阶段，即 $v(t)<v(t-1)$。结合式(8-23)可得 $a(t)<a(t-1)<0$，表明系统减速，且减速越来越快。当 k 一直减小至负无穷时，v - R 受扰轨迹与 R 轴正交发生回摆，进入第四象限，该摆次稳定。

2. 失稳轨迹特征及证明

图 8-18 和图 8-19 分别表示首摆失稳和多摆失稳的受扰轨迹曲线。故障切除时刻为起始时刻，对 v - R 相平面第一象限摆次进行分析，若在一个摆次内 v - R 曲线的斜率 k 由减小变为增大，即 k - R 曲线由下降变为上升，如图 8-18(b)中的 U 点。此时标志着系统的减速能力不足以使系统速度减为零，减速越来越缓慢，进而重新进入加速状态。

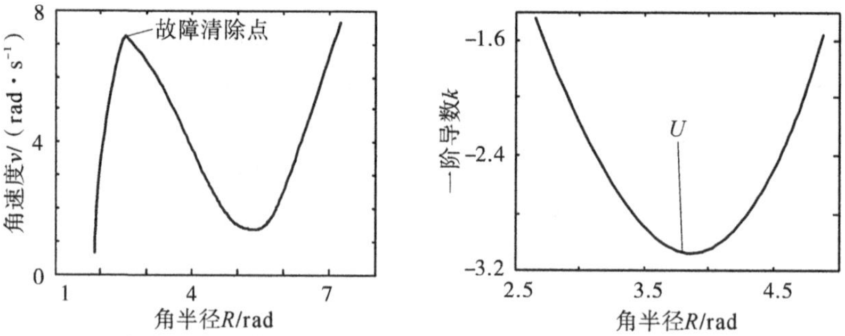

(a) v-R轨迹曲线　　(b) k-R轨迹曲线

图 8-18　首摆失稳的轨迹曲线(彩图见附录)

下面将对失稳轨迹的这一特征进行证明。

(1)首摆失稳。首摆失稳即系统在故障清除后第一摆失稳，由式(8-22)可得

$$\begin{aligned}\frac{\mathrm{d}^2 v}{\mathrm{d}R^2} &= \frac{\mathrm{d}}{\mathrm{d}R}\left(\frac{\mathrm{d}v}{\mathrm{d}R}\right) = \frac{\mathrm{d}}{\mathrm{d}R}\left(\frac{a}{v}\right) \\ &= \frac{\partial(a/v)}{\partial a} \cdot \frac{\mathrm{d}a}{\mathrm{d}R} + \frac{\partial(a/v)}{\partial v} \cdot \frac{\mathrm{d}v}{\mathrm{d}R} = \frac{v\mathrm{d}a/\mathrm{d}t - a^2}{v^3}\end{aligned} \tag{8-24}$$

若 k—R 曲线在 t 时刻满足 $k(t)>k(t-1)$，则从 t 时刻开始，$\frac{\mathrm{d}^2 v}{\mathrm{d}R^2}>0$，由 $R(t-1)<R(t)$ 得 $v>0$。结合式(8-24)可得

$$v\mathrm{d}a/\mathrm{d}t - a^2 > 0 \tag{8-25}$$

即 $\mathrm{d}a/\mathrm{d}t>\frac{a^2}{v}>0$，加速度越来越大，系统失去稳定。

(2)多摆失稳。多摆失稳即系统在第一个摆次稳定，而在第 n ($n\geqslant 2$)摆失去稳定，多摆失

稳过程可以分解为稳定摆次和失稳摆次。图 8-19 为多摆失稳的 v-R 受扰轨迹曲线(以第三摆失稳为例)。以故障切除点 t_0 为起始时刻,第一摆和第二摆稳定,第三摆失稳。第一摆 k-R 轨迹曲线一直下降并趋于负无穷,其分析参考稳定轨迹第一摆的证明;第三摆 k-R 轨迹曲线先下降后上升,其分析参考本节首摆失稳轨迹的证明,此处不再赘述。

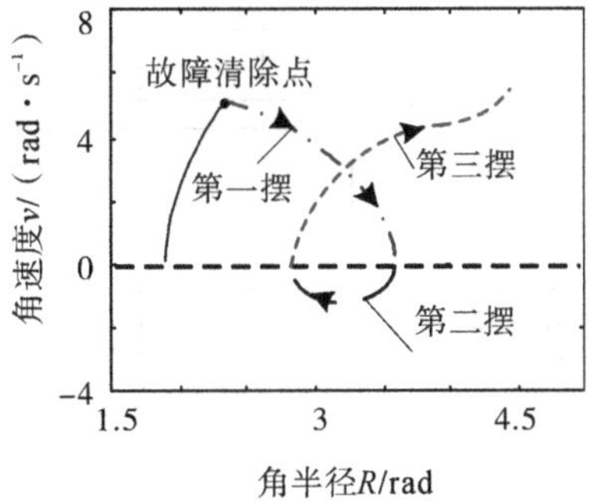

图 8-19　多摆失稳的 v-R 轨迹曲线(彩图见附录)

3. 失步解列判据

根据以上分析,对故障切除后系统稳定、失稳情况下 v-R 和 k-R 轨迹曲线的动态信息进行深入挖掘,证明了当 k-R 轨迹曲线由下降变为上升时,系统发生失步。

在实际应用中,采用离散点数据进行计算,考虑到 PMU 采集数据,难免受到随机噪声等因素的影响产生量测误差,从而造成一阶导数并不严格光滑所造成误判的情况。针对该问题,本节采用最小二乘法对 k-R 轨迹曲线进行实时拟合,综合考虑拟合曲线的效果和误差,将曲线拟合成三次多项式,具体实施方法如下:

以故障清除时刻 t_0 为起始时刻,实时获取 PMU 数据,当 $v>0$ 时,采用三次函数对 $k-R$ 曲线进行拟合。三次函数的表达式为

$$\tilde{k}(r)=ar^3+br^2+cr+d \tag{8-26}$$

(1) $4b^2-12ac\leqslant 0$ 时,拟合曲线不存在极小值,$\tilde{k}'(r)=3ar^2+2br+c=0$ 无解,系统当前时刻稳定;

(2) $4b^2-12ac>0$ 时,拟合曲线存在极小值,记为 $R_{\min}(t)=\dfrac{-2b+\sqrt{4b^2-12ac}}{6a}$。将当前时刻 t 的 $R(t)$ 与实时拟合所得到的极小值 $R_{\min}(t)$ 进行比较,若 $\begin{cases}R(t-1)<R_{\min}(t-1)\\R(t)<R_{\min}(t)\end{cases}$,则当前时刻未出现拟合曲线的极小值点,系统稳定。更新采样数据,继续对系统进行监控,当满足 $\begin{cases}R(t-1)<R_{\min}(t-1)\\R(t)\geqslant R_{\min}(t)\end{cases}$ 时,表明此时达到 k-R 曲线的极小值点,系统失稳,启动解列控制措施。

8.3.3　基于实测受扰轨迹变化趋势的失步解列策略

解列策略的实施流程如图 8-20 所示。

PMU 能够高精度不间断地提供电力系统同步运行数据,从而对暂态过程中的动态信息进行完整的记录。假设全网都安装了 PMU 装置,采用 PMU 装置对电力系统的实时运行信息如功角 δ、角速度 ω 等进行采集,并将采集到的数据传送到数据处理中心,通过降维映射,形

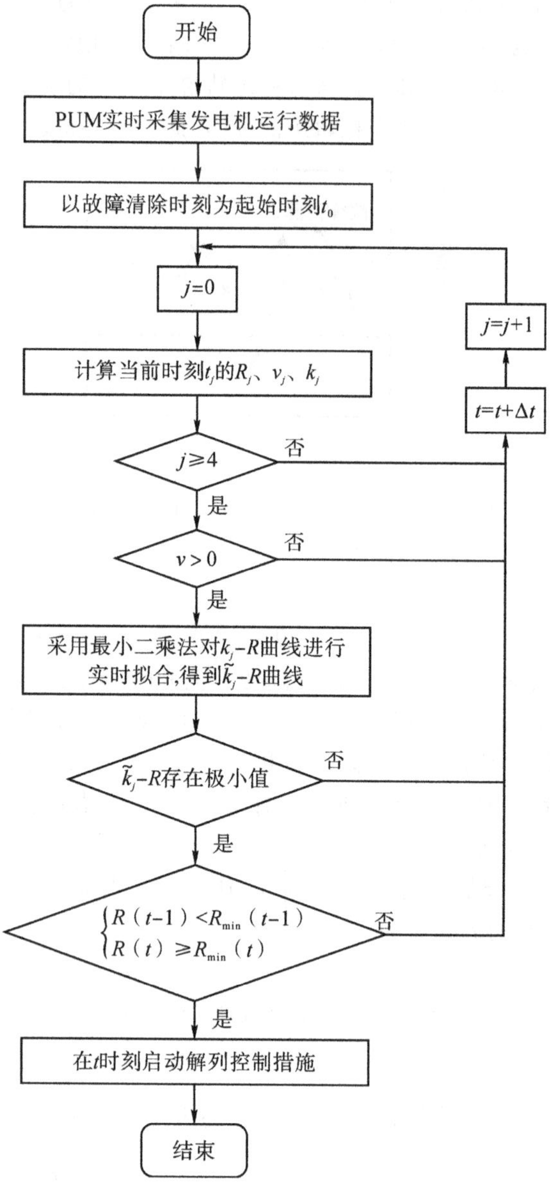

图 8-20　解列策略实施流程图

成 v-R 相平面。由于采用三次多项式拟合至少需要 4 个采样时刻的数据,因此以故障清除时刻 t_0 为起始时刻,当采样点 $j\geqslant4$ 时,对 $v>0$ 的 $k-R$ 曲线进行实时拟合得到 $\tilde{k}-R$ 曲线。对 $v-R$ 和 $\tilde{k}-R$ 受扰轨迹特征进行识别,判断 $\tilde{k}-R$ 曲线是否存在极小值以及是否满足判据 $\begin{cases}R(t-1)<R_{\min}(t-1)\\R(t)\geqslant R_{\min}(t)\end{cases}$。

8.3.4 分析与说明

采用电力系统分析综合程序(power system analysis software package, PSASP)仿真得到

的数据来模拟 PMU 量测的数据，在 PMU 量测数据上叠加高斯白噪声来模拟随机噪声等因素产生的量测误差。在新英格兰 10 机 39 节点系统中对所提失步解列判据的有效性和优越性进行仿真验证，并对比分析信噪比不同对解列判据的影响（信噪比代表信号与噪声的比例，信噪比越大代表噪声越小。）

1. 稳定算例

在母线 4 和 14 之间 50%处设置三相接地短路故障，0 s 发生，0.15 s 故障切除。

以叠加信噪比为 40 dB 的高斯白噪声为例，给出了各台发电机的功角随时间变化的曲线，如图 8-21(a)所示，各发电机始终保持同步，系统稳定。这里取第一摆的 $v-R$ 轨迹曲线进行详细分析，如图 8-21(b)所示。以故障切除时刻 t_0 为起始时刻，当采样点 $j \geqslant 4$ 时，对 $k-R$ 曲线进行实时拟合。

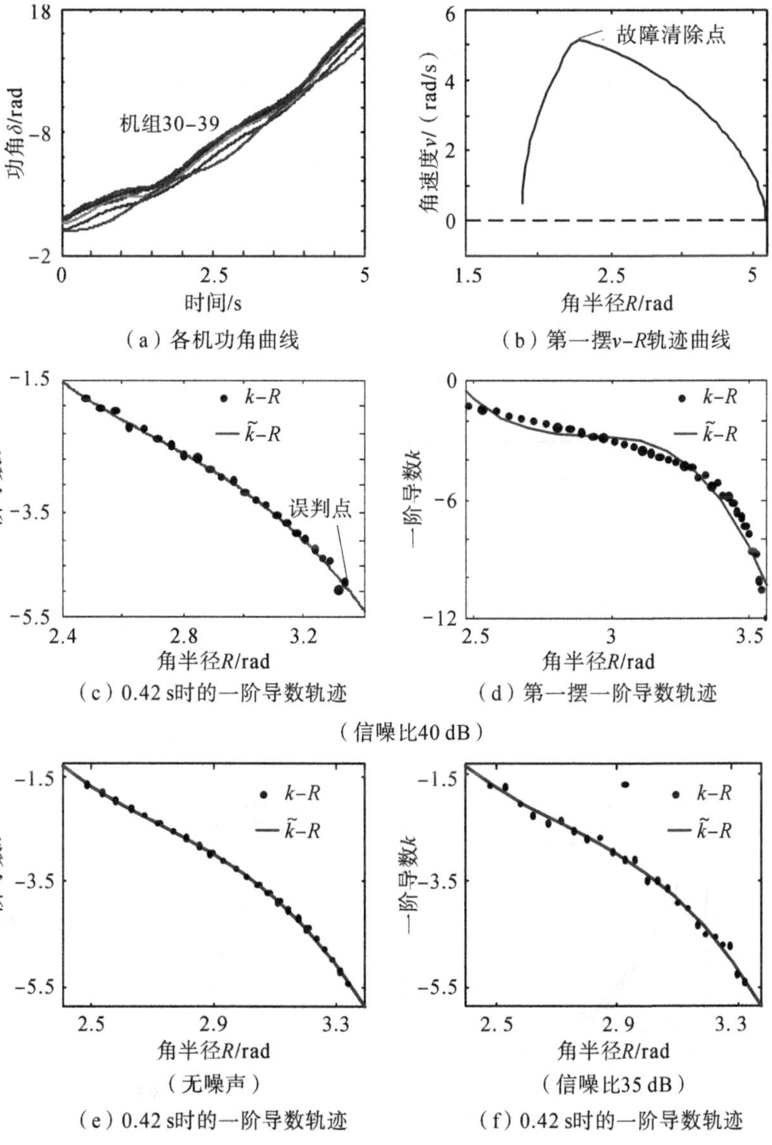

图 8-21　稳定算例受扰轨迹（彩图见附录）

(1)图 8-21(c)表示 $t=0.42$ s 的 $k-R$ 曲线和 $\tilde{k}-R$ 曲线，图 8-21(d)表示第一摆次的 $k-R$ 曲线和 $\tilde{k}-R$ 曲线，可知拟合曲线不存在极小值，系统稳定，验证了本判据的有效性。

(2)由图 8-21(c)可知在 0.42 s 之前，$k-R$ 曲线一直下降，即 $k(t)<k(t-1)$；当 $t=0.42$ s 时，$k-R$ 曲线变为上升趋势，即 $k(t)>k(t-1)$。若采用失步判据 $k(t)>k(t-1)$，则在 $t=0.42$ s 判定系统失步，出现误判。而采用本方法在 $t=0.42$ s 时刻对 $k-R$ 曲线进行实时拟合，拟合曲线不存在极小值点，系统稳定，避免了误判的发生，验证了新判据的优越性。

(3)图 8-21(e)、(c)和(f)分别为无噪声、40 dB 和 35 dB 时，$t=0.42$ s 的一阶导数轨迹。由图可知，随着噪声强度的增大，采用其他判别方法出现的误判点数量增多；而采用本方法，拟合曲线整体呈下降趋势，不存在极小值，系统稳定，避免了误判的发生。

2. 失稳算例

在母线 5 与 8 之间 50%设置三相短路故障，0 s 发生，0.27 s 故障切除。

图 8-22(a)为各台发电机的功角随时间变化的曲线，图 8-22(b)为 $v-R$ 轨迹曲线。以

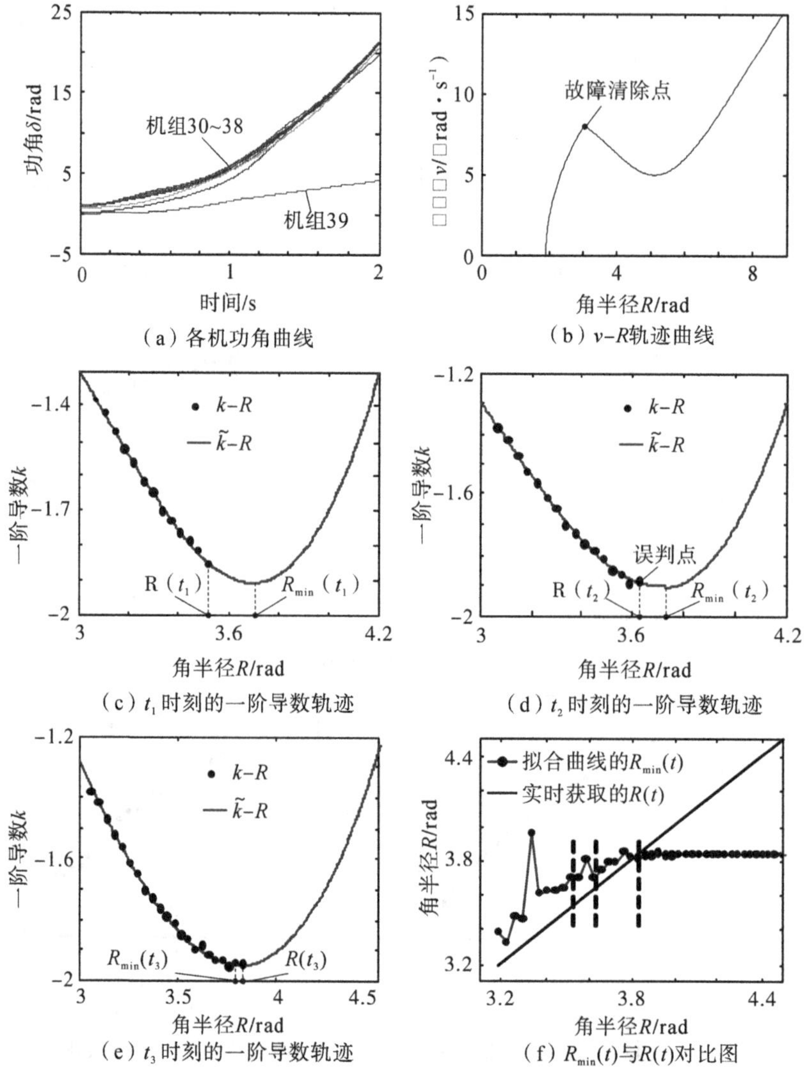

(a) 各机功角曲线 (b) $v-R$轨迹曲线

(c) t_1 时刻的一阶导数轨迹 (d) t_2 时刻的一阶导数轨迹

(e) t_3 时刻的一阶导数轨迹 (f) $R_{min}(t)$与$R(t)$对比图

图 8-22 失稳算例受扰轨迹(彩图见附录)

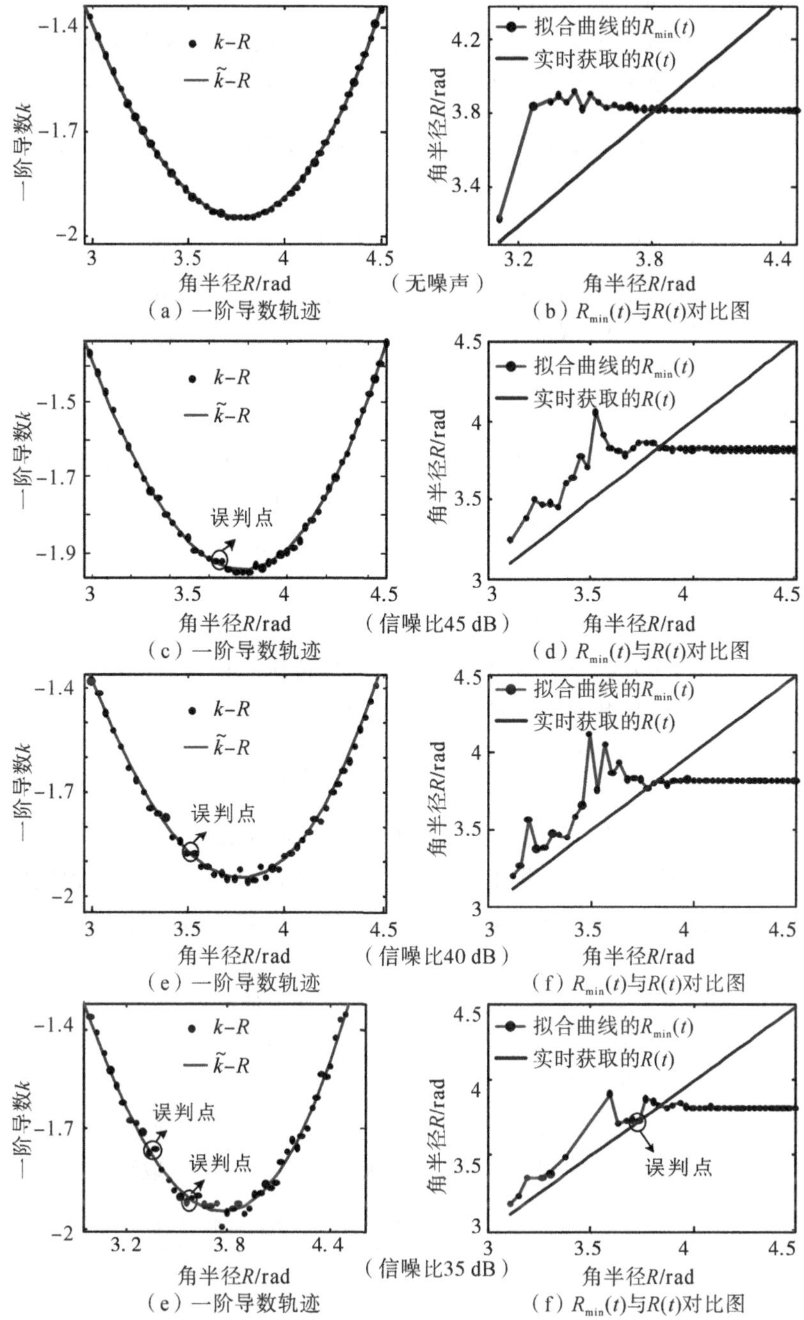

图 8－23　不同信噪比下的解列判据

故障切除时刻 t_0 为起始时刻，当采样点 $j\geqslant 4$ 时，对 $k-R$ 曲线进行实时拟合。以 0.34 s、0.355 s、0.385 s 三个采样时刻（分别记为 t_1、t_2 和 t_3）为例，对实时拟合过程进行详细说明。

当采样时刻为 t_1 时，$k-R$ 曲线以及根据 t_1 时刻所获取的数据进行拟合的 $\tilde{k}-R$ 曲线如图 8－22（c）所示；t_2 时刻的 $k-R$ 曲线以及根据 t_2 时刻所获取的数据进行拟合的 $\tilde{k}$ －－R 曲线如图 8－22（d）所示；t_3 时刻的 $k-R$ 曲线和 $\tilde{k}-R$ 曲线如图 8－22(e)所示。其中 $R(t_1)$、$R(t_2)$和

$R(t_3)$分别表示 t_1、t_2 和 t_3 时刻的 R 值；$R_{\min}(t_1)$、$R_{\min}(t_2)$和 $R_{\min}(t_2)$分别表示 t_1、t_2 和 t_3 时刻 $\tilde{k}-R$ 拟合曲线的极小值。以各个采样时刻的 $R(t)$值为横轴，将各个采样时刻的 $R(t)$值与采样时刻对 $k-R$ 曲线拟合得到的极小值点 $R_{\min}(t)$进行对比，如图 8-22 (f)所示。分析如下：

(1)由图 8-22 (c)可知，在 t_1 时刻 $R(t_1)<R_{\min}(t_1)$，不满足判据$\begin{cases}R(t-1)<R_{\min}(t-1)\\R(t)\geqslant R_{\min}(t)\end{cases}$，系统稳定。

(2)由图 8-22 (d)可知，在 t_2 时刻，$k-R$ 受扰轨迹曲线由下降变为上升，若采用判据 $k(t)>k(t-1)$，可判断系统在 t_2 时刻失稳，出现误判。而采用本方法，在 t_2 时刻 $R(t_2)<R_{\min}(t_2)$，不满足判据$\begin{cases}R(t-1)<R_{\min}(t-1)\\R(t)\geqslant R_{\min}(t)\end{cases}$，系统当前时刻稳定，可以避免在此出现误判，验证了本判据的优越性。

(3)由图 8-22 (d)和 8-22 (f)可知，在 t_3 时刻之前 $R(t)<R_{\min}(t)$即系统未达到极小值点，表明系统当前时刻稳定。在 t_3 时刻，满足判据$\begin{cases}R(t-1)<R_{\min}(t-1)\\R(t)\geqslant R_{\min}(t)\end{cases}$系统失步，启动解列控制措施。

为方便描述，将 $k-R$ 采样数据的判据($k(t)>k(t-1)$)记为传统判据。图 8-23 为信噪比分别取为无穷大(无噪声)、45 dB、40 dB 和 35 dB 时，传统判据与新判据对比图。由图可知，随着噪声强度的增加，一阶导数轨迹的波动越来越剧烈。当无噪声时，传统判据 $R(t)>R(t-1)$和新判据$\begin{cases}R(t-1)<R_{\min}(t-1)\\R(t)\geqslant R_{\min}(t)\end{cases}$都不会误判；当信噪比在 45 dB 和 40 dB 时，传统判据已经出现误判点，而新判据并未误判；在信噪比减小为 35 dB 时，从图 8-23(g)中可以看出一阶导数轨迹受噪声影响较为恶劣，传统判据的误判点大量增加，新判据也出现了误判的可能。

因此，新判据提高了判据的抗干扰能力，减少了出现误判的可能性。但当量测误差较大时，本判据也可能产生误判。

同样针对上述失稳算例，采用动态鞍点 DSP 失步判据对系统进行分析，可得判别失步的时间为 0.620 s，而 $u\cos\varphi$ 判据判断失步的时间为 0.720 s，均比本节所提判据判别系统失步所需时间长，验证了新判据的快速性。

在系统不同位置设置不同故障，并将新判据同其他两种主流判据进行对比，如表 8-3 所示，可知所提判据能够更加快速的判断系统失步，为解列控制操作争取更多的时间。

表 8-3 不同故障下三种失步解列判据快速性比较

算例描述	判断失步时间/s		
	新判据	动态鞍点 DSP 判据	$u\cos\varphi$ 判据
10 号线路 50%处 0s 三相短路，0.27s 故障切除	0.385	0.620	0.720
8 号线路 50%处 0s 三相短路，0.3s 故障切除	0.360	0.475	0.480
30 号线路 90%处 1s 三相接地短路，1.2s 故障切除	1.280	1.335	1.440
17 号线路 50%处 0s 三相接地短路，0.3s 故障切除	0.345	0.445	0.495
17 号线路 10%处 0s 三相接地短路，0.3s 故障切除	0.360	0.425	0.470

8.3.5 主要结论

(1)根据降维映射,将多机系统的运动信息映射到一维扩展相平面上,对该映射的物理意义和保稳性进行了分析,证明了可以用扩展相平面受扰轨迹的运动信息来反映原多机系统的稳定性。

(2)对故障切除后失步发生前一维扩展相平面上受扰轨迹的运动信息进行深入挖掘,分析 $v-R$ 曲线及 $k-R$ 曲线的特征。为克服量测误差造成的误判问题,采用最小二乘法对 $k-R$ 曲线进行拟合,提出了一种失步解列判据。另外通过与动态鞍点失步解列判据以及 $u\cos\varphi$ 失步解列判据进行对比分析,验证了该判据的有效性和快速性。

(3)该判据能够减弱量测误差带来的影响,提高了抗干扰能力,减少了误判的可能性,并不能完全避免误判的发生。另外,对于通信延迟、通信通道因故障损坏等情况需要进一步研究。

8.4 小　结

在复杂互联电网背景下,研究能够实时、准确判定失步中心的解列判据是电网实施解列的先决条件。本章从瞬时频率的角度研究了失步中心电气量的特性,提出了基于母线电压频率的电力系统失步解列判据。首先,通过建立与求解电网的失步模型,得到了失步振荡时任意位置的电压频率解析表达式,详细分析了失步中心与非失步中心的电压频率特性。然后,构造了失步中心迁移的典型场景,研究了该场景下电压频率的变化规律。最后,提出了基于母线电压频率的解列判据,给出了判据的使用说明,判据实现较简单,判据可以适应失步中心的迁移,且不受电网结构与运行方式的限制。仿真结果验证了所提判据的正确性和有效性。

失步解列判据是失步解列控制措施启动的重要依据,要求能够快速、准确地判断出电网的失步状态。针对目前失步解列判据的时效性和准确性不能协调配合等问题,本章提出一种基于角速度-角半径($v-R$)受扰轨迹及其一阶导数随 R 变化的 $\mathrm{d}v/\mathrm{d}R-R$ 受扰轨迹变化趋势的失步解列判据。首先通过降维映射将多机系统实测受扰轨迹映射到一维扩展相平面上,证明了该映射的保稳性。对稳定和失稳受扰轨迹特性进行分析和证明,为克服量测误差产生的误判问题,采用最小二乘法对 $\mathrm{d}v/\mathrm{d}R-R$ 受扰轨迹进行实时拟合,通过拟合后曲线判断系统失步情况。仿真结果证明了该判据可以有效地防止误判,另外通过与动态鞍点失步解列判据以及 $u\cos\varphi$ 失步解列判据进行对比分析,验证了该判据的快速性。

参考文献

[1]KYRIACOU A, DEMETRIOU P, PANAYIOTOU C, et al. Controlled islanding solution for large-scale power systems[J]. IEEE Transactions on Power Systems, 2018, 33(2):1591-1602.

[2]李琰,周孝信,周京阳.基于广域测量测点降阶的系统受扰轨迹预测[J].中国电机工程学报,2008,28(10):9-13.

[3]乔颖,沈沉,卢强.大电网解列决策空间筛选及快速搜索方法[J].中国电机工程学报,2008,28(22):23-28.

[4]DING LEI,GUO YICHEN,WALL PETER, et al. Identifying the timing of controlled islanding using a controlling UEP based method [J]. IEEE Transactions on Power Systems,2018, 33(6):5913 - 5922.
[5]SUN K,ZHONG ZHENG D,QIANG L. Splitting strategies for islanding operation of large-scale power systems using OBDD-based methods[J]. IEEE Transactions on Power Systems,2003, 18(2): 912 - 923.
[6]方勇杰.电力系统的自适应解列控制[J].电力系统自动化,2007,31(20):41 - 48.
[7]岑炳成,唐飞,廖清芬,等.应用功角空间降维变换的相轨迹判别系统暂态稳定性[J].中国电机工程学报,2015,35(11):2726 - 2734.
[8]郑超,汤涌,马世英,等. 振荡中心联络线大扰动轨迹特征及紧急控制策略[J]. 中国电机工程学报, 2014, 34(7): 1079 - 1087.
[9]GEORGIOSPATSAKIS,RAJAN DEEPAK,ARAVENA IGNACIO, et al. Strong mixed-integer formulations for power system islanding and restoration[J]. IEEE Transactions on Power Systems, 2019, 34(6): 4880 - 4888.
[10]DEMETRIOU P,ASPROU M,KYRIAKIDES E. A real-time controlled islanding and restoration scheme based on estimated states[J]. IEEE Transactions on Power Systems, 2019, 34(1):606 - 615.
[11]AMRAEE T,SABERI H,CAPITANESCU F. Towards controlled islanding for enhancing power grid resilience considering frequency stability constraints[J]. IEEE Transactions on Smart Grid, 2019, 10(2):1735 - 1746.
[12]TRODDEN P A,BUKHEH W A,GROTHEY A,et al. Optimization-based islanding of power networks using piecewise linear ac power flow[J]. IEEE Transactions on Power Systems, 2014, 29(3):1212 - 1220.
[13]DING L,GONZALEZ-LONGATT F M,WALL P,et al. Two-step spectral clustering controlled islanding algorithm[J]. IEEE Transactions on Power Systems, 2013, 28(1): 75 - 84.
[14]ADIBI M,KAFKA R,MARAM S,et al. On power system controlled separation[J]. IEEE Transactions on Power Systems, 2006, 21(4):1894 - 1902.
[15]李琰,周孝信,周京阳.基于机端 PMU 量测的系统受扰轨迹预测[J].电网技术, 2007, 31(12):1 - 5.
[16]宋洪磊,吴俊勇,吴林峰.电力系统紧急情况下的动态分区和自主解列策略[J].电工技术学报,2012,27(1):224 - 230.
[17]赵金利,余贻鑫.电力系统电压稳定分区和关键断面的确定[J].电力系统自动化,2009,32(17):1 - 5.
[18]SUN KAI,HUR KYEON,ZHANG PEI. A new unified scheme for controlled power system separation using synchronized phasor measurements[J]. IEEE Transactions on Power Systems, 2011, 26(3): 1544 - 1554.
[19]MASOUDESMAILI, MOHAMMAD GHAMSARI-YAZDEL, NIMA AMJADY, et al. Convex model for controlled islanding in transmission expansion planning to improve

frequency stability[J]. IEEE Transactions on Power Systems, 2021, 36(1): 58-67.
[20]倪以信，陈寿孙，张宝霖. 动态电力系统的理论和分析[M]. 北京：清华大学出版社，2002.

第9章 失步振荡的解列控制

9.1 引　言

随着我国电网规模的不断扩大和跨区互联电网的形成，电网系统的安全稳定控制面临巨大挑战。近年来的国内外大停电事故，一方面警示着人们必须不断重视电力系统的安全稳定运行；另一方面，受限于电力系统运行的复杂性，要从根本上避免系统崩溃或解列行为是非常困难的。然而，当大电网受到大扰动面临崩溃之前，有效地识别当前特殊工况，选择合适的断面，进行主动解列，将大系统分割成各自同步的子系统独立运行，能够最大限度地减小解列操作带来的不利影响，阻止事故蔓延。在主动解列中，如何快速准确地对受扰机组进行同调分群并进而求解最优解列断面是其关键所在。主动解列策略可以分为同调分群和最优解列断面搜索两个步骤。主动解列的第一步将同步机组依据其动态响应行为的相似性进行分群，并在第二步快速搜寻最优断面将电气联系较弱的分区电网分割，以防事故蔓延。

1. 受扰发电机同调分群

现有的同调分群策略主要分成以下三类：①状态矩阵方法，通过直接分析线性化系统模型的状态矩阵判断其同调性。②特征值分析法，如慢同调法。通过在非平衡点处线性化得到分群结果，但该方法基于静态分析法解决暂态过程问题，其结果无法考虑实时的故障信息，每次计算只能得到单一的振荡模式。③对受扰电机的功角曲线进行数学分析，包括 k-medoids 聚类、拉普拉斯特征映射算法、奇异值分解、张量法等。采用相关数学算法对受扰电机的功角数据进行同调识别，不需要获得系统元件的模型和参数，在计算复杂度上有一定的优势，但并未考虑电力系统的拓扑结构和潮流水平等信息，在准确性上有一定问题。

2. 最优解列断面搜索

现有的最优解列断面的求解策略大致可以分为三类：①图论的方法，该类方法的代表是基于有序二元决策图的三阶段法，将解列策略问题转化为在初始决策空间中求取符合多重约束条件的可行解问题，算法思路清晰，但其复杂程度随着电网规模的增加呈几何级数增长，在工程实际中并不常用。②慢同调法，其基本思路是分析电力系统的振荡模式从而挖掘出发电机群之间的“弱联系”界面，进而在弱联系区域内搜索解列断面，能够有效降低解列决策空间的规模，但受系统规模所限，计算复杂度较高。③智能优化算法，如 Floyd 算法、Dinic 最大流法、蚁群算法等，该类算法适应性强，但求解时间较长。

本章针对失步振荡的解列控制难题，研究和探讨了受扰发电机同调分群和最优解列断面搜索问题，对含风电场电力系统的快速主动解列策略、考虑发电机同调分群的大电网快速主动解列策略，以及多重约束下电力系统主动解列最优断面搜索等进行了重点阐述和分析。这些研究能为失步振荡的解列控制提供理论基础和方法支撑。

9.2 考虑风电场并网的大电网快速主动解列策略

考虑到风电渗透率的不断提升，风功率的注入使得系统固有振荡模式发生改变并最终影响受扰后最优解列断面的搜索，传统的电力系统解列策略已难以适应新型大电网的变化。因此，研究含风电场电力系统的快速主动解列策略具有重要的现实意义。

基于此，本节对受扰轨迹分析及图论的方法加以改进，提出了一种两阶段高风电渗透率下的全时段快速主动解列策略。在第一阶段，通过修正系统的收缩导纳矩阵进行等值，并离线计算出电机耦合程度的分类结果作为在线修正，进而在线获得当前的同调分群结果。在第二阶段，以图论为基础，通过约束谱聚类算法将解列断面搜索问题转化为广义特征值求解问题，并运用改进 k-means 算法快速求取实时的最优解列断面。在算例仿真中验证了本解列策略的正确性、有效性和快速性。

9.2.1 高风电渗透率电力系统主动解列模型

1. 高风电渗透率下的受扰发电机同调分群模型

(1)高风电渗透率离线电机耦合程度分类模型。如图 9－1 所示为风电场并网系统，图中 R 和 S 区域为传统同步机组，WF 为与同步机组 R 相连的风电场，T 为变压器，L 为传输线路。

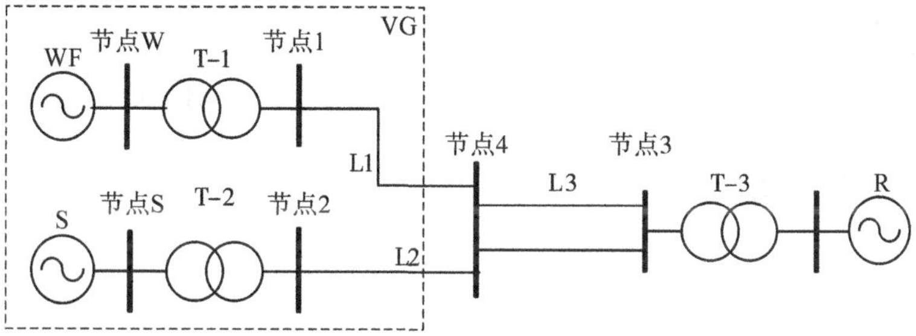

图 9－1 风电并网系统的网络节点划分示意图

由于风机本身并无功角稳定问题，所以风机接入对于系统功角稳定的影响是通过对同步电机功角稳定的影响来表现的。在风机并网运行过程中，风电场对系统功角稳定性的影响主要体现在与其电气距离最近的同步机组上。因此，可以将风电机等效为一个纯电流源，其风机功率注入对于原电力系统的影响可以等效为其所连电机节点的自导纳增加。于是，可以将风电场和与其电气距离最近的同步机组联合分析，等效为一个虚拟发电机节点 VG(如图 9－1 中虚线框所示)，由式(9－1)可计算出其增加的等效自导纳：

$$\Delta Y = y_{iw} S_w \angle \alpha / (U_{Ri} U_w y_{ww}) \tag{9-1}$$

式中：y_{ww}为风电机组的自导纳，y_{iw}为风机与同步机组间的线路导纳，$S_w \angle \alpha$ 为风电机组复功率，U_w为风电机组的电压，U_{Ri}为风电机所连同步机组的电压，ΔY 为增加的等效自导纳。

结合发电机传输的有功功率 P_{ij} 如式(9－2)：

$$P_{\mathrm{ij}}=\frac{E_{\mathrm{i}}E_{\mathrm{j}}}{x'_{\mathrm{d}}}\sin\theta \tag{9-2}$$

式中：E_{i} 为电机端电压；E_{j}为电机所连节点电压；x'_{d}为同步电机自导纳。

同时考虑到同一风电场风电机组的风速和风向大致相同，可将风电场 WF 等值为一台风电机 G_{w}。若距离风电机 G_{w}最近的为同步机组 r，则由式(9－1)和式(9－2)可以推导出虚拟发电机节点 VG 的等效功角如式(9－3)：

$$\delta'_r=\arcsin\left(\frac{P'_r}{P_r}\sin\delta_r\right) \tag{9-3}$$

式中：P_r，δ_r 为同步电机 r 的初始有功功率和功角，P'_r，δ'_r 为等效发电机节点 VG 的等效有功功率和等效功角。相比于原有同步机组节点，其端电压保持不变，等效功率可用式(9－3)计算。

同时，电力系统中同调机群的耦合程度可以通过构建边权图 $G_{\mathrm{D}}(V,V_{\mathrm{G}},E,W)$来表示。其耦合程度拉普拉斯矩阵 $\boldsymbol{L}_{\mathrm{D}}$ 定义，如式(9－4)：

$$[\boldsymbol{L}_{\mathrm{D}}]_{ij}=\begin{cases}-\dfrac{\partial P_{ij}}{\partial\delta_{ij}}=-|V_i||V_j|B'_{ij}\cos(\delta_i-\delta_j),i\neq j\\-\sum\limits_{l=1,l\neq i}^{m}[\boldsymbol{L}_{\mathrm{D}}]_{il}.i=j\end{cases} \tag{9-4}$$

式中：$\partial P_{ij}/\partial\delta_{ij}$为发电机 i 与 j 之间功率对功角的偏导数；V_i 为第 i 台发电机的暂态电势；B'_{ij}为收缩导纳矩阵对应元素的虚部；δ_i 和 δ_j 分别发电机 i 和 j 之间的功角。

结合上述分析，假设在第 r 台同步机组所连接点并入风机，可以得到风机接入后的电机耦合程度拉普拉斯矩阵变化量 $\Delta\boldsymbol{L}_{\mathrm{D}}$ 如式(9－5)

$$[\Delta\boldsymbol{L}_{\mathrm{D}}]_{ij}=\begin{cases}2|V_i||V_j|B'_{ij}\sin\left(\dfrac{\delta'_r+\delta_r}{2}-\delta_i\right)\sin\left(\dfrac{\delta'_r+\delta_r}{2}-\delta_j\right),\exists x\in(i,j)=r\cap i\neq j\\-\sum\limits_{l=1,l\neq i}^{m}[\boldsymbol{L}_{\mathrm{D}}]_{il},i=j\end{cases} \tag{9-5}$$

结合式(9－5)，可以计算出该电力系统的改进电机耦合程度拉普拉斯矩阵，对该矩阵进行离线的电力系统电机耦合程度识别，并将所得的离线分类结果作为后文在线同调识别过程的约束信息。

(2)基于发电机耦合程度修正的半监督在线识别模型。鉴于传统的在线同调分群方式仅提取了功角轨迹进行分析研究，忽视了大规模风电场并网对电力系统同步发电机的内在影响，因此本节提出了一种改进的半监督算法以得到更为精确的在线分群结果。该算法将风电接入的影响等值到最近的火电同步机上并最终求得同调机群的耦合程度分类结果，再根据离线的分类结果对电力系统邻接图的功角权值矩阵进行修正，使得类内同调机组间的距离小于类间同调机组间的距离，其所得结果在一定程度上会保证耦合程度高的同调电机分在同一群组而耦合程度低的同调电机分在不同群组。该算法首先通过离线分类步骤对系统的网架结构进行了分析，进而运用电机之间的“弱连接”修正从功角轨迹中提取的信息，兼顾了电力系统的潮流水平和拓扑结构等多元信息，提高了算法的准确性以及解列后的孤岛稳定性。基于此，功角权值矩阵 $\boldsymbol{W}_{\delta}$ 可以定义为公(9－6)。

$$\boldsymbol{W}_{\delta}=\begin{cases}1-\exp(K(i,j)-1),i=j\\\exp(1-K(i,j)),i\neq j\end{cases}\tag{9-6}$$

式中：$K(i,j)=\exp(-\parallel x_{\mathrm{i}}-x_{\mathrm{j}}\parallel^{2}/t)$；$M_{\mathrm{i}}$，$M_{\mathrm{j}}$表示样本数据点所属的类别。

2. 高风电渗透率下的最优解列断面搜索模型

(1)谱聚类算法的数学模型。谱聚类算法是通过无向图的形式来表示样本数据的局部邻域关系，其直观思想是希望相互间有关系的点在降维数后的空间也表现出距离相近的特点。具体步骤如下：

①构建无向边权图 G 并赋予权值 W

$$\boldsymbol{W}=\begin{cases}w_{\mathrm{ij}},(i,j)\in E_{0}\\0,(i,j)\notin E_{0}\end{cases}\tag{9-7}$$

式中：E_0 为无向图边集。

②根据式(9-8)和式(9-9)分别计算度矩阵 $\boldsymbol{A}$ 和未规范化的拉普拉斯矩阵 $\boldsymbol{L}$

$$\boldsymbol{A}_{ij}=\begin{cases}\sum\limits_{j=1,j\neq i}^{n}w_{\mathrm{ij}},i=j\\0,i\neq j\end{cases}\tag{9-8}$$

$$\boldsymbol{L}=\boldsymbol{A}-\boldsymbol{W}\tag{9-9}$$

③通过公式 $\boldsymbol{L}_{\mathrm{N}}=\boldsymbol{A}^{-1}\boldsymbol{L}$ 求出规范化的拉普拉斯矩阵。

④计算广义特征方程 $\boldsymbol{L}_{\mathrm{N}}X=\lambda X$ 的特征值和特征向量。

⑤提取前 k 个特征向量并对其进行模式识别。

(2)基于谱聚类的最优解列断面目标函数选取。目前，最优解列断面搜索研究多采用最小不平衡功率和最小潮流冲击作为目标函数，以提高解列后各孤岛内的频率稳定性，并尽量减少稳定裕度不足导致的切机、切负荷等紧急控制。

其中，最小不平衡功率是指孤岛连接线上传输的有功功率代数和最小，使得电源出力和负荷需求尽可能保持平衡，在经济性方面有一定的优势；最小有功潮流冲击是指孤岛连接线路上传输的有功功率绝对值之和最小，从而将大电网分割为多个孤岛，有利于解列后分区电网的安全及稳定。综合考虑上述两者的优缺点，分区电网间的不平衡功率可以通过切机、切负荷等控制措施进行调节，但是分区电网间的潮流冲击过大势必会影响该区域的暂态稳定裕度，甚至能影响整个电力系统的稳定运行。大量测试表明，即便满足分区电网之间的功率平衡约束，某些系统能保证自身稳定运行的概率仍然不足1%。

同时考虑到我国的电力系统结构日趋庞大，远距离的高电压送电模式逐步形成，导致电气距离在解列策略中逐渐成为一个必须考虑的要素。因此，本节综合考虑了有功潮流和电气距离，定义了一种复合潮流冲击来对所提解列策略进行优化改进。

如果系统 V 包含了 b 条线路、n 个节点、n_{G} 个同步电机，受扰后可以分成 k 个同调电机群 $V_1,V_2,\cdots,V_k$，并将被解列为 k 个孤岛。于是搜索最优主动解列断面的目标函数可以用式(9-10)表达：

$$\widetilde{P}_{\mathrm{sum}}=\min_{V_1,V_2,\cdots,V_k\subset V}\left(\frac{1}{2}\sum_{i\in V_s,j\in V_t}\frac{|P_{ij}|}{D_{ij}}\right)(s,t=1,2,\cdots,k,s\neq t)\tag{9-10}$$

式中：$\widetilde{P}_{\mathrm{sum}}$代表最小复合有功潮流冲击，$P_{ij}$为节点 i 和节点 j 之间传输的有功功率，D_{ij} 为节点

i 和节点 j 之间的线路阻抗。

基于此，构建无向图的权值矩阵 $\boldsymbol{W}_{\mathrm{u}}$ 如式(9-11)所示。

$$\boldsymbol{W}_{\mathrm{u}} = \begin{cases} \dfrac{|P_{ij}|}{D_{ij}}, (i,j) \in E_0 \\ 0, (i,j) \notin E_0 \end{cases} \tag{9-11}$$

(3)考虑发电机同调约束的改进实时最优解列断面搜索模型。鉴于传统的谱聚类算法没有考虑到电力系统中电机和节点的约束，也就无法确保解列后孤岛内的发电机之间功角相近而不会对电力系统产生新的冲击。基于此，权值矩阵 $\boldsymbol{W}_{\mathrm{u}}$ 进行相应调整如式(9-12)。

$$\boldsymbol{W}_{\mathrm{u}}(M_i, M_j) = \begin{cases} \infty, M_i \neq M_j \\ 0, M_i = M_j \end{cases} \tag{9-12}$$

式中：M_i，M_j 表示发电机所属分群类别。

通过对权值矩阵 $\boldsymbol{W}_{\mathrm{u}}$ 的修正，能够使得同调群内节点间的距离远小于同调群间节点的距离，保证所求的最优解列断面满足发电机同调约束。

9.2.2 高风电渗透率下电力系统主动解列模型求解

1. 受扰发电机同调分群模型求解

高风电渗透率下的发电机在线同调识别模型求解具体步骤如下。

(1)通过 WAMS 系统采集系统的潮流信息。

(2)根据式(9-3)计算等效发电机节点的等效功角。

(3)构建动态图 G_{D}，并计算得到改进的电机耦合程度拉普拉斯矩阵。

(4)求解费德勒矢量并运用聚类算法得到同步机组的离线分类结果。

(5)通过发电机的离线分类结果，对邻接图的功角权值矩阵进行在线修正。

(6)求出规范化的拉普拉斯矩阵及其对应的特征值和特征向量。

(7)根据 $\lambda_k/\lambda_{k+1}=\min\lambda_l/\lambda_{l+1}(l=2,3,\cdots n-1)$ 确定最优同调机群分群数 k。

(8)提取前 k 个特征向量并对其进行模式识别以得到在线分群结果。

2. 最优断面搜索求解

(1)基于约束谱聚类算法的实时解列断面搜索。若电网在受扰后需要解列为 k 个相互独立的孤岛，则基于约束谱聚类的最优解列断面搜索模型求解具体步骤如下。

①构建无向图 G，根据式(9-11)计算其权值矩阵并用式(9-12)对其进行修改。

②求出拉普拉斯矩阵的前 k 个特征向量并对其模式识别以得到最优解列断面，并据此将系统分为 k 个孤岛。

(2)改进 k-means 算法。求解约束谱聚类算法的最后一步时需要对矩阵的 k 维特征向量进行模式分析，其常用算法包括 k-means 算法、k-medoids 算法等。针对传统 k-means 算法对数据孤立点和初始聚类点敏感等缺点，本节对其做出了两点针对性改进，以提高聚类正确率，减少算法迭代次数。所做两类改进如下：

①针对初始聚类中心的改进。引入点密度函数如式(9-13)所示。

$$Dens(x) = \{p \mid D(x,p) \leqslant r, p \in U\} \tag{9-13}$$

式中：$D(x,p)$ 表示数据 x 和 p 之间的距离；r 为一个设定的距离阈值；U 代表数据集。

显然 $Dens(x)$ 越大说明其周围点的密度越大，因此点密度最大的点会是一个较好的初始中心。假设已经找到 l 个聚类中心，为了保证聚类中心之间不会距离过近，并且其周围的数据点密度较大，现定义一个初始聚类中心评价函数 F 如式(9－14)。

$$F(x) = Dens(x) \cdot \sum_{i=1}^{l} D(x,i) \tag{9-14}$$

因此取评价值最高的点为下一个聚类中心，直到计算出全部的初始聚类中心。改进一通过对初始聚类中心的改进，避免了算法的随机性，减少了算法迭代的次数。同时，改进一可以避免初始聚类中心较差导致的聚类结果异常的情况。

②针对数据孤立点的改进。考虑到样本数据影响不同，引入标准欧氏距离的概念如式(9－15)。

$$d(x_i, v_j) = \sqrt{\sum_{i=1}^{n} \left(\frac{x_{id} - y_{id}}{S_d}\right)^2} \tag{9-15}$$

式中：v_j 表示第 j 类的中心位置；x_i 表示属于 v_j 的数据点；$d(x_i, v_j)$ 表示数据点到聚类中心的标准化欧氏距离；n 为数据维数；S_d 为数据第 d 维分量的标准差。

相应的，引入欧氏距离后的聚类目标函数也会发生变化，如式(9－16)。

$$J = \sum_{j=1}^{k} \sum_{x_i \in G_j} \sqrt{\sum_{i=1}^{n} \left(\frac{x_{id} - y_{id}}{S_d}\right)^2} \tag{9-16}$$

式中：k 为聚类数；G_j 为第 j 个类别中样本的集合。

通过标准欧氏距离的引入，使得非异常数据与聚类中心的距离变小，而某些异常点与聚类中心的距离变大，通过权值赋予增大了各数据点之间的区分程度，减少了异常点的影响。改进二能有效避免算法陷入局部最优而无法得到全局最优结果，提高了聚类精度。

本节所提改进 k-means 算法既降低了初始聚类中心的随机性，又避免了数据孤立点存在导致的局部最优解情况。为分别检验两类改进的效果，对 UCI 数据库里的 Iris，Wine，synthetic 等数据集分别进行对比测试，并记录其 F-measure 测量值和聚类迭代次数以评价算法的精确性和收敛性。相对于传统的 k-means 算法，两类改进算法在聚类正确性和聚类迭代次数上均有明显的提升。

3. 改进的高风电渗透率下快速主动解列策略详细流程

改进的高风电渗透率下快速主动解列策略首先通过离线的电机耦合程度模型对电力系统中的电机“弱连接”进行了分析，获得了一个粗略的离线分类结果，进而根据离线的分类结果对在线所得的功角轨迹进行了修正，求解出不同故障信息下的电力系统在线同调分群，最后将发电机同调作为约束，求解出以最小潮流冲击为目标函数的实时最优解列断面。算法具体步骤如下：

(1)首先得到高风电渗透率下的在线同调分群结果。

(2)根据电力系统拓扑图构建无向图 G，并根据公式(9－11)，式(9－12)计算其权值矩阵。

(3)计算出其对应的规范化的拉普拉斯矩阵，并求解出前 k 个特征向量。

(4)运用改进 k-means 算法时 k 维特征向量进行特征提出以快速求解最优的解列断面，并据此将原系统划分为 k 个孤岛。

9.2.3 分析与说明

1. 风机并网系统同调分群仿真分析

为了验证本节提出的改进策略第一阶段的正确性和有效性，以 IEEE118 节点的风机并网系统为例进行仿真验证。本算例中，在节点 80 注入 100 MW 的风机功率，并对节点 25 进行三相短路，设置故障开始时间为 0.5 s，故障持续时间为 0.9 s。通过 PSS/E 仿真可以得到系统同步电机相对功角轨迹曲线如图 9－2 所示(其中 19 号电机设定为参考发电机)。

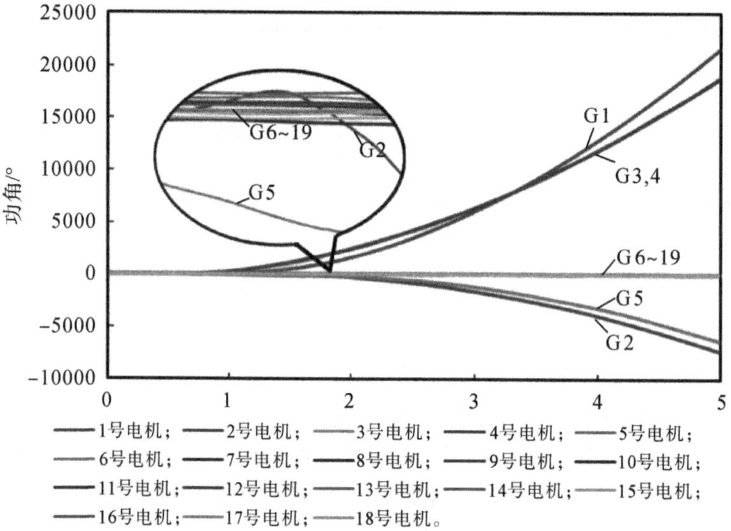

图 9－2 风机并网系统故障下的电机功角曲线图(彩图见附录)

通过式(9－3)计算风机并网后等效发电机节点的电压与功角数据，并根据所提改进算法计算得到该典型场景下的改进发电机耦合程度拉普拉斯矩阵，求解其费德勒矢量并对其进行模式分析，所得离线电机耦合程度分类结果如表 9－1。

表 9－1 离线电机耦合程度分类结果表

类编号	发电机编号
一	{1～5}
二	{6～14}
三	{15～19}

提取 1.4～1.6 s 的电机功角数据，并根据电机的离线耦合程度分类结果在线修正高风电渗透率下大电网的改进拉普拉斯功角矩阵，求解并分析改进拉普拉斯功角矩阵的广义特征值和特征向量，得出系统的最优同调分群数为 3 个。据此提取前三维特征向量，并通过模式分析对电力系统的同调机群进行在线同调识别，得到在线的分群结果，并与图谱算法和拉普拉斯特征映射算法进行对比。各算法所得结果的对比如表 9－2。

表 9-2 不同算法下的同调机群分群结果对比

所用算法	分群数	分群结果
图谱算法	3	{1～5},{6～14},{15～19}
拉普拉斯特征映射算法	3	{5},{1,3,4},{2,6～19}
本改进算法	3	{2,5},{1,3,4},{6～19}

由表 9-2 可知，慢同调算法无法考虑多元的故障信息，只能得到单一的振荡模式，而传统在线识别算法仅针对功角之间的距离进行研究，并未考虑电机之间的耦合程度，在分群精准度上有一定问题。以本仿真为例，当选取 1.4～1.6 s 的电机功角数据时，由于 2 号电机与 6～19 群同步电机的功角在前半段相近，导致传统在线识别算法误将 2 号电机与 6～19 号电机分为一群。而所提的改进算法的第一阶段将离线分类信息加以考虑，由于 2 号电机和 6～19 号电机在离线分类中不属于同一类，因此本算法在线修正了其样本距离，使得 2 号电机与 5 号电机分入一群。

本节提出的改进半监督算法是将高维的非线性数据降维到低维空间，进而对系统中发电机的同调性紧密度进行分析研究，能够准确地识别故障下系统的振荡模式。同时，改进算法的第一阶段首先通过离线分类步骤对系统的网架结构进行了分析，进而运用电机之间的“弱连接”修正从功角轨迹中提取的信息，在考虑功角数据的同时还引入了潮流水平以及拓扑结构等信息对其进行修正，能够兼顾多元数据中包含的内在几何结构信息并准确地识别受扰后的系统振荡模式。

2. 不同故障下的同调分群仿真分析

为了进一步验证本节所提第一阶段在线同调识别方法在不同故障信息下的适用性和有效性，在算例 1 的系统中设置了 3 种不同的故障，利用改进的两阶段算法对不同故障信息下的风机并网系统进行在线同调分群。在不同的故障信息下，激发的系统振荡模式也各有不同。具体故障设置如表 9-3。

表 9-3 本算例中设置的不同故障

案例	故障信息
一	节点 116 三相短路 1.1 s
二	节点 64 三相短路 2.3 s
三	节点 66 三相短路 0.9 s

通过本节提出的改进算法的第一阶段，可以得到不同故障下的含风电场电力系统电机在线识别结果如表 9-4。

表 9-4 不同案例下的同调机群在线分群结果

案例	失稳电机	分群结果
一	13	{13},{1～12,14～19}
二	9,10	{9},{10},{1～8,11～19}
三	12	{12},{1～11,13～19}

根据故障的强度和节点位置的不同，故障对于同调机群分群的影响也会有一定的区别。由于同调机群识别结果的变化，发电机群和最优解列断面也将随之改变。如果无法根据实时的故障信息和电机功角数据对同步机组进行准确的同调分群，将会对后续的解列控制带来严重的影响。本节提出的改进算法第一阶段综合了电机的功角信息和离线的慢同调分析，在应对不同故障时仍然可以准确地识别不同的电机同调分群，为后续的最优解列断面搜索夯实了基础。

3. 风机并网系统最优解列断面求解仿真分析

为了验证本节提出的改进策略第二阶段的正确性、有效性以及快速性，以本节第一个算例中系统为例进行仿真验证，对母线 23 至母线 25 线路进行三相短路，故障开始时间为 0.5 s，故障持续时间为 0.6 s，故障清除后 0.4 s 实施解列操作。根据本节所提改进算法的第一阶段，可以求出该风机并网系统的发电机在线同调分群如表 9 - 5 所示。

表 9 - 5　本算例系统下发电机分群信息

群编号	发电机编号
1	{1,3,4}
2	{2,5}
3	{6～19}

根据本节所提改进策略第二阶段求取该系统的权值矩阵 $\boldsymbol{W}_u$ 并进行基于同调分群约束的修正，继而根据同调分群数求解出拉普拉斯矩阵的前 3 个特征向量，分别利用传统的 k-means 算法和改进的 k-means 算法对其进行聚类分析(本算例中聚类的目标函数阈值设置为 5)。聚类目标函数随迭代次数变化情况如图 9 - 3 所示，最终的孤岛划分满足表 5 中的发电机同调约束，算例系统的实时最优解列断面示意图如图 9 - 4 所示，解列后孤岛内各发电机频率曲线图如图 9 - 5 所示(图例同图 9 - 2)。

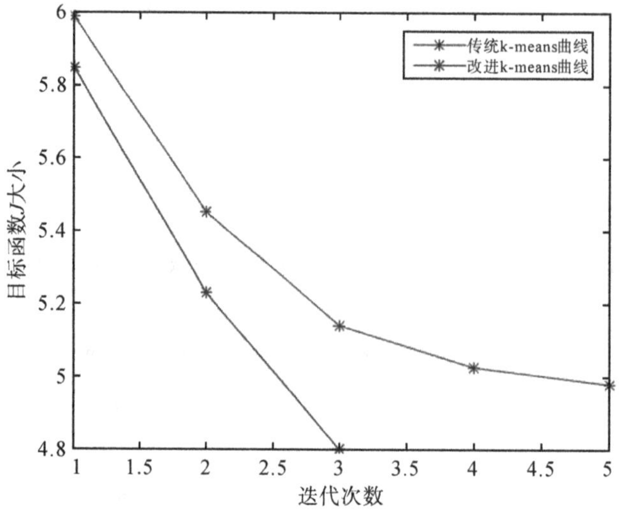

图 9 - 3　不同聚类算法下的目标函数变化情况图(彩图见附录)

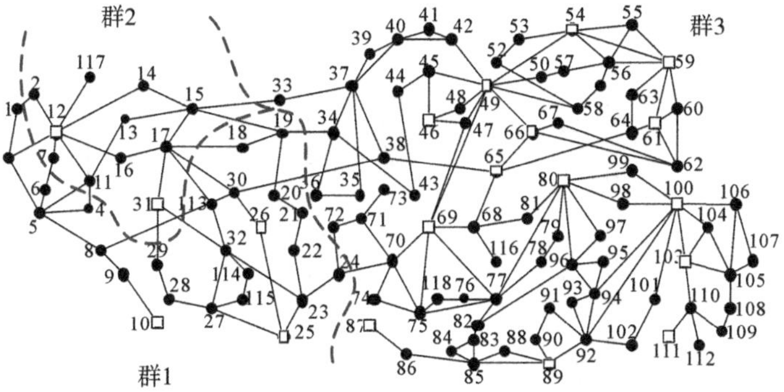

图 9-4 本算例系统的最优主动解列断面结果

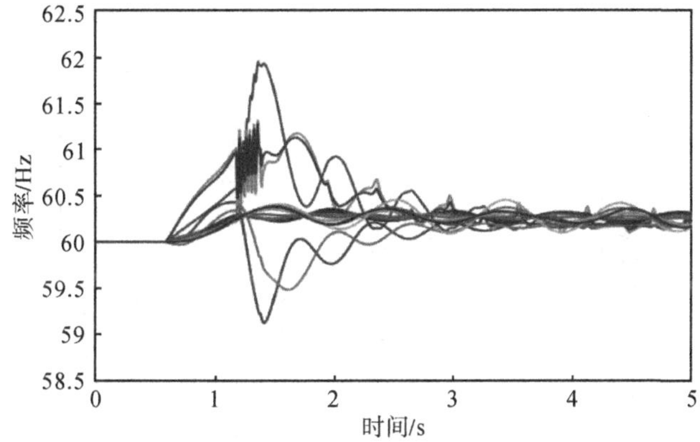

图 9-5 解列后孤岛内各发电机频率曲线图(彩图见附录)

本算例中，系统在 1.1 s 切除故障后，1～5 号电机频率仍未恢复正常水平，整个系统面临崩溃；而在 1.5 s 采取图 9-4 所示的解列操作后，失去同步的机组频率逐渐被拉回，其频率在 2.8 s 之后逐渐回归到正常水平。故障已经被隔离开，各个孤岛内的功角、电压、频率均达到了稳定状态。同时由图 9-3 可以看出，改进的 k-means 算法在聚类收敛速度和结果上都优于传统的 k-means 算法。因此，本节所提的解列策略在快速性和准确性上均优于传统算法。

4. 不同并网条件下的最优解列断面求解仿真分析

为了验证本节提出的改进策略在不同风机并网条件下的适用性和有效性，以 IEEE118 节点的风机并网系统为例进行仿真验证。本算例中，对不同节点、不同容量的风电场并网系统进行了大量的仿真分析，根据本节提出的改进策略对扫描得到的失稳算例进行系统失步后的解列操作及孤岛稳定性分析。限于篇幅，现选取 5 个典型场景下的仿真结果及其孤岛稳定性分析如表 9-6。

从表 9-6 可以看出，本节所提的考虑风电场并网的大电网主动解列策略在针对不同风机安装地点、不同风机功率渗透率等情况时依然有着良好的适用性和有效性。策略运算时间平均在 0.1 s 左右，在满足解列时限的条件下，也保证了解列后各个孤岛内的系统稳定。本节仿真通过对不同安放位置和风电渗透率下的风电场并网系统进行大量的仿真分析，验证了所提解列策略的快速性和鲁棒性。

表 9-6　典型场景下含风电场电力系统解列结果及孤岛稳定性分析

风电场容量/MW	风电场并网点	故障线路	三相短路时间	最优解列断面割集	第一阶段用时/s	第二阶段用时/s	孤岛稳定性
100	80	15～17	0.5	{14～15,13～15,16～17,8～30,26～30,31～29,31～32,32～113,22～23,23～24}	0.042	0.053	稳定
100	26	92～100	0.9	{80～98,90～99,94～95,94～96,85～88,85～89},{100～103,100～104,100～106}	0.041	0.057	稳定
200	80	30～38	1.15	{15～33,19～34,30～38,24～70,24～72}	0.039	0.049	稳定
200	26	29～31	0.7	{15～19,17～18,17～30,17～113,31～32,31～29,5～8},{15～33,19～34,30～38,24～70,24～72}	0.043	0.054	稳定
300	10	16～17	1.2	{15～19,17～18,17～30, 31～32,31～29,16～17,13～15,14～15},{15～33,19～34,30～38,24～70,24～72}	0.046	0.062	稳定

9.2.4 主要结论

本节提出了改进的高风电渗透率下的快速主动解列策略，得到如下结论。

(1)通过修正含风电场电力系统的收缩导纳矩阵，将风电机功率以电流注入的形式进行等值，推导了风机并网系统中的虚拟等效发电机节点的等效电压、功角算法，从而得到了高风电渗透率电力系统的电机耦合程度数学模型。

(2)在传统的拉普拉斯特征映射算法中引入了离线分群约束，提出了一种改进的半监督在线同调识别算法，兼顾了电力系统网架结构和发电机功角轨迹等多维信息，可以更加准确地得到同调分群的结果。

(3)提出了一种高风电渗透率下的全时段快速主动解列策略，通过离线的"弱连接"在线修正 WAMS 系统获取的功角轨迹，得到在线同调分群结果，并以此作为约束求解实时的最优解列断面。该策略在快速性和准确性上均有一定的优势。

(4)提出了一种改进的 k-means 算法，优化了初始聚类中心的选取，并减小了数据孤立点对聚类过程的影响，提高了聚类正确率的同时也减少了聚类迭代次数，缩短了主动解列过程计算的时间并提高了准确性。

9.3 考虑发电机同调分群的大电网快速主动解列策略

随着我国特高压互联电网的加速发展，同步电网的规模持续扩大，各个区域间的电气联系日益紧密，电网运行方式更加多样和复杂，电网安全稳定控制面临新的挑战。电力系统解列作为安全稳定控制的最后一道防线，当发电机群间因大扰动失去同步时，在系统中选择合适的解列点，将系统分割成两个或多个子系统独立运行，以避免事故进一步扩大。在电力系统主动解列过程中，如何在发生事故的初期，快速准确地定位失步机群并搜索最优解列断面是主动解列研究的关键问题，对于保证电网安全稳定具有重大意义。主动解列策略可以分为两个核心步骤：发电机同调分群和最优解列断面搜索。第一步依照发电机受扰失步趋势进行分群：使同调发电机保持连通，振荡失步的发电机分离。第二步快速搜索合适的解列断面将整个电网分割成多个孤立电网独立运行，防止事故蔓延。从数学的角度上看，上述两个步骤都能分别对应不同的单目标函数、多约束条件的组合优化问题。

1. 受扰发电机同调分群

发电机同调分群的研究成果主要分为两类：第一类针对受扰后的功角曲线进行数学分析，如采用 k-medoids 聚类、主成分分析实现发电机分群，但是上述算法物理意义不够明显，采用的参数在不同网架结构中的适应性和泛化性问题很难解决；第二类采用慢同调加弱连接的方法实现电力系统发电机分群，该方法基于静态分析法解释暂态过程问题，研究结论不具有普适性，说服力不强，而且其振荡模式计算复杂度高、步骤繁琐，需要进一步改进才能应用于在线。

2. 最优解列断面搜索

在实际解列过程中，系统的每一条线路都有开断的可能，因此最优解列断面搜索的过程可映射为 0－1 整数规划问题。但当系统规模增大时，解列策略呈几何指数增长，求解复杂度极高，是一个 NP(non-deterministic polynomial)难题。为了实现快速求解，按照目标函数可以分为两类。

第一类　以不平衡功率为目标函数的解列策略。该目标函数能够保证解列之后各个电力孤岛的切机切负荷尽量少。同时兼顾发电机同调、网络拓扑连通性等约束，但是该优化问题的求解非常复杂。有学者采用“化简＋校验”的方法加快了模型的求解速度，但是因为大幅压缩求解空间会丢失部分可行解，可能错过最优解。有学者采用 CGKP 模型进行最优解列断面搜索，并后续采用主从方式进一步提高求解准确度，但在实际大电网的求解计算中，求解速度在秒级。还有学者提出一种基于图论的启发函数求解最优断面，但在整数规划寻优过程中扩大了搜索范围，从而大大降低了求解效率；在实际大电网的求解时间在秒级左右，很难用于在线解列控制。

第二类　以最小潮流冲击为目标函数的解列策略。解列后不平衡功率最小的目标函数没有考虑到较大功率交换可能造成的潮流冲击，因此部分学者提出最小潮流冲击的目标函数。有学者以最小潮流冲击为目标函数，采用约束谱聚类的方法实现负荷的解列，但在聚类算法中采用松弛的方法放宽了解的约束条件，从而得到了近似结果，这个结果在大电网背景下的正确性有待验证。还有学者采用改进对 Laplace 分区策略以及启发式邻域搜索方法实现最优解列断面的搜索，但依然没有完全解决快速性的问题，难以用于在线。

综上所述，在解列策略的两个核心步骤中，如何快速进行发电机同调分群并实时获得最优解列断面依旧面临巨大挑战。本节基于前人图论解列策略研究基础，第一阶段采用基于 Stoer-Wagner 算法求解发电机动态连接图的最小割，快速获得同调分群信息；第二阶段以有功潮流冲击最小作为目标函数，采用基于改进的 Dinic 最大流算法实时求解最优解列断面。在 IEEE 118 节点系统算例仿真中，证明本节方法的正确性、有效性和快速性。

9.3.1　主动解列的图分割模型

1. 解列的图论基础

电力系统网架结构可以看作无向图 $G(V,V_G,E,W)$，其中 V 代表图的节点（负荷和发电机）集合，E 代表图的边（电气线路）集合，W 代表边的权值的集合，V_G 代表发电机节点的集合，满足 $V_G\in V$。

电力系统解列的过程即为将 G 分割成 n 个子图（$G_1,G_2,\cdots,G_n$）的过程。第 n 个子集 G_n 也可表示为（V_n,V_{Gn},E_n,W_n），子集间满足图论约束如式（9－17）所示。

$$\begin{cases}\forall V_i,V_j\subset V \quad V_i\cap V_j=\varnothing\\ V_1\cup V_2\cup\cdots\cup V_n=V\\ \forall V_{G_i},V_{G_j}\subset V \quad V_{G_i}\cap V_{G_j}=\varnothing\\ V_{G_i}\cup V_{G_2}\cup\cdots\cup V_{G_n}=V_G\end{cases} \tag{9-17}$$

若将图 G 分割为两个子图 $G_1(V_1,V_{G1},E_1,W_1)$ 和 $G_2(V_2,V_{G2},E_2,W_2)$，割集可表示为

$$\mathrm{cut}(V_1,V_2)=\sum_{i\in V_1,j\in V_2} w_{ij} \tag{9-18}$$

式（9－18）中 w_{ij} 表示点 i 至点 j 边权值，而割集的容量即表示为割集边权值之和。

2. 发电机分群模型

根据发电机转子运动方程（9－19），推导多机系统的转子运动方程如式（9－20）所示。

$$M\frac{\mathrm{d}\Omega}{\mathrm{d}t}=\Delta T=T_T-T_E \tag{9-19}$$

$$\begin{cases}\dot{\delta}_i=\bar{\omega}_N(\bar{\omega}_i-1)\\ M_i\dot{\bar{\omega}}_i=-D_i(\bar{\omega}_i-1)+(P_{mi}-P_{ei})\end{cases},i=1,2,\cdots \tag{9-20}$$

两式中,Ω 为转子机械角速度;T 为转子的转动惯量;ΔT 为作用在转子轴上的不平衡转矩;δ_i 表示发电机 i 的功角;$\bar{\omega}_i$ 表示标幺化后的发电机的转子角速度;$\bar{\omega}_N=2\pi f_N$,f_N 为电网基准频率;P_{mi} 和 P_{ei} 分别表示发电机的机械功率和电磁功率;M_i 为发电机的惯性时间常数;D_i 为发电机 i 的阻尼常数。大电网受扰之后,依据 WAMS 系统可获得电网在受扰失稳过程中实时有功功率 $P(t)$ 和功角 $\delta(t)$。因此,对式(9-20)在时刻 t 进行线性化,模型可以简化为

$$\ddot{\delta}=\boldsymbol{A}(t)\delta=\boldsymbol{M}^{-1}\boldsymbol{K}(t)\delta \tag{9-21}$$

式中,$\boldsymbol{A}(t)$ 表示在 t 时刻线性化后的系统系数矩阵;$\boldsymbol{M}=\mathrm{diag}[M_1,M_2,\cdots,M_n]$ 为系统中发电机惯性时间常数的对角阵;$\boldsymbol{K}$ 表示发电机功率和功角对时间的导数,定义如下:

$$\begin{cases}K_{ij}(t)=\dfrac{\partial P_{ij}}{\partial \delta_{ij}}=-E_iE_j(G_{ij}\sin(\delta_i-\delta_j)-B_{ij}\cos(\delta_i-\delta_j))\\ K_{ii}(t)=-\sum_{\substack{j=1\\ j\neq i}}^{n}K_{ij}(t)\end{cases} \tag{9-22}$$

式中,$\dfrac{\partial P_{ij}}{\partial \delta_{ij}}$ 表示 t 时刻收缩到发电机节点后发电机 i 与发电机 j 之间功率对功角的偏导数。E_i 为第 i 台发电机在 t 时刻的暂态电势;G_{ij} 和 B_{ij} 分别表示将网络收缩到发电机内电势后系统导纳矩阵对应元素的实部和虚部;δ_i 和 δ_j 表示 t 时刻发电机 i 和发电机 j 之间的功角。

当电网遭遇大扰动时,可能发生多群失稳,这类复杂的多群失稳可看作多次两群失稳的连锁过程。因此在多群失步需要进行电力孤岛划分时,可看做是多个两群失步进行的多次二分割过程。设系统在受扰后分为两群 G_1 和 G_2,相应地将系统系数矩阵 $\boldsymbol{A}$ 进行矩阵分块,如图 9-6所示:G_1 和 G_2 的系数矩阵分别用子矩阵 $\boldsymbol{A}_{11}$ 和子矩阵 $\boldsymbol{A}_{22}$ 表示,而非对角分块 $\boldsymbol{A}_{21}$ 和 $\boldsymbol{A}_{12}$ 表示为 G_1 和 G_2 之间的耦合关系。

$$\boldsymbol{A}=\begin{bmatrix}\boldsymbol{A}_{11} & \boldsymbol{A}_{12}\\ \boldsymbol{A}_{21} & \boldsymbol{A}_{22}\end{bmatrix}$$

图 9-6 电力系统系数矩阵分群示意图

因此,系统受扰后的子系统 G_1,G_2 之间的耦合程度 S 可以通过非对角矩阵 $\boldsymbol{A}_{21}$ 和 $\boldsymbol{A}_{12}$ 的弗氏范数(frobenius norms)之和进行量化表示,如式(9-23)所示。

$$\begin{aligned}S(t)&=||\boldsymbol{A}_{12}(t)||_F+||\boldsymbol{A}_{21}(t)||_F\\ &=\sqrt{\sum_{i=1}^{n}\sum_{j=1}^{n}A_{12}(i,j)^2+\sum_{i=1}^{n}\sum_{j=1}^{n}A_{21}(i,j)^2}\end{aligned} \tag{9-23}$$

考虑无功的就地补偿特性,只考虑有功功率的影响。因此,式(9-23)可以简化为

$$S(t)=\sqrt{\sum_{i\in V_{G1}}\sum_{j\in V_{G2}}\left(\left(\frac{\partial P_{ij}}{\partial \delta_{ij}}\right)^2\cdot\left(\frac{1}{M_i^2}+\frac{1}{M_j^2}\right)\right)} \tag{9-24}$$

其中,M_i 表示发电机 i 的惯性常数。发电机之间的同调性与它们之间的联系紧密程度正相关,$S(t)$ 越大表明彼此相连的发电机联系越紧密,$S(t)$ 越小表明两者存在较弱的联系。因此,采用 $S(t)$ 能够量化上述发电机的“联系程度”。当系统未发生功角失稳时,各个发电机功

角均基本保持同步，系统 S(t)数值较大，当系统发生失稳时，系统必然存在一个断面，该断面上的 $S(t)$相比于同调发电机群之内的 $S(t)$数值上大幅度减小。因此，在电力系统遭受大扰动后的发电机同调分群，可以等效为利用系统 PMU 实时获取的功率 P 与功角 δ 数据寻找发电机群间最弱的联系支路，进而将系统发电机分为两群。因此，发电机分群的目标函数可以描述为

$$\min_{V_{G1},V_{G2}\subset V_G}\sum S(t)=\sqrt{\min_{V_{G1},V_{G2}\subset V_G}\left(\sum_{i\in V_{G1}}\sum_{j\in V_{G2}}\left(\left(\frac{\partial P_{ij}}{\partial\delta_{ij}}\right)^2\cdot\left(\frac{1}{M_i^2}+\frac{1}{M_j^2}\right)\right)\right)} \tag{9-25}$$

在以发电机为顶点，同调系数 $S(t)$为边权值的动态无向连接图中，其边权值的大小代表着发电机之间的联系紧密程度。因此发电机的同调分群问题，能够转化为寻找一条“割线”将上述同调性很弱的发电机分开，被断开的线路构见割集 $\sum S(t)$，它们的边权值总和最小，即转化为求解最小割问题。

3. 最优解列断面搜索模型

在获得同调发电机分群信息之后，最优解列断面搜索的本质是快速寻找合适的解列断面将大电网分割成若干子网，同时最大限度地满足子网的安全稳定运行。在现有文献中，最优解列断面搜索的目标函数有三种表示方式，分别为最小不平衡功率，最小潮流冲击和净潮流冲击，表达式分别如下

$$\min_{V_1,V_2\subset V}\left(\left|\sum_{i\in V_1,j\in V_2}P_{ij}-\sum_{i\in V_2,j\in V_1}P_{ij}\right|\right) \tag{9-26}$$

$$\min_{V_1,V_2\subset V}\left(\sum_{i\in V_1,j\in V_2}P_{ij}+\sum_{i\in V_2,j\in V_1}P_{ij}\right) \tag{9-27}$$

$$\min_{V_1,V_2\subset V}\left(\max\left(\sum_{i\in V_1,j\in V_2}P_{ij},\sum_{i\in V_2,j\in V_1}P_{ij}\right)\right) \tag{9-28}$$

其中，P_{ij}表示从节点 i 流向节点 j 的潮流，并且考虑 P_{ij}的方向性，即 $\forall i,j\quad P_{ij}>0$。

式(9-26)表示解列后子系统的不平衡功率之和最小，它可以最大限度地保证解列后子系统的有功平衡，减小由于解列带来的切机或者切负荷的容量，当 P_{ij} 和 P_{kl} 都很大时虽然 $\left|\sum_{i\in V_1,j\in V_2}P_{ij}-\sum_{i\in V_2,j\in V_1}P_{ij}\right|$ 达到最小，但由此解列会带来巨大的潮流转移，并很容易引起局部线路潮流过载等连锁反应，不利于系统稳定，甚至会导致更严重的连锁故障。式(9-28)表示最小净潮流冲击，由于其完全忽略了另一边的潮流值，可能会引起大量的多重解的存在，降低了目标函数的有效性。

采用最小有功潮流冲击(式(9-27))实施解列，能有效降低解列操作对电力系统造成的冲击，提高解列后的系统稳定裕度。因此，本节以最小有功潮流冲击作为目标函数，综合考虑其他约束的条件下，进行最优解列断面的搜索和求解，目标函数如式(9-27)，模型的相关约束如下

$$\forall n_{Gi},n_{Gj}\in V_s,\exists b_{ij}\subset\Pi(n_{Gi}\cap n_{Gj})(i\neq j) \tag{9-29}$$

$$\forall n_{Gi}\in V_s,n_{Gj}\in V_t,\Pi(n_{Gi}\cap n_{Gj})=\varnothing(s\neq t) \tag{9-30}$$

$$\Delta P_i=U_i\sum_{j=1}^{j=n}U_j(G_{ij}\cos\delta_{ij}+B_{ij}\sin\delta_{ij}) \tag{9-31}$$

$$\Delta Q_i=U_i\sum_{j=1}^{j=n}U_j(G_{ij}\sin\delta_{ij}-B_{ij}\cos\delta_{ij}) \tag{9-32}$$

其中，n_{Gi}表示编号为i的发电机节点；b_{ij}表示节点i与j间的某条连通路径。式(9-29)为发电机的同调约束，表示若任意两台发电机属于同调机群，它们之间至少存在一条连通路径；式(9-30)是发电机的分离约束，表示任意两台发电机若属于非同调机群，那么它们之间不存在任何连通途径；式(9-31)、式(9-32)分别是有功和无功潮流约束，表示节点的净注入有功和无功功率。

9.3.2 基于两阶段图分割的主动解列模型求解

1. 第一阶段：基于 Stoer-Wagner 算法的发电机分群快速求解

以式(9-25)所提的发电机分群目标函数，结合上述图论基础，在以发电机母线为顶点，同调系数S为边权值的系统动态连接图中对受扰发电机进行同调分群，即转化为以同调系数S为边权值的无向图最小割问题。Stoer-Wagner 是求无向图$G=(V,E)$全局最小割的一种高效算法，其算法基于如下定理：

$$\begin{aligned} &\forall s,t \in V, \\ &\text{mincut}(V_1,V_2) \\ &= \min(\underset{s-t}{\text{mincut}}(V_1,V_2),\underset{\text{contract}(s,t)}{\text{mincut}}(V_1,V_2)) \end{aligned} \tag{9-33}$$

基于式(9-33)可以将无向图全局最小割转化为传统的含有源汇点最小割，即：一个无向图的全局最小割等于其含有源汇点的最小割和对原图进行 contract 操作后的最小割的最小值，其中 contract(s,t)定义为将节点s，节点t以及边$w(s,t)$删除，增加节点c并满足

$$\forall v \in V, w(v,c) = w(c,v) = w(s,v) + w(t,v) \tag{9-34}$$

综合式(9-33)和式(9-34)，可推导得到发电机分群快速求解算法流程，如图9-7所示。

以 IEEE 标准三机九节点系统为例，系统中含有9条母线，其中3条为发电机母线。该系统的动态连接如图9-8所示，图中三个顶点表示系统中的三台发电机，边权值为由式(9-25)计算得到的各个发电机间的同调系数S的值。割线为根据 Stoer-Wagner 算法求解的系统最小割，即发电机G_1，G_2为一同调机群，发电机G_3为另一同调机群。系统基准容量$S_N=100$ MW。

2. 第二阶段：基于 Dinic 最大流算法的最优断面搜索求解

(1)Dinic 最大流算法。对于式(9-27)提出的最优断面搜索模型，本质是一个单目标函数多约束条件的优化问题。在包含发电机节点和负荷节点的无向图$G=(V,E)$中，V为节点集合，E为电力线路集(边集)，每条由节点V_i到V_j的线E_{ij}的潮流为$P_{(i,j)}$作为边权值。此模型可以转化为带约束的最小割求解问题，并用图论的方法求解。目前较为成熟的图论方法是 Ford 和 Fulkerson 提出最大流算法，该方法在电力系统网损计算、传输电压以及关键节点和线路的模式识别等领域已有一定的应用。最大流算法巧妙地将最小割问题转化为最大流问题，具有计算复杂度低、求解速度快的优点。算法首先将电网的拓扑结构等价为一个“流网络”，“流网络”中每条有向边有固定的容量(边权值)，可以看作是该管道的最大流速。再通过算法通过不断寻找“流网络”中的可行路径(增广路)填充网络直到从s到t最大可行流的过程。其中每次填充后“流网络”中剩余的容量构成的图称为剩余图。

假设G中有两个非同调的发电机群：令一个机群构成的子图为源点s，另一个机群为汇点t。Ford 和 Fulkerson 定理指出任意一个流网络的最大流量等于该网络的最小的割的容量。即

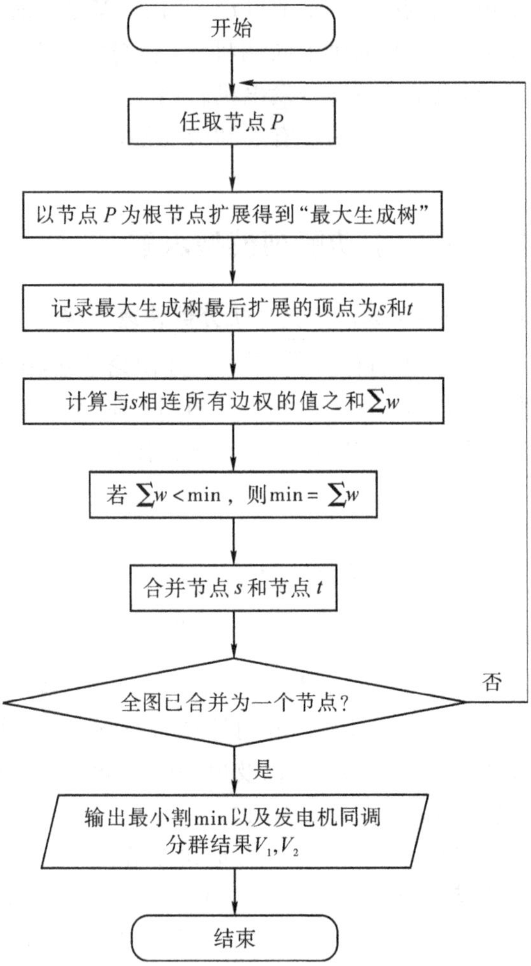

图 9 - 7　基于 Stoer-Wagner 算法的发电机分群快速求解流程图

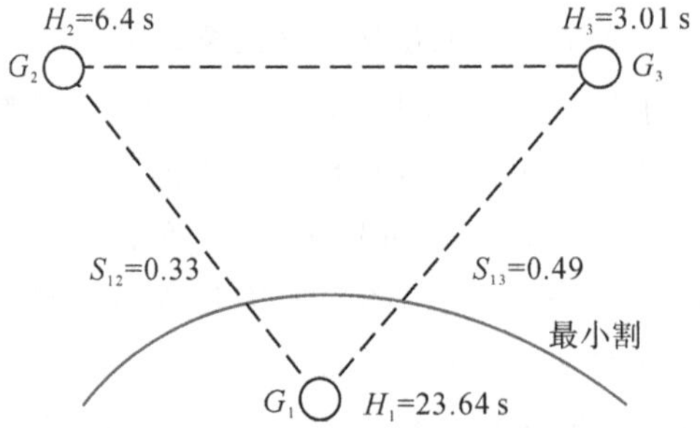

图 9 - 8　IEEE 九节点发电机最小割分群示意图

$$P_{cut} = \sum_{i,j \in V} \max P_{ij} \tag{9-35}$$

式(9 - 35)表明具有容量限制的最大流的流量等于最小割的容量。该定理将图论分割的求解复杂度由 NP 降低到 $O(VE^2)$，为在多项式时间内求解 $s-t$ 最小割难题提供了可能。Dinic 算法是对 Ford 和 Fulkerson 算法的改进，将原算法中求取增广路的过程利用深度优先搜索(depth first search,DFS)代替多次 BFS 来寻找阻塞流从而进一步降低了算法的求解复杂度,提高求解效率。

(2)Dinic 最大流算法的改进。在现有文献的求解策略中,通常采用缩点的算法将多个同调发电机构成的子图等效为一个顶点,该过程中图的缩点运算通常采用最小斯坦纳树的算法。该算法需要记录遍历与子图相关的所有边集和图变换前后节点标号的映射关系,加之最小斯坦纳树本身具有完全 NP 难(NP complete)的性质,算法计算复杂度高。本节采用基于宽度优先搜索(breadth first search, BFS)构造最短路径生成树代替最小斯坦纳树从而降低了运算的复杂度,加快了求解速度。改进的缩点过程如下。

①从同调发电机组中任意发电机节点出发,通过 BFS 将所有同调发电机组构成最短路径生成树,树的叶子节点(终端节点)均为发电机节点。树的分枝结点可以为发电机节点,也可以为负荷节点。

②将树的树支所构成的边集的权值设置为无穷大。由此,以两同调机群中任意发电机分别为最大流算法中的源点 s 和汇点 t 求取最大流时均能保证同调发电机之间不会被分割。从而满足电力系统同调/分离约束的情况下加快了求解速度。

如图 9-9 所示,黑色节点代表发电机,白色节点代表负荷,粗黑线代表通过宽度优先遍历算法(BFS)最短路径生成树的树支,两条曲线分别代表可能的图分割方法,其中割 1 满足发电机同调分离约束,是可能的最小割。割 2 穿过了一条权值为无穷大的树支,既不满足发电机同调分离约束,且其割集的权值总和无穷大。不满足目标函数,不是可行解。

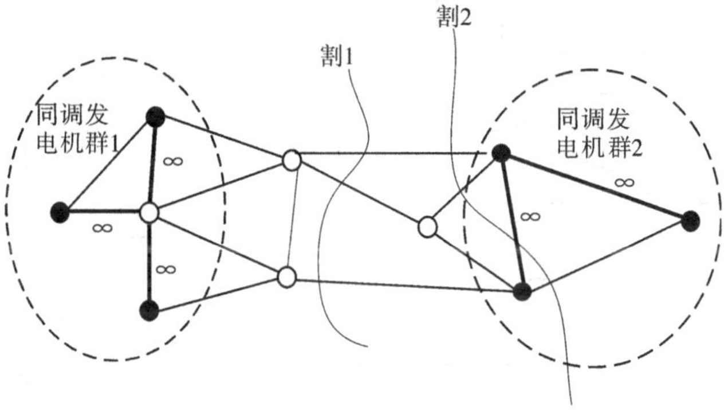

割1—满足发电机同调分离约束，可能的最小割；
割2—跨过了无穷大的边，不可能为最小割。

图 9-9　基于同调机群约束的 Dinic 最大流改进示意图

(3)最优解列断面搜索算法的复杂度分析。改进的 Dinic 算法的时间复杂度重点是利用 DFS 求取增广路的过程。在求取增广路每一阶段过程中,其复杂度为 $O(VE)$,进而改进的 Dinic 算法的总复杂度为 $O(V^2E)$。发电机分群过程中,最大生成树算法的复杂度为 $O(V_GE_G)$,合并点操作复杂度为 $O(E_G)$,发电机分群算法复杂度为 $O(V_GE_G^2)$。综上所述。本节所提算法整体复杂度为 $O(V^2E+V_GE_G^2)$。

3. 两阶段解列策略详细流程

小结上述模型求解过程,两阶段主动解列(发电机同调分群+最优断面搜索)的详细流程如图 9-10 所示。

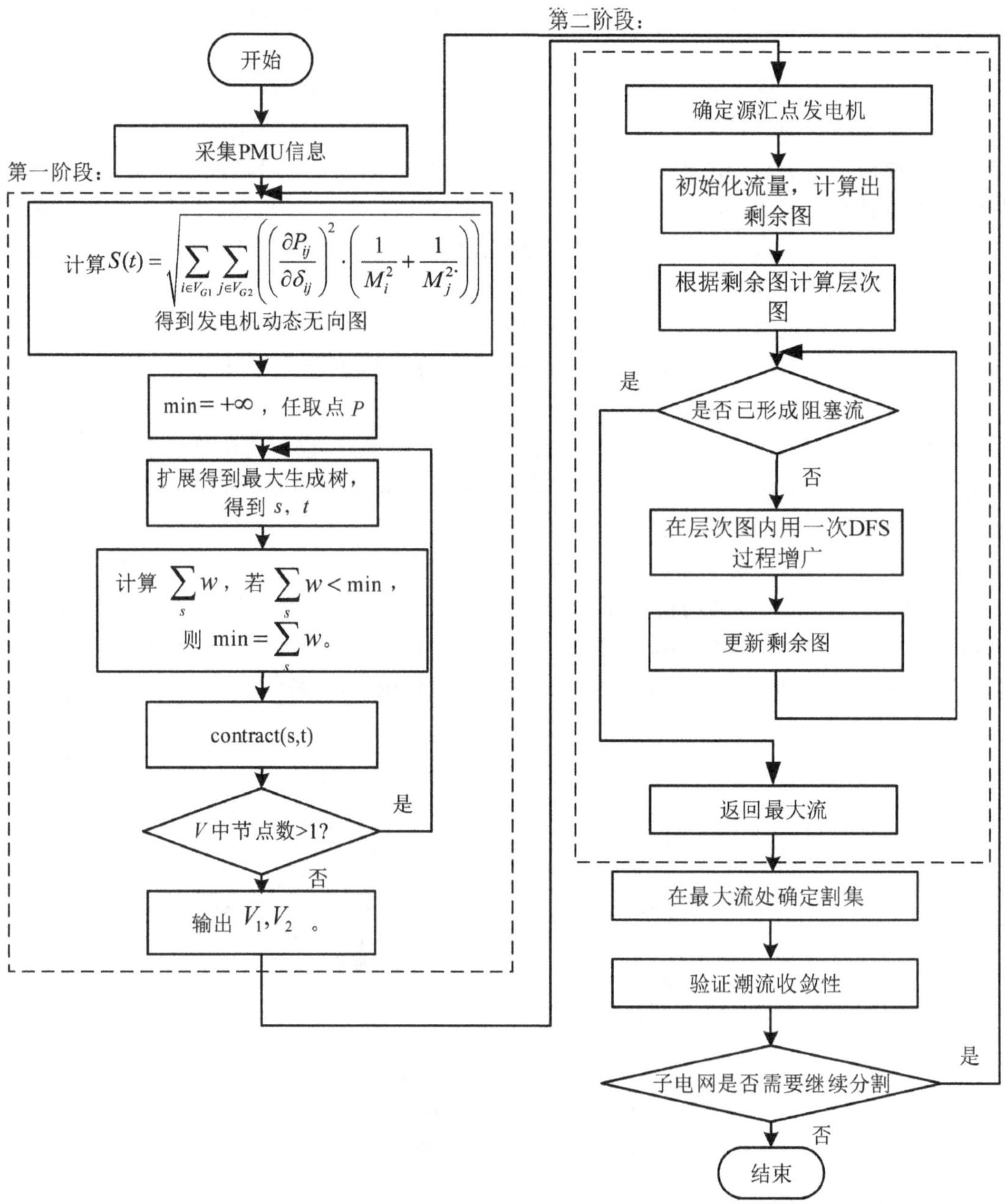

图 9-10 Stoer-Wagner 发电机分群和改进 Dinic 最大流断面搜索的快速主动解列策略流程图

（1）以发电机为研究对象，建立动态无向图 G_g，边权值为同调系数 S；

（2）采用 Stoer-Wagner 算法求解 G_g 的最小割获得发电机分群信息；

（3）以电力系统全部节点为研究对象，构建系统全局图 G，任意边 (i,j) 的权值取为 $w_{ij}=|P_{ij}|$；

（4）计算邻接权矩阵 G，其元素分别为

$$G_{ij}=\begin{cases}\dfrac{|P_{ij}|+|P_{ji}|}{2},(i,j)\in E_0\\0,(i,j)\notin E_0\end{cases}\tag{9-36}$$

(5)基于发电机分群信息，依据发电机同调/分离约束，将发电机分为 n 群($V_1,V_2,V_3,\cdots,V_n$)，在一同调机群中从任意发电机出发利用 BFS 做链接所有同调发电机节点的最短距离生成树，并将树所经过的支路权值设为∞；

(6)从 V_1，V_2 两群中各任意选一台发电机分别作为源点 s 和汇点 t；

(7)基于改进的 Dinic 最大流算法求解最优解列断面；

(8)验证潮流收敛性并判断子图是否继续分割，需要则转步骤(2)。

9.3.3 分析与说明

1. IEEE 118 节点系统算例

IEEE 118 节点系统接线如图 9-11 所示，系统中共包含 19 个发电机节点，186 条线路，发电总出力为 4374.9 MW，系统中总负荷为 4242 MW。$t=0.0$ s 时在母线 23 至母线 25 线路中近 25 母线处设置三相短路故障。$t=0.17$ s 时故障切除。在没有设置其他保护动作的情况下，系统发生失步面临解列。

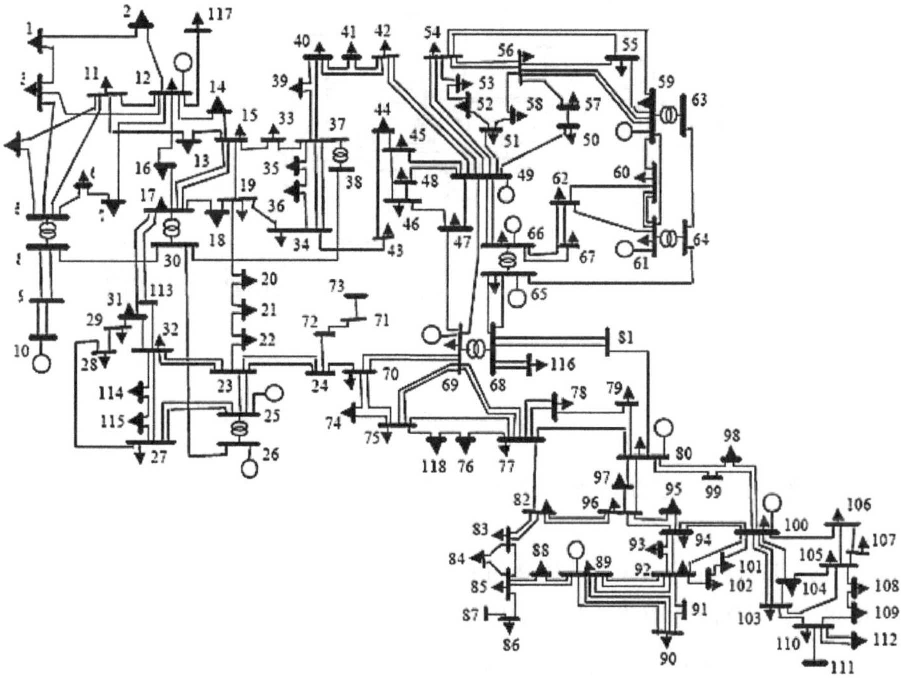

图 9-11 IEEE 118 节点系统接线图

仿真结果表明受到大扰后，系统首先分为两群 V_1，V_2。其中 $V_1=\{10,12,25,26,31,46,49,54,59,61,65,66,69\}$，$V_2=\{80,87,89,100,103,111\}$。

随后 V_2 继续分为 V_{21} 和 V_{22}，其中 $V_{21}\{80,87,89,100\}$，$V_{22}=\{103,111\}$，最终分群结果如表 9-7。

表 9-7 IEEE 118 系统发电机分群信息

群编号	发电机节点
1	10、12、25、26、31、46、49、54、59、61、65、66、69
2.1	80、87、89、100
2.2	103、111

基于改进的 Dinic 最大流算法对 IEEE 118 系统进行最优主动解列断面搜索，按照求解步骤，在确定同调机群内的最短路径生成树后，利用改进的 Dinic 最大流算法计算，获得解列断面图 9-12 所示，划分的孤岛符合表 1 发电机同调/分离约束的要求。

最优主动解列断面搜索结果的两个割集分别记为割集 1(群 1 和群 2)和割集 2(群 2 和群 3)，如图 9-12 所示，并采用 OBDD 算法和谱聚类算法进行结果的对比验证。

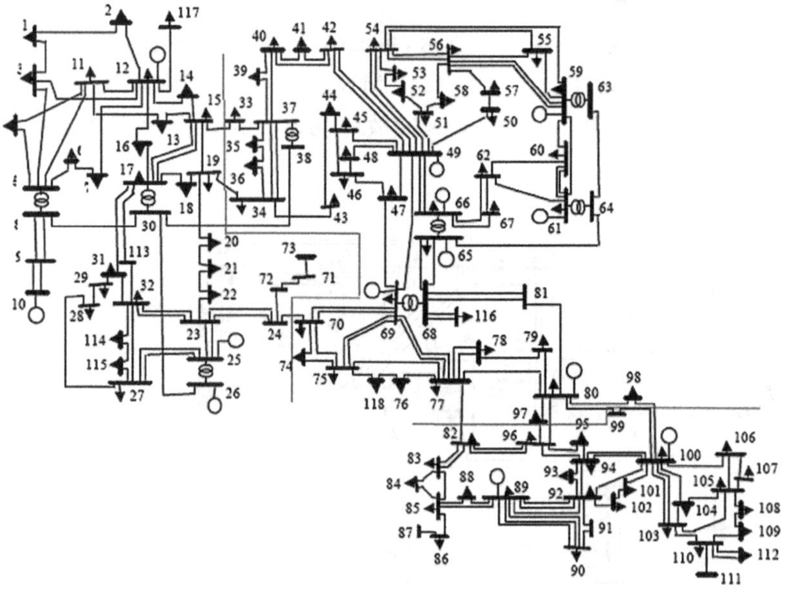

图 9-12 IEEE 118 系统最优主动解列断面结果

将所提的快速最优解列断面搜索算法求得的解列割集，以及利用谱聚类和 OBDD 获得的前 5 种较优解列割集的对比，如表 9-8 所示。本实验基于 Matlab7.0 平台，PC 机的配置：CPU 主频为 1.8 GHz，内存为 2 GB。仿真过程中，基于 Stoer-Wagner 同调分群耗费时间小于 0.01 s，Dinic 最大流的断面搜索时间为 0.08 s，总流程小于 0.1 s。

表 9-8 IEEE118 节点系统最优断面搜索结果对比

算法	割集	断面潮流/MW	求解时间
Dinic 最大流	15～33，19～34，24～70，30～38	80.86	0.08 s
	77～82，80～96，80～99，97～96，98～100	57.63	
谱聚类	15～33，19～34，23～24，30～38	81.46	0.18 s
	77～82，96～97，80～96，98～100，80～99	57.63	

续表

算法		割集	断面潮流/MW	求解时间
OBDD	1	23～24，30～38，19～34，15～33	81.46	>5 s
		77～82,96～97,80～96,98～100,80～99	57.63	
	2	23～24,30～38,19～34,33～37	90.2	
		77～82,80～97,80～96,98～100,80～99	72.63	
	3	30～38,15～33,19～34,69～70,70～74,70～75	194.32	
		77～82,96～97,80～96,98～100,99～100	61.18	
	4	30～38,15～33,19～34,24～70,24～72	80.87	
		77～82,80～97,80～96,98～100,99～100	76.18	
	5	77～82,96～97,80～96,98～100,80～99	81.46	
		23～24,30～38,19～34,33～37	57.63	

在与本实验相同的 PC 配置和软件计算平台中，将谱聚类和 OBDD 算法同本节提出的断面搜索方法进行统一比较。在获得几乎一致的结果前提下，本节所提方法速度更快；而 OBDD 方法需要计算至少 5 次才能获得最优解。综上所述，本方法不但求解的断面潮流最小，而且求解速度更快，优势明显。

2. 华中电网算例

华中电网共有 4272 个节点、3669 条支路。支路中包含直流、交流线路、变压器绕组、电容电抗器等。地理上涵盖了湖北、河南、江西、湖南、四川和重庆。根据 2013 年夏季最大运行方式，并网发电机总数 433 台(其中江西 27 台、河南 102 台、湖北 89 台、湖南 47 台、重庆 20 台、四川 148 台)；发电机总出力为 1435.42 pu，有功负荷总量为 1307.08 pu。通过在尖山变设置故障，系统失步。采用本算法，系统分为两群，每群含有发电机数量分别为 148 台和 285 台，仿真用计算机采用同本节第一个算例相同配置，发电机分群时间为 0.154 s，解列断面搜索时间为 0.032 s，潮流冲击总量为 45.78 pu，占潮流总量的 3.19%。受篇幅所限，其 500 kV 线路解列结果如图 9－13 所示。结果表明，本方法求取的潮流冲击小，计算速度快，满足在线要求。

9.3.4　主要结论

本节提出了一种快速的最优主动解列断面搜索方法，得到如下结论。

(1)提出了一种新的发电机分群方法，通过计算发电机之间的同调性系数来确定发电机间联系的紧密程度，继而通过 Stoer-Wagner 算法求解发电机群里的最弱联系断面，从而实现了快速分群。

(2)在多重约束前提下，提出了一种快速的最优潮流主动解列算法，将实际的解列过程映射为图分割问题，再转换为 Dinic 最大流问题，并提出了多项式复杂度的算法，计算速度快。

(3)提出的两阶段主动解列算法在 IEEE118 标准算例和华中电网实际系统中的仿真结果证明了该算法的正确性、有效性和快速性。

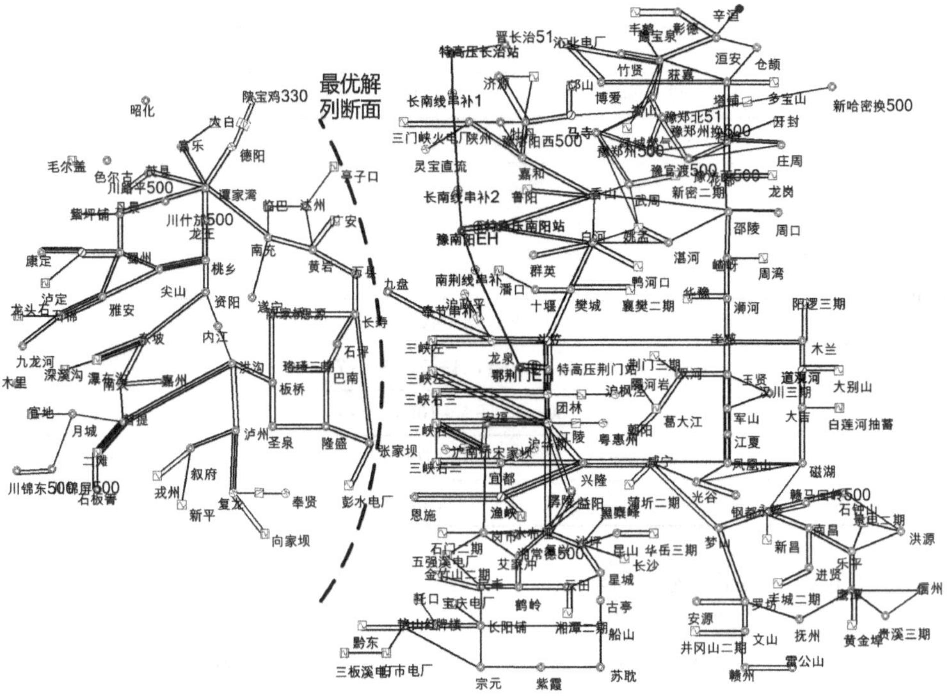

图 9-13 华中电网最优主动解列断面结果

9.4 基于半监督谱聚类的最优主动解列断面搜索

最优解列断面搜索方法一般以最小不平衡功率或者最小有功潮流冲击为目标，同时兼顾同调性、潮流平衡等多个约束。上述过程能够抽象为一个单目标函数、多约束条件的组合优化问题。最小不平衡功率是指解列断面上的有功潮流代数和最小，使得解列后各子网切机、切负荷量尽量少，有利于电网经济运行，但无法保证电网的暂态稳定裕度足够大；在输电距离较小的局部电网，线路的有功潮流信息可以反映节点间的电气联系，最小有功潮流冲击是指断面上的有功潮流的绝对值之和最小，在该处解列可以将电气联系较弱的数个子网分离，利于电网恢复稳定。而我国的电网结构较复杂，大容量、远距离输电格局逐渐形成，使得电气距离对节点之间电气联系的影响不容忽视，因此，需要结合有功潮流和电气距离对目标函数进行优化改进。

在实际的电力系统中，每一条线路都有开断的可能，当电网规模增大时，相应的解列策略呈几何指数 $O(2^m)$ 增长，上述各目标函数的求解复杂度极高，是一个非确定性多项式(non-deterministic polynomial, NP)难题，因此，如何能够应对实际大电网求解过程中的 NP 难题，快速寻找到最优主动解列断面具有紧迫的现实意义。为了解决 NP 难题，现有的思路大致分为三种。

(1)简化网架结构+结果重新校验。有学者将原电力系统网架进行等值和化简，以缩小决策空间；还有学者采用基于弱连接的求解方法，明确指出须采用一定的化简算法将大电网简化为 100 节点以内，方能取得较快的求解速度。采用这样的技术路线，将一个成百上千节点的电力网络化简到几十节点甚至更少，可能会丢失很多可行解，从而可能错过最优解。

(2)采用人工智能类方法、启发类方法求近似解。有学者采用不同人工智能类算法，以期望在一定程度上解决实际大电网面临的NP难题。值得注意的是，此类方法容易陷入局部最优解，全局搜索能力和泛化能力存在局限性的困局。

(3)将NP难题进行类比，映射为其他相对容易求解的问题。有学者采用量化的分布特性分析代替NP完全问题中的线路搜索，实现NP完全问题向聚类问题的转化，进行了求解NP难题新的探索。

由此可见，当前主动解列最优断面求解的NP挑战依旧存在，上述第三类方法尚属于起步阶段，成果较少。本节在现有最优解列多重约束基础上，将线路有功潮流与电气距离结合起来的最小复合有功潮流冲击作为目标函数，提出一种半监督谱聚类算法，将实际的NP难题映射为图分割问题，再转换为约束谱聚类对静态图分割问题的松弛解，较好地解决了NP难题，最后利用改进的PAM聚类算法获得解列方案。在算例仿真中对算法的正确性、有效性和快速性进行了验证。

9.4.1 多重约束下电力系统主动解列最优断面搜索数学模型

电力系统节点间的电气联系表征了能量传递的紧密程度，包括能量传递的大小和距离，即有功潮流和电气距离。为了更好地反映节点间的电气联系，本节把线路的有功潮流与电气距离结合起来对目标函数进行优化。

以二端网络的输入阻抗Z_{in}表征节点间的电气距离，电网中任意支路两端节点i与j间电气距离D_{ij}的表达式为

$$D_{ij}=Z_{in}=Z_{ii}+Z_{jj}-2Z_{ij}(i\neq j) \tag{9-37}$$

式中，Z_{ii}，Z_{jj}为节点阻抗阵中节点i、j各自的自阻抗；Z_{ij}为节点i、j的互阻抗，其中节点阻抗矩阵可由支路追加法求解得到。

综合考虑有功潮流与电气距离，定义$\frac{|P_{ij}|}{D_{ij}}$为支路两端节点i与j之间的复合有功潮流冲击，其传输的有功$|P_{ij}|$越大，电气距离D_{ij}越小，说明两个节点的电气联系越紧密，反之，则电气联系越弱。当系统遭受大扰动失去同步时，在最小复合有功潮流冲击处实施解列，能有效降低解列操作对电力系统造成的冲击，利于解列后各子网的发电机恢复同步运行，减小线路过载的概率。因此，本节模型以最小复合有功潮流冲击作为目标函数，综合考虑其他约束的条件下，进行最优解列断面的搜索和求解。

基于所提目标函数构建最优主动解列断面搜索的数学模型，其约束具体包括：①发电机同调/分离约束；②潮流约束（包括有功/无功潮流约束）。假设某系统V包括n个节点、b条支路、n_G台发电机，遭受大干扰后形成k个同调机群V_1，V_2，…，V_k，需解列为k个孤岛。

断面搜索模型的目标函数表达式为

$$\widetilde{P}_{\text{sum}}=\min_{V_1,V_2,\cdots,V_k\subset V}\left(\frac{1}{2}\sum_{i\in V_s,j\in V_t}\frac{|P_{ij}|}{D_{ij}}\right)(s,t=1,2,\cdots,k,s\neq t) \tag{9-38}$$

式中：$\widetilde{P}_{\text{sum}}$为最小复合有功潮流冲击，考虑网损的影响，令$|P_{ij}|=\frac{|p_{ij}|+|p_{ji}|}{2}$，其中$p_{ij}$表示从节点$i$流向节点$j$的有功潮流。

模型的相关约束如式(9-39)至式(9-42)所示：

$$\forall n_{Gi}, n_{Gj} \in V_s, \exists b_{ij} \subset \Pi(n_{Gi} \cap n_{Gj})(i \neq j) \tag{9-39}$$

$$\forall n_{Gi} \in V_s, n_{Gj} \in V_t, \Pi(n_{Gi} \cap n_{Gj}) = \varnothing(s \neq t) \tag{9-40}$$

$$\Delta P_i = U_i \sum_{j=1}^{j=n} U_j (G_{ij}\cos\delta_{ij} + B_{ij}\sin\delta_{ij}) \tag{9-41}$$

$$\Delta Q_i = U_i \sum_{j=1}^{j=n} U_j (G_{ij}\sin\delta_{ij} - B_{ij}\cos\delta_{ij}) \tag{9-42}$$

其中，n_{Gi}表示编号为i的发电机节点；b_{ij}表示节点i与j间的任意一条连通路径，包括i与j直接相连，或者通过中间节点相连；G_{ij}和B_{ij}分别代表节点导纳矩阵中的电导和电纳。式(9-39)是发电机的同调约束，表示若任意两台发电机属于同调机群，那么它们之间至少存在一条连通路径；式(9-40)是发电机的分离约束，表示任意两台发电机若属于非同调机群，那么它们之间不存在任何连通途径；式(9-41)和式(9-42)分别是有功和无功潮流约束，表示节点的净注入有功和无功功率。

9.4.2 基于半监督谱聚类算法的主动解列最优断面搜索模型

1. 半监督谱聚类算法

谱聚类算法是一种基于图论的聚类算法，与传统聚类算法相比，能够识别任意形状的样本空间，收敛于全局最优解。在电力系统中，谱聚类算法已经在黑启动、电压稳定分区，以及风电场机群分群等领域有较广泛的应用。

传统谱聚类算法本质是将聚类问题转化为图的最优划分问题，当优化问题有较多约束条件时，存在数学模型构建复杂、计算收敛不迅速等问题。为了应对最优解列断面搜索过程中的发电机同调约束、连通约束、功率平衡约束等诸多约束条件，本节提出一种半监督谱聚类算法，能够有效整合多种约束条件，实现快速求解。

将电力系统网架结构表示为n个节点构成的无向边权图$G(V_0, E_0)$，V_0为顶点集，E_0为边集，图G的邻接权矩阵$\boldsymbol{W}$中的元素为

$$\boldsymbol{W}_{ij} = \begin{cases} w_{ij}, (i,j) \in E_0 \\ 0, (i,j) \notin E_0 \end{cases} \tag{9-43}$$

式中：$\boldsymbol{W}_{ij}$为对称矩阵，w_{ij}是边(i,j)的权值，连接两节点的边的权值越大，说明节点间的相似度越高，联系越紧密。半监督谱聚类算法以成对约束信息(must-link和cannot-link)作为先验信息来监督聚类过程，以达到整合多个约束条件快速求解目标函数的目的，因此需要根据约束监督信息对邻接权矩阵进行修正。若图G分割为k个互不相连的部分$G_1, G_2, \cdots, G_k$，定义G_1和G_2之间的切为

$$\mathrm{cut}(G_1, G_2) = \sum_{i \in G_1, j \in G_2} w_{ij} \tag{9-44}$$

则各子图之间的切的总和可以表示为

$$\mathrm{cut}_{\mathrm{sum}} = \frac{1}{2}\sum \mathrm{cut}(G_s, G_t) \quad (s,t = 1,2,\cdots,k, s \neq t) \tag{9-45}$$

由式(9-45)可知，最优主动解列断面的搜索问题可以转换为一个求最小切的图分割问题。由于利用传统谱聚类算法直接求取最小切时仅考虑聚类类别的外部连接而没有考虑聚类

类别内部的密度分布，经常出现某个类别中只包含孤立的节点，导致搜索到的断面并非最优解列断面。基于此，本节采用最小规范切作为图划分准则，避免孤立节点单独成类的现象发生。

定义度矩阵 $\boldsymbol{A}$ 为对角阵，对角线元素为 $a_i=\sum_j w_{ij}$，则图 G 的规范切可以表示为

$$N-\text{cut}=\sum\frac{\text{cut}(G_s,G_t)}{\text{vol}(G_s)}\quad(s,t=1,2,\cdots,k,s\neq t)\tag{9-46}$$

式中：$\text{vol}(G_s)=\sum_{i\in G_s}a_i$，表示 G_s 中节点的度之和。

为了求解最小规范切，定义 k 个聚类指示向量：$\boldsymbol{f}_j=(\boldsymbol{f}_{1j},\boldsymbol{f}_{2j},\cdots,\boldsymbol{f}_{nj})^{\text{T}}(j=1,2,\cdots,k)$，其中

$$f_{ij}=\begin{cases}1/\sqrt{\text{vol}(G_j)},i\in G_j\\0,i\notin G_j\end{cases}\quad(i=1,2,\cdots,n;j=1,2,\cdots,k)\tag{9-47}$$

经过数学推导，有式(9-48)成立。

$$\boldsymbol{f}_j^{\text{T}}\boldsymbol{L}\boldsymbol{f}_j=2\frac{\text{cut}(G_s,G_t)}{\text{vol}(G_s)}\quad(t=1,2,\cdots,k,t\neq s)\tag{9-48}$$

式中：$\boldsymbol{L}$ 为未规范化拉普拉斯矩阵，$\boldsymbol{L}=\boldsymbol{A}-\boldsymbol{W}$。

将 k 个指示向量 $\boldsymbol{f}_j$ 组成矩阵 $\boldsymbol{F}$，则求解最小规范切等价为

$$\min_{G_1,G_2,\cdots,G_k}\text{Trace}(\boldsymbol{F}^{\text{T}}\boldsymbol{L}\boldsymbol{F})\quad s.t.\ \boldsymbol{F}^{\text{T}}\boldsymbol{A}\boldsymbol{F}=\boldsymbol{E}\tag{9-49}$$

式中：$\text{Trace}(\boldsymbol{S})$ 表示矩阵 $\boldsymbol{S}$ 的迹；$\boldsymbol{E}$ 为 n 阶单位阵。

由于 $\boldsymbol{F}$ 是离散取值，故式(9-49)的求解是一个 NP 问题，在多项式时间内无法快速求解。但是，通过采用松弛法，将 $\boldsymbol{F}$ 松弛到实数范围，可以求得式(9-49)在实数域中的最优解，进而得到 $\boldsymbol{F}$ 的松弛解。令规范化拉普拉斯矩阵 $\boldsymbol{L}_N=\boldsymbol{A}^{-1}\boldsymbol{L}$，根据 Rayleigh-Ritz 定理，$\boldsymbol{F}$ 即为规范化拉普拉斯矩阵 $\boldsymbol{L}_N$ 的前 k 个最小特征根对应的特征向量。

综上所述，谱聚类算法将聚类问题转化为求取规范化拉普拉斯矩阵的特征向量，使得 NP 问题转化为 P(polynomial)问题，在多项式时间内得以解决。

2. 基于发电机同调/分离约束的半监督谱聚类搜索模型

采用传统的谱聚类算法虽然可以求得最小规范切，但是由于没有对节点进行任何约束，并不能保证解列后同调的发电机组在同一孤岛，以及非同调的发电机组不在同一孤岛，得到的解列断面对于最优主动解列问题是没有意义的。因此，需要建立考虑发电机同调/分离约束的半监督谱聚类搜索模型。

发电机的同调/分离约束可视为成对约束条件，分别记为 Must-link 和 Cannot-link 约束。若两个对象属于 Must-link 约束，则这两个对象必须分在同一类别；若两个对象属于 Cannot-link 约束，则这两个对象必须分在两个不同的类别。Must-link 和 Cannot-link 约束需要对图 G 的邻接权矩阵 W 进行调整，如式(9-50)所示。

$$\boldsymbol{W}(n_{Gi},n_{Gj})=\begin{cases}\infty,\ (n_{Gi},n_{Gj})\in\text{Must-link}\\0,\ (n_{Gi},n_{Gj})\in\text{Cannot-link}\end{cases}\tag{9-50}$$

式中：若发电机节点对 $(n_{Gi},n_{Gj})\in$ Must-link 约束，则 $\boldsymbol{W}(n_{Gi},n_{Gj})=\infty$，表示任意两台同调的发电机间至少存在一条连通的路径；相反，若发电机节点对 $(n_{Gi},n_{Gj})\in$ Cannot-link 约束，则 $\boldsymbol{W}(n_{Gi},n_{Gj})=0$，表示任意两台非同调发电机间不存在任何连通路径。通过两种约束的引入，

可以将同调群内的节点合并到一起，而拉大非同调群的节点之间的距离。通过上述过程，建立了基于发电机同调和分群约束的半监督谱聚类搜索模型。

9.4.3 模型求解

1. 最优主动解列断面搜索模型求解

在电力系统表示的无向边权图 $G(V_0, E_0)$ 中，假设系统遭受大扰动并且失步后包含 k 个同调机群，需要解列为 k 个相互独立的孤岛，则基于半监督谱聚类的主动解列断面搜索模型求解过程如下。

(1)构建电力系统无向边权图 G，并对其中所有的边进行赋权，任意边 (i,j) 的权值取为 $w_{ij}=\dfrac{|P_{ij}|}{D_{ij}}$。

(2)计算邻接权矩阵 $\boldsymbol{W}$ 和度矩阵 $\boldsymbol{A}$，其元素分别为

$$\boldsymbol{W}_{ij}=\begin{cases}\dfrac{|P_{ij}|}{D_{ij}},(i,j)\in E_0\\ 0,(i,j)\notin E_0\end{cases} \tag{9-51}$$

$$\boldsymbol{A}_{ij}=\begin{cases}\sum\limits_{j=1,j\neq i}^{n}\boldsymbol{W}_{ij},i=j\\ 0,i\neq j\end{cases} \tag{9-52}$$

(3)基于发电机分群信息，依据发电机同调/分离约束，利用式(9-50)对邻接权矩阵 $\boldsymbol{W}$ 进行调整并更新度矩阵 $\boldsymbol{A}$。

(4)利用邻接权矩阵 $\boldsymbol{W}$ 和度矩阵 $\boldsymbol{A}$ 计算规范化拉普拉斯矩阵 $\boldsymbol{L}_N=\boldsymbol{A}^{-1}\boldsymbol{L}$。

(5)求解方程 $\boldsymbol{L}_N\boldsymbol{X}=\lambda\boldsymbol{X}$ 的前 k 个最小的特征值所对应的特征向量 $\boldsymbol{X}_1,\boldsymbol{X}_2,\cdots,\boldsymbol{X}_k$。直接求取矩阵 $\boldsymbol{L}_N$ 的特征向量，计算复杂度为 $o(n^3)$，但由于无需计算所有的特征向量，并且 $\boldsymbol{L}_N$ 为稀疏矩阵，因此利用 Lanczos 算法进行求解，计算复杂度仅为 $o(n^{4/3})$，可以大大提高计算效率。

(6)令 $\boldsymbol{X}_i(i=1,2,\cdots,k)\in\boldsymbol{R}^{n\times k}$ 构成矩阵 $\boldsymbol{Y}$，其行向量 $\boldsymbol{y}_j\in\boldsymbol{R}^k(j=1,2,\cdots,n)$ 对应系统的各节点的编号。

(7)对行向量 $\boldsymbol{y}_j\in\boldsymbol{R}^k(j=1,2,\cdots,n)$ 进行优化聚类以获得最优解列断面，并以此为解列具体方案将原系统解列为 k 个相互独立的孤岛：$G_1,G_2,\cdots,G_k$。

经过以上步骤，最终得到复合潮流冲击最小的主动解列断面，算法充分利用包含有用划分信息的多个特征向量来应对系统的两群或多机群失步情况，满足了发电机组的同调/分离等具体约束。

2. 改进的 PAM 算法

在半监督谱聚类算法最后步骤中，需要对行向量 $\boldsymbol{y}_j\in\boldsymbol{R}^k(j=1,2,\cdots,n)$ 进行优化聚类，本节针对行向量出现的对初始点敏感等实际问题，提出一种改进的 PAM(partitioning around medoid)算法。该算法鲁棒性好，对“噪声”和孤立点数据不敏感，且能够处理不同类型的数据点。传统的 PAM 算法在迭代计算过程中，每次均需计算非中心点到中心点的距离，重复计算大。本节采用一次扫描计算并存储所有对象间欧氏距离，后续迭代计算仅查询的改进方式，避免每次迭代重复计算各对象间的距离矩阵，最终提高解列断面搜索的计算时间。

改进的 PAM 算法的具体步骤如下。

(1)计算对象 $\boldsymbol{y}_j \in \boldsymbol{R}^k (j=1,2,\cdots,n)$ 相互间的欧式距离矩阵 $\boldsymbol{S}$ 并建立存储索引表，设置迭代次数 N，对于每一个对象 $\boldsymbol{y}_j \in \boldsymbol{R}^k (j=1,2,\cdots,n)$，计算其对应的 v_j，表达式为

$$v_j = \sum_{p=1}^{n} \frac{\boldsymbol{S}_{pj}}{\sum_{l=1}^{n} \boldsymbol{S}_{pl}} (j = 1,2,\cdots,n) \tag{9-53}$$

以 k 个最小的 v_j 对应的节点作为初始中心点。

(2)任选一个非中心点作为新的中心点，通过查询距离矩阵 $\boldsymbol{S}$，将所有对象分配到距离最小的中心点归为一类，并为所有对象对当前和新的中心点计算平方误差和。

(3)判断前后两次平方误差和大小，若后者较小，则用新的中心点替换当前中心点；反之，则返回步骤(2)，直到达到迭代次数，平方误差和保持不变，完成聚类。

基于半监督谱聚类的最优主动解列断面搜索算法详细流程如图 9-14 所示。

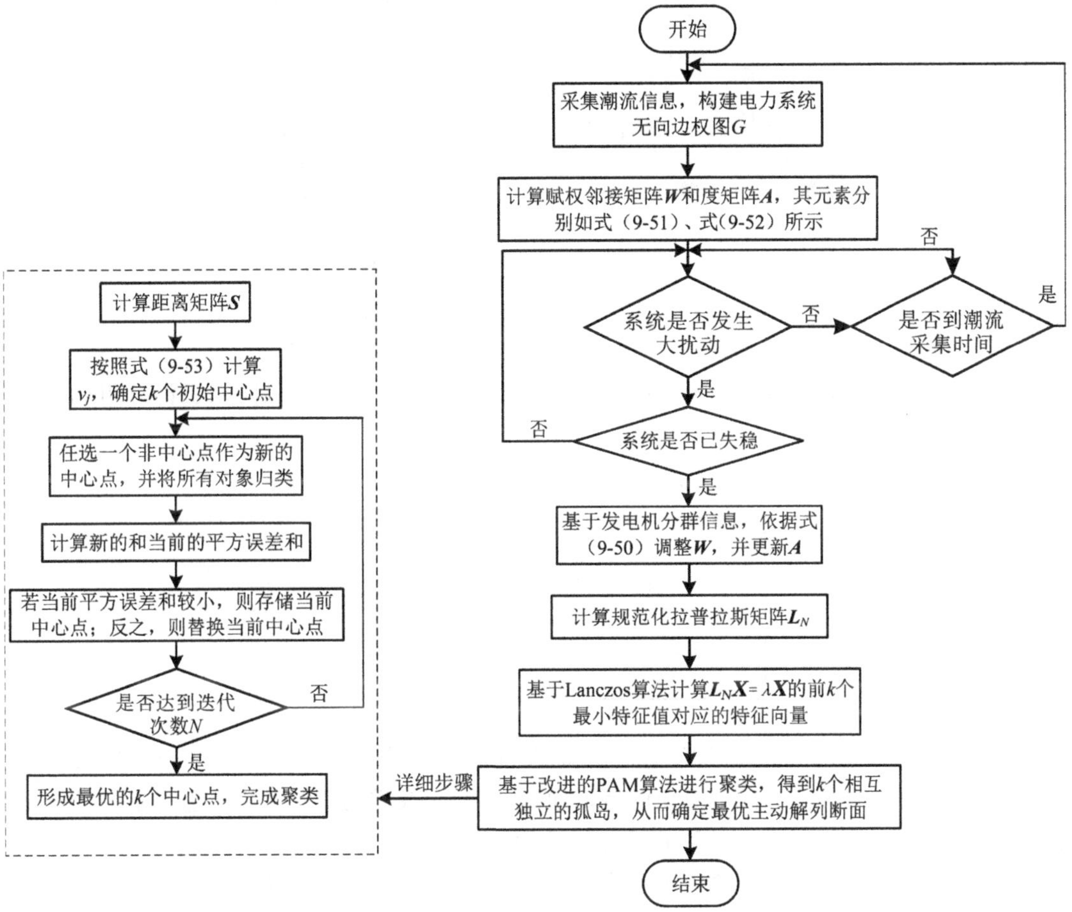

图 9-14　基于半监督谱聚类的最优主动解列断面搜索流程图

9.4.4 分析与说明

1. IEEE 118 标准系统算例

IEEE 118 标准系统接线如图 9-15 所示，其中黑圆圈表示发电机节点，白圆圈表示负荷节点，一共包含 19 个发电机节点，186 条线路，发电总出力为 4374.9 MW，系统中总负荷为 4242 MW。程序实现基于 MATLAB-R2009a 平台，实验用 PC 机的配置：CPU 主频为 2.1 GHz，内存为 2 GB。

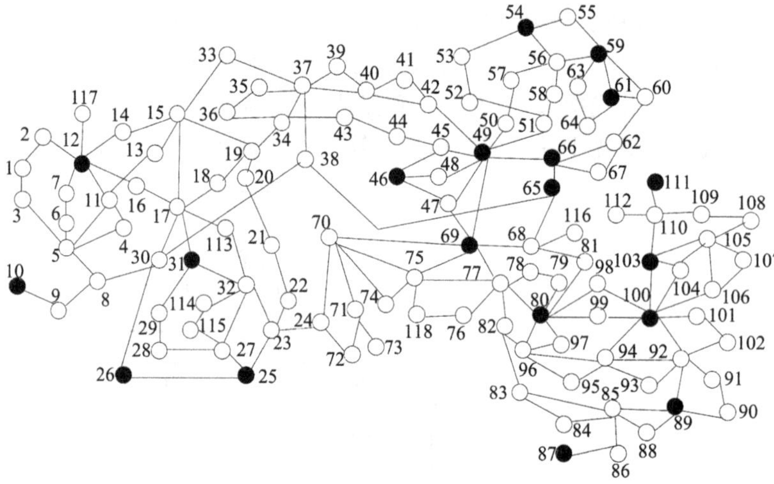

图 9-15 IEEE 118 标准系统接线图

系统遭受大扰动后，发电机组表现为 3 群摇摆的失稳模式，发电机同调机群分组如表 9-9 所示。

表 9-9 IEEE 118 系统发电机分群信息

群编号	发电机节点
1	10、12、25、26、31、46、49、54、59、61、65、66、69
2	80、87、89、100
3	103、111

基于半监督谱聚类算法对 IEEE 118 系统进行最优主动解列断面搜索，在求出规范化拉普拉斯矩阵的最小的 3 个特征值对应的特征向量后，利用改进的 PAM 算法进行聚类计算，迭代次数 N 设置为 200 次，所有对象的平方误差和随着迭代次数的变化情况如图 9-16 所示。经过近 40 次迭代之后，所有对象的平方误差和最终保持不变，产生最优的 3 个中心点。最优主动解列断面搜索结果如图 9-17 所示，划分的孤岛符合表 9-9 发电机同调和分群约束的要求。

最优主动解列断面搜索结果的两个割集分别记为割集 1(群 1 和群 2)和割集 2(群 2 和群 3)，如图 9-17 所示，并采用 OBDD 算法进行结果的对比验证。因为 OBDD 算法并不能直接获得全局最优解，通过对化简系统和还原系统割集两个核心步骤获得多个可行解，最后再筛选

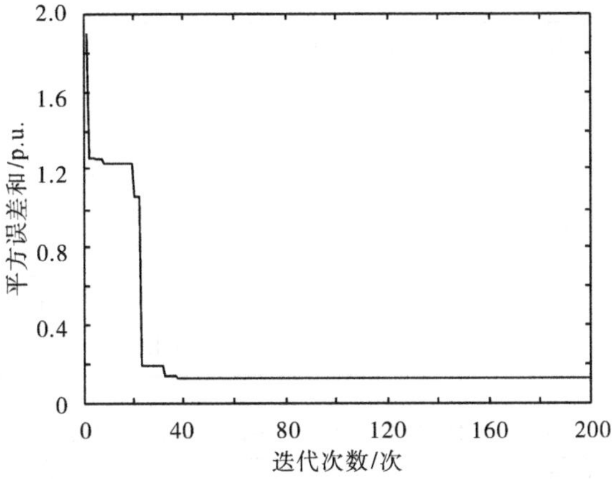

图 9-16 IEEE 118 系统的改进 PAM 算法的平方误差和变化情况

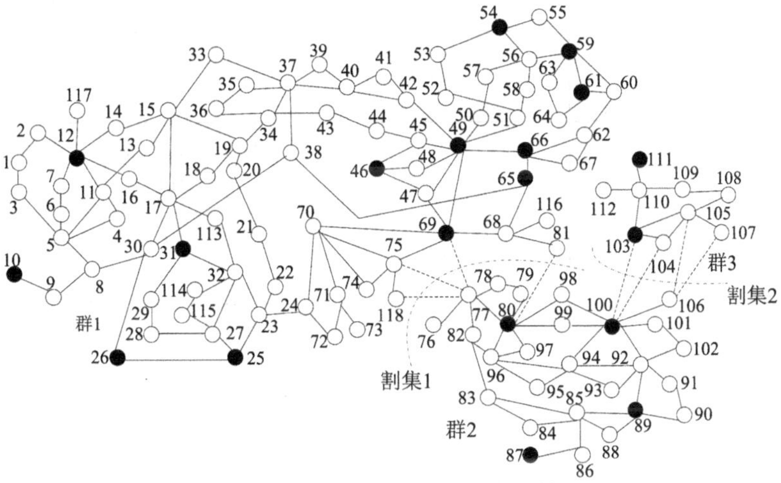

图 9-17 基于半监督谱聚类的 IEEE 118 系统最优主动解列断面结果

最优解。所以，本节将基于半监督谱聚类求得的解列割集 1 和割集 2 以及利用 OBDD 获得的前 5 种较优解列割集的对比如表 9-10 和表 9-11 所示。

表 9-10 IEEE 118 标准系统解列割集 1 结果对比

算法	序号	$\sum \lvert P_{ij} \rvert / D_{ij}$ /(pu)	割集 1(群 1 和群 2)
半监督谱聚类	1	35.58	L76—118, L75—77, L69—77 L80—81
OBDD	1	35.58	L76—118, L75—77, L69—77 L80—81
	2	41.54	L76—77, L75—77, L69—77 L80—81

续表

算法	序号	$\sum \lvert P_{ij} \rvert / D_{ij}$ /(pu)	割集 1(群 1 和群 2)
OBDD	3	43.41	L75—118, L75—77, L69—77 L80—81
	4	44.89	L76—118, L75—77, L69—77 L68—81
	5	50.85	L76—77, L75—77, L69—77 L68—81

表 9-11　IEEE 118 标准系统解列割集 2 结果对比

算法	序号	$\sum \lvert P_{ij} \rvert / D_{ij}$ /(pu)	割集 2(群 2 和群 3)
半监督谱聚类	1	11.98	L100—103, L100—104 L105—106, L106—107
OBDD	1	11.98	L100—103, L100—104 L105—106, L106—107
	2	12.22	L100—103, L100—104 L105—106, L105—107
	3	14.19	L100—103, L100—104 L100—106
	4	14.81	L100—103, L103—104 L103—105, L109—110
	5	16.57	L100—103, L103—104 L103—105, L105—108

由表 9-10 和表 9-11 的比较可知，虽然最终都能够获得最小复合潮流冲击下的最优解列断面，但是 OBDD 算法通过至少求取 5 个可行解之后才能获得半监督谱聚类算法的求解结果。

2. 四川电网算例

四川电网 220 kV 及以上电压等级共包含 404 个节点，560 条线路，因为节点和线路较多，受限于篇幅仅将 500 kV 网架结构进行示意，如图 9-18 所示，其中黑圆圈表示发电机节点，白圆圈表示负荷节点，某一时间段内发电总出力为 8270.4 MW，系统中总负荷为 8102.5 MW。

四川省境内严重故障导致发电机组出现两群摇摆的失稳模式，分群信息如表 9-12 所示。

表 9-12　四川电网发电机分群信息

群编号	发电机节点
1	九龙、石棉、龙头石、二滩
2	紫坪铺、茂县、临巴、广安

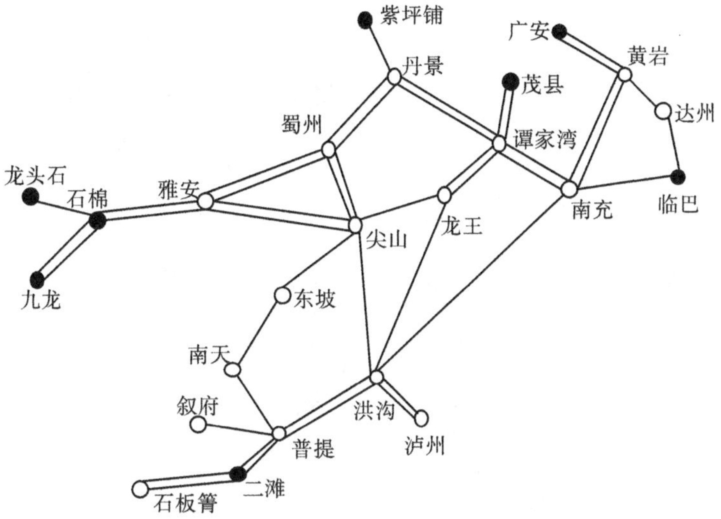

图 9-18 四川电网 500kV 网架结构

改进的 PAM 算法所有对象的平方误差和随着迭代次数的变化情况如图 9-19 所示，经过 60 多次迭代收敛产生最优的两个中心点。根据两个中心点进行聚类划分，求得的最优解列断面如图 9-20 所示。基于半监督谱聚类和 OBDD 算法获得的前 3 种较优解列割集的对比情况见表 9-13。

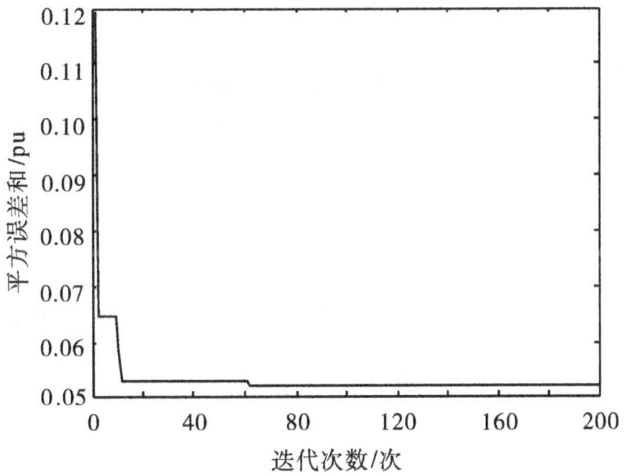

图 9-19 四川电网的改进 PAM 算法的平方误差和变化情况

表 9-13 四川电网解列割集结果对比

算法	序号	$\sum\|P_{ij}\|/D_{ij}$ /(pu)	割集
半监督谱聚类	1	75.32	蜀州—丹景，龙王—谭家湾，南充—洪沟
OBDD	1	75.32	蜀州—丹景，龙王—谭家湾，南充—洪沟
	2	103.01	蜀州—丹景，龙王—尖山，龙王—洪沟，南充—洪沟
	3	183.64	雅安—蜀州，蜀州—尖山，龙王—谭家湾，南充—洪沟

由表 9-13 的比较可知，OBDD 算法至少求取 3 个可行解之后才能获得半监督谱聚类算

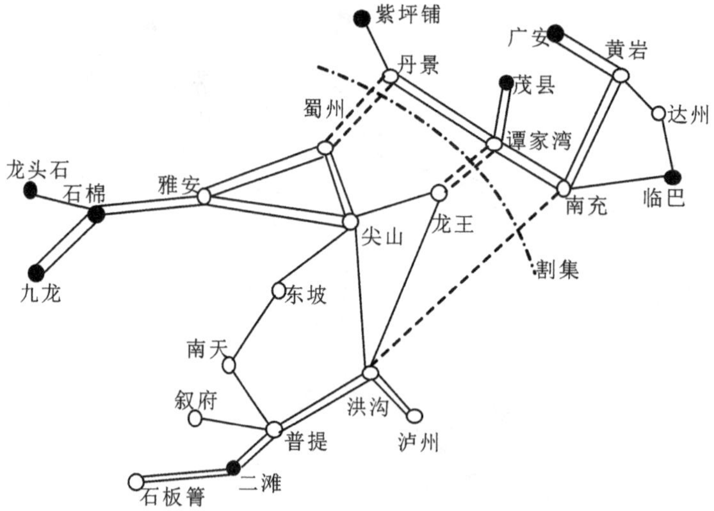

图 9-20 基于半监督谱聚类的四川电网最优主动解列断面结果

法的求解结果，得到最小复合潮流冲击下的最优解列断面。

IEEE 118 标准算例和四川电网实际系统算例的计算时间分别为 0.09 s 和 0.12 s，说明了本节所提算法的快速性，满足在线搜索最优主动解列断面的要求。

9.4.5 主要结论

本节提出了基于半监督谱聚类的最优主动解列断面搜索方法，得到如下结论。

(1)在多重约束前提下，提出了最小复合有功潮流冲击的目标函数，综合考虑了线路有功潮流与电气距离对电网的影响。

(2)提出了一种半监督谱聚类算法，将实际的 NP 难题映射为图分割问题，再转换为约束谱聚类对静态图分割问题的松弛解，将 NP 难题转化在多项式时间内可以解决，计算速度快。

(3)提出了一种改进的 PAM 算法，对半监督谱聚类计算获得的特征向量进行优化聚类，以获得最优主动解列断面。IEEE 118 标准算例和四川电网实际系统中的仿真结果说明了算法的正确性和有效性。

9.5 小　结

随着大区域电网互联规模的不断扩大，保障电网的安全稳定运行给我们带来了新的挑战。解列作为避免电力系统崩溃的最后一道防线，对于电力系统的安全稳定运行具有重大的意义。本章针对高风电渗透率电力系统的快速主动解列问题，提出了一种两阶段高风电渗透率下大电网全时段快速主动解列策略。在第一阶段，通过修正系统的收缩导纳矩阵将风功率进行等值，离线计算出电机耦合程度的分类结果并对其功角拉普拉斯矩阵进行在线修正，进而在线获得当前的同调分群结果。在第二阶段，以图论为基础，通过约束谱聚类算法将解列断面搜索问题转化为广义特征值求解问题，并运用改进 k-means 算法快速求取实时的最优解列断面。

针对当前主动解列研究中的快速性难题，本章提出一种考虑发电机同调分群的大电网快速主动解列策略，该方法在构建大电网图论模型基础上，第一阶段采用 Stoer-Wagner 算法求解发电机机动态连接图的最小割，获得发电机分群结果；第二阶段以最小潮流冲击为目标函数，通过改进的 Dinic 最大流算法快速搜索最优解列断面。上述两阶段的解列策略，无需对全网进行化简，能够在线获得全局最优解列断面。

根据实际工况和网架结构，研究最优解列断面快速搜索方法是主动解列研究体系下的核心环节，对于维护电力系统安全稳定运行具有重要意义。主动解列最优断面搜索是依据广域测量信息，在大电网遭受大扰动失步崩溃之前，依据实时工况和运行方式，快速准确求取电力孤岛划分的紧急策略。然而，在实际大系统的求解中，计算复杂度呈几何指数增长，是一个 NP 难题。本章提出一种半监督谱聚类算法，首先采用最小复合有功潮流冲击的目标函数和机组同调/分离等相关约束构建详细解列断面搜索模型，然后将最优断面搜索的优化求解过程，映射为约束谱聚类对静态图分割的松弛解求取过程，最后通过改进的 PAM 聚类算法选择最优主动解列断面。上述过程，在不丢失全网信息前提下，降低了时间复杂度。

参考文献

[1]倪敬敏，沈沉，陈乾. 基于慢同调的自适应主动解列控制(一)：理论基础探究[J]. 中国电机工程学报，2014，34(25)：4374－4384.

[2]倪敬敏，沈沉，陈乾. 基于慢同调的自适应主动解列控制(二)：实用慢同调区域划分方法[J]. 中国电机工程学报，2014，34(28)：4865－4875.

[3]倪敬敏，沈沉，陈乾. 基于慢同调的自适应主动解列控制(三)：实用方案设计[J]. 中国电机工程学报，2014，34(31)：5597－5609.

[4]刘源祺，刘玉田. 基于调度分区的电力系统解列割集搜索算法[J]. 电力系统自动化，2008，32(11)：20－24.

[5]ALINEZHAD B, KAREGAR H K. Out-of-step protection based on equal area criterion. IEEE Transactions on Power Systems, 2017, 32(2)：968－977.

[6]刘扬，唐飞，施浩波，等. 一种考虑风电场并网的电力系统在线同调识别策略[J]. 电网技术，2019，43(4)：1236－1244.

[7]贾骏，谢天喜，陈舒，等. 基于凸优化理论的电力系统主动解列最优断面搜索研究[J]. 中国电机工程学报，2018，38(01)：168－177，353.

[8]朱雪琼，薛禹胜，黄天罡. 主导互补群的群内非同调性影响稳定裕度的途径[J]. 电力系统自动化，2019，43(16)：94－100.

[9]姜涛，黄河，贾宏杰，等. 基于投影寻踪最佳方向的同调机群识别方法[J]. 中国电机工程学报，2015，35(2)：359－367.

[10]M R SALIMIAN, M R AGHAMOHAMMADI. Intelligent out of step predictor for inter area oscillations using speed-acceleration criterion as a time matching for controlled islanding[J]. IEEE Transactions on Smart Grid, 2018, 9(4): 2488－2497.

[11]宋洪磊，吴俊勇，郝亮亮，等. 基于 WAMS 和改进拉普拉斯特征映射的同调机群在线识别[J]. 电网技术，2013，37(8)：2157－2164.

[12]贾骏，谢天喜，陈舒，等. 基于凸优化理论的电力系统主动解列最优断面搜索研究[J]. 中国

电机工程学报,2018,38(1):168－177,353.
[13]朱雪琼,薛禹胜,黄天罡.主导互补群的群内非同调性影响稳定裕度的途径[J].电力系统自动化,2019,43(16):94－100.
[14]姜涛,黄河,贾宏杰,等.基于投影寻踪最佳方向的同调机群识别方法[J].中国电机工程学报,2015,35(2):359－367.
[15]ZHANG HUAI,ZHANG ANXIA. Characteristic analysis and calculation of frequencies of voltages in out-of-step oscillation power system and a frequency-based out-of-step protection[J]. IEEE Transactions on Power Systems, 2019, 34(1): 205－214.
[16]KOSTEREV N V,YANOVSKY V P,KOSTEREV D N. Modeling of out-of-step conditions in power systems[J]. IEEE Transactions on Power Systems, 1996, 11(2):839－844.
[17]宋洪磊,吴俊勇,郝亮亮,等.基于WAMS和改进拉普拉斯特征映射的同调机群在线识别[J].电网技术,2013,37(8):2157－2164.
[18]安军,穆钢,徐炜彬.基于主成分分析法的电力系统同调机群识别[J].电网技术,2009,2(3):25－28.

附　录

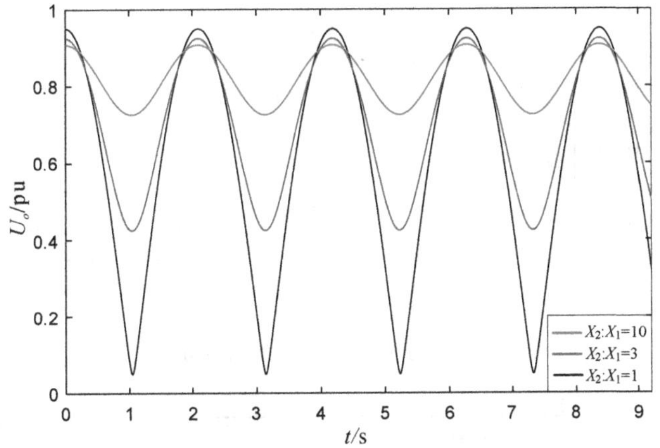

图 7－2　系统失步场景下 PCC 点电压变化曲线

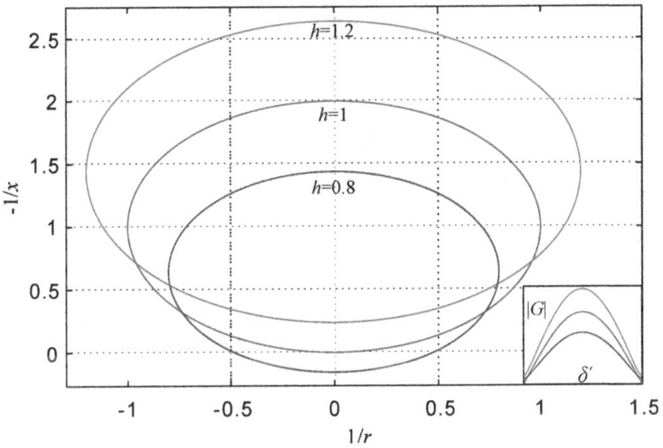

图 7－6　DFIG 电气特性导纳在复平面中的变化曲线

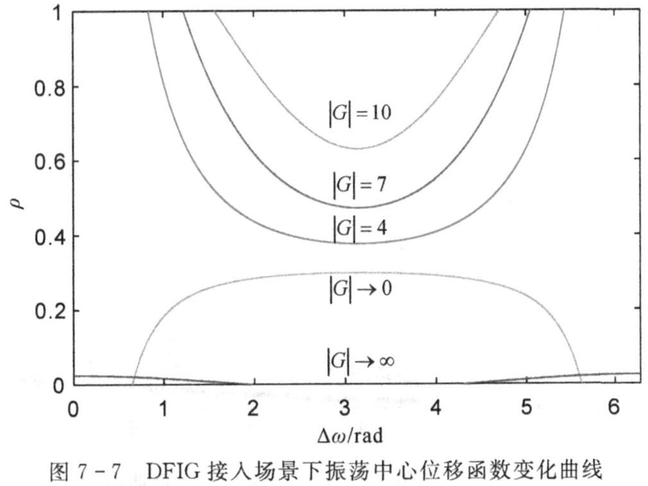

图 7－7　DFIG 接入场景下振荡中心位移函数变化曲线

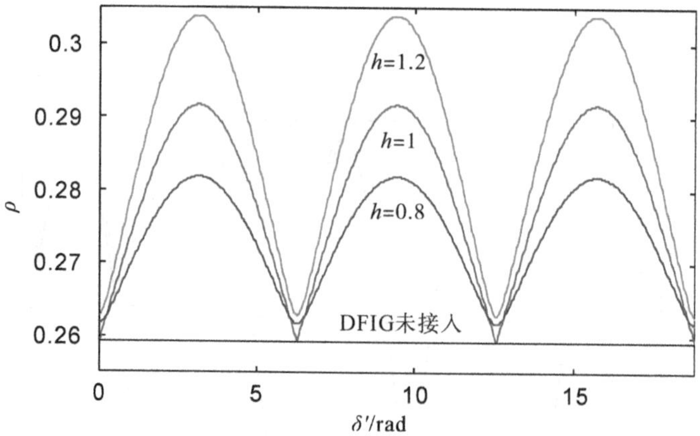

图 7-8 失步振荡中心位移函数分布曲线

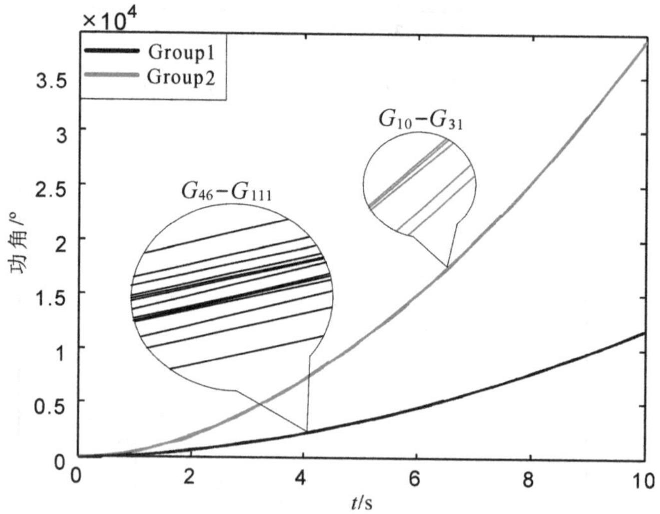

图 7-14 风电场接入前 IEEE118 系统功角摇摆曲线

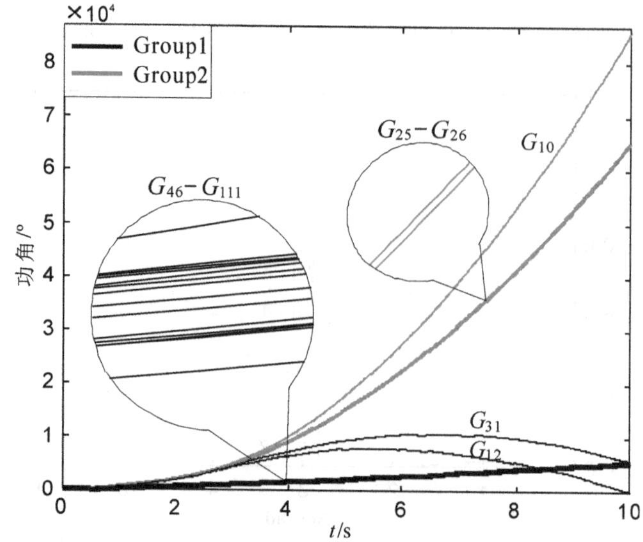

图 7-16 风电场接入后系统功角摇摆曲线

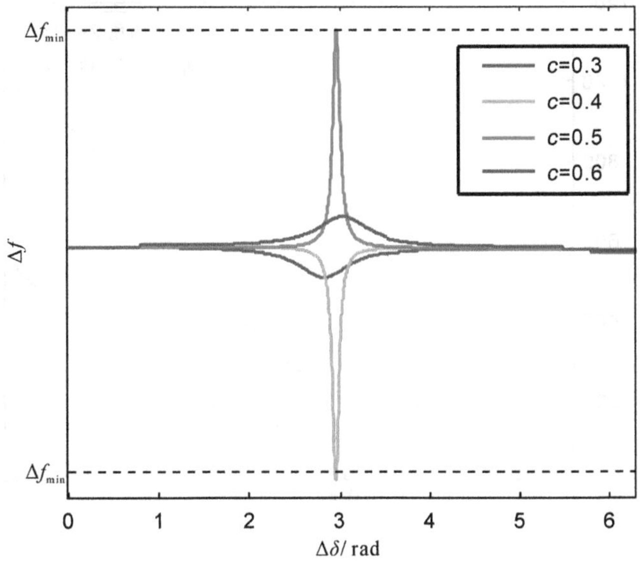

图 7－19　线路不同位置处电压频率增量波形

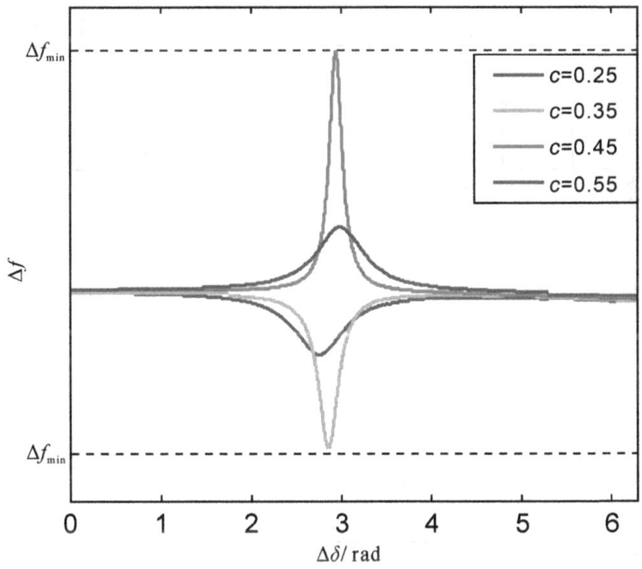

图 7－21　电压幅值不等时线路不同位置处电压频率波形

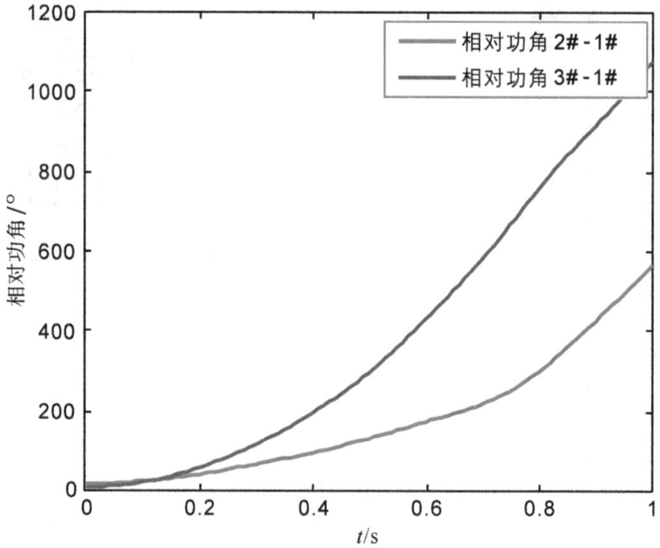

图 7-23 系统相对功角曲线

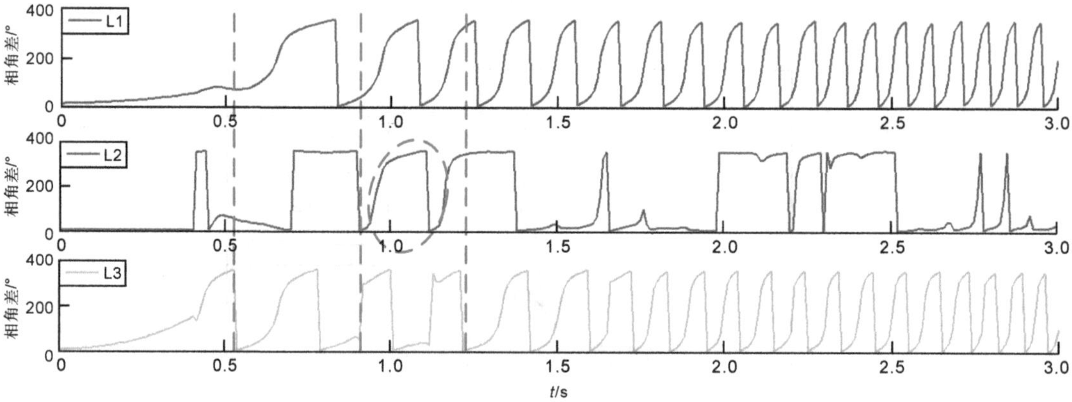

图 7-24 出现失步中心线路两侧母线电压相角差变化曲线

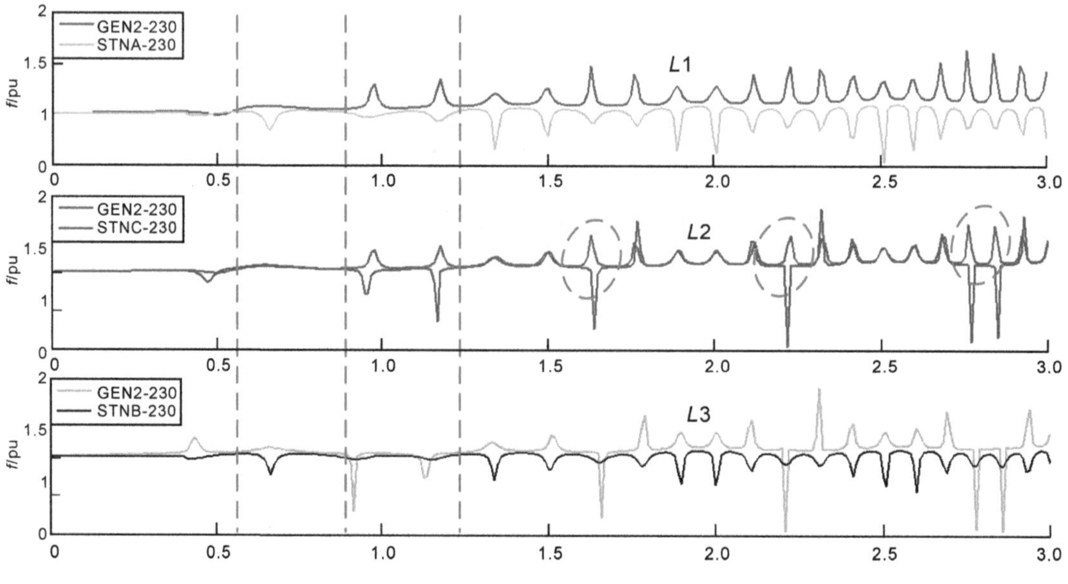

图 7-25 出现失步中心线路两侧母线电压频率波形

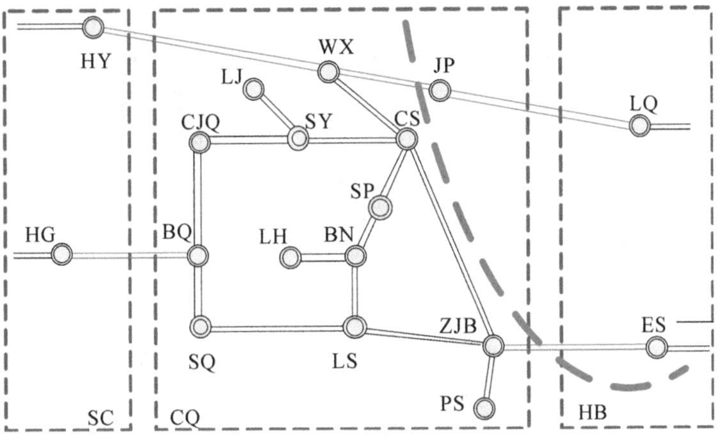

图 7-27 某实际电网结构图

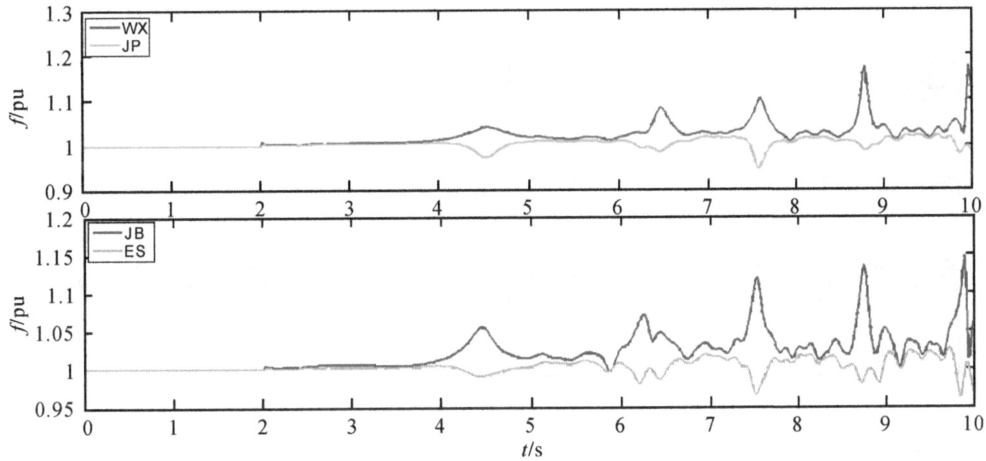

图 7-29 出现失步中心线路两侧母线电压相角差变化曲线

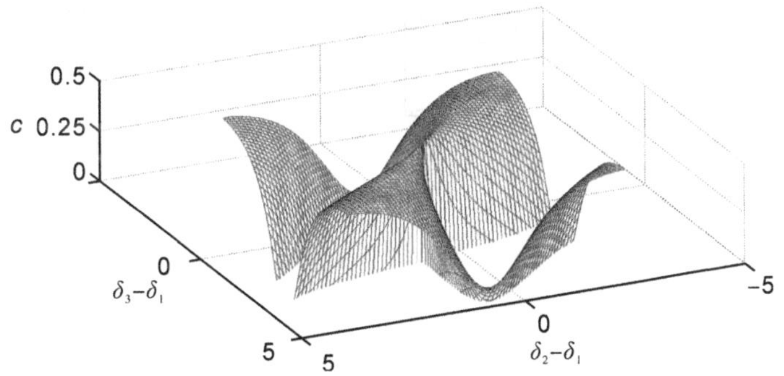

图 7-31 E_1-U_O 线路振荡中心迁移规律

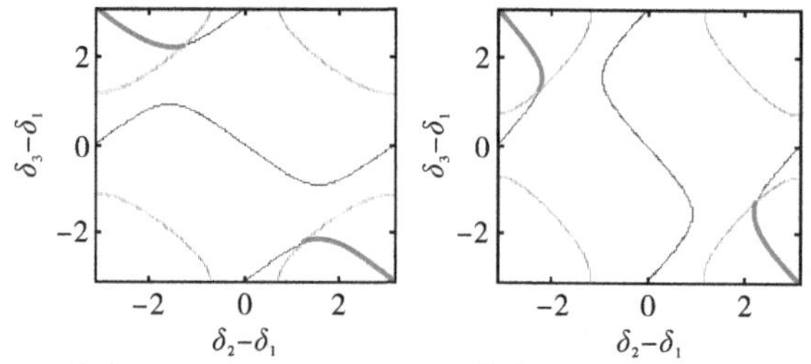

(a) $X_1:X_2:X_3$=10∶5∶4　(b) $X_1:X_2:X_3$=10∶4∶5

图 7 - 32　电压相角轨迹示意图

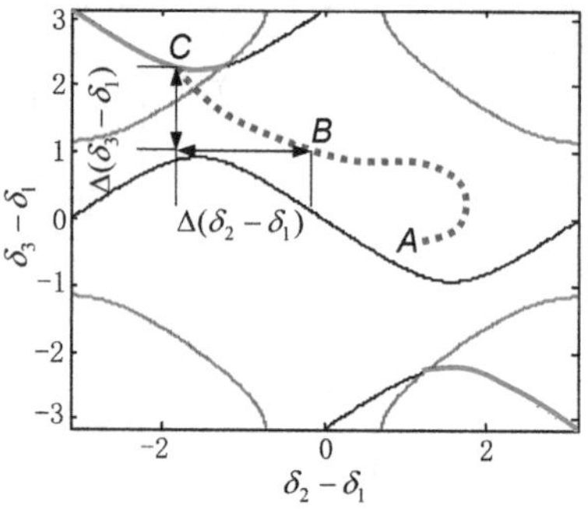

图 7 - 34　失步振荡中心预警策略示意图

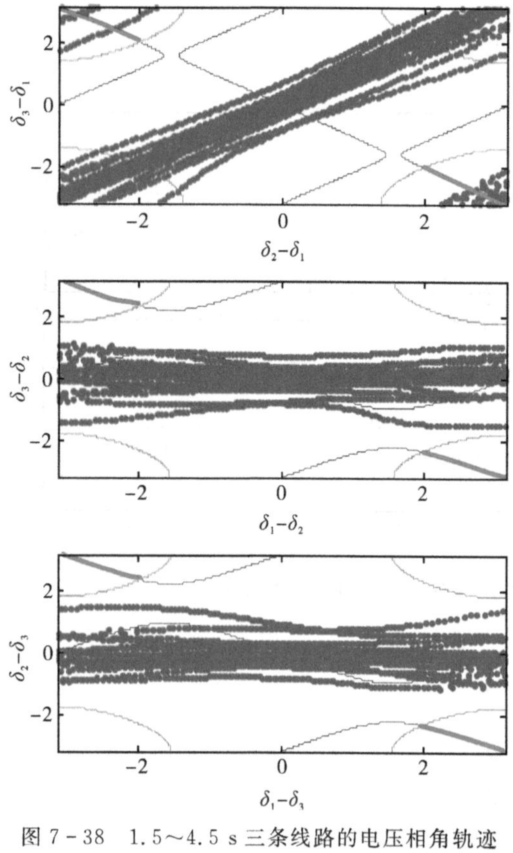

图 7 - 38　1.5～4.5 s 三条线路的电压相角轨迹

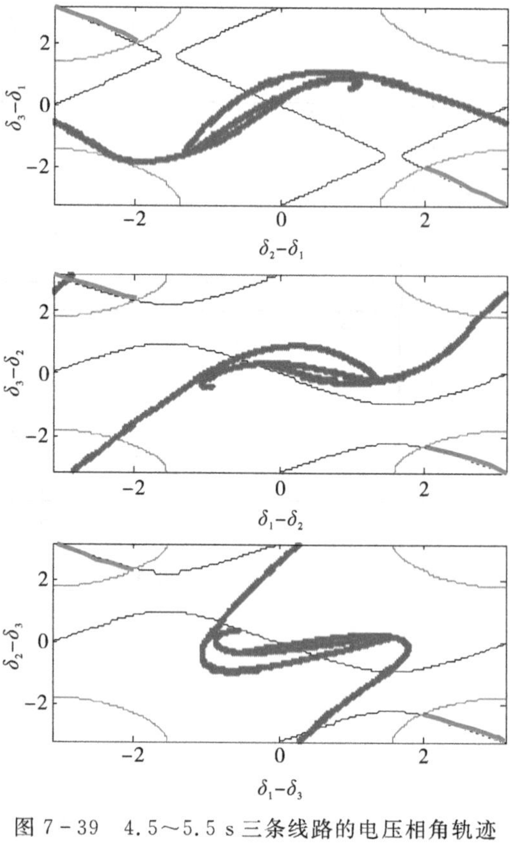

图 7 - 39　4.5～5.5 s 三条线路的电压相角轨迹

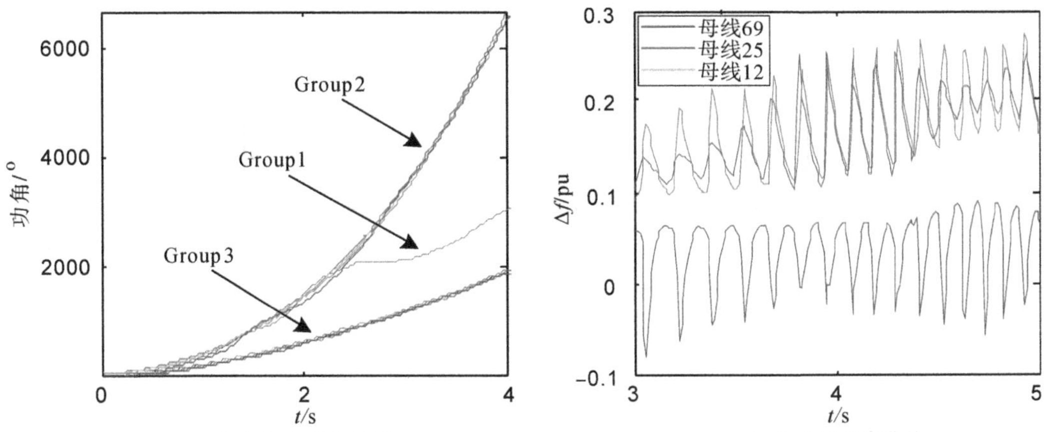

（a）功角变化曲线　　（b）电压频率曲线

图 7-41　IEEE118 系统功角及频率变化曲线

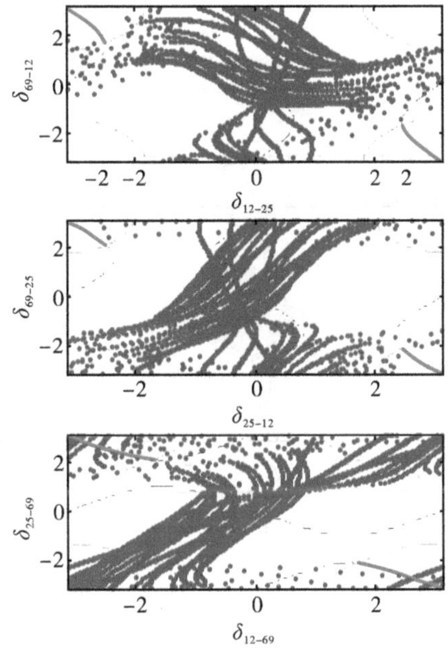

图 7-42　3～5 s 三条等值线路的电压相角轨迹

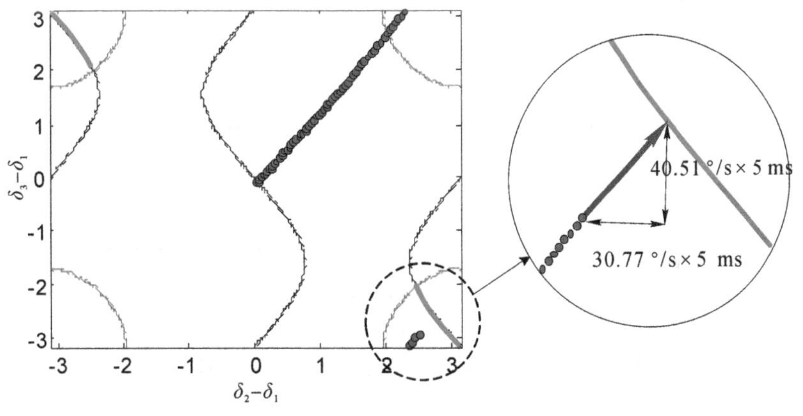

图 7-43　1.5～1.538s 时段 E_1—E_O 电压相角轨迹

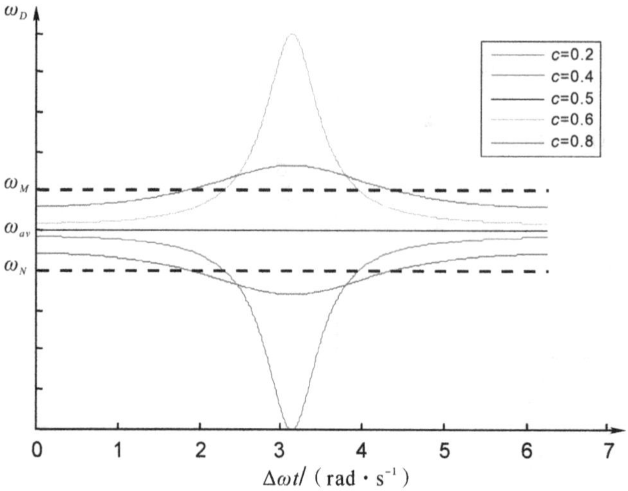

（a）k_e=1.0

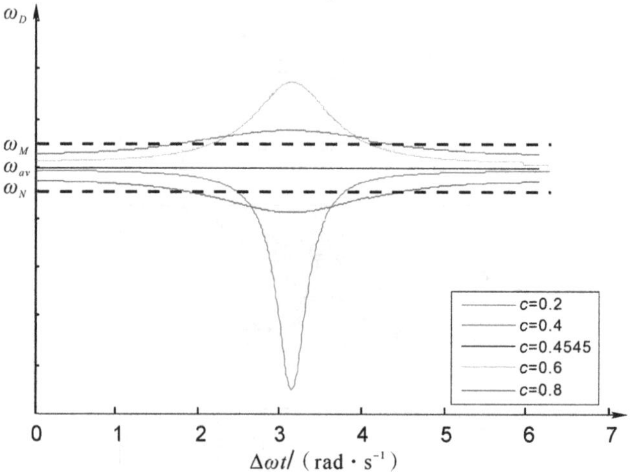

（b）k_e=1.2

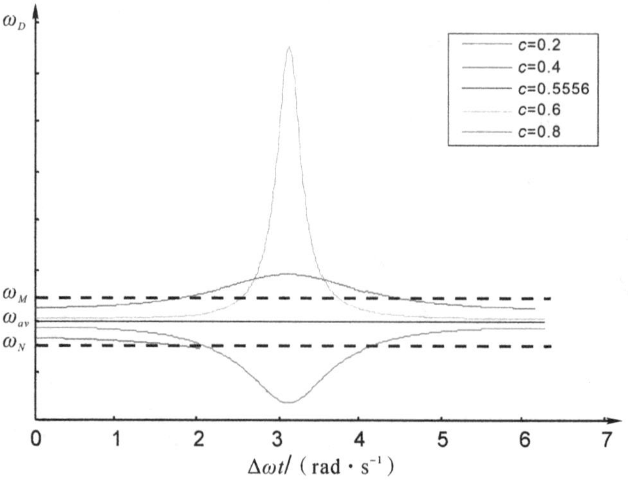

（c）k_e=0.8

图 8-2　不同幅值比下各位置的电压频率曲线

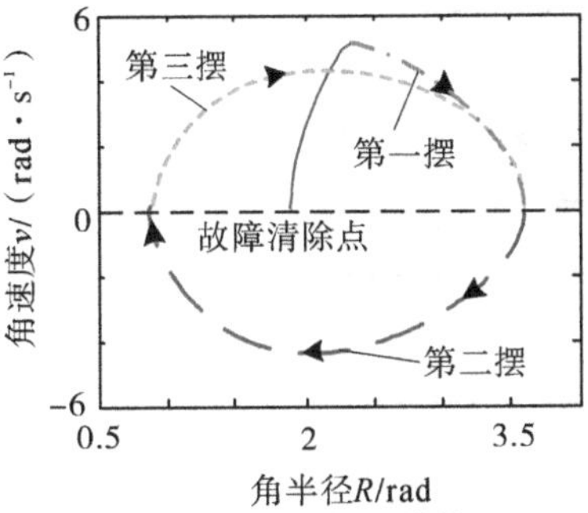

（a）v-R轨迹曲线

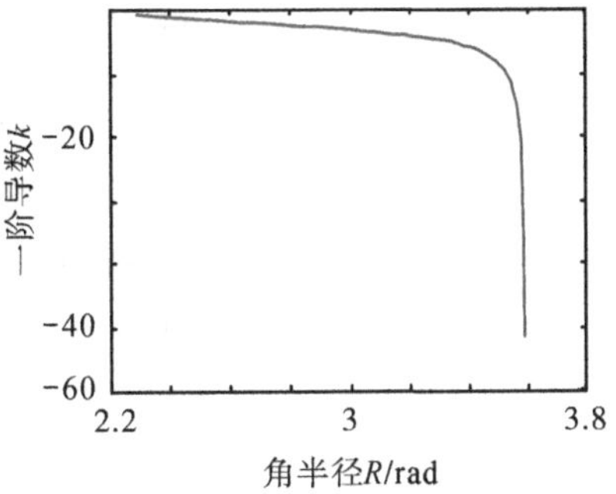

（b）第一摆的k-R轨迹曲线

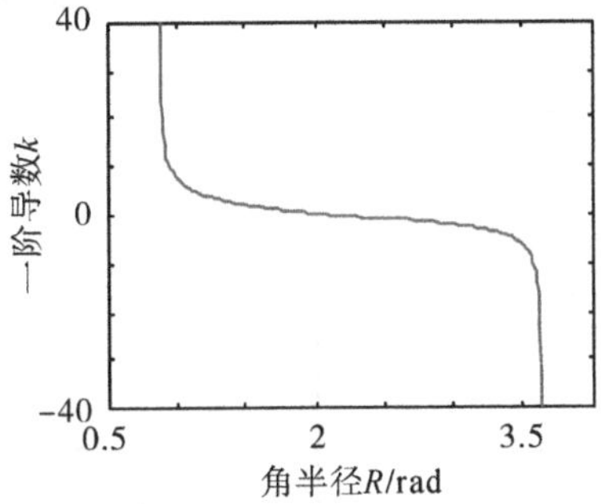

（c）第三摆的k-R轨迹曲线

图 8-17 稳定的轨迹曲线

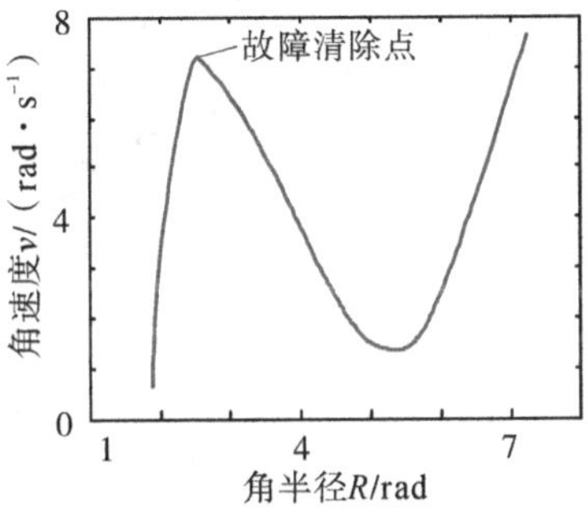

（a）v-R轨迹曲线

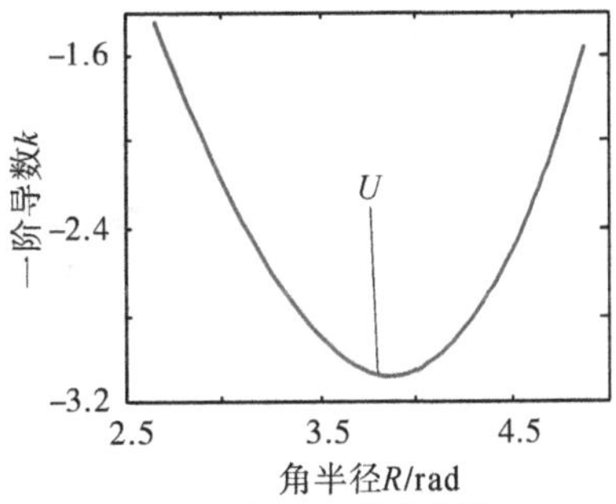

（b）k-R轨迹曲线

图 8-18 首摆失稳的轨迹曲线

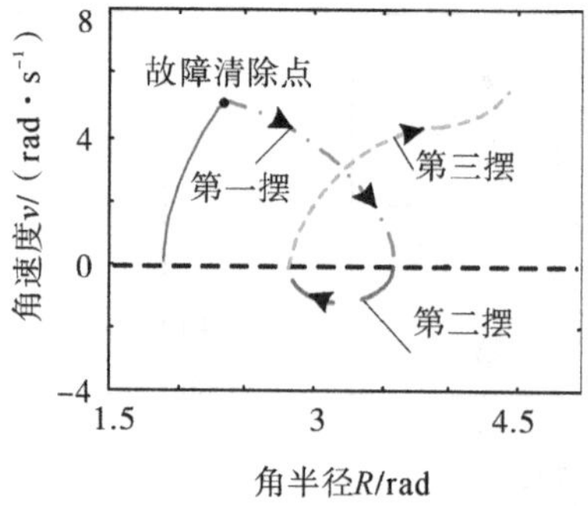

图 8-19　多摆失稳的 v-R 轨迹曲线

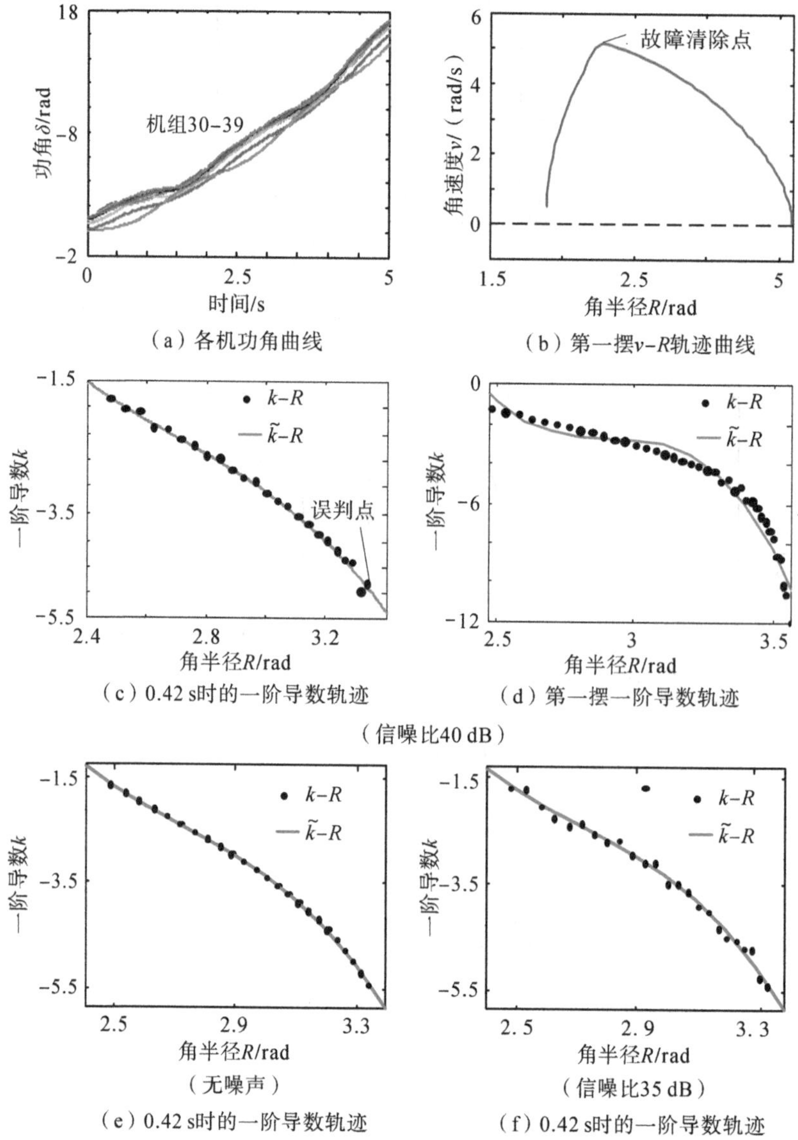

图 8-21　稳定算例受扰轨迹

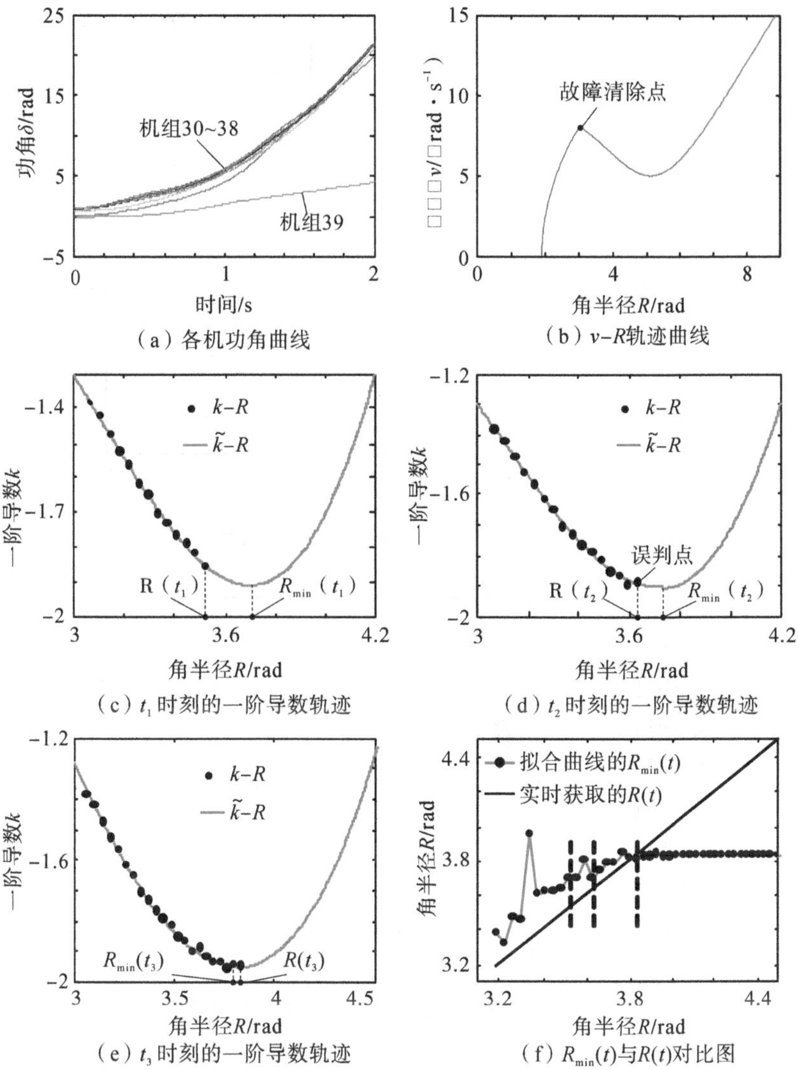

（a）各机功角曲线　（b）$v-R$轨迹曲线

（c）t_1时刻的一阶导数轨迹　（d）t_2时刻的一阶导数轨迹

（e）t_3时刻的一阶导数轨迹　（f）$R_{min}(t)$与$R(t)$对比图

图 8－22　失稳算例受扰轨迹

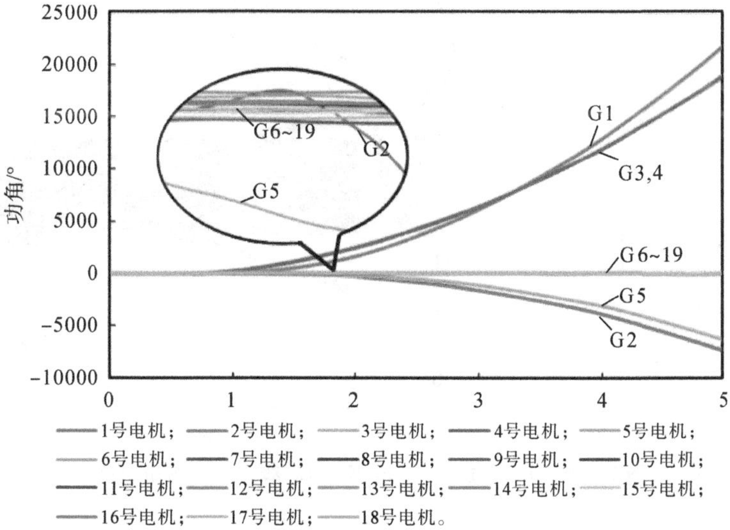

图 9－2　风机并网系统故障下的电机功角曲线图

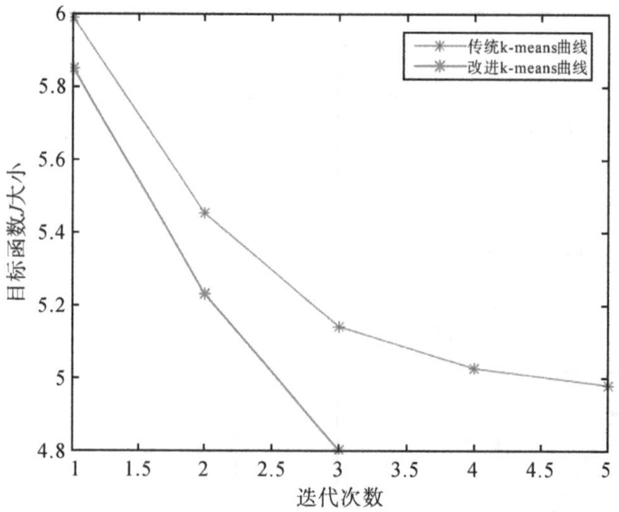

图 9-3 不同聚类算法下的目标函数变化情况图

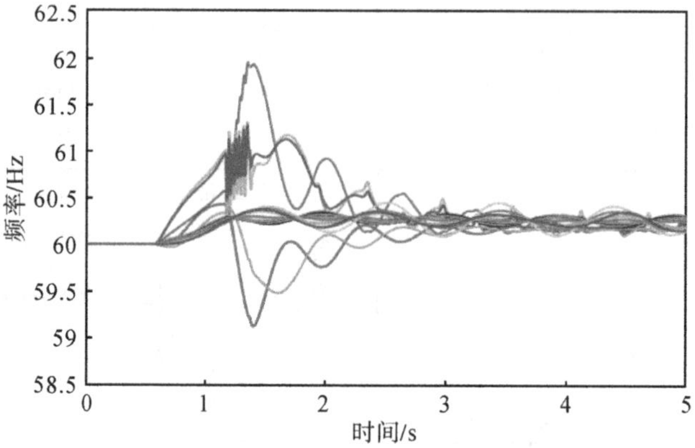

图 9-5 解列后孤岛内各发电机频率曲线图

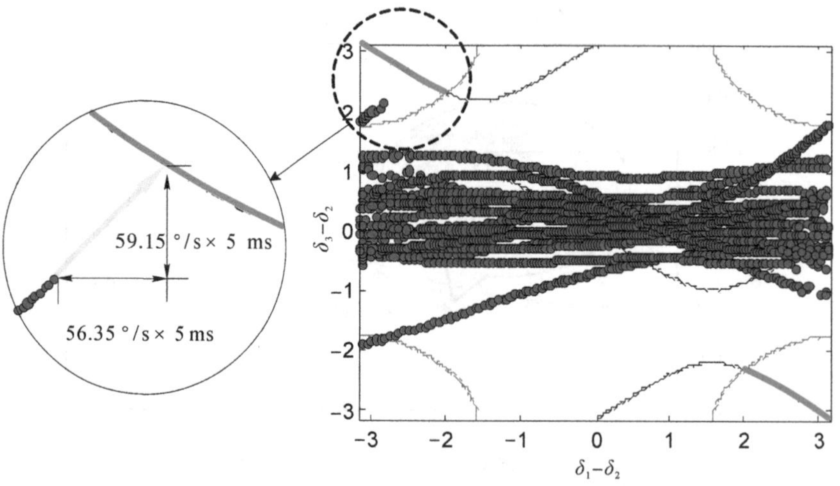

图 7-44 1.5～4.52s 时段 E_2—E_O 线路电压相角轨迹